水闸工程土建结构安全检测与评价

储冬冬　陆明志　夏祥林　王小勇◎编著

河海大学出版社
HOHAI UNIVERSITY PRESS
·南京·

内容提要

本书共分9章，详细介绍了水闸工程土建结构安全检测方法、步骤及检测结果的分级评价。主要内容包括：混凝土缺陷检测与评价、结构材料强度检测与评价、混凝土中钢筋检测与评价、混凝土耐久性能检测与评价、混凝土防腐蚀措施检测与评价、安全监测与监测资料的整编分析、水下结构探查与检测以及工程应用实例。

本书主要面向从事水利工程土建结构质量检测与评估工作的工程技术人员，可供水闸管理部门、水闸安全检测与评估单位工作人员学习、使用，也可作为高等院校水利专业的教材或参考用书。

图书在版编目(CIP)数据

水闸工程土建结构安全检测与评价 / 储冬冬等编著.
南京 ：河海大学出版社，2024. 12. -- ISBN 978-7
-5630-9369-4

Ⅰ. TV66

中国国家版本馆 CIP 数据核字第 2024028LA5 号

书　　名　**水闸工程土建结构安全检测与评价**
书　　号　ISBN 978-7-5630-9369-4
责任编辑　金　怡
特约校对　张美勤
封面设计　张育智　吴晨迪
出版发行　河海大学出版社
地　　址　南京市西康路1号(邮编：210098)
网　　址　http://www.hhup.com
电　　话　(025)83737852(总编室)　(025)83787103(编辑室)
(025)83722833(营销部)
经　　销　江苏省新华发行集团有限公司
排　　版　南京布克文化发展有限公司
印　　刷　广东虎彩云印刷有限公司
开　　本　787毫米×1092毫米　1/16
印　　张　22
字　　数　417千字
版　　次　2024年12月第1版
印　　次　2024年12月第1次印刷
定　　价　118.00元

前言 | Preface

据《中国水利统计年鉴2022》的数据，截至2021年底，我国规模以上水闸（过闸流量≥10 m^3/s）共有100 321座。水闸工程作为水利工程中的重要组成部分，承载着调节水流、保护沿岸地区和提供水资源的重要任务。其一旦失事，将给下游广大地区人民生命财产和国民经济各部门造成严重损失。2019—2021年，水利部连续三年对水闸安全运行开展了专项检查，累计检查水闸7 428座，占全国水闸总数的7.4%，其中大型水闸基本全覆盖，共921座（包含少量橡胶坝、翻板闸及重复检查水闸），中型4 555座（占比61.3%），小型1 952座（占比2.6%）。检查共发现问题30 377个，其中管理行为问题19 890个，严重问题占比38.1%；工程实体问题104 87个，严重问题占比9.6%。整体而言，有18.5%的水闸存在重大安全隐患，35.0%的水闸存在一般安全隐患，仅有46.5%的水闸能正常运行。

水闸的任何事故和破坏，都不是偶然发生的，均有着一个量变至质变的发展过程。为了保证水闸安全运行，水利部先后出台了《水闸技术管理规程》《水闸安全评价导则》《水闸安全监测技术规范》和《水闸运行管理办法》等规范文件。要求水闸管理单位在加强日常的检查观测、养护修理和进行科学控制应用外，还应对水闸进行定期检测、诊断、评估和鉴定，以便即时了解水闸的健康状况，为后续维修加固提供依据。

江苏省水利科学研究院材料结构研究所从20世纪80年代末开始，针对江苏省内和临近地区的上百座水闸开展了安全检测工作，涉及沿海的、沿江的、沿湖的，积累了相当多的素材。在总结近40年来水闸安全检测经验，参阅了南京水利科学研究院和其他兄弟单位的水闸安全检测与评估分析报告，以及大量的论文、规范和标准的基础上，针对水闸工程土建结构（不含金属结构）的安全检测方面问题，作者编写了本书。

本书共分9章，内容主要包括：混凝土缺陷检测与评价、结构材料强度检测与评价、混凝土中钢筋检测与评价、混凝土耐久性能检测与评价、混凝土防腐蚀措施检测与评价、安全监测与监测资料的整编分析、水下结构探查与检测和工程应用实例。

本书由储冬冬策划、提出编写大纲。第1章由储冬冬高工编写；第2章、第3章和第4章由储冬冬、陆明志高工共同编写；第5章、第6章和第7章由夏祥林、王小勇高工共同编写；第8章由陆明志、王小勇高工共同编写；第9章由储冬冬、夏祥林高工共同编写；邹丹高工和胡明凯工程师参与本书初稿的统稿，全书由储冬冬最终统稿和校对。

本书编著过程中，得到了江苏省水利科技项目资金、江苏省科技厅创新能力建设计划、江苏省水利科学研究院自主科研经费专项资金的资助；参阅了南京水利科学研究院和其他兄弟单位的水闸安全检测与评估分析报告，以及大量的论文、规范和标准。河海大学出版社编辑为本书出版付出了辛勤劳动和指导帮助。在付梓之际，谨向为本书提供支持、帮助的单位和人员、已列出或未列出参考文献的作者、审稿专家等表示衷心感谢。

由于作者水平有限，加之时间仓促，本书难免会有疏漏和不足，不当之处敬请读者批评指正，提出改进意见。

作者

2024年3月

目录 | Contents

第1章
绪论

水是生命之源，对于人类社会和生态系统都有着至关重要的作用。为了更好地利用水资源，兴水利除水害，人们修建了很多水利工程。闸为水之门关，是防洪保安、水资源调控和蓄水灌溉的重要公共基础设施，在水利工程中扮演着重要的角色，发挥着不可替代的作用。一旦水闸在关键时刻失效，将对下游地区居民的生命和财产造成巨大影响。

1.1 水闸的发展历程

距今约4 000年的尧舜时代，大禹率领民众将滔天洪水导入大海后，又“尽力乎沟洫”。所谓“沟洫”，即在田间开挖的具有排灌作用的沟渠。为了对沟渠中的水流进行调控，人们逐渐发明了以蓄、引、分、排为主要功能的水工设施——水闸。

1.1.1 木构水闸

木构水闸起源较早，从春秋战国到唐宋，在漫长的历史时期，水闸多为木构。木闸具有取材方便、投资较少、修建速度快、对地质条件要求不高等优点。但木质的特性，决定了闸的耐久性不强，被水浸腐易漏水，因此一般使用二三十年就得更换。

秦汉时期，木构水闸的结构就已经较为完善。2000年4月，在广州市惠福东路，考古发掘出南越国（公元前204年—公元前111年）木构水闸遗迹。该遗址面积约903 m^2，为我国城市考古发现的时代最早、规模最大、保存最好的一处木构水闸遗存（图1-1）。整个水闸北高南低，自北向南分为引水渠、闸室和出水渠三部分。闸室平面自北向南，向珠江呈“八”字敞开。底部用方或圆形的枕木纵横放置，形成矩形基座；闸门两侧竖木桩用榫卯嵌入枕木的两端，木桩内横排挡水木板；闸口中间有两根木桩凿出凹槽，用来插板挡水。该闸具有防潮、泄洪、引水等多重功能。当珠江潮涌时，落闸防止潮水倒灌入城；当城中需要排除污水或涝水时则开闸泄之；当城中缺水时，亦可提闸引水入城。

图 1-1　南越国木构水闸模型

1.1.2　石构水闸

据文献记载，石构水闸至迟在汉代就已出现。较之木构而言，石构水闸修筑工艺较为复杂，但坚固、耐用。

西汉元帝时，南阳太守召信臣兴修水利，“起水门提（堤）阏（堰）凡数十处”，所设水门多为石构。如建昭五年（公元前 34 年），召信臣在穰县（后改称邓县，今河南邓州）境内“断湍水（今湍河），立穰西石堨。至元始五年（公元 5 年），更开三门为六石门，故号六门堨也”，“六石门”即六座石构闸门。

三国和魏晋南北朝时，石闸已较为多见。典型的如黄河下游最大的支流沁水（今沁河）出山口处的枋口堰闸（图 1-2）。据《济源县志》记载，公元前 221 年，秦人以方木垒堰，抬高水位，把沁河水引入人工开挖的渠道，用于灌溉田地。因为渠首“枋木为门，以备泄洪”，因此，后人称之为“枋口堰”、“枋口”或“秦渠”。到三国魏文帝黄初年间（220—226 年），司马孚为野王（今河南沁阳）典农中郎将，负责当地屯田事宜。他见枋口堰所置木门朽败，不堪使用，遂主持重修枋口堰，“夹岸累石，结以为门，用代木门枋”。此闸底板、边墩以至翼墙及护岸皆用石砌，坚固结实。

图 1-2 河内秦渠枋口堰闸现貌

明清时，传统建闸技术达到巅峰，石构水闸营造技术集大成者当属绍兴三江闸(图 1-3)。

图 1-3 三江闸现貌

三江闸，位于绍兴城北约 16 km 的彩凤山与龙背山峡口，杭州湾南岸三江交汇处，明嘉靖十六年(1537 年)绍兴知府汤绍恩主持修建，共 28 孔，为我国古代最大的滨海砌石结构多孔水闸。其闸址选在岩基峡口处，基础比较稳固。在施工过程中，注重基础处理，即先“其底措石，凿榫于活石上，相与维系”，再“灌以生铁”，然后“铺以阔厚石板”。其闸墩为两头尖的梭子墩，每一墩均由每块约千斤(旧制，1 斤＝16 两＝800 g)的大条石砌成，底层与岩基相卯，石与石“牝牡相衔，胶以灰秫”。闸墩侧凿有装闸板的前后两道闸槽，闸底有石槛；闸顶端相连接，上覆条石，铺成闸桥，可行车马。同时，刻“水则石”于闸旁边，用以根据水势潮情启闭闸门。

1.1.3 复闸(船闸)

中国地势西高东低，“一江春水向东流”，使得南北之间的水上交通受阻，为了改变这种状况，慢慢出现了复闸（船闸）。

完整意义上的复闸，最早出现在北宋的楚州（今江苏淮安）至扬州的运河上。宋太宗雍熙元年（984年），淮南转运使乔维岳在今淮安一带开沙河运河（又称西河），“创二斗门于西河第三堰，二门相距逾五十步，覆以厦屋，设悬门积水，俟潮平乃泄之。建横桥，岸上筑土累石，以牢其址。自是弊尽革，而运舟往来无滞矣。”这是一个完整单级船闸情况的记述。

乔维岳所创建的西河“二斗门”，被许多学者认定为我国历史上最早的复闸。以西河二斗门的创建为序幕，北宋时的运河掀起了改堰埭为复闸的高潮。如天圣年间（1023—1032年），先后在淮扬运河上修建了真州（今江苏仪征，长江与运河交汇处）（图1-4）、北神（今江苏淮安北，运河与淮河交汇处）、邵伯（今江苏扬州江都区邵伯镇）复闸（船闸）。之后，又有瓜洲（今江苏扬州南瓜洲古渡一带）、京口（今江苏镇江）、吕城（江苏丹阳吕城镇）、奔牛（今江苏常州新北区奔牛镇）、长安（今浙江海宁长安镇）等一批船闸相继问世。北宋熙宁年间（1068—1077年），日本和尚成寻在他的《参天台五台山记》中详细记述了西兴运河、江南运河、淮扬运河和汴河上航行的情况，称所过船闸十五座、堰埭六座。至徽宗重和元年（1118年），扬州至淮阴和淮阴到泗州的运河上，共设闸七十九座（包括少量引水闸和泄水闸），千里运道形成船闸层层节制的局面（图1-5）。

图1-4　真州复闸复原效果图

1.1.4　钢筋混凝土水闸

我国最早引进西方闸工技术，利用钢筋混凝土材料建造水闸者，为近代著名实业家、教育家张謇。他于1916年至1921年间，邀请荷兰等国水利专家，先后在江苏南通、如皋、海门等地建成了遥望港九门闸、会英船闸、合中闸（七门闸）等一批钢筋混凝土结构的水闸。

遥望港九门闸（图1-6），位于江苏南通、如东两地交界处的黄海之滨、遥望港河入海口处（今江苏南通通州区三余镇恒兴村境），建成于1919年，由荷兰工

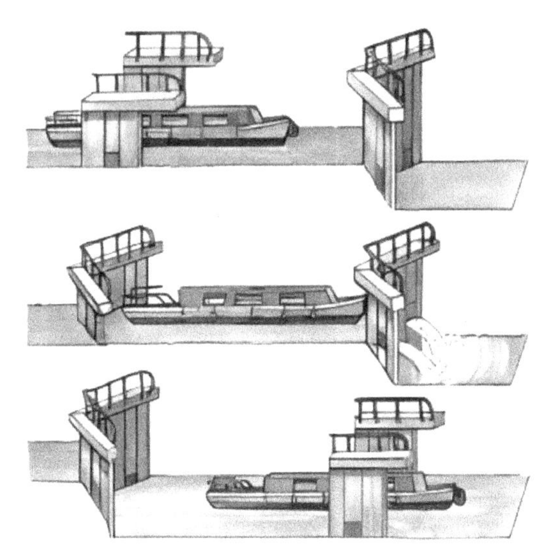

图 1-5 船闸过船示意图

程师亨利克·特莱克设计和督造。闸共 9 孔,设计流量 120 m^3/s。该闸是我国第一座引进西方技术,并以钢筋混凝土为材料建成的大型水闸。遥望港九门闸建成后,对南通、如东两地沿海排涝、挡潮发挥了重要作用。经过多年运行,老化损毁严重,于 1974 年拆除,并在原址建起了一座新的排涝挡潮闸——遥望港闸。

图 1-6 遥望港九门闸旧照

中华人民共和国成立后,水利事业蓬勃发展,各类钢筋混凝土水闸如雨后春笋般出现在江河湖库等水域上,例如长江葛洲坝水利枢纽二江泄水闸、黄河三盛公水利枢纽(图 1-7)、荆江分洪闸、四女寺水利枢纽、曹娥江大闸、苏州河口水闸,等等。它们或小巧或雄健,或独自屹立或联手并峙,在蓄水、引水、排洪(涝)、挡潮等方面发挥着重要作用。

图 1-7　黄河三盛公水利枢纽

据《中国水利统计年鉴 2022》的数据，截至 2021 年底，我国规模以上水闸(过闸流量≥10 m^3/s)共有 100 321 座。按照过闸流量分，大型水闸(校核过闸流量≥1 000 m^3/s 的水闸)923 座，中型水闸(校核过闸流量在 100(含)～1 000 m^3/s 的水闸)6 273 座，小型水闸(校核过闸流量在 10(含)～100 m^3/s 的水闸)93 125 座；按作用分，分洪闸 8 193 座，节制闸 55 569 座，排水闸 17 808 座，引水闸 13 796 座，挡潮闸 4 955 座。主要分布在江苏、湖南、浙江、广东和湖北五省，共占全国规模以上水闸数量的 55.4%，各省(自治区、直辖市)水闸数量统计见表 1-1。

表 1-1　截至 2021 年底全国各地水闸数量统计表　　单位:座

序号	地区	合计	按过闸流量大小分		
			大型	中型	小型
1	合计	100 321	923	6 273	93 125
2	北京	428	14	64	350
3	天津	1 107	13	52	1 042
4	河北	2 809	17	272	2 520
5	山西	729	3	38	688
6	内蒙古	1 749	7	108	1 634
7	辽宁	1 289	44	144	1 101
8	吉林	507	24	67	416
9	黑龙江	1 535	16	175	1 344
10	上海	2 577	0	60	2 517
11	江苏	21 555	39	501	21 015
12	浙江	9 018	18	396	8 604
13	安徽	4 676	62	350	4 264
14	福建	1 882	37	318	1 527

续表

序号	地区	合计	按过闸流量大小分		
			大型	中型	小型
15	江西	3 948	28	233	3 687
16	山东	5 335	105	597	4 633
17	河南	4 037	37	343	3 657
18	湖北	6 807	24	167	6 616
19	湖南	9 982	133	694	9 155
20	广东	8 238	148	766	7 324
21	广西	1 608	50	150	1 408
22	海南	203	3	27	173
23	重庆	64	2	27	35
24	四川	1 335	49	100	1 186
25	贵州	16	1	2	13
26	云南	1 712	4	196	1 512
27	西藏	41	1	6	34
28	陕西	620	8	18	594
29	甘肃	1 250	4	75	1 171
30	青海	126	6	30	90
31	宁夏	411	0	16	395
32	新疆	4 727	26	281	4 420

1.2 水闸的结构与分类

水闸是一种利用闸门挡水和泄水的低水头水工建筑物，常建于河道、渠系、水库及湖泊岸边。开启闸门，可以泄洪、排涝、冲沙或根据下游用水需要调节流量。关闭闸门，可以拦潮、挡潮、抬高水位以满足上游引水和通航的需求。

1.2.1 水闸的结构

水闸一般由闸室、上游连接段和下游连接段三部分组成，结构示意见图1-8。

闸室：水闸的主体，主要作用是控制过闸流量和水位、连接两岸和上下游。一般由闸门、闸墩、边墩（岸墙）、底板、胸墙、工作桥、交通桥、启闭机等结构组成。

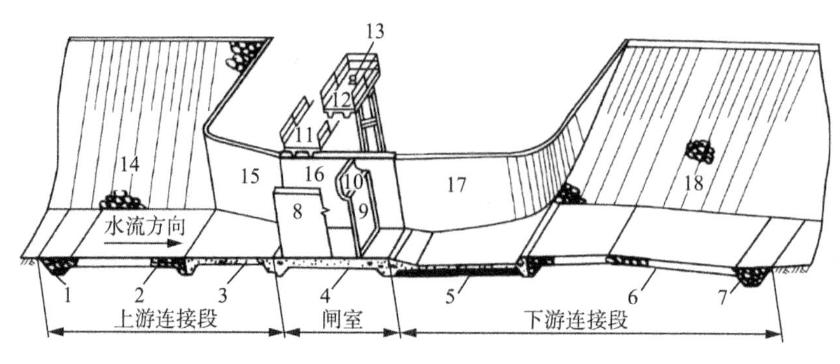

图 1-8 水闸的组成示意图

1—上游防冲槽；2—上游护底；3—铺盖；4—底板；5—护坦（消力池）；6—海漫；7—下游防冲槽；8—闸墩；9—闸门；10—胸墙；11—交通桥；12—工作桥；13—启闭机；14—上游护坡；15—上游翼墙；16—边墩；17—下游翼墙；18—下游护坡

闸门用来挡水和控制过闸流量。闸墩用以分隔闸孔和支承闸门、胸墙、工作桥、交通桥。底板是闸室的基础，用以将闸室上部结构的重量及荷载传至地基，并兼有防渗和防冲的作用。工作桥和交通桥用来安装启闭设备、操作闸门和连接两岸交通。

上游连接段：主要作用是引导水流从河道平稳地进入闸室，保护两岸及河床免遭冲刷，并与闸室等共同构成防渗地下轮廓，确保在渗透水流作用下两岸和闸基的抗渗稳定性。其一般由防冲槽、护底、铺盖，以及两岸的翼墙和护坡等结构组成。

下游连接段：主要作用是消除下泄水流的动能，引导出闸水流均匀扩散，调整流速分布和减缓流速，顺利与下游河床水流连接，避免发生不利冲刷现象。一般由护坦、海漫、防冲槽以及两岸的翼墙和护坡等结构组成。

1.2.2 水闸的分类

水闸根据不同的分类标准可以分为多种类型。

（一）按工作性质划分

水闸按照工作性质，可分为节制闸、分洪闸、进水闸、排水闸、挡潮闸、冲沙闸、排冰闸等，不同用途的水闸在河道上的分布见图 1-9。

（1）节制闸：常建于河道、渠道等水域的交汇处或合适的位置，用于拦洪、调节水位，以满足上游引水或航运的需要，控制下泄流量，保证下游河道安全或根据下游用水需要调节放水流量。位于河道上的节制闸也称拦河闸。

（2）分洪闸：常建于河道的一侧（穿主堤），用来将超过下游河道安全泄量的洪水泄入分洪区（蓄洪区或滞洪区）或分洪道，以减轻下游地区的洪水压力。

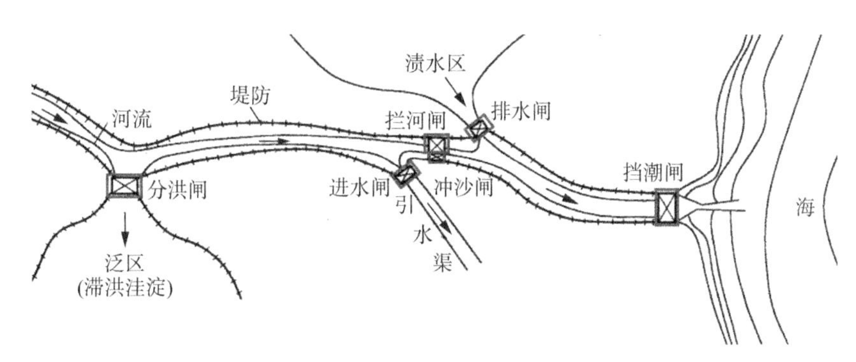

图 1-9 不同用途的水闸在河道上的分布

(3) 进水闸：常建于河道、水库或湖泊的岸边，用来控制引水流量，以满足灌溉、发电或供水的需要。进水闸也称取水闸或渠首闸。

(4) 排水闸：常建于江河沿岸，用来排除内河或低洼地区对农作物有害的渍水。当外河水位上涨时，可以关闸，防止外水倒灌。当洼地有蓄水、灌溉要求时，也可关门蓄水或从江河引水，具有双向挡水的特点，有时还有双向过流的特点。

(5) 挡潮闸：建于河流入海口附近，用于避免潮汐倒灌，保护农田不受水灾。涨潮时关闸，退潮时开闸泄水，通过调节闸门的启闭和开度，控制进潮和退潮时的水位，具有双向挡水的特点。

(6) 冲沙闸(排沙闸)：建在多泥沙河流上，用于排除进水闸、节制闸前或渠系中沉积的泥沙，减少引水水流的含沙量，防止渠道和闸前河道淤积。冲沙闸常建在进水闸一侧的河道上与节制闸并排布置或设在引水渠内的进水闸旁。

(7) 排冰闸：常建于北方河流、渠道的转弯、狭窄、浅滩等易结冰段。通常在冬季或初春使用。通过调节闸门的高度和开度，将河道或渠道内的冰块排出，保证水流的畅通，避免冰块堵塞河道或渠道，影响航运、灌溉等。

(二) 按结构形式划分

水闸按照结构形式，可分为开敞式、胸墙式及涵洞式等，结构示意见图1-10。

开敞式一般用于对泄洪、过木、排冰或其他漂浮物有要求的水闸。节制闸、分洪闸大多采用开敞式。

胸墙式一般用于上游水位变幅较大、水闸净宽又为低水位过闸流量所控制、在高水位时尚需用闸门控制流量的水闸。进水闸、排水闸、挡潮闸多采用这种形式。

涵洞式一般用于低水头、轻型、规模不大的水闸。穿堤取水或排水常采用这种形式。

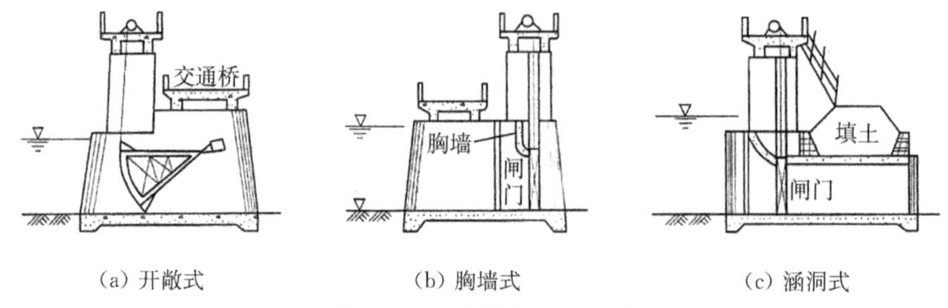

(a) 开敞式　　(b) 胸墙式　　(c) 涵洞式

图 1-10　闸室结构形式示意

（三）按水闸等级划分

水闸按照最大过闸流量、工程规模、效益和在经济社会中的重要性等可划分为大(1)型、大(2)型、中型、小(1)型和小(2)型五个级别。

《防洪标准》(GB 50201—2014)中，根据工程规模确定等别，工程规模按表1-2确定。

表 1-2　《防洪标准》中水闸等别划分标准

工程等别	Ⅰ	Ⅱ	Ⅲ	Ⅳ	Ⅴ
工程规模	大(1)型	大(2)型	中型	小(1)型	小(2)型
过闸流量(m^3/s)	≥5 000	<5 000，≥1 000	<1 000，≥100	<100，≥20	<20

《水利水电工程等级划分及洪水标准》(SL 252—2017)中，根据工程规模、效益和在经济社会中的重要性划分，分级情况见表1-3。

表 1-3　《水利水电工程等级划分及洪水标准》中水闸等别划分标准

工程等别	工程规模	水库总库容(10^8 m^3)	防洪			治涝	灌溉	供水		发电
			保护人口(10^4 人)	保护农田面积(10^4 亩[①])	保护区当量经济规模(10^4 人)	治涝面积(10^4 亩)	灌溉面积(10^4 亩)	供水对象重要性	年引水量(10^8 m^3)	发电装机容量(MW)
Ⅰ	大(1)型	≥10	≥150	≥500	≥300	≥200	≥150	特别重要	≥10	≥1 200
Ⅱ	大(2)型	<10，≥1.0	<150，≥50	<500，≥100	<300，≥100	<200，≥60	<150，≥50	重要	<10，≥3	<1 200，≥300
Ⅲ	中型	<1.0，≥0.10	<50，≥20	<100，≥30	<100，≥40	<60，≥15	<50，≥5	比较重要	<3，≥1	<300，≥50

① 1亩≈666.67 m^2。

续表

<table>
<tr><th rowspan="2">工程等别</th><th rowspan="2">工程规模</th><th rowspan="2">水库总库容(10^8 m^3)</th><th colspan="3">防洪</th><th>治涝</th><th>灌溉</th><th colspan="2">供水</th><th>发电</th></tr>
<tr><th>保护人口(10^4 人)</th><th>保护农田面积(10^4 亩)</th><th>保护区当量经济规模(10^4 人)</th><th>治涝面积(10^4 亩)</th><th>灌溉面积(10^4 亩)</th><th>供水对象重要性</th><th>年引水量(10^8 m^3)</th><th>发电装机容量(MW)</th></tr>
<tr><td>Ⅳ</td><td>小(1)型</td><td><0.1,≥0.01</td><td><20,≥5</td><td><30,≥5</td><td><40,≥10</td><td><15,≥3</td><td><5,≥0.5</td><td rowspan="2">一般</td><td><1,≥0.3</td><td><50,≥10</td></tr>
<tr><td>Ⅴ</td><td>小(2)型</td><td><0.01,≥0.001</td><td><5</td><td><5</td><td><10</td><td><3</td><td><0.5</td><td><0.3</td><td><10</td></tr>
</table>

(四)按闸门开启方式划分

水闸按照闸门开启方式,可分为提升式、旋转式和平推式等。

提升式:闸门通过垂直向的移动来调节水流。通常由闸板、升降机构(如卷扬机)、导轨、密封系统和操作系统组成。在关闭时,闸板下降到导轨或闸槽中,水压会推动闸板紧贴导轨或闸槽,形成静压密封,阻止水流;在开启时,闸板上升,留出足够的空间,让水流通过。这种类型的闸门由于其结构相对简单,稳定性和可靠性高,尤其适用于大型水利工程。

旋转式:闸门通过旋转运动来调节水流。根据旋转轴和闸板的不同位置关系、旋转方式,以及用途和结构特点,又可以分为多种类型。

(1)弧形闸门:挡水面为圆柱体的部分弧形面,由转动门体、埋设构件及启闭设备三部分组成,其中支臂的支承铰位于圆心,启闭时闸门绕支承铰转动。这种设计使得弧形闸门在启闭过程中能够顺畅地转动,减小了启闭力,并改善了水力学条件,因此有着较为广泛的应用。

(2)人字闸门:左右两扇门叶分别绕水道边壁内的垂直门轴旋转,关闭水道时,俯视形成"人"字形的闸门。人字闸门工作时,两扇门叶构成三铰拱以承受水压力;水道开时,两扇门叶位于边壁的门龛内,不承受水压力,处于非工作状态。人字闸门一般只能承受单向水压力,在上、下游水位相对静水状况下操作运行。

(3)翻板闸门(水力自控翻板闸门):工作原理是基于杠杆平衡与转动,通过水力和闸门重量的相互制衡,实现水位的调控。当上游水位升高时,动水压力对支点的力矩增大,当这一力矩大于门重及各种阻尼对支点的力矩时,闸门会绕"横轴"逐渐开启,以泄流降低水位;反之,当上游水位下降时,门重对支点的力矩将大于动水压力与各种阻尼对支点的力矩,此时闸门会逐渐回关,以保持水位稳定。

(4)钢坝:又称底轴驱动翻板闸门,是一种新型可调控溢流闸门,由门叶、底转轴、转轴座、穿墙封水套、驱动装置、锁定拐臂及锁定器等组成。通过调节闸门的倾斜角度、高度和开合速度，实现对水位的控制和调节。具有双向挡水、灵活启闭、开度无级可调、工程隐蔽、改善河道景观等优点，适用于河道景观要求较高、闸孔较宽（10～100 m）而水位差比较小的（1～7 m）水利工程。

平推式：闸门通过沿着垂直于门叶的方向平移滑动来调节水流。平推式闸门的设计通常比较简单，没有复杂的传动系统和支撑结构，一般采用液压或气压等动力方式进行启闭，具有开启和关闭速度快、控制精度高等优点，适用于需要大流量通过的场合。

1.3 水闸的病险问题

病险水闸是指存在安全隐患、难以正常发挥防洪、排涝、灌溉等功能的水闸。这些隐患可能是由于设计不当、建设质量问题、超过设计年限、缺乏有效的维护保养、自然磨损加剧、自然灾害影响等因素导致。病险水闸的存在对周边地区的防洪安全和水资源调度构成潜在威胁。

1.3.1 水闸的整体状况

1949 年后，我国政府为了改善水利基础设施，加强了对洪水的控制并利用水资源进行发电和灌溉，实施了大规模的水利工程建设计划，建设了不少的水闸工程，规模以上水闸已突破 10 万座。1981 年至 2010 年我国水闸数量统计见表 1-4。

2019—2021 年，水利部连续三年对水闸安全运行开展了专项检查，累计检查水闸 7 428 座，占全国水闸总数的 7.4%，其中大型水闸基本全覆盖，共 921 座（包含少量橡胶坝、翻板闸及重复检查水闸），中型 4 555 座（占检查水闸总数的 61.3%），小型 1 952 座。检查共发现问题 30 377 个，其中管理行为问题 19 890 个，严重问题占比 38.1%；工程实体问题 10 487 个，严重问题占比 9.6%。整体而言，有 18.5%的水闸存在重大安全隐患，35.0%的水闸存在一般安全隐患，仅有 46.5%的水闸正常运行。

（一）管理行为方面

专项检查共发现管理行为方面问题 19 890 个，其中管理责任体系问题 2 306 个、安全管理问题 12 736 个、日常管理与维护问题 4 848 个。管理行为中应急管理问题最为突出，其次是安全鉴定，三、四类闸管理，控制运用，管理制度，巡查（巡检）等问题，大中型水闸管理行为存在问题情况见图 1-11。

表 1-4　我国 1981—2010 年间水闸数量统计

序号	年份	合计(座)	按过闸流量大小分(座)			序号	年份	合计(座)	按过闸流量大小分(座)		
			大型	中型	小型				大型	中型	小型
1	1981	26 834	252	1 837	24 745	16	1996	31 427	333	2 821	28 273
2	1982	24 906	253	1 949	22 704	17	1997	31 697	340	2 836	28 521
3	1983	24 980	263	1 912	22 805	18	1998	31 742	353	2 910	28 479
4	1984	24 862	290	1 941	22 631	19	1999	32 918	359	3 025	29 534
5	1985	24 816	294	1 957	22 565	20	2000	33 702	402	3 115	30 185
6	1986	25 315	299	2 032	22 984	21	2001	36 875	410	—	—
7	1987	26 131	299	2 060	23 772	22	2002	39 144	431	—	—
8	1988	26 319	300	2 060	23 959	23	2003	39 834	416	—	—
9	1989	26 739	308	2 086	24 345	24	2004	39 313	413	—	—
10	1990	27 649	316	2 126	25 207	25	2005	39 839	405	—	—
11	1991	29 390	320	2 228	26 842	26	2006	41 209	426	3 495	37 288
12	1992	30 571	322	2 296	27 953	27	2007	41 110	438	3 531	37 141
13	1993	30 730	325	2 676	27 729	28	2008	41 626	504	4 182	36 940
14	1994	31 097	320	2 740	28 037	29	2009	42 523	565	4 661	37 297
15	1995	31 434	333	2 794	28 307	30	2010	43 300	567	4 692	38 041

注：数据来源于《中国水利统计年鉴 2022》，表中“大型”指校核过闸流量≥1 000 m^3/s 的水闸，“中型”指校核过闸流量在 100(含)～1 000 m^3/s 的水闸，“小型”指校核过闸流量在 10(含)～100 m^3/s 的水闸。

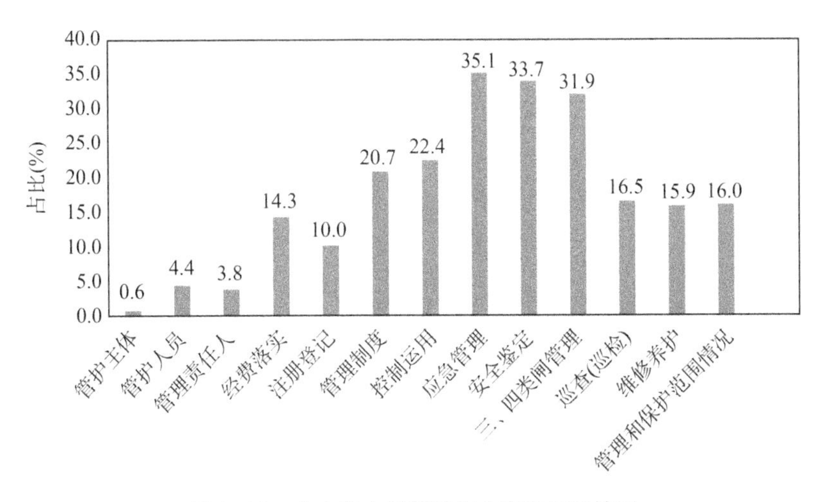

图 1-11　大中型水闸管理行为存在问题情况

(1) 管理责任体系情况。管理责任基本落实，人员维养经费差额大。管护主体、管护人员、管理责任人落实方面情况相对较好，落实率超 90%。经费落实方面，15.6%的水闸存在“两费”落实不到位情况，其中，大中型水闸比例为 14.3%，小型水闸为 19.1%。

(2) 安全管理情况。相关制度制定不规范，落实不到位。7 428 座检查水闸中，有 10.2%水闸未进行注册登记或未及时变更登记事项；有 20.2%的水闸管理制度落实不到位；有 23.8%的水闸控制运用计划未编制或可操作性差；有 32.0%的水闸应急预案编制、安全度汛措施落实不到位；有 33.7%大中型水闸未按要求开展安全鉴定或专项安全检测，鉴定为三、四类闸的水闸中，60.7%未采取除险加固或限制运用措施。

(3) 日常管理和维护情况。管理手段落后，维修养护效果差。有 16.8%水闸日常巡查巡检不规范；17.7%的水闸维修养护不及时；67.4%以上大中型水闸缺少必要的安全监测设施，小型水闸基本无安全监测设施；16.3%的水闸管理和保护范围未划定；3.5%的水闸安全管理范围内存在违规行为。

(二) 工程实体方面

专项检查水闸中，4 112 座水闸（占比 55.4%）工程存在实体安全问题；796 座水闸（占比 10.7%）工程实体存在严重问题；2 408 座水闸（占比 32.4%）工程实体存在较重问题；2 861 座水闸（占比 38.5%）工程实体存在一般问题。

工程实体安全问题主要是闸室、闸门、启闭设备有严重工程缺陷，以及安全管理设施不完善或缺失、配电设施存在安全隐患以及上下游连接段存在缺陷等，影响工程正常运行。大中型水闸中闸室、闸门、启闭设备三大关键部位存在缺陷或不能正常运行的比例分别为 14.9%、27.5%、16.1%，实体问题占比情况见图 1-12。小型水闸中闸室、闸门、启闭设备三大关键部位存在缺陷或不能正常运行的比例分别为 14.3%、27.9%、19.8%，实体问题占比情况见图 1-13。

1.3.2 水闸的病险类型

根据水利部水利建设与管理总站（现为水利部建设管理与质量安全中心）的《全国水闸安全状况普查报告》数据，我国水闸存在的病险种类繁多，从水闸的作用及结构组成来说，主要问题表现在如下 10 个方面。

1. 防洪标准偏低。防洪标准（挡潮标准）偏低，主要体现在宣泄洪水时，水闸过流能力不足或闸室顶高程不足，单宽流量超过下游河床土质的耐冲能力。在原设计时没有统一的技术标准、水文资料缺失或不准确以及防洪规划改变等

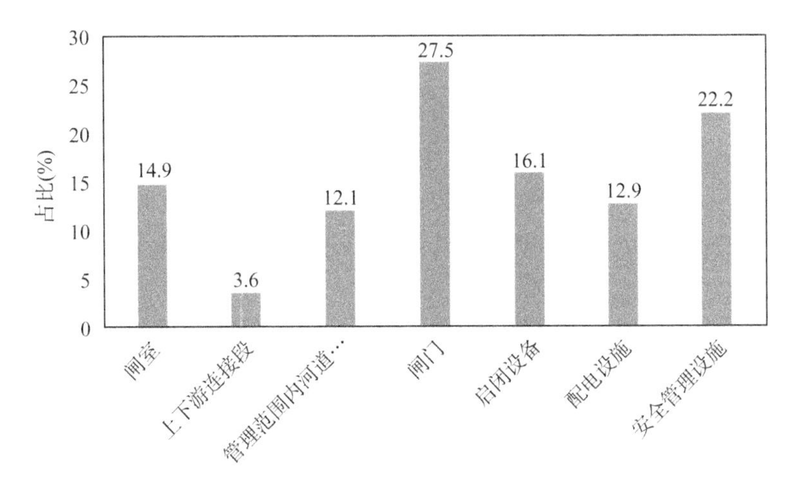

图 1-12　大中型水闸工程实体存在问题情况

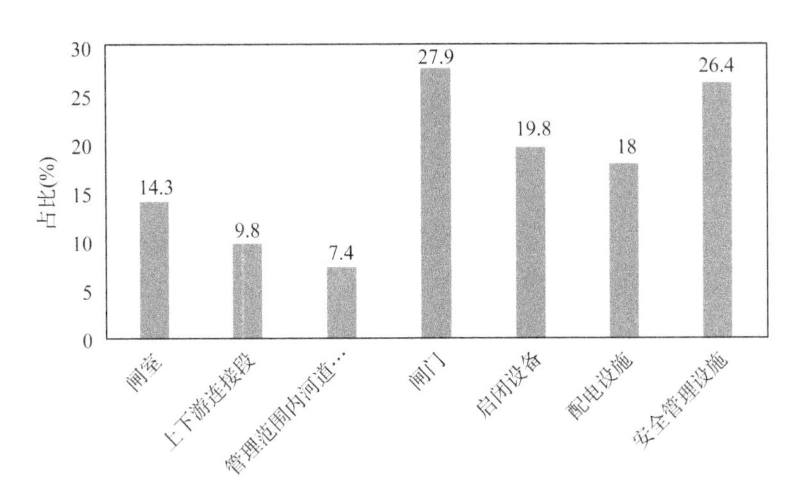

图 1-13　小型水闸工程实体存在问题情况

情况下，易产生防洪标准偏低的问题。

2. 闸室和翼墙存在整体稳定问题。闸室及翼墙的抗滑、抗倾、抗浮安全系数以及基底应力不均匀系数不满足规范要求，沉降、不均匀沉陷超标，导致承载能力不足、基础破坏，影响整体稳定。

3. 闸下消能防冲设施损坏。闸下消能防冲设施损毁严重，不适应设计过闸流量的要求，或闸下未设消能防冲设施，危及主体工程安全。

4. 闸基和两岸渗流破坏。闸基和两岸产生管涌、流土、基础淘空等现象，发生渗透破坏。

5. 建筑物结构老化损害严重。混凝土结构设计强度等级低,配筋量不足,碳化、开裂严重,浆砌石砂浆标号低,风化脱落,致使建筑物结构老化破损。

6. 闸门锈蚀,启闭设施和电气设施老化。金属闸门和金属结构锈蚀,启闭设施和电气设施老化、失灵或超过安全使用年限,无法正常使用。

7. 上下游淤积及闸室磨蚀严重。多泥沙河流上的部分水闸因选址欠佳或引水冲沙设施设计不当,引起水闸上下游河道严重淤积,影响泄水和引水,闸室结构磨蚀现象突出。

8. 水闸抗震不满足规范要求。水闸抗震安全不满足规范要求,地震情况下地基可能发生震陷、液化问题,建筑物结构型式和构件不满足抗震要求。

9. 管理设施问题。大多数病险水闸存在安全监测设施缺失、管理房年久失修或成为危房、防汛道路损坏、缺乏备用电源和通信工具等问题,难以满足运行管理需求。

10. 存在其他问题。枢纽布置不合理,铺盖、翼墙、护坡损坏,管理房失修,防汛道路破损,缺少备用电源和通信设施等。值得注意的是,在上述 10 种病险类型中,大量水闸有多种病害同时存在的情况。

1.3.3 水闸的病险原因

我国水闸数量多、分布广、运行时间长,限于当时经济、技术条件,普遍存在建设标准低、工程质量差、配套设施不全等先天性问题。投入运行后,由于长期缺乏良性管理体制与机制,工程管理粗放,缺乏必要的维修养护,加之近年来全球气候变化,极端天气事件频发,水闸遭受地震、泥石流、洪水等超标准荷载,加剧了水闸病险程度。总的来说,我国病险水闸成因主要有如下 5 个方面。

1. 大量水闸已接近或超过设计使用年限。我国现有的水闸大部分运行已达 30～50 年,建筑物接近使用年限,金属结构和机电设备早已超过使用年限。经长期运行,工程老化严重,其安全性及使用功能日渐衰退。据统计,全国大中型病险水闸中,建于 20 世纪 50 至 70 年代的占 72%,建于 80 年代的占 17%,建于 90 年代及以后的占 11%。

2. 工程建设先天不足。我国大部分水闸建成于 20 世纪 80 年代以前,受当时社会经济环境的影响,一些水闸在缺少地质、水文泥沙等基础资料的条件下,采取边勘察、边设计、边施工的方式建设,成为所谓的“三边”工程,甚至有些水闸的建设根本就没有进行勘察设计。另外,当时技术水平低,施工设备简陋,多数施工队伍很不正规,技术人员的作用不能充分发挥,致使水闸建设质量先天不足,建设标准低,工程质量差。

3. 工程破损失修情况严重。我国早期的水闸设计没有统一标准，缺少耐久性设计、防环境污染设计和抗震设计等内容，目前，多数工程已进入老化期，建筑物、设备、设施等老化破损非常严重。同时，在长期运行过程中，由于缺乏资金，管理单位难以完成必要的维修养护，或只能进行应急处理、限额加固，水闸安全隐患得不到及时、彻底的解决，随着使用年限的增长，水闸安全隐患逐年增多加重，久而久之，工程"积病成险"，一些本来属于病害层面的损伤转化为重大险情和隐患。

4. 工程管理手段落后。长期以来，水闸基本上沿用计划经济的传统管理体制，重建设、轻管理，普遍存在责权不清、机制不活、投入不足等问题，许多水闸的管理经费不足，运行、观测设施简陋，管理手段落后，给水闸日常管理工作带来很大困难，一些水闸管理单位难以维持自身的生存与发展，水闸安全鉴定更是无从谈起。国务院《水利工程管理体制改革实施意见》颁布后，水闸工程管理单位逐步理顺了管理体制，完成了分类定性、定岗定编，基本落实了人员基本支出经费和维修养护经费，水闸管理经费虽有所增加，但仍无力负担病险水闸安全鉴定及除险加固费用，无法从根本上解决病险水闸安全运行问题。

5. 水质污染严重。由于河道水质污染日趋严重以及部分水闸地处沿海地区，水闸运行环境极为不利，受污水腐蚀和海水锈蚀作用，闸门、止水、启闭设备运行困难，漏水严重，混凝土和浆砌石结构同样受到不同程度的侵蚀，出现严重的碳化、破损、钢筋锈蚀等现象，沿海地区水闸混凝土结构中很多钢筋的保护层由于钢筋锈蚀完全剥离。因此，水体污染加快了水闸结构的老化过程，危及闸体结构安全。

1.4　水闸的安全检测

水闸作为洪水调控和水资源合理配置的重要控制手段，老化病害和年久失修将会降低结构本身的可靠性，增加垮闸的可能性，使工程防洪保障抵御风险的能力大大降低。

为保障水闸的运行安全，水利部相继出台了《水闸技术管理规程》(SL 75—2014)、《水闸安全评价导则》(SL 214—2015)、《水闸安全鉴定管理办法》(水建管〔2008〕214号)、《水闸运行管理办法》(水运管〔2023〕135号)等系列规范及指导文件。按照要求，水闸实行定期安全鉴定制，首次安全鉴定应在竣工验收后5年内进行，以后应每隔10年进行1次全面安全鉴定。运行中遭遇超标准洪水、强烈地震、增水高度超过校核潮位的风暴潮、重大事故后，应及时进行安全检查，如出现影响安全的异常现象时，应及时进行安全鉴定。

安全检测是水闸安全鉴定工作重要环节，其目的是为工程现状质量评价提供翔实、可靠和有效的检测数据与结论，是后续工程复核计算和安全评价的基础。

1.4.1 安全检测基本要求

水闸的安全检测需由有资质的检测单位开展，检测项目应按照《水闸安全评价导则》(SL 214—2015)的要求，结合工程现况、管理运行情况和影响因素等综合研究确定。

(一) 水闸安全检测主要内容

(1) 地基土、回填土的工程性质。

(2) 防渗、导渗与消能防冲设施的完整性和有效性。

(3) 砌体结构的完整性和安全性。

(4) 混凝土与钢筋混凝土结构的耐久性。

(5) 金属结构的安全性。

(6) 机电设备的可靠性。

(7) 监测设施的有效性。

(8) 其他有关设施专项测试。

(二) 水闸安全检测的原则

(1) 检测项目应和安全复核内容相协调。

(2) 检测点选择应能真实反映工程实际安全状态。

(3) 检测工作宜选在对检测条件有利和对水闸运行干扰较小的时段进行。

(4) 现场检测宜采用无损检测方法，如采用有损检测应及时修复。

(三) 多孔水闸抽检的比例要求

(1) 应选取能较全面反映工程实际安全状态的闸孔进行抽样检测。

(2) 抽样比例应综合闸孔数量、运行情况、检测内容和条件等因素确定。

(3) 多孔水闸的扎孔抽检比例需符合表 1-5 的规定。

表 1-5　多孔水闸闸孔抽样检测比例参考表

多孔水闸闸孔数	≤5	6～10	11～20	≥21
抽样比例(%)	100～50	50～30	30～20	20

(四) 现场安全检测要求

(1) 应编制现场安全检测方案，在征得水闸安全鉴定组织单位同意后开展水闸安全检测。

(2) 检测仪器和原始记录等应符合计量认证的要求。

(3) 现场取样试样或试件应标识并妥善保存。

(4) 检测数据数量不足或检测数据出现异常时,应补充检测。

(5) 现场检测工作结束后,应及时修补因检测造成的结构或构件的局部损伤,修补后的结构构件应达到原结构构件承载力的要求。

(五) 安全检测报告的编写

安全检测完成后,应根据相关要求编写安全检测报告,报告需包含如下内容。

(1) 项目背景:简单介绍安全评价的背景和现场安全检测工作情况。

(2) 基本情况:包括工程概况、设计施工情况、运行管理情况,以及原有检查、现场安全检测和观测资料的成果摘要。

a. 工程概况:包括水闸所处位置,建成时间,工程规模,主要结构和闸门、启闭机型式,工程设计效益和实际效益,最新规划成果,工程建设程序,工程建设单位,工程特性表等。

b. 设计和施工情况:包括工程等别,建筑物级别,设计的工程特征值,地基情况与处理措施,施工中发生的主要质量问题与处理措施等,工程改扩建或加固情况及发生的主要质量问题与处理措施等。

c. 运行管理情况:包括运行管理制度制定与执行情况,工程管理与保护范围,主要管理设施,工程调度运用方式和控制运用情况,运行期间遭遇洪水、台风、地震或工程发生事故情况与应对处理措施等。

(3) 本次检测方案:明确检测目的与检测内容;应简述各项检测方法和依据的规程规范或相关的行业管理规定等;应说明抽样方案及检测数量(测区数或测点数、钻芯数量等)。

(4) 检测结果与分析:按建筑物分部组成对检测结果进行叙述并分析,可按闸室,上、下游连接段,闸门,启闭机,机电设备,管理范围内的上下游河道、堤防,工程运行管理设施,与水闸工程安全有关的挡水建筑物等次序进行。

(5) 工程质量评价:对照相关标准的规定进行水闸工程质量评价。

(6) 结论与建议:按建筑物给出现场安全检测主要结论,明确水闸工程质量分级,提出处理建议。

(7) 附图:工程检测点布置图,工程检测典型缺陷图,照片或录像。

1.4.2 现场结构检测内容

水闸现场安全检测主要包括工程地质补充勘察(如已有地质勘察资料不能

满足安全评价需要)、土建工程检测和金结机电检测等几个方面,其中土建工程现场安全检测从如下几个方面开展。

(一) 防渗、导渗和消能防冲设施的有效性和完整性

对长期未做过水下检测(查)的,或水闸地基渗流异常的,或过闸水流流态异常的,或闸室、岸墙、翼墙发生异常变形的,应进行水下检测。水下检测应符合下列要求。

(1) 重点检测水下部位有无淤积、接缝破损(特别是止水失效)、结构断裂、混凝土腐蚀、钢筋锈蚀、地基土或回填土流失、冲坑和塌陷等异常现象。

(2) 水下检测应根据建筑物重要性、病害程度与水环境条件,可采用水下目视检测、水下超声波检测、探地雷达检测等技术,必要时排除局部甚至全部水体或清除淤泥进行直接检测。

(二) 钢筋混凝土结构的安全检测

检测现有状态下,永久性工程(包括主体工程及附属工程)混凝土工程质量现状及用于评估的各项技术指标,包括裂缝性态、混凝土强度、混凝土碳化深度、保护层厚度、钢筋锈蚀程度等。根据《水闸安全评价导则》(SL 214—2015)的要求,混凝土结构的检测应包括以下内容。

(1) 混凝土性能指标,主要包括强度、抗冻、抗渗性能等。

(2) 混凝土外观质量和内部缺陷检测,包括裂缝检测、碳化深度检测等。

(3) 钢筋保护层厚度、钢筋锈蚀程度检测。

(4) 结构变形和位移检测、基础不均匀沉降检测。

混凝土结构发生腐蚀的,应按《水工混凝土试验规程》(SL/T 352—2020)的规定测定侵蚀性介质的成分、含量,并检测腐蚀程度。

(三) 石工结构的安全检测

参照《砌体工程现场检测技术标准》(GB/T 50315—2011)对砌体的完整性、接缝防渗有效性进行检测,必要时可取样进行砌体密度、强度等的检测。

(四) 房建结构的安全检测

如有需要,可参照《建筑结构检测技术标准》(GB/T 50344—2019)等相关规范,对启闭机房、桥头堡和管理房等房建结构开展安全检测。

(五) 安全监测设施有效性检测

安全监测设施有效性检测,可按《水闸技术管理规程》(SL 75—2014)、《土石坝安全监测技术规范》(SL 551—2012)和《水闸安全监测技术规范》(SL 768—2018)等执行。主要包括监测项目的完备性、监测设施的完好性、监测资料的可靠性等检测,有防雷要求的还应进行系统防雷性能检测。

1.4.3 现场结构检测的评价

（一）评价的原则和目的

检测单位应依据现状调查、安全检测、勘察、观测等资料，综合以往施工与历次检测资料，对照设计标准和施工标准，评价现状工程质量和工程性态。

评价工程质量是否符合有关标准的规定，是否满足工程运行要求，为安全复核和鉴定提供符合工程实际的参数，也为工程维修养护或除险加固等提供指导性意见。

（二）结构检测评价内容

（1）混凝土结构质量应按《水工混凝土结构设计规范》（SL 191—2008）、《水闸施工规范》（SL 27—2014）、《水闸设计规范》（SL 265—2016）及《混凝土强度检验评定标准》（GB/T 50107—2010）等标准，重点评价现状强度，抗渗、抗冻等级（标号），抗冲、抗磨蚀、抗溶蚀性能，以及弹性模量等是否满足要求。对已发现的混凝土裂缝、渗漏、空鼓、剥蚀、腐蚀、碳化和钢筋锈蚀等问题，应评估对结构安全性、耐久性的影响。

（2）石工结构质量应重点评价砌体完整性、接缝防渗有效性、结构整体稳定性等是否符合《水闸施工规范》（SL 27—2014）、《海堤工程设计规范》（SL 435—2008）等标准的有关规定。

（3）房建结构应该重点评价结构的可靠性、安全性和抗震性等是否符合相关规范标准的要求。

（三）工程质量分级

根据《水闸安全评价导则》（SL 214—2015）的规定，水闸安全检测按下列标准进行分级。

（1）检测结果均满足标准要求，运行中未发现质量缺陷，且现满足运行要求的，评定为A级。

（2）检测结果基本满足标准要求，运行中发现的质量缺陷尚不影响工程安全的，可评定为B级。

（3）检测结果大部分不满足标准要求，或工程运行中已发现质量问题，影响工程安全的，评定为C级。

第 2 章 混凝土缺陷检测与评价

混凝土是一种广泛应用于水利工程结构的材料，由于其材料自身特性、施工质量以及长期使用和外部环境等因素影响，可能导致混凝土结构出现各种缺陷。这些存在于混凝土外观和内部的缺陷，将影响混凝土结构的寿命和使用安全。混凝土结构缺陷检测是确保混凝土结构安全性和可靠性的重要环节，按照《水闸安全评价导则》(SL214—2015)的要求，水闸的安全鉴定检测需对结构混凝土的外观质量和内部缺陷进行普查和检测。

2.1 混凝土缺陷的类型

（一）缺陷分类

水闸安全鉴定检测普查时常将混凝土结构缺陷划分为混凝土外观缺陷和混凝土内部缺陷两类。

混凝土外观缺陷包括蜂窝、麻面、孔洞、露筋、表层损伤(冻融、磨损、空蚀)、表层疏松、表观裂缝和混凝土渗漏等，可通过资料调查并结合目测、描述、量测、摄录等方法对缺陷的部位、数量、面积等参数进行现场检测，再按相关的质量评定标准对其进行综合分析或评定。混凝土内部缺陷包括裂缝(贯穿缝)、不密实区(内部蜂窝、孔洞、夹渣、脱空)等，可通过资料调查并结合无损或取芯等方法对内部缺陷进行检测，再按相关的技术标准对内部缺陷进行定性或定量分析。

水工混凝土常见缺陷分类见表 2-1。

（二）缺陷检测原则

混凝土缺陷检测应确保对混凝土结构缺陷进行准确、可靠的检测和评估，主要原则如下。

(1) 高准确性：混凝土缺陷检测技术需要具备高准确性，能够准确地检测到

表 2-1　水工混凝土常规缺陷分类与主要检查内容

序号	分类	缺陷名称	表象特征	普查、检测内容
1	混凝土外观缺陷	裂缝	结构或构件表面延伸至混凝土内部的缝隙	部位、数量、走向、长度、宽度、深度、了解裂缝的变化情况
2		表层伤损	结构混凝土因为受冻融、磨损、空蚀、碰撞、火灾等外部因素影响导致的表层性状变化	部位、深度、伤损面积等
3		蜂窝	混凝土表层缺少水泥砂浆而形成的局部蜂窝状粗骨料外露	部位、蜂窝面积等
4		麻面	结构或构件表面呈现出无数的不规则凹点，直径通常不大于 5 mm	部位、麻面面积等
5		表层疏松	由于振捣不到位或混凝土离析等因素导致的结构或构件表面可见的局部不密实	部位、疏松面积等
6		孔洞	结构或构件表面存在的空穴，其深度和最大孔径均超过保护层厚度	部位、深度、大小等
7		露筋	结构或构件内钢筋未被混凝土外裹而形成的外露	部位、分布、数量、状态、锈蚀情况等
8		混凝土渗漏	水分通过混凝土结构中的裂缝、孔隙、接缝等渗透至混凝土另一侧，常表现为明显的水迹、潮湿斑块或白华	部位、范围、渗漏状况等
9	混凝土内部缺陷	内部孔洞、不密实等	结构混凝土因使用松散骨料、制备中搅拌不均匀、浇筑振捣压实不充分或凝固过程收缩过大等因素，使得混凝土内部存在空穴等现象	部位、面积、深度等

各种类型和尺寸的缺陷。这包括能够检测到微小的裂缝、蜂窝、空洞以及钢筋腐蚀等内部缺陷。

(2) 高灵敏度：混凝土缺陷检测技术需要具备高灵敏度，能够检测到混凝土结构中较小的缺陷。这对于早期发现潜在的问题和防止进一步损坏非常重要。

(3) 高分辨率：混凝土缺陷检测技术需要具备高分辨率，能够提供清晰的图像或数据，以便对缺陷进行准确的评估和分析。高分辨率可以帮助确定缺陷的形状、尺寸和位置。

(4) 无损检测：混凝土缺陷检测技术应该是无损的，不会对混凝土结构造成进一步的损伤。这样可以确保在检测过程中不会引入新的问题或破坏结构的完整性。

(5) 适应性：混凝土缺陷检测技术需要具备一定的适应性，能够适用于不同类型和形状的混凝土结构。不同结构的检测需求可能不同，因此技术应该能够根据具体情况进行调整和应用。

(6) 实时性：混凝土缺陷检测技术应该具备实时性，能够在检测过程中及时提供结果和反馈。这对于及时采取必要的维修和加固措施非常重要，以避免潜在的安全风险。

(7) 可重复性:混凝土缺陷检测技术应该具备可重复性,即在不同时间和不同操作人员之间能够得到一致的结果。这样可以确保检测结果的可靠性和可信度。

(8) 安全性:混凝土缺陷检测技术应该是安全的,操作人员在使用检测设备时不会受到危害。同时,技术应该能够在不影响结构安全的前提下进行检测。

(三) 检测技术要求

(1) 检测区域宜清洁、干燥、无杂质,并且应该清除表面的油污和灰尘等物质。

(2) 检测应在光线充足的环境下进行,以便于观察和识别缺陷。

(3) 检测时宜按照一定的规律进行,例如从左到右、从上到下等,以避免漏检和重复检测。

(4) 检测过程中可以根据实际情况,选用适当的设备和方法,对于影响较大、问题复杂或重要结构混凝土缺陷的检测,宜采用两种以上的检测方法相互验证,以提高检测的准确性。

(5) 检测结果应记录在检测报告中,并且应该注明每个缺陷的类型、位置、大小、形状等信息。可通过列表或图示的方式来反映外观缺陷在受检范围内的分布特征。

2.2 混凝土外观缺陷检测与评价

混凝土外观缺陷包括表层损伤、蜂窝、麻面、孔洞、露筋等。本节外观缺陷未包括混凝土裂缝。裂缝是混凝土结构的典型病害,也是混凝土结构表观病害检查的重要内容。由于裂缝在混凝土表面和内部共同存在,兼具外观缺陷和内部缺陷的双重属性,其检测、记录和评定存在一定的特殊性,故将混凝土裂缝列为专项检测,纳入 2.3 节专门介绍。

2.2.1 表层伤损

2.2.1.1 产生原因与危害

对水闸工程而言,混凝土表层伤损产生的常见原因包括冻融、磨损、空蚀和碰撞等。

一、冲磨与空蚀

冲磨与空蚀破坏往往发生在水闸的过流部位。相比高坝建筑物,水闸的水头差较小,通常以冲磨为主。水闸过流时河水中携带的介质分为悬移质和推移质,两者对建筑物都有破坏作用。悬移质颗粒粒径较小,在高速流动水流的紊动作用下，与水流均匀地混合一起呈悬浮状态移动，对过流建筑物表面产生磨损作用。推移质在水流中滑动、滚动或跳跃等方式运动，对过流建筑物表面不仅有磨损作用，还有冲击破坏作用。这些作用是连续且不规则的，最终对混凝土面造成破坏，如图 2-1。

图 2-1　混凝土冲磨缺陷示意图

(一) 产生冲磨与空蚀的主要原因

相关研究表明，混凝土表面的磨损率与水流速度、含沙率、沙石颗粒形态、粒径、硬度、建筑物表面形态以及混凝土本身的抗冲磨能力等多种因素有关，主要原因及分类如下。

1. 建筑物的设计轮廓曲线(体型)

(1) 体型：建筑物几何形状不合理；建筑物形式复杂(弯道、跌坎、变坡、收缩、扩散渐变段等)。

(2) 进水口：进口曲线不合理。

(3) 门槽：矩形门槽宽深比不合理。

(4) 岔洞：主支洞夹角、出口收缩比及岔尖形式不合理。

(5) 出水口：出口断面收缩不合理。

(6) 消能设施：效能设施布置不合理；消力池内设消力坎、消力墩、趾墩等不合理；挑流鼻坎体形不合理。

(7) 护面：设计护面材料的抗磨损、空蚀能力低，抗磨损、空蚀材料与基底混凝土温度变形不一致。

2. 含沙水流

(1) 悬移质：悬移质冲刷磨损。

(2) 推移质：推移质冲击磨损、空蚀。

(3) 杂物:杂物磨损。

3. 施工

(1) 施工质量:过水面施工质量差;护面与基面的黏结不牢固;模板变形;泄水建筑物进口、消力池或水跃区内的石渣、施工残余物未清除。

(2) 不平度:施工表面与设计不符;过水面有升坎、跌坎、凹陷、凸起;过水面上有钢筋头或预埋件露头。

4. 运行管理

(1) 水流:闸门开启方式不合理;泄流流速偏高。

(2) 维护:表面破坏未及时修补。

(二) 混凝土结构冲磨的危害

(1) 表面磨损:持续的流体冲刷会逐渐磨损混凝土表面,使得表层逐渐消失,减少了结构的有效截面。

(2) 强度下降:随着表面的磨损,混凝土结构中的骨料暴露出来,结构的整体强度会随之下降。

(3) 内部损伤:冲磨还可能导致内部微裂缝的形成和扩展,影响结构的稳定性。

(4) 减少寿命:加速的磨损过程将缩短结构的预期使用寿命,特别是在高速水流作用下的水工结构中更为明显。

二、冻融剥蚀

混凝土冻融剥蚀是指在水饱和或潮湿状态下,由于温度正负变化,结构中已硬化的混凝土内部孔隙在干湿交替和冻融循环的作用下,产生冰胀压力和渗透压力等,在其共同作用下形成疲劳应力,造成混凝土由表及里逐渐剥蚀的破坏现象,见图 2-2。

图 2-2 混凝土冻融剥蚀缺陷示意图

对混凝土冻融破坏的机理，目前的认识尚不完全一致，按照公认程度较高的，由美国学者 T. C. Powerse 提出的膨胀压和渗透压理论，吸水饱和的混凝土在其冻融的过程中，遭受的破坏应力主要由两部分组成。其一是当混凝土中的毛细孔水在某负温下发生物态变化，由水转变成冰，体积膨胀 9%，因受毛细孔壁约束形成膨胀压力，从而在孔周围的微观结构中产生拉应力；其二是当毛细孔水结成冰时，由凝胶孔中过冷水在混凝土微观结构中的迁移和重分布引起的渗管压。由于表面张力的作用，混凝土毛细孔隙中水的冰点随着孔径的减小而降低。冰与过冷水的饱和蒸汽压差和过冷水之间的盐分浓度差引起水分迁移而形成渗透压。这两种应力在混凝土冻融过程中反复出现，并相互促进，最终造成混凝土的疲劳破坏。

(一) 产生冻融剥蚀的主要原因

混凝土产生冻融剥蚀主要原因及分类如下。

1. 环境条件

(1) 气温：环境气温的正负变化使混凝土遭受反复的冻融。

(2) 饱水条件：处于水位变化区，天然降水或渗漏水积存。

2. 混凝土原材料

(1) 水：水泥品种选用不当。

(2) 掺合料：掺用不适当。

(3) 骨料：品质低劣。

(4) 外加剂：未掺引气剂或引气剂效果差。

3. 设计

抗冻等级：抗冻等级偏低，水灰比过高。

4. 施工

(1) 拌和：混凝土配合比现场控制不严；拌和时间短、不均匀、含气量不足。

(2) 运输：运输、浇筑过程改变了混凝土配合比；运输、浇筑过程中含气量损失过多；浇筑振捣不密实；施工工艺不当。

(3) 养护：初期养护时干燥失水；早期受冻。

5. 其他

运管：运行管理不善等。

(二) 混凝土冻融剥蚀的危害

(1) 微观损伤累积：水分在混凝土内部冻结，体积膨胀会对孔隙墙施加压力，导致微裂缝的产生和扩展。

(2) 宏观破坏显现：多次冻融循环后，微观损伤会累积并最终表现为宏观的破坏，如表面剥落、裂缝增长等。

(3) 结构强度减弱：随着损伤的累积，混凝土的承载能力和强度会逐渐降低，影响结构的安全性。

(4) 耐久性下降：频繁的冻融循环会加速混凝土结构的老化，降低其耐久性和使用寿命。

(5) 透水性增加：裂缝和剥落会增加混凝土的透水性，导致内部钢筋的腐蚀和进一步损害。

(6) 安全隐患：严重的冻融剥蚀可能会导致结构性能的突然下降，增加结构垮塌的风险。

2.2.1.2 缺陷检测与评价

一、主要检测依据

(1)《水工混凝土结构缺陷检测技术规程》(SL 713—2015)；

(2)《水利工程质量检测技术规程》(SL 734—2016)；

(3)《水工混凝土建筑物缺陷检测和评估技术规程》(DL/T 5251—2010)；

(4)《混凝土结构现场检测技术标准》(GB/T 50784—2013)；

(5)《在用公路桥梁现场检测技术规程》(JTG/T 5214—2022)。

(6)《水运工程水工建筑物检测与评估技术规范》(JTS 304—2019)。

二、检测参数与设备

表层伤损用缺陷范围、缺陷累计面积和伤损最大深度三个指标来表征，现场检测记录参数和记录精度见表 2-2。

表 2-2 外观缺陷(表层伤损)现场记录参数和记录精度

外观缺陷	缺陷表征	参数	记录精度
表层伤损	缺陷范围	长(L)×宽(W)	0.001 m×0.001 m
	累计面积	S_{sum}	0.001 m^2
	最大深度	H_{max}	0.001 m

(1) 缺陷范围和累计面积采用量测法，主要检测设备为：钢尺、卷尺、激光测距仪(图 2-3)等，测量精度不低于 1 mm。

(2) 伤损深度的检测可以采用深度卡尺(图 2-4)、取芯或超声波法。

三、检测方法与步骤

缺陷范围和累计面积现场测量后计算、绘图并拍照，伤损厚度的检测方法有如下几种方法。

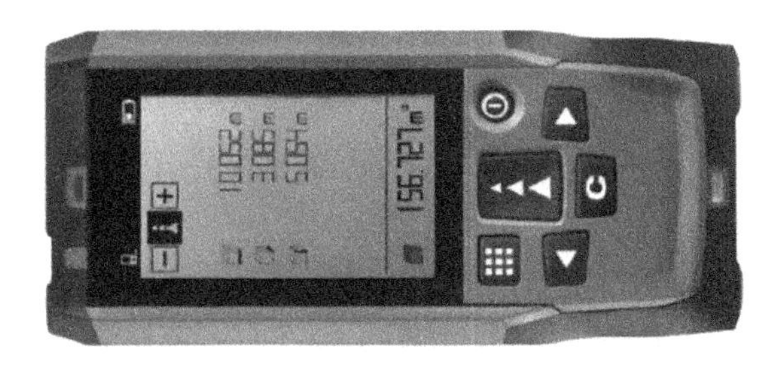

图 2-3　激光测距仪示意图

图 2-4　数显深度卡尺示意图

（一）直接量测

选取最大伤损部位，用刷子等清理干净表面灰渣，采用深度卡尺，直接测量其深度，测量结果精确到 1 mm。

（二）钻芯法

被测结构允许钻芯时，可采用钻芯法对伤损层厚度进行检测。采用钻芯法检测时应按下列要求执行。

（1）钻芯位置应具有代表性，一般不少于 3 处，每处钻取 1 个芯样。

（2）钻芯深度应穿透伤损层。

（3）芯样伤损层厚度测量时，宜先将芯样完全浸入洁净水中，4 h 后取出芯样，放置在室内自然风干。采用钢尺测量其浸润分界线至芯样外表面最大厚度值作为该芯样对应部位伤损层厚度值，精确至 1 mm。

（4）构件伤损层厚度采用所有芯样伤损层厚度的最大值进行表示，精确至 1 mm。

（5）钻芯处的修补宜与伤损层的整体处置同步进行。

（三）超声波法

当被测构件不适用钻芯法时，宜采用超声波法对伤损层厚度进行检测。

1. 采用超声波法检测表面伤损层厚度时，被测部位和测点的确定应满足下列要求。

(1) 根据混凝土结构的损伤情况和外观质量选取有代表性的部位布置测区，不少于 3 个。

(2) 混凝土结构被测表面应平整并处于自然干燥状态，且无接缝和饰面层。

2. 现场检测应符合下列要求。

(1) 检测宜选用频率较低的厚度振动式平面换能器。

(2) 测试时发射换能器应耦合好并保持不动，然后将接收换能器依次耦合在测点位置上(图 2-5)，读取相应的声时值 t_i，并测量每次发射换能器、接收换能器之间的内边缘间距 l'_i。接收换能器每次移动的距离宜为 30～100 mm，每一测区的测点数不应少于 6 个，损伤区段和未损伤区段的测点各不少于 3 个，当伤损层较厚时，应适当增加测点数。

(3) 当混凝土的伤损层厚度不均匀时，应适当增加测区数量。

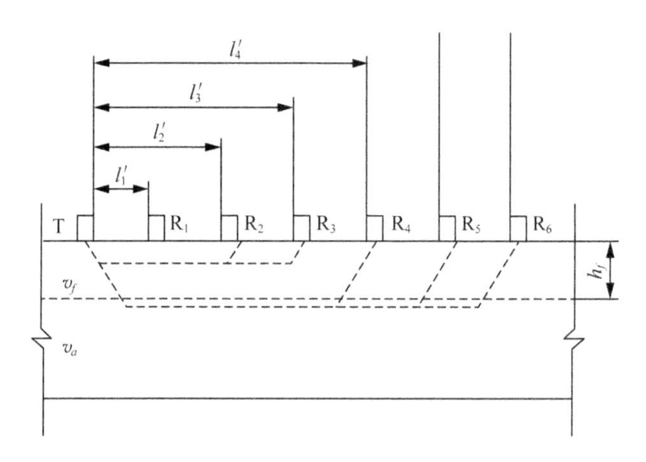

图 2-5　超声波法检测表层损伤厚度示意图

T—发射换能器；R_i—接收换能器，下标 i 用 1、2、3 等表示不同的位置；l'_i—换能器间内边缘间距，下标 i 用 1、2、3 等表示接收换能器处于不同位置时的内边缘间距；v_f—伤损层波速；v_a—未伤损层波速；h_f—伤损层厚度

3. 数据处理及判定应符合下列规定。

(1) 以各测点的声时值 t_i 和相应换能器内边缘间距值 l'_i 绘“时-距”坐标图(图 2-6)，由图可得到声速改变所形成的拐点(l_0)，拐点前后分别表示伤损和未伤损混凝土的换能器内边缘间距与声时相关直线。

(2) 伤损与未伤损混凝土换能器内边缘间距与声时的回归直线方程应按下列公式计算。

伤损混凝土：

$$l_f = a_1 + b_1 t_f \tag{2-1}$$

未伤损混凝土：

$$l_a = a_2 + b_2 t_a \tag{2-2}$$

式中：l_f——拐点前各测点的换能器内边缘间距(mm)，精确至 1 mm；l_a——拐点后各测点的换能器内边缘间距(mm)，精确至 1 mm；t_f——拐点前各测点的声时值(μs)，精确至 0.1 μs；t_a——拐点后各测点的声时值(μs)，精确至 0.1 μs；a_1，b_1——回归系数，图 2-6 的伤损混凝土回归直线的截距和斜率；a_2，b_2——回归系数，图 2-6 中未伤损混凝土回归直线的截距和斜率。

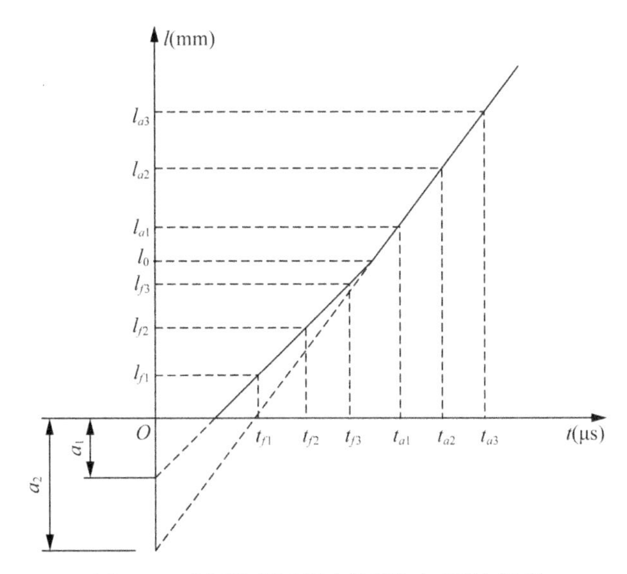

图 2-6　表层伤损层厚度检测"时-距"坐标图

l_0—拐点；t_f—拐点前各测点的声时，下标序号 1，2，3 等表示不同测点位置得到的值；t_a—拐点后各测点的声时，下标序号 1，2，3 等表示不同测点位置得到的值；l_f—拐点前各测点的换能器内边缘间距，下标序号 1，2，3 等表示不同测点的换能器内边缘间距；l_a—拐点后各测点的换能器内边缘间距，下标序号 1，2，3 等表示不同测点的内边缘间距；a_1—伤损混凝土回归直线的截距；a_2—未伤损混凝土回归直线的截距

(3) 单个测区伤损层厚度应按式(2-3)计算。

$$h_f = \frac{l_0}{2}\sqrt{\frac{b_2 - b_1}{b_2 + b_1}} \tag{2-3}$$

式中：h_f——伤损层厚度(mm)，精确至 1 mm；l_0——声速发生突变时的换能器内边缘间距(mm)，精确至 1 mm，按式(2-4)计算。

$$l_0 = \frac{a_1 b_2 - a_2 b_1}{b_2 - b_1} \tag{2-4}$$

(4) 混凝土伤损层厚度应取测区伤损层厚度的最大值，精确至 1 mm。

四、检测结果分级与处理建议

（一）缺陷分级标准

混凝土表层伤损缺陷（冲磨空蚀和冻融剥蚀）分级标准见表2-3。应根据现场调查情况和缺陷监测资料，分析确定混凝土冲磨和空蚀的原因；根据现场调查情况和混凝土芯样抗压强度、动弹性模量、抗冻性能、抗渗性能等的检测结果，分析确定冻融剥蚀的原因。

表2-3　混凝土表层伤损缺陷评估分级标准

序号	项目	类型	特性	分类标准
1	冲磨和空蚀	A类磨损空蚀	轻微磨损空蚀	局部混凝土粗骨料外露
		B类磨损空蚀	中度磨损空蚀	混凝土磨损范围和程度较大，局部混凝土粗骨料脱落，形成不连续的磨损面（未露钢筋）
		C类磨损空蚀	严重磨损空蚀	混凝土粗骨料外露，形成连续的磨损面，钢筋外露
2	冻融剥蚀	A类冻融剥蚀	轻微冻融剥蚀	冻融剥蚀深度 $h \leqslant 10$ mm
		B类冻融剥蚀	一般冻融剥蚀	冻融剥蚀深度 10 mm $< h \leqslant 50$ mm
		C类冻融剥蚀	严重冻融剥蚀	冻融剥蚀深度 $h > 50$ mm 或剥蚀造成钢筋暴露

（二）缺陷处理建议

1. 磨损和空蚀缺陷处理的判定原则

（1）A类轻微磨损与空蚀可不进行处理。

（2）B类、C类磨损与空蚀应进行修补处理，C类磨损与空蚀还应进行结构体型复核及安全分析。

2. 冻融剥蚀处理的判定原则

（1）A类冻融剥蚀在抗冲磨区域之外可不予处理，在抗冲磨区域宜进行处理。

（2）B类冻融剥蚀宜进行处理，在抗冲磨区域应进行处理。

（3）C类冻融剥蚀应进行处理，当冻融剥蚀造成钢筋混凝土结构的钢筋锈蚀时，应进行安全复核。

2.2.2　蜂窝、麻面和表面疏松

2.2.2.1　产生原因与危害

一、蜂窝

混凝土蜂窝，是指混凝土结构局部出现酥松、砂浆少、石子多、石子之间形成空隙类似蜂窝状窟窿的现象，见图2-7。

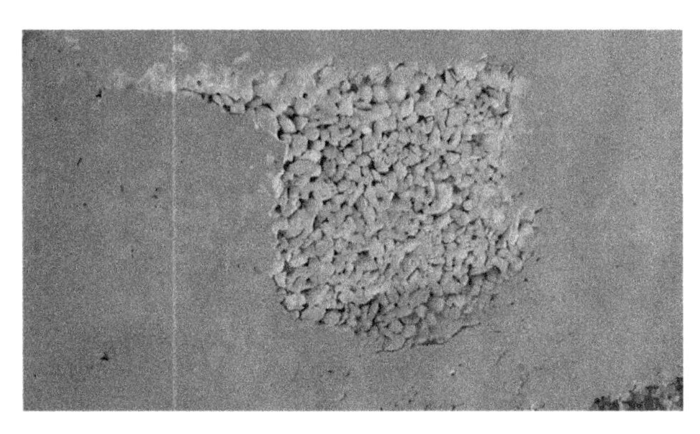

图 2-7　混凝土蜂窝缺陷示意图

（一）产生蜂窝现象的主要原因

（1）混凝土配合比不当或砂、石料、水泥材料加水量计量不准，造成砂浆少、石子多。

（2）混凝土搅拌时间不够，未拌和均匀，和易性差，振捣不密实。

（3）下料不当或下料过高，未设串筒使石子集中，造成石子砂浆离析。

（4）混凝土未分层下料，振捣不实、漏振或振捣时间不够。

（5）模板缝隙未堵严，水泥浆流失。

（6）钢筋较密，使用的石子粒径过大或坍落度过小。

（7）基础、柱、墙身根部未稍加间歇就继续浇筑上层混凝土等。

（二）混凝土结构蜂窝的危害

（1）减弱结构承载能力：蜂窝缺陷会导致混凝土的实际截面积减小，降低了结构件的承载力，对于承重构件影响尤为严重。

（2）影响耐久性：蜂窝部位易成为水分和有害物质的聚集地，这些有害物可以通过蜂窝处的通道渗透到混凝土内部，加速钢筋的锈蚀，降低混凝土抵抗冻融循环的能力。

（3）腐蚀保护层：混凝土蜂窝导致的局部孔洞可以减少对钢筋的保护作用，钢筋暴露于有害环境中，加速锈蚀过程。

（4）减弱抗裂性能：混凝土中的蜂窝区域可能成为裂缝的发源地，由于这些区域密实度低，无法有效地抵抗外部荷载和环境变化。

（5）影响结构密实度和整体性：蜂窝破坏了混凝土的连续性，影响其整体性能，减少了结构的整体稳定性和抗震性。

二、麻面

混凝土麻面，是指混凝土表面不光滑、不平整，有凹陷的小坑的现象，见图 2-8。

图 2-8　混凝土麻面缺陷示意图

（一）产生麻面现象的主要原因

（1）原材料问题：水泥品质不佳，可能导致凝结时间不一致，影响混凝土表面的均匀性；粗骨料粒径过大，或者级配不合理，使得混凝土的骨料分布不均，形成表面凹凸不平；水分过多或过少，使混凝土浆体的流动性和稠度不适宜，影响表面的光滑度。

（2）施工操作不当：模板安装不正确或模板质量差，表面不平滑，导致混凝土成型后表面粗糙；施工时振捣不充分或过度，使得浆料和骨料分离，影响混凝土表面的整体性；浇筑高度过高，导致骨料沉降，表层浆液含量过多，不能形成均匀的覆盖层；施工过程中，混凝土浇筑间隔时间太长，造成层间结合不良，表面产生麻点。

（3）养护不当：养护条件不符合要求，例如干燥太快，导致水分过快蒸发，使表面产生龟裂或麻面；养护开始时机不当，过早或过晚开始养护都可能影响混凝土表面的质量。

（4）环境因素：温度过高或过低，湿度不适宜，风速过快等都可导致混凝土表面过快失水，形成麻面；混凝土在充满硫化氢等有害气体的环境中硬化，化学反应可能导致表面质量下降。

（二）混凝土结构麻面的危害

（1）美观性受损：混凝土表面的麻面缺陷会影响建筑物的整体美观性，尤其是在公共建筑和重要构造物上，麻面的出现会降低建筑的视觉效果和设计价值。

（2）保护层效果下降：混凝土表面的麻面减少了对钢筋的保护，导致钢筋更容易受到腐蚀和锈蚀的影响，这会降低结构的耐久性、缩短结构的使用寿命。

(3) 结构性能受影响：混凝土的麻面可能导致表层强度不足，降低结构的整体承载能力和抗裂性能。

(4) 降低密封性能：麻面表面的孔洞会影响混凝土的密封性，使得水分和化学物质更容易渗透，从而加速内部钢筋的腐蚀。

(5) 维护成本增加：麻面区域可能需要定期修补和维护，以防止腐蚀的进一步发展和结构性能的进一步下降，从而增加了维护成本。

三、表面疏松

混凝土表面疏松，是指混凝土表面的水泥砂浆层因黏结不良而变得松散，容易被机械力或者其他外界因素剥离的现象，具体表现为表层浮浆、骨料暴露和小块砂浆脱落，见图2-9。

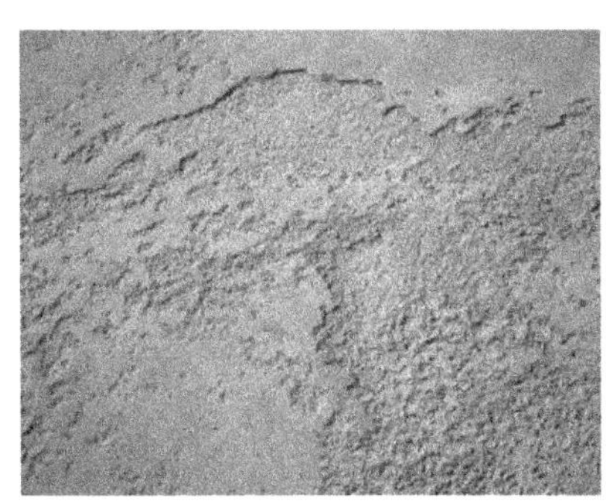 

图2-9　混凝土表面疏松缺陷示意图

(一) 产生表面疏松现象的主要原因

(1) 水泥浮浆过多：施工时混凝土表面抹平过程中，如果引起过多的水泥浆液上浮，会形成一层脆弱的浮浆层。

(2) 过早脱模：混凝土表面未达到足够的强度就进行脱模，可能会导致表层的砂浆受损疏松。

(3) 不适当的养护：混凝土在养护过程中如果水分丢失过快，比如在高温或风速大的环境中，会导致水泥砂浆的收缩，造成表面层的疏松。

(4) 水灰比过高：混凝土中水灰比过高，会导致混凝土孔隙增加，强度降低，从而引起表面疏松。

(5) 不足的振捣：混凝土浇筑时振捣不充分，会导致表层砂浆中含有较多的空气泡，减弱了表层的密实度和强度。

(6) 施工温度问题：在过低或过高的温度下浇筑混凝土，都可能影响水泥的正常水化反应，导致表面疏松。

(二) 混凝土结构表面疏松的危害

(1) 降低耐久性:表面疏松会使混凝土的保护层变薄,增加了水分、氯化物和其他有害物质渗透到内部的可能性,加速了钢筋的腐蚀和混凝土老化过程。

(2) 减弱抗冻性:表面疏松使得混凝土更易吸水,水分在冻融循环下扩张会加剧混凝土的破坏,导致更多的剥离和裂缝。

(3) 抗渗性下降:结构表面的孔隙率增加,导致抗渗性能下降,对于对防水性能有需求的结构尤其不利。

(4) 降低承载能力:表面疏松可能随着时间的推移影响到混凝土内部,降低结构的整体承载能力。

(5) 影响黏结性:疏松表面降低了混凝土与其他材料的黏结性,如贴面材料、涂层或修补材料,可能导致这些材料脱落或失效。

2.2.2.2 缺陷检测与评价

一、主要检测依据

同 2.2.1.2 中表层伤损的主要检测依据。

二、检测参数与设备

蜂窝、麻面和表面疏松用缺陷范围和缺陷累计面积两个指标来表征,现场检测记录参数和记录精度见表 2-4。

表 2-4 外观缺陷(蜂窝、麻面和表面疏松)现场记录参数和记录精度

外观缺陷	缺陷表征	参数	记录精度
蜂窝、麻面和表面疏松	缺陷范围	长(L)×宽(W)	0.001 m×0.001 m
	累计面积	S_{sum}	0.01 m^2

蜂窝、麻面和表面疏松缺陷范围可采用钢尺或卷尺进行测量,也可采用数字摄影成像系统远程观测(图 2-10)。钢尺和卷尺的测量精度不低于 1 mm;数字摄影成像系统远程测量系统精度不宜低于 0.2 mm,距离定位误差不大于 5%。

三、检测方法与步骤

测量时应读取蜂窝、麻面及表面疏松范围的最大直径及其垂直方向最外边直径,读数精确至 1 mm,并以此计算蜂窝、麻面及表面疏松面积,精确到 1 mm^2。

四、结果评价

(一) 缺陷分级原则

混凝土蜂窝、麻面和表面疏松缺陷分级标准见表 2-5。应根据现场调查情况、混凝土芯样抗压强度等的检测结果,分析确定蜂窝、麻面和表面疏松的原因。

图 2-10 无人机搭载三轴五镜头摄影测量系统

具体分类时，应按照靠近、从严的原则进行归类。

表 2-5 混凝土蜂窝、麻面和表面疏松缺陷评估分级标准

序号	项目	类型	特性	分类标准
1	蜂窝麻面	A 类蜂窝麻面	小面积蜂窝麻面	累计面积≤构件面积的 10%，且无钢筋外露
		B 类蜂窝麻面	较大面积蜂窝麻面	构件面积的 10%<累计面积≤构件面积的 50%，且无钢筋外露
		C 类蜂窝麻面	大面积蜂窝麻面	累计面积>构件面积的 50%，或钢筋外露
2	表层疏松	A 类表层疏松	小面积表层疏松	累计面积≤构件面积的 10%，且无混凝土粗骨料外露
		B 类表层疏松	较大面积表层疏松	构件面积的 10%<累计面积≤构件面积的 50%，或局部混凝土粗骨料外露、脱落（未露钢筋）
		C 类表层疏松	大面积表层疏松	累计面积>构件面积的 50%，或混凝土粗骨料外露，钢筋外露

（二）缺陷处理建议

（1）A 类蜂窝、麻面和表层疏松在抗冲磨区域之外可不予处理，在抗冲磨区域应进行处理；

（2）B 类和 C 类蜂窝、麻面和表层疏松应进行处理，当缺陷造成钢筋混凝土结构的钢筋锈蚀时，应进行安全复核。

2.2.3 孔洞

2.2.3.1 产生原因与危害

混凝土孔洞，是指混凝土构件上有较大空隙、局部没有混凝土或蜂窝特别大的现象，如图 2-11 所示。

图 2-11　混凝土孔洞缺陷示意图

（一）产生孔洞现象的主要原因

（1）在钢筋密集处或预埋件处，混凝土浇注不畅通，不能充满模板间隙。

（2）未按顺序振捣混凝土，产生漏振。

（3）混凝土离析或严重跑浆。

（4）混凝土工程的施工组织不规范，未按施工顺序和施工工艺认真操作。

（5）混凝土中有硬块和杂物掺入，或木块等大件料具掉入混凝土中。

（6）未按规定下料，一次下料过多，下部因振捣器振动作用半径达不到，形成松散状态。

（二）混凝土结构孔洞的危害

（1）减弱结构强度：孔洞减少了混凝土结构的有效承载面积，尤其是当孔洞位于受力部位时，可能会导致结构承载能力下降。

（2）影响耐久性：孔洞可以成为水分和有害化学物质（如氯盐、硫酸盐等）渗透进入混凝土内部的通道，这可能会加速钢筋的腐蚀并损害混凝土的结构完整性。

（3）增加冻融破坏的风险：孔洞中积水在冻结时体积膨胀，可能导致混凝土开裂和剥落，特别是在寒冷地区这一问题尤为严重。

2.2.3.2　缺陷检测与评价

一、主要检测依据

同 2.2.1.2 中表层伤损的主要检测依据。

二、检测参数与设备

混凝土孔洞用缺陷范围、累计面积、最大深度和最大孔径四个指标来表征，现场检测记录参数和记录精度见表 2-6。

表 2-6　外观缺陷(孔洞)现场记录参数和记录精度

外观缺陷	缺陷表征	参数	记录精度
孔洞	缺陷范围	长(L)×宽(W)	0.01 m×0.01 m
	累计面积	S_{sum}	0.01 m^2
	最大深度	H_{max}	0.001 m
	最大孔径	D_{max}	0.001 m

混凝土孔洞缺陷范围可采用钢尺或卷尺测量，深度宜采用深度卡尺或深度游标卡尺测量，表面孔径可采用游标卡尺进行测量，设备测量精度不低于 1 mm。

三、检测方法与步骤

缺陷范围测量时，应读取最大直径及其垂直方向最外边直径，读数精确至 1 mm，并以此计算孔洞的面积，精确到 1 mm^2。

孔深测量时，应读取最大孔深，精确至 1 mm；表面孔径测量时，应分别读取最大孔径及其垂直方向的直径，精确至 1 mm，并在报告中分别注明相应数值。

四、结果评价

（一）缺陷分级标准

混凝土孔洞分级标准见表 2-7。应根据现场调查情况、混凝土芯样抗压强度等的检测结果，分析确定孔洞产生的原因。具体分类时，应按照靠近、从严的原则进行归类。

（二）缺陷处理建议

A 类、B 类和 C 类孔洞均应进行处理，当缺陷造成钢筋混凝土结构的钢筋锈蚀时，应进行安全复核。

表 2-7　外观缺陷(孔洞)评估分级标准

项目	类型	特性	分类标准
孔洞	A 类孔洞	局部孔洞	累计面积≤构件面积的 1%；单处面积≤0.1 m^2；孔洞深度小于保护层厚度；孔洞最大孔径小于主筋间距
	B 类孔洞	较大范围孔洞	构件面积的 1%<累计面积<构件面积的 5%；0.1 m^2<单处面积≤1 m^2；孔洞深度大于保护层厚度；孔洞最大孔径小于 3 倍主筋间距
	C 类孔洞	大范围孔洞	累计面积≥构件面积的 5%；单处面积>1 m^2；孔洞深度大于保护层厚度且有钢筋外露

2.2.4 露筋

2.2.4.1 产生原因与危害

混凝土露筋，是指混凝土内部主筋、副筋或箍筋局部裸露在结构构件表面的现象，如图 2-12 所示。

图 2-12 混凝土露筋缺陷示意图

(一) 产生露筋现象的主要原因

(1) 混凝土覆盖层厚度不足：如果混凝土的保护层(覆盖层)厚度小于设计要求，钢筋很容易因外界环境的影响而腐蚀和露出。

(2) 施工质量问题：如果施工时钢筋安装位置不准确，或者混凝土浇筑和振捣不充分，都可能导致钢筋露出。

(3) 混凝土冻融破坏：在存在冻融循环的环境下，混凝土的表面会因为水分冻结膨胀而产生裂缝，导致钢筋暴露。

(4) 化学侵蚀：在含有化学物质的环境中(如盐水、酸性或碱性环境)，化学腐蚀会加速混凝土的损坏和钢筋的暴露。

(5) 外力撞击：交通工具或其他硬物的撞击也可能会导致混凝土剥落，使得钢筋暴露。

(二) 混凝土结构露筋的危害

(1) 降低结构强度：钢筋是混凝土结构中的主要受力材料，露筋后，由于腐蚀等因素，钢筋的有效截面将减小，降低了整个结构的承载能力和强度。

(2) 加速钢筋腐蚀：钢筋暴露在空气或水分中，得不到混凝土的碱性环境保护，会加速锈蚀过程，进一步削弱结构的稳定性。

(3) 影响耐久性：结构的耐久性会因钢筋的腐蚀和混凝土的剥落而显著减少，缩短建筑物的设计使用寿命。

(4) 影响结构的整体性：钢筋与混凝土之间的黏结力是保证结构整体性的关键，钢筋露出后，这种黏结力会受到影响。

2.2.4.2　缺陷检测与评价

一、主要检测依据

同 2.2.1.2 中表层伤损的主要检测依据。

二、检测参数与设备

混凝土露筋用缺陷范围、累计面积、最大长度、最小长度和露筋数量五个指标来表征，现场检测记录参数和记录精度见表 2-8。

表 2-8　外观缺陷(露筋)现场记录参数和记录精度

外观缺陷	缺陷表征	参数	记录精度
露筋	缺陷范围	长(L)×宽(W)	0.01 m×0.01 m
	累计面积	S_{sum}	0.01 m^2
	最大长度	L_{max}	0.001 m
	最小长度	L_{min}	0.001 m
	露筋数量	N_{sum}	—

混凝土露筋缺陷范围和露筋长度可采用钢尺或卷尺测量，露筋直径用游标卡尺测量。钢尺和卷尺精度不低于 1 mm，游标卡尺精度不低于 0.02 mm。

三、检测方法与步骤

缺陷范围测量时，应读取最大直径及其垂直方向最外边直径，读数精确至 1 mm，并以此计算露筋的面积，精确到 1 mm^2；测量露出钢筋的最大长度和最小长度，读数精确至 1 mm；统计露出钢筋的数量。

露筋检测时应详细记录受检结构或构件露筋的直径、根数、长度、位置、锈蚀情况等信息，并留取影像资料。

四、结果评价

(一) 缺陷分级标准

混凝土露筋分级标准见表 2-9。应根据现场调查情况，分析确定露筋产生的原因。具体分类时，应按照靠近、从严的原则进行归类。

(二) 缺陷处理建议

A 类、B 类和 C 类露筋均应进行处理，当缺陷造成钢筋混凝土结构的钢筋锈蚀时，应进行安全复核。

表 2-9　混凝土露筋缺陷评估分级标准

序号	项目	类型	特性	分类标准
1	露筋	A 类露筋	轻微露筋	个别钢筋露筋，最大露筋长度小于钢筋直径的 10 倍；钢筋无明显锈蚀，结构安全性未受影响。
		B 类露筋	一般露筋	小面积露筋，最大露筋长度超过钢筋直径的 10 倍以上；钢筋有明显锈蚀，可能出现结构安全性问题。
		C 类露筋	严重露筋	大面积露筋，多根钢筋锈蚀严重；结构安全性受到严重威胁。

2.2.5　混凝土渗漏

2.2.5.1　产生的原因与危害

混凝土渗漏，是指水分通过混凝土结构中的裂缝、孔隙、接缝等渗透至混凝土另一侧的现象，如图 2-13 所示。

图 2-13　混凝土渗漏缺陷示意图

（一）产生渗漏现象的主要原因

1. 混凝土原材料

（1）水泥：水泥品种选用不当。

（2）骨料：骨料的品质低劣、级配不当。

2. 设计

（1）勘察：地质勘探工作不够细致，基础有隐患。

（2）结构：混凝土抗渗等级低；基础防渗排水措施考虑不周；伸缩缝止水结

构不合理。

3. 施工

(1) 配合比:配合比设计不合理。

(2) 浇筑:浇筑程序不合理、间歇时间过长、层面处理不符合要求、振捣不密实。

(3) 养护:养护不及时或时间不够,养护措施不当。

(4) 温控:温控措施不当。

(5) 防渗:防渗设施施工质量差;基岩的强风化层及破碎带未按设计要求彻底清理;基础清理不彻底,结合部施工质量不符合设计要求,接触灌浆质量差。

4. 运行管理

(1) 运行条件改变:基岩裂隙的发展,渗流的变化,抗冻、抗渗性能降低,水位与作用(荷载)变化。

(2) 管理:养护维修不善。

(3) 物理、化学因素的作用:帷幕排水设施、伸缩缝止水结构等损伤,沥青老化,混凝土与基岩接触不良,流土、管涌、冻害、溶蚀等。

(二) 混凝土结构渗漏的危害

(1) 结构完整性受损:水分渗透可以导致混凝土和钢筋间的黏结力下降,减弱结构的承载能力。长期的渗漏还可能引起混凝土内部的腐蚀,进而产生裂缝、剥离和碎裂。

(2) 钢筋锈蚀:混凝土渗漏可能导致内部钢筋的锈蚀,锈蚀过程中产生的体积膨胀力会进一步扩大混凝土的裂缝,降低结构的安全性和耐用性。

(3) 降低耐久性:水分和其中溶解的有害化学物质可以加速混凝土中水泥矩阵的分解,从而缩短结构的使用寿命。

(4) 导致冻融损害:在存在冻融循环的气候条件下,水分进入混凝土后结冰,体积扩大,破坏混凝土的孔隙结构,降低其抗冻性能。

(5) 生物侵蚀:渗漏的水分可为微生物提供生长环境,如霉菌、藻类等,这些生物的增长可能会导致混凝土表面的进一步破坏和美观度下降。

(6) 电气安全隐患:对于含有电气线路的结构,渗漏可能会导致电气设备故障,增加触电和火灾的风险。

2.2.5.2 缺陷检测与评价

一、主要检测依据

(1)《水工混凝土结构缺陷检测技术规程》(SL 713—2015);

(2)《水工混凝土建筑物缺陷检测和评估技术规程》(DL/T 5251—2010);

(3)《在用公路桥梁现场检测技术规程》(JTG/T 5214—2022);

(4)《水运工程水工建筑物检测与评估技术规范》(JTS 304—2019);

(5)《建筑红外热像检测要求》(JG/T 269—2010);

(6)《红外热像法检测建设工程现场通用技术要求》(GB/T 29183—2012)。

二、检测参数与设备

混凝土渗漏用缺陷范围、累计面积和渗漏情况三个指标来表征,现场检测记录参数和记录精度见表 2-10。

表 2-10 混凝土渗漏现场记录参数和记录精度

外观缺陷	缺陷表征	参数	记录精度
渗漏	缺陷范围	长(L)×宽(W)	0.01 m×0.01 m
	累计面积	S_{sum}	0.01 m^2
	渗漏情况	Q_{max}	定性描述或定量测量

混凝土渗漏缺陷范围可采用钢尺或卷尺测量,钢尺和卷尺精度不低于 1 mm,也可采用红外热像仪进行检测。

三、检测方法与步骤

混凝土渗漏的普查主要包括视觉检查、水压试验和红外线成像检测。

(一) 视觉检查

检查混凝土结构上是否有任何表面裂缝或破损、水迹、霉菌或腐蚀现象等异常情况,这些可能是渗漏的迹象。

(二) 水压试验

通过向混凝土结构的一侧施加水压,检查另一侧是否有水渗透出来。这种方法常用于检测防水层的完整性。

(三) 红外线成像检测

1. 红外线成像原理

所有温度高于绝对零度(−273.15 ℃)的物体都会发射红外辐射。物体的温度越高,发射的红外辐射越强。这种辐射是肉眼无法看见的,但可以通过红外相机进行探测和成像。这一物理特性是红外线成像技术的基础。

热成像仪内部装有红外探测器和光学聚焦系统。探测器可以感测不同物体表面发出的红外辐射能量,并将这些能量转换成电信号。这些信号经过内部处理后,在显示屏上生成代表不同温度级别的彩色图案,通常以热图的形式呈现。热图上不同的颜色代表被测试物体表面的不同温度,通常红色表示温度较高,蓝色表示温度较低。

2. 渗漏检测原理

混凝土渗漏区域会因为蒸发冷却作用显示不同的温度，当使用红外线热成像仪对待检测对象进行扫描时，由渗漏引起的温度变化会在热图上形成明显的热影像。专业人员通过分析这些热影像，在无需接触或破坏测试对象的情况下，就可判断渗漏的区域位置。

3. 现场检测

(1) 现场环境和工程资料调查

现场环境和工程资料调查中应确认和掌握的内容应包括：

a) 工程概况；

b) 工程设计文件；

c) 工程施工相关技术文件；

d) 被测对象的材质、方位、朝向、周边环境、使用环境；

e) 被测对象的维护记录(使用过程中的检查、维修记录)；

f) 近期气象条件；

g) 当前被测物内部及附近冷(热)源分布及使用情况。

(2) 编写检测方案

检测前应根据委托方检测目的、检测前现场环境和工程资料的调查结果编写检测方案。检测方案宜包括如下内容：

a) 预计检测时间及最佳检测时段；

b) 被检测目标的部位；

c) 检测仪器及现场的工作方式；

d) 检测参数(距离、俯仰角、位置)及检测次数；

e) 对红外热像法检测出的缺陷做验证的其他方法。

(3) 红外热像仪检查

现场检测前，对红外热像仪需进行如下检查并确认功能正常：

a) 调整焦距；

b) 调节亮度和对比度；

c) 测温；

d) 存储图像。

(4) 现场检测步骤

现场检测应按如下步骤进行：

a) 预热仪器使其处于稳定工作状态；

b）根据被测材料和表面状态设置仪器发射率值；

c）记录环境条件（包括天气、气温、墙面或屋面温度、日照情况、风速风向等）；

d）应在相同部位拍摄一定数量的红外热谱图和可见光照片，缺陷部位红外热谱图数量宜适当增加；

e）记录拍摄条件和拍摄时间等相关信息；

f）所选拍摄位置（角度与距离）及光学变焦镜头应确保每张红外热谱图的最小可探测面积在目标物上不大于 50 mm×50 mm，即当空间分辨力为 1 mrad 时拍摄距离不超过 50 m，如因环境所限无法达到以上要求则需要在报告中相应的红外热谱图旁注明；

g）操作员需在现场分析红外热谱图，根据现场分析结果，采用其他方法进一步确认缺陷并做记录；

h）拍摄角度（红外热像仪观察方向与被测物体辐射表面法线方向的夹角）不宜超过 45°，超过 45°时则需要在报告中的红外热谱图旁注明；

i）拍摄时应选择目标物表面反射光线最少的角度；

j）准确记录，标识拍摄位置对应的红外热谱图及可见光照片。

4. 检测数据处理表达

（1）检测数据处理

a. 数据处理通用要求

a）对分区拍摄的红外热谱图进行正确的拼接合成，必要时对合成后的图像进行几何修正；

b）区分背景、正确选用恰当的调色板显示图像，突出被测物图像中的热异常区域；

c）确认图像中的缺陷后做好标识，输出缺陷检测结果。

b. 数据处理特殊要求

a）对天空反射造成的温度梯度进行修正；

b）缺陷图与设计图叠加或与可视照片叠加；

c）计算确定缺陷部位或面积，预估缺陷等级。

四、结果评价

（一）缺陷分级标准

混凝土渗漏可分为集中渗漏、裂缝与伸缩缝渗漏和散渗，分级标准见表 2-11。应根据现场调查情况，分析确定渗漏产生的原因。具体分类时，应按照靠近、从严的原则进行归类。

表 2-11　混凝土渗漏缺陷评估分级标准

序号	项目	类型	特性	分类标准
1	渗漏	A 类渗漏	轻微渗漏	轻微点渗、面渗
		B 类渗漏	一般渗漏	局部集中渗漏、产生溶蚀
		C 类渗漏	严重渗漏	存在射流或层间渗漏

（二）缺陷处理建议

（1）A 类渗漏一般可不进行处理，影响运行安全时应进行处理。

（2）B 类和 C 类渗漏均应进行处理，C 类渗漏还应进行结构安全分析。

2.3　混凝土裂缝检测与评价

混凝土的开裂是水工混凝土病害的主要表现形式。目前，几乎所有的混凝土工程都存在裂缝，只是裂缝的数量、大小和危害程度有所不同。裂缝会加速混凝土的老化，导致钢筋的锈蚀。严重的裂缝会破坏混凝土结构的整体性，降低结构的承载能力，影响建筑物的正常使用，甚至使混凝土结构失去承载能力而遭受破坏。某些裂缝还会影响混凝土结构的水密性，降低混凝土抵抗冻融破坏和环境侵蚀破坏的能力，最终将影响混凝土结构的正常使用，严重时将危及建筑物的安全。

为了减少和避免有害的混凝土裂缝，水利工程技术人员通常会采取相应的措施，包括材料、结构和施工工艺等方面。在混凝土材料方面，针对不同混凝土建筑物对混凝土的不同技术性能要求，配制出相应的混凝土，如高强或超高强混凝土、耐冻混凝土、抗裂混凝土、补偿收缩混凝土等。在结构方面，根据混凝土结构物的基础情况、建筑物的结构特点、运行环境条件等，在结构物的适当部位设置不同的结构缝，以适应结构物的变形。在施工方面，根据混凝土材料和混凝土结构物的特点，采用相应的施工方法，划分不同的施工浇筑块，严格按照施工规范施工，以保证混凝土浇筑密实、质量均匀，同时避免在施工过程中混凝土发生裂缝。

（一）裂缝成因

混凝土在水工结构上有着广泛的应用，其最主要的缺点是抗拉能力差、脆性大、容易开裂。混凝土裂缝的成因复杂而繁多，主要包括荷载、温度、收缩、基础变形、钢筋锈蚀等原因。

1. 荷载引起的裂缝

荷载裂缝是指混凝土构件在常规静、动荷载及次应力下产生的裂缝，设计、施工和使用阶段，均可能产生荷载裂缝。

设计阶段：结构计算时不计算或部分漏算；计算模型不合理；结构受力假设与实际受力不符；荷载少算或漏算；内力与配筋计算错误；结构安全系数不够；结构设计时不考虑施工的可能性；设计断面不足；钢筋设置偏少或布置错误；结构刚度不足；构造处理不当等。

施工阶段：不加限制地堆放施工机具、材料；不了解预制结构受力特点，随意翻身、起吊、运输、安装；不按设计图纸施工，擅自更改结构施工顺序，改变结构受力模式等。

使用阶段：受到超出设计载荷的作用或超负荷使用；发生超标准的大风、大雪、地震、爆炸等。

2. 温度变化引起的裂缝

混凝土具有热胀冷缩性质，当外部环境或结构内部温度发生变化，混凝土将发生变形，若变形遭到约束，则在结构内将产生应力，当应力超过混凝土抗拉强度时即产生温度裂缝。温度裂缝区别其他裂缝最主要特征是将随温度变化而扩张或合拢。温度裂缝产生的原因主要包括水泥水化放热、养护措施不当、年温差、日照不均、陡然降温或火灾等。

3. 收缩引起的裂缝

混凝土因收缩所引起的裂缝，在工程中最为常见。其产生的原因主要包括塑性收缩、干缩、自生收缩和碳化收缩等。

4. 地基基础变形引起的裂缝

混凝土结构基础竖向不均匀沉降或水平方向位移，使结构中产生附加应力，超出混凝土结构的抗拉能力而产生裂缝。基础不均匀沉降的主要原因有地质勘察精度不够、地基地质差异太大、结构荷载差异太大、结构基础类型差别大（分期建造的基础）和地基冻胀等。

5. 钢筋锈蚀引起的裂缝

由于混凝土质量较差或保护层厚度不足，混凝土保护层受二氧化碳侵蚀碳化至钢筋表面，使钢筋周围混凝土碱度降低，或由于氯化物介入，钢筋周围氯离子含量较高，均可引起钢筋表面氧化膜破坏，钢筋中铁离子与侵入到混凝土中的氧气和水分发生锈蚀反应，其锈蚀物氢氧化铁体积比原来增长约 2～4 倍，从而对周围混凝土产生膨胀应力，导致保护层混凝土开裂、剥离，产生沿钢筋纵向的裂缝。

6. 冻胀引起的裂缝

大气气温低于零度时，吸水饱和的混凝土出现冰冻，游离的水转变成冰，体积膨胀 9%，因而混凝土产生膨胀应力；同时混凝土凝胶孔中的过冷水在微观结构中迁移和重分布引起渗透压，使混凝土中膨胀力加大，混凝土强度降低而产生裂缝，其常发生在混凝土初凝时。

7. 混凝土材料质量引起的裂缝

混凝土主要由水泥、砂、骨料、拌和水、掺合料及外加剂组成。配制混凝土所采用的原材料质量不合格，可能导致结构出现裂缝。其产生的主要原因有水泥安定性不合格，含碱量较高、使用含有碱活性的骨料（发生了碱骨料反应）、掺合料细度太高、拌和水或外加剂中氯化物等杂质含量太高等。

8. 施工工艺质量引起的裂缝

混凝土因施工工艺不合理、施工质量低劣等因素，可产生纵向的、横向的、斜向的、竖向的、水平的、表面的、深进的和贯穿的各种裂缝，特别是细长薄壁结构更容易出现裂缝。其主要原因有混凝土保护层过厚、浇筑过快、时间过长、水分蒸发过多、初期养护不及时、急剧干燥、浇筑过程加水或加水泥、模板刚度不足或拆模过早等。

（二）裂缝类型

混凝土裂缝从不同角度可以划分为不同的类型。

1. 按裂缝的活动性质分

根据裂缝是否随外界因素的改变而变化，可将裂缝分为稳定裂缝、准稳定裂缝和不稳定裂缝三类。稳定裂缝是指开度和长度不再变化的裂缝，也称之为死缝；准稳定裂缝是指开度随季节或受某种因素影响呈周期性变化，长度不变或变化缓慢的裂缝；不稳定裂缝是指开度和长度随外界因素的变化而增长的裂缝。

2. 按裂缝的开度分

混凝土裂缝按其开度（宽度）可分为微观裂缝和宏观裂缝。微观裂缝的开度小至肉眼看不见，分布不规则，非贯穿。宏观裂缝是开度大于 0.02 mm、肉眼可看得见的裂缝，常由微观裂缝发展而成，属于混凝土中的次生裂缝，一般情况下在分布上（如裂缝方向、间距等）有一定规律。

3. 按照裂缝发生的部位分

宏观裂缝按发生在混凝土结构上的部位可分为表面裂缝、深层裂缝及贯穿性裂缝。表面裂缝是指在混凝土表面上出现的深度不大的裂缝；深层裂缝是指深度较大、延伸部分结构断面、对结构有一定危害性的混凝土宏观裂缝；贯穿裂缝是指延伸到整个结构断面，将结构分离，严重地破坏结构的整体性和防水性的混凝土宏观裂缝。

4. 按裂缝成因分

按裂缝的成因可将混凝土的裂缝分为荷载裂缝和变形裂缝两大类。荷载裂缝是由外荷载(如静、动荷载)作用产生的应力超过混凝土当时的极限抗拉强度而引起的裂缝。变形裂缝是由结构变形超过混凝土当时的极限拉应变引发的裂缝,它主要包括温度变形裂缝、干缩裂缝、不均匀沉陷裂缝等。此外,还有碱骨料反应引发的裂缝,钢筋锈蚀引起的裂缝等。

除上述分类之外,还有按裂缝形状进行划分的。如不规则裂缝、规则裂缝,上宽下窄、下宽上窄的裂缝,龟状裂缝、地图状裂缝、枣核状裂缝等。

(三) 裂缝危害

裂缝有各种类型,不同类型裂缝的危害程度不一。同一类型的裂缝,对不同的结构物的危害可能不一样。

一般情况下,微观裂缝是无害的,但宏观裂缝是微观裂缝扩展的结果。混凝土中存在大量微观裂缝,结构物在荷载作用或变形变化情况下,在微观裂缝的尖端往往产生应力集中现象。当裂缝尖端附近的应力超过混凝土极限抗拉强度,微观裂缝便顺着裂缝尖端方向开裂扩展,逐渐形成宏观裂缝。

表面裂缝有时会诱发深层裂缝或贯穿裂缝。除基础约束引起的贯穿裂缝外,多数贯穿裂缝是由表面裂缝诱发而成。深层裂缝一般都影响结构的安全,有时还会产生大量的漏水,使水工建筑物的安全运行受到严重威胁。贯穿裂缝往往严重地破坏结构的整体性,对结构的安全造成严重危害。不均匀沉陷裂缝不仅破坏了结构的整体性,对结构安全造成严重危害,更严重的是某些不均匀沉陷会给整个建筑物的正常运行带来危害。防水结构的裂缝引起建筑物的渗漏,加剧了混凝土的渗透溶蚀破坏和冻融破坏。另外,裂缝的存在往往会引起渗漏溶蚀、钢筋锈蚀和冻融破坏等其他病害的发生和发展,并形成恶性循环,严重降低水工混凝土的耐久性。

2.3.1 裂缝调查

一、主要检测依据

(1)《水工混凝土结构缺陷检测技术规程》(SL 713—2015);

(2)《水利工程质量检测技术规程》(SL 734—2016);

(3)《水工混凝土建筑物缺陷检测和评估技术规程》(DL/T 5251—2010);

(4)《混凝土结构工程施工质量验收规范》(GB 50204—2015);

(5)《混凝土结构现场检测技术标准》(GB/T 50784—2013);

(6)《在用公路桥梁现场检测技术规程》(JTG/T 5214—2022);

(7)《水运工程水工建筑物检测与评估技术规范》(JTS 304—2019)。

二、调查内容

对混凝土结构的裂缝应从如下几个方面开展调查。

(一) 裂缝状况调查

(1) 混凝土裂缝普查一般包括裂缝发生的位置、形态、长度、宽度、深度及裂缝数量等，记录内容见表 2-12。

表 2-12　裂缝调查记录表

工程名称：　　　　　　　　　　　　　　　温度：　　　湿度：　　　日期：

序号	编号	部位	走向				宽度 mm	长度 mm	深度 mm	渗漏	溶蚀	备注
			垂直	水平	倾斜	环向						
示意图												

测量设备：________　　测量人：________　　记录人：________

(2) 观察混凝土构件两个对应面裂缝位置是否对称，初步判断裂缝是否贯穿。

(3) 裂缝形态有无规律性，是否有发展。

(4) 裂缝开裂部位有无钢筋锈蚀和盐类析出。

(5) 裂缝的漏水量、析出物、钢筋锈蚀等有无异常突变。

(二) 裂缝附近调查

(1) 裂缝附近混凝土表面的干、湿状态，污物和剥蚀情况等。

(2) 裂缝及其端部附近有无细微裂缝。

(三) 设计资料调查

包括设计依据、设计作用(荷载)、结构计算成果、钢筋及结构断面图、建筑材料及有关试验数据等。

(四) 安全监测资料调查

包括裂缝发生前后建筑物的变形、渗流、应力、温度、水位等的变化。

(五) 施工情况调查

(1) 混凝土原材料的调查，参照表 2-13 开展。

表 2-13 混凝土原材料调查

序号	品种	调查内容
1	水泥	品种、代号及强度登记，品质检验资料
2	骨料	种类、产地、岩质、颗粒级配、表观密度、吸水率、杂质含量（黏土、有机杂质、盐类、泥块等）、碱活性
3	外加剂	种类、品质检验资料、掺量
4	水	水质分析

(2) 钢筋种类、强度指标和试验资料。

(3) 混凝土的设计配合比和施工配合比。

(4) 浇筑及养护情况，包括搅拌、运输、浇筑、养护和施工工程环境。

(5) 混凝土试验资料包括坍落度、含气量、抗压强度、抗拉强度、极限拉伸值、弹性模量、绝热温升、变形性能等。

(6) 基础情况包括基岩种类、岩性、变形模量、断层及基础处理等。

(7) 使用模板情况包括模板种类、制作与安装、拆模时间等。

(8) 施工中的裂缝记录。

(六) 建筑物运行情况及周围环境的调查

(1) 运行期实际作用（荷载）及其变化情况。

(2) 气温变化情况。

(3) 相对湿度变化情况。

(4) 建筑物距离海岸或盐湖的距离、海风风向及环境污染等。

(七) 建筑物运行及环境变化调查

(1) 建筑物用途变更。

(2) 年冻融次数。

(3) 地下水含硫酸根离子和氯离子等的浓度。

(4) 工业污水酸、碱、盐的含量。

(5) 大气中的含盐量。

2.3.2 裂缝长度检测

一、主要检测依据

同 2.3.1 中裂缝调查的主要检测依据。

二、仪器设备

裂缝长度可采用钢尺、卷尺、数字摄影成像系统（图 2-14）等进行检测，设备精度应满足下列要求：

(1) 读数精度应不低于 1 mm;

(2) 当使用数字摄影成像系统远程测量时,距离定位误差不大于 5%。

图 2-14　数字摄影成像远距离裂缝观测系统

三、检测过程

(1) 准备

对于混凝土表面裂缝的检查,根据裂缝成因普遍规律,先从块体边缘或断面突变处检查,发现裂缝,沿缝追踪。在裂缝的起点及终点,用红铅笔或红油漆画与裂缝相垂直的细线;也可以用红铅笔在裂缝附近沿裂缝延伸方向画细线,以标明裂缝的形态、发展长度。

(2) 测量

采用钢尺、卷尺或数字摄影成像系统等对标注好的裂缝长度进行测量。当裂缝走势为直线时,可直接在混凝土表面测量其长度。当裂缝为多分支时,应沿裂缝走向用追索法判断主干和分支,一般以最长路线为主干,裂缝长度应为主干长度。对于裂缝路线上的偶尔短距离间断,统计和测量时可认为其连续。某些特殊环境下如水下,无法肉眼直接观测混凝土裂缝,亦无法使用仪器检测,此时只能采用人工摸探的方式,即沿裂缝走向用手触摸判断裂缝长度。裂缝长度的测量结果应精确到 1 mm。

(3) 记录

对裂缝进行单独编号,记录裂缝的位置(与结构或构件边缘的距离)、走向、长度、分布情况及特征,用极坐标法绘制裂缝的展示图,并留存影像资料。

2.3.3　裂缝宽度检测

一、主要检测依据

同 2.3.1 中裂缝调查的主要检测依据。

二、仪器设备

裂缝宽度可采用塞尺、比对卡、读数显微镜、刻度放大镜、宽度测量仪、数字摄影成像系统进行检测，常规检测设备见图 2-15。

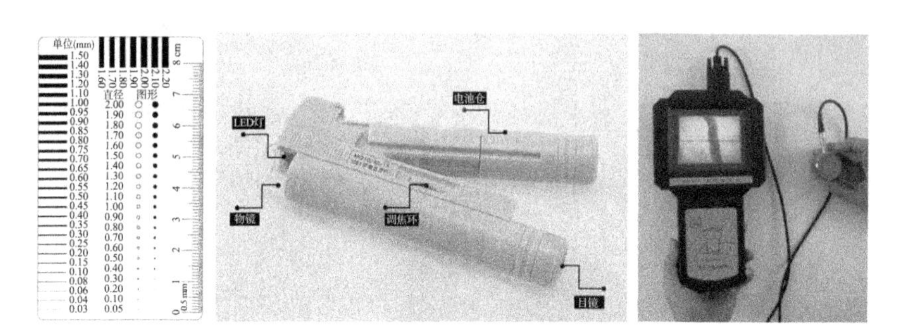

图 2-15　裂缝宽度对比卡、刻度放大镜和数显智能裂缝宽度测量仪

当采用塞尺、比对卡、读数显微镜、刻度放大镜、宽度测量仪时，仪器精度应不低于 0.02 mm，裂缝宽度测量结果精确到 0.02 mm。

当采用数字摄影成像系统远程测量时，系统精度不宜低于 0.2 mm，距离定位误差不大于 5%，裂缝宽度测量结果精确到 0.2 mm。

三、检测方法

（1）准备

裂缝宽度检测时应清除表面污物，让裂缝完全外露。

（2）检测

于标明的裂缝上，沿长度方向，在目测最宽处和中部采用仪器分别测量裂缝宽度，每点测量 2 次，取 2 次的平均值作为该点的裂缝宽度，并注明裂缝最大宽度。

（3）记录

在记录裂缝长度展示图上，标注裂缝的最大宽度和位置，当裂缝两侧不平整时应予以注明。如裂缝开裂部位有钢筋锈蚀或有析出物的，也应描述记录。

2.3.4　裂缝深度检测

裂缝深度的检测可采用凿槽法、钻芯法、超声波法和面波法等，不同方法的适用范围见表 2-14。检测时应在裂缝长度范围内测量多个测点，并详细记录测点位置。

表 2-14　裂缝深度检测方法和适用范围

序号	检测方法	仪器设备	适用范围
1	凿槽法	深度卡尺	适用于表面浅层裂缝(裂缝深度不超过实测保护层厚度),凿槽后肉眼检查
2	钻芯法	钻芯机、钢尺、卷尺	需精确测量深度的裂缝,且该部位为可钻孔的混凝土结构
3	超声波法	非金属超声波检测仪	被测裂缝中无积水或其他填充物,裂缝表面周围不小于预估裂缝深度范围的混凝土应干燥、清洁、平整且无其他裂缝
4	面波法	冲击器、传感器、数据采集分析系统、游标卡尺和钢卷尺等	适用于检测形状规则、测试面较大的混凝土内部深层裂缝

2.3.4.1　钻芯法

一、主要检测依据

(1)《水工混凝土结构缺陷检测技术规程》(SL 713—2015);

(2)《水利工程质量检测技术规程》(SL 734—2016);

(3)《水工混凝土建筑物缺陷检测和评估技术规程》(DL/T 5251—2010);

(4)《水工混凝土试验规程》(SL/T352—2020);

(5)《混凝土结构现场检测技术标准》(GB/T 50784—2013);

(6)《在用公路桥梁现场检测技术规程》(JTG/T 5214—2022);

(7)《水运工程水工建筑物检测与评估技术规范》(JTS 304—2019)。

二、仪器设备

钻芯法检测混凝土裂缝深度仪器设备主要有:钢筋定位仪、钻芯机、钢直尺、钢卷尺等设备。

钻芯机应采用金刚石或人造金刚石薄壁钻头,钻头不应变形,也不能存在可能导致芯样破坏的其他缺陷,硬度需达到 HRC50 以上。钻芯时用于冷却钻头和排除混凝土碎屑的冷却水的流量宜为 3～5 L/min。混凝土钻芯机示意见图 2-16。

图 2-16　混凝土钻芯机

三、检测步骤

钻芯法检测混凝土裂缝深度时,应为骑缝取芯,选取结构或构件受力较小且便于钻芯设备安装和操作的部位,同时还应避开主筋、预埋管和管线等,骑缝取芯检测混凝土深度示意见图 2-17。

图 2-17　骑缝取芯检测混凝土裂缝深度

(1) 准备

选择计划钻取芯样的区域，采用钢筋定位仪对区域内钢筋分部情况进行探测并标注，避开钢筋，确定具体取芯位置。选取并安装合适直径的取芯钻头，连接水泵，通电测试取芯设备空转情况。

(2) 钻芯

钻芯时应保持钻机与混凝土表面的垂直度，避免钻孔偏移或损坏混凝土结构。控制进钻的速度，观察混凝土碎屑排出情况，避免钻头过热或过度磨损。钻孔深度应超过裂缝深度，以确保能够观察到裂缝的全貌。通常，钻孔深度应该比裂缝深度多出 10%以上。当需要确认裂缝是否贯穿混凝土结构时，应钻透结构体。

(3) 记录

可取芯样测试时，采用测量精度不低于 1 mm 的钢尺或卷尺直接从芯样上测量裂缝垂直深度值。无法采用芯样测量时，可采用孔内电视进行测量，孔内电视探头的大小视钻孔孔径大小选取。钻芯法检测裂缝深度记录见表 2-15，测量结果精确至 1 mm，在裂缝普查展示图上标注取芯位置和实测裂缝深度。

需要注意的是，钻孔法只能检测混凝土裂缝的深度，无法检测裂缝的宽度和长度等信息。同时，钻孔法需要专业的钻孔设备和操作技能，操作难度较大，需要进行专业的培训和指导。且钻孔法的代表性比较局限，检测效率低下，常常结合其他无损检测方法使用，不推荐大面积使用。

表 2-15　钻芯法检测裂缝深度记录表

工程名称：　　　　　　　　　　　　　　　　　　施工日期：　　　　取芯日期：

序号	部位	芯样直径(mm)	芯样长度(mm)	裂缝长度(mm)	芯样外观质量描述
备注					
附图或照片					

记录：　　　　　　　　　　　　　　　　　复核：

2.3.4.2　超声波法

一、主要检测依据

(1)《水工混凝土结构缺陷检测技术规程》(SL 713—2015)；

(2)《水工混凝土试验规程》(SL/T 352—2020)；

(3)《水工混凝土建筑物缺陷检测和评估技术规程》(DL/T 5251—2010)；

(4)《混凝土结构现场检测技术标准》(GB/T 50784—2013)；

(5)《超声法检测混凝土缺陷技术规程》(CECS 21：2000)。

二、仪器设备

非金属超声波检测仪及换能器需满足下列要求：

(1) 应能配备不同频率范围的平面振动换能器和径向振动换能器；

(2) 实时显示和记录接收信号的时程曲线；

(3) 最小采样时间间隔应小于或等于 0.1 μs；

(4) 系统频带响应宽度应为 1～250 kHz；

(5) 系统最大动态范围不得小于 80 dB；

(6) 接收灵敏度(在信噪比为 3∶1 时)不大于 50 μV；

(7) 声波幅值测量相对误差应小于 5%；

(8) 声波发射脉冲应为阶跃或矩形脉冲，电压幅值应为 200～1 000 V；

(9) 电源电压波动范围在标称值±10%的情况下能正常工作；

(10) 连续正常工作时间不少于 4 h；

(11) 平面换能器的频率宜选用 20～250 kHz；

(12) 径向换能器的频率宜选用 20～60 kHz，直径不大于 32 mm；

(13) 换能器的实测主频与标称频率相差应不大于 10%；

(14) 用于水中使用的换能器，水密封性应在 1 MPa 水压下不渗水。

三、检测方法和步骤

采用非金属超声波检测仪检测裂缝深度时，根据裂缝所处位置及结构形状，可采用单面平测法、双面穿透斜测法或钻孔对测法进行检测，不同检测方法适用范围见表 2-16。

表 2-16　超声波法测量裂缝深度方法选用原则

序号	方法	选用原则	不适用情况
1	单面平测法	混凝土的裂缝部位仅有一个可测表面，且裂缝深度不大于 500 mm	裂缝内有水或穿过裂缝的钢筋太密时本方法不适用
2	双面穿透斜测法和钻孔对测法	(1) 当混凝土的裂缝部位具有两个相互平行的测试表面时，应优先采用双面穿透斜测法检测； (2) 当混凝土的裂缝深度大于 500 mm 以上，不具备双面穿透斜测法所需的一对相互平行的测试面，且被测构件允许在裂缝两侧钻孔时，可采用钻孔对测法检测	裂缝中有水时本方法不适用

(Ⅰ) 单面平测法

采用单面平测法检测混凝土裂缝深度应选用频率较低的振动式平面换能器。

1. 无缝处平测声时和传播距离的计算应按下列步骤进行。

(1) 将发、收换能器平置于裂缝附近有代表性的、质量均匀的混凝土表面上，两换能器内边缘相距为 d'。在不同的 d' 值(如 50 mm、100 mm、150 mm、200 mm、250 mm、300 mm 等，必要时再适当增加)的情况下，分别测读出相应的传播时间 t_0。

(2) 以距离 d' 为纵坐标，时间 t_0 为横坐标，将数据点绘于坐标纸上。若被测处的混凝土质量均匀、无缺陷，则各点应大致在一条不经过原点的直线上。

(3) 根据图形计算出这直线的斜率(用直线回归计算法)，即为超声波在该处混凝土中的传播速度 v。按 $d=t_0v$，计算出发、收换能器在不同 t_0 值下相应的超声波传播距离 d(d 略大于 d')。

2. 绕缝传播时间的测量应按下列步骤进行。

(1) 垂直裂缝

将发、收换能器平置于混凝土表面上裂缝的各一侧，并以裂缝为轴相对称，两换能器中心的连线应垂直于裂缝的走向，如图 2-18 所示。沿着同一直线，改变换能器边缘距离 d'。在不同的 d' 值(如 50 mm、100 mm、150 mm、200 mm、

250 mm、300 mm 等)的情况下,分别读出相应的绕裂缝传播时间 t_1。

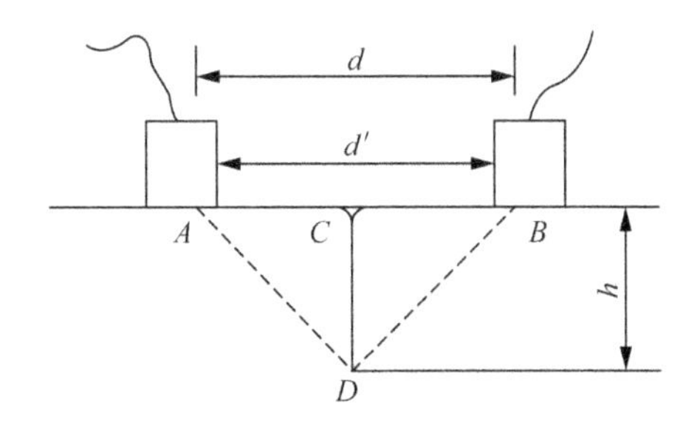

图 2-18　裂缝深度测试

d'—两换能器之间的净距;d—超声传播的实际距离

(2) 倾斜裂缝

a) 如图 2-19 所示,先将发、收换能器分别布置在 A、B 位置(对称于裂缝顶),测读出传播时间 t_1。然后 A 换能器固定,将 B 换能器移至 C,测读出另一传播时间 t_2。以上为一组测量数据。改变 AB、AC 距离,即可测得不同的几组数据。

b) 裂缝倾斜方向判断法:如图 2-20 所示,将一只换能器 B 靠近裂缝,另一只位于 A 处,测传播时间。接着将 B 换能器稍许向外移动,若传播时间减小,则裂缝向换能器移动方向倾斜;若传播时间增加,则进行固定 B 移动 A 的反方向检测。

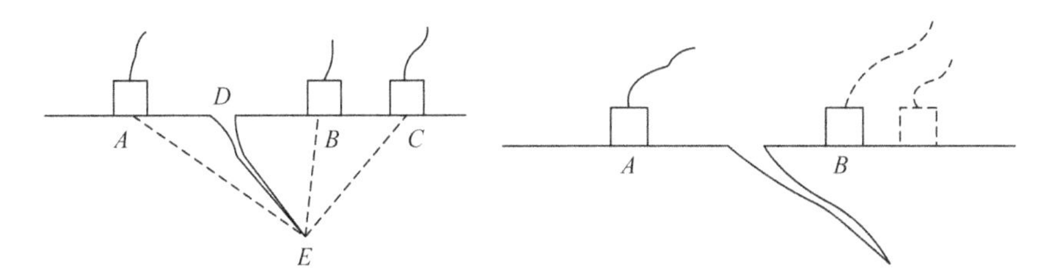

图 2-19　倾斜裂缝深度测试　　**图 2-20　倾斜裂缝方向判断法**

3. 试验结果处理应按下列规定执行。

(1) 垂直裂缝深度按式(2-5)计算:

$$h=\frac{d}{2}\sqrt{(t_1/t_0)^2-1} \tag{2-5}$$

式中:h——垂直裂缝深度,mm;t_1——绕缝的传播时间,μs;t_0——相应的无缝平测传播时间,μs;d——相应的换能器之间声波的传播距离,mm。

对于垂直裂缝,裂缝深度可以按照《超声法检测混凝土缺陷技术规程》(CECS 21:2000)的相关要求确定,也可按《水工混凝土试验规程》(SL/T 352—

2020)中相关要求确定,其中《水工混凝土试验规程》(SL/T 352—2020)中垂直裂缝深度的确定步骤如下。

a) 根据换能器在不同距离下测得的 t_1、t_0 和 d 值,可算出一系列的 h 值。把 $d<h$ 和 $d>2h$ 的数据舍弃,取其余(不少于两个)h 值的算术平均值作为裂缝深度的测试结果。

b) 在进行跨缝测量时注意观察接收波首波的相位。当换能器间距从较小距离增大到裂缝深度的 1.5 倍左右时,接收波首波会反相。当观察到这一现象时,可用反相前、后两次测量结果计算裂缝深度,并以其平均值作为最后结果。

(2) 倾斜裂缝深度的确定按《水工混凝土试验规程》(SL/T 352—2020)的相关要求,用作图法确定。如图 2-21 所示,于坐标纸上按比例标出换能器及裂缝顶的位置(按超声传播距离 d 计)。以第一次测量时两换能器位置 A、B 为焦点,以 t_1v 为两动径之和作一椭圆。再以第二次测量时两换能器的位置 A、C 为焦点,以 t_2v 为两动径之和作另一椭圆。两椭圆的交点 E 即为裂缝末端,DE 为裂缝深度 h。

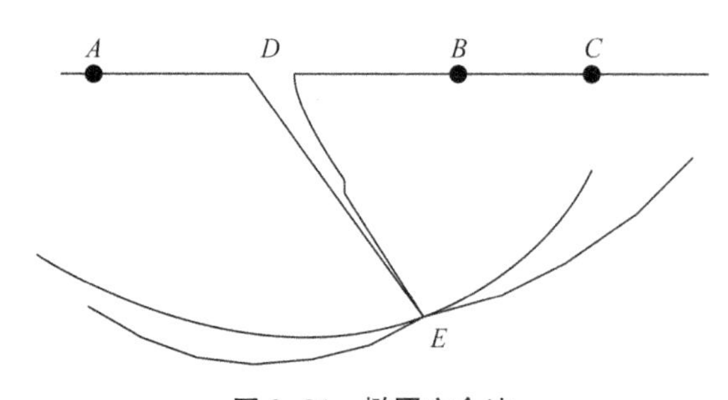

图 2-21　椭圆交会法

4. 工程检测要点

(1) 测试时,换能器应与混凝土耦合良好。

(2) 当有钢筋穿过裂缝时,发、收换能器的布置应使换能器连线离开钢筋轴线,离开的最短距离宜为裂缝深度的 1.5 倍。

(3) 在测量绕缝传播时间时,应读取第一个接收信号。如换能器与混凝土耦合不良等造成第一个信号微弱,误读后面的叠加信号,将造成测量错误。随着探头相互距离逐级增加,第一个接收信号的幅度应逐渐减小。如果情况反常,应检查测量有无错误。

(Ⅱ) 双面穿透斜测法和钻孔对测法

采用钻孔对测法检测混凝土裂缝深度应选用可置于钻孔中测量的径向换能器,如增压式换能器、环状换能器或水听器等。

1. 对于有条件两面对测的结构，如梁、墩、墙体，可采用两面斜测法。试验步骤应按下列规定执行。

(1) 在结构(如)一侧或两侧发现裂缝 A 和 B，可如图2-22所示布置换能器进行斜测。其中1-1′、2-2′、3-3′、4-4′、5-5′测线斜穿过裂缝所在平面 AB。作为比较，再布置不穿过裂缝所在平面的测线6-6′。测试面必须平整，换能器与结构表面声耦合必须良好。

(2) 测量各条测线接收信号振幅和声传播时间，以振幅参数作为判断的主要依据。

(3) 在穿裂缝所在平面的各条测线中，若某(些)条测线振幅测值明显小于6-6′测线，则表明裂缝已深入到这些测线位置，从而确定裂缝的深度。

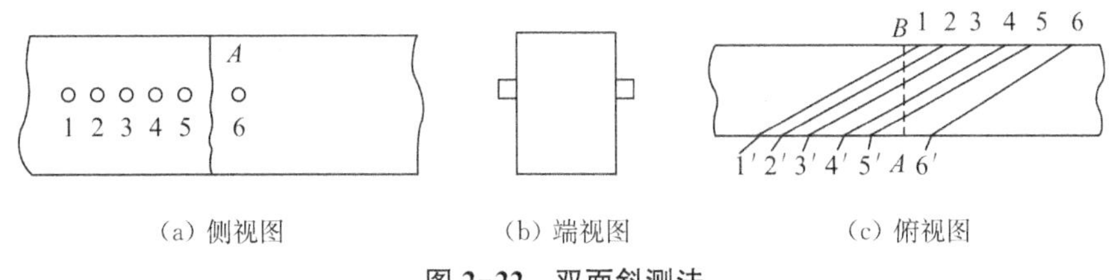

图2-22　双面斜测法

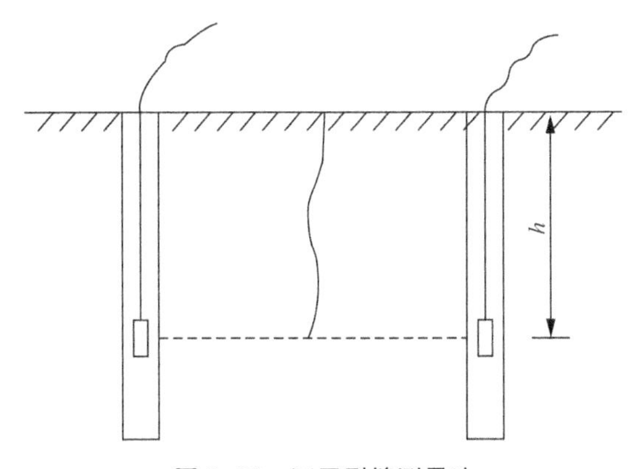

图2-23　深层裂缝测量法

2. 对于没有条件两面对测但可钻孔对测的结构，可采用钻孔对测法。试验步骤应按下列规定执行。

(1) 在裂缝两侧对称地打两个垂直于混凝土表面的钻孔，两孔口的连线应与裂缝走向垂直。孔径大小以能自由地放入径向换能器为度。两孔的间距、深度，按以下原则选择：

a. 超声波穿过两孔之间的无缝混凝土后，接收信号第一个半波的振幅应大于 20 mm；

b. 当裂缝倾斜时，估计裂缝底部不致超出两孔之间，两孔间距宜为 1～3 m，如图 2-23 所示；

c. 钻孔深度应至少大于裂缝深度 0.5 m。

(2) 钻孔应冲洗干净，注满清水，将发、收换能器分别置于两钻孔中同样高程上。测量并记录超声传播时间、接收信号振幅等参数。

(3) 关于接收信号的振幅，可采用两种方法测读。

a. 直接测量示波器荧光屏上接收信号第一个半波(或第二个半波)的振幅毫米数。

b. 利用串接在接收回路中的衰减器，将接收信号衰减至某一预定值(此值应小于测量过程中最小的振幅)，然后读取衰减器上的数值。

(4) 使换能器在孔中上下移动进行测量，直至发现当换能器达到某一深度 h 时，振幅出现最大值，再向下则基本上稳定在这个数值。此时，换能器在孔中的深度 h，即为裂缝的深度(以换能器中部计)。在整个测量过程中，仪器增益固定不变。

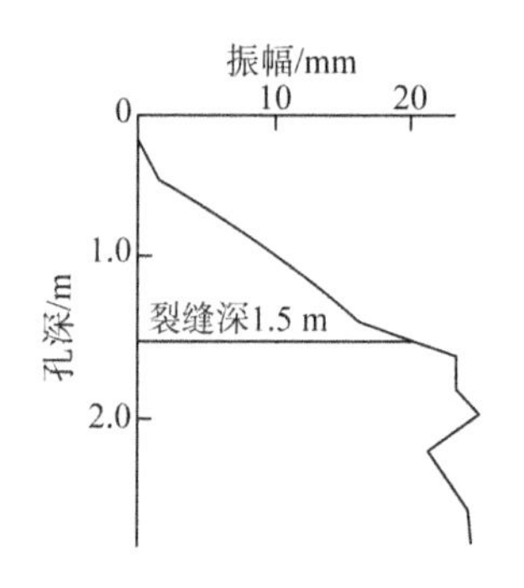

图 2-24　孔深-振幅曲线图

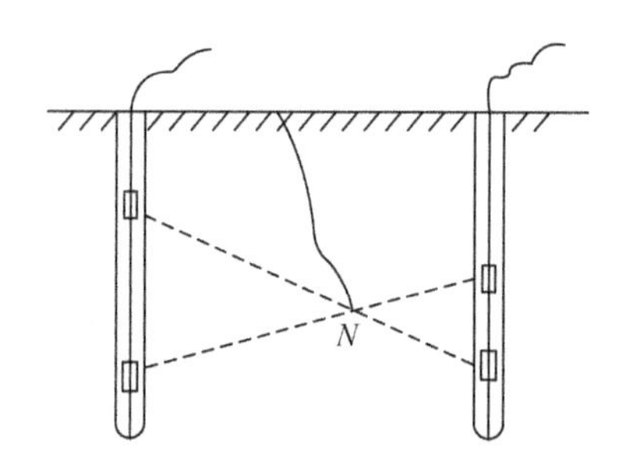

图 2-25　倾斜裂缝测量

(5) 为便于判断，可绘制孔深-振幅曲线(如图 2-24 所示)。根据振幅沿孔深变化情况来判断裂缝深度。可在无裂缝混凝土处加钻孔距相等，孔深为 500～600 mm 的第三个孔，以校核等孔距无缝混凝土的超声波信号。

(6) 当裂缝倾斜时，可用图 2-25 所示方法进行测量。使换能器在两孔中不同深度以等速移动方式斜测，寻找测量参数突变时两换能器中部的连线，多条(图上只画两条)连线的交点 N 即为裂缝的末端。判别的依据主要是振幅。

2.3.4.3　*面波法*

一、主要检测依据

(1)《水工混凝土结构缺陷检测技术规程》(SL 713—2015)；

(2)《冲击回波法检测混凝土缺陷技术规程》(JGJ/T 411—2017)。

二、仪器设备

(一) 检测设备要求

面波法检测裂缝深度采用冲击回波仪,仪器设备需符合如下要求。

(1) 应配置钢球型冲击器或电磁激振的圆柱型冲击器,冲击头应根据检测需要更换。

(2) 传感器应采用具有接收表面垂直位移响应的宽带换能器,应能够检测到由冲击产生的沿着表面传播的 P 波到达时的微小位移信号,带宽宜为 800 Hz～100 kHz。

(3) 数据采样分析系统应具有功能查询、信号触发、数据采集、信号放大、增益可调、滤波、快速傅里叶变换(FFT)等功能。

(4) 数据采集仪宜配有不少于 2 通道的模/数转换器,转换精度不应低于 16 位,采样频率不应低于 100 kHz 且采样点数可调。

(5) 接收器与数据采集仪的连接电缆应无电噪声干扰,外表应屏蔽、密封,与插头连接应牢固。

(6) 测试系统的精度要求应满足厚度测量相对误差不超过 5%。

(7) 冲击回波仪工作环境温度宜为 0 ℃～40 ℃,不宜在机械振动和高振幅电噪声干扰环境下使用。

(二) 检测仪器的校准

冲击回波仪应定期进行校准,周期不宜超过 1 年。当仪器更换配件或维修后,冲击回波仪应校准后方可使用。冲击回波仪校准方法应符合如下规定。

(1) 校准试块:制备一厚度不小于 150 mm,长宽尺寸均不小于厚度的 6 倍的混凝土试块,抗压强度不应小于 20 MPa,内部不得有缺陷。

(2) 校准时,每次选取的测点位置应一致。

(3) 校准试件的测试厚度,按如下规定执行。

a. 在构件测区内应按(JGJ/T 411—2017)中 4.1 节要求布置测点或测线,每测点应取 3 个有效波形,并应分析各有效的主频(f)。主频(f)与平均值的差不应超过 $2\Delta f$,测点的振幅谱图中构件厚度对应的主频(f)应为 3 个有效主频的算术平均值。

b. 结构构件厚度应按下式计算:

$$T=\frac{v_p}{2f} \tag{2-6}$$

式中：T——结构构件的厚度计算值，m；v_p——混凝土表观波速，m/s；f——振幅谱图中构件厚度对应的主频，Hz。

且还应满足下式要求：

$$\left|\frac{T-H}{H}\right| \times 100\% \leqslant 5\% \tag{2-7}$$

式中：H——直接量测的校准试件的实际厚度，m；T——校准试件测试厚度的算术平均值，m。

三、检测方法与步骤

（1）准备

测点的布置应避开混凝土表面蜂窝、结构缝位置，测线宜与裂缝走向正交。测点表面应平整，传感器应垂直于检测表面。采用“一发双收”测试方式。接收点应跨缝等距离布置，冲击点与一接收点应置于裂缝同侧。各点应处在同一测线上，如图 2-26 所示。

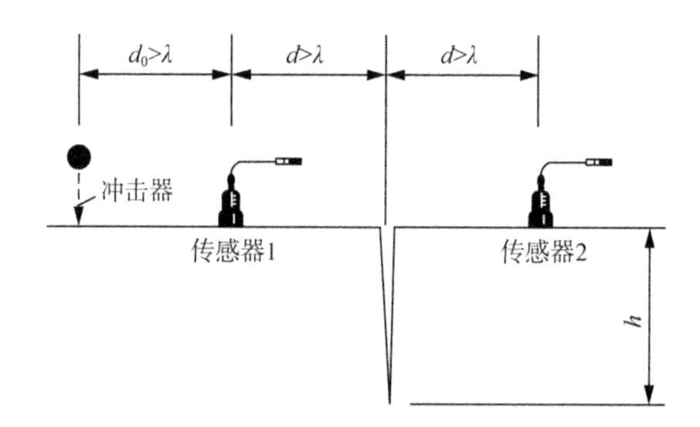

图 2-26　面波法裂缝深度测定示意图

h—裂缝深度；d_0—冲击点与传感器 1 之间的距离；d—传感器裂缝距离

冲击点与接收点间距、接收点与裂缝间距应大于激发的面波波长 λ，可取 1～2 倍 λ，λ 值可按下式估算：

$$\lambda \approx 2t_c C_R \tag{2-8}$$

式中：t_c——冲击持续时间，s；C_R——混凝土面波波速，m/s，估算时可取 2 000 m/s。

冲击产生的面波传递至裂缝另一侧传感器的振幅比应按下式计算：

$$x = \frac{A_2}{A_1}\sqrt{\frac{2d-d_0}{d_0}} \tag{2-9}$$

式中：x——振幅比；A_1——传感器 1 测试得到的面波最大振幅；A_2——传感器 2 测试得到的面波最大振幅；d_0——冲击点与传感器 1 距离，m；d——传感器 1 和 2 与裂缝距离，m。

当裂缝面穿过钢筋时，振幅比可按下式修正：

$$x' = x - n \tag{2-10}$$

式中：x'——修正后振幅比；n——钢筋率，%。

裂缝深度应按下式计算：

$$h = -\zeta\lambda \ln x' \tag{2-11}$$

式中：h——裂缝深度，m；ζ——常数，宜通过标定得出。

(2) 检测结果的校核

裂缝深度检测结果 h 不应大于 1.3 倍面波波长 λ，否则应更换击振钢球的大小重复测试；当 h 满足上述要求时应对波长 λ 进行复核，并按式(2-11)进行深度修正。

(3) 面波波长的复核

a. 选取与裂缝测线相近且完整的混凝土结构，按照与裂缝深度测试相同的布点方式选取同样的冲击器。

b. 冲击产生的面波 C_R 应按下式计算：

$$C_R = \frac{2d}{t_2 - t_1} \tag{2-12}$$

式中：t_1——面波到达传感器 1 的时间，s；t_2——面波到达传感器 2 的时间，s。

c. 面波波长应按照下式计算：

$$\lambda = \frac{C_R}{f_1} \tag{2-13}$$

式中：f_1——在裂缝测试时传感器 1 测试面波的频率，Hz，可通过快速傅里叶变换(FFT)得到。

2.3.5 裂缝的评价

2.3.5.1 裂缝分类

水工混凝土裂缝应根据缝宽和缝深进行分类，分类标准见表 2-17。当缝宽和缝深同时符合表中指标时，应按照靠近、从严的原则进行归类。

表 2-17　混凝土裂缝分类

项目	类型	特性	分类标准	
			缝宽	缝深
水工大体积混凝土裂缝	A类裂缝	龟裂或细微裂缝	$\delta<0.2$ mm	$h\leqslant 0.3$ m
	B类裂缝	表层或浅层裂缝	0.2 mm$\leqslant\delta<0.3$ mm	0.3 m$<h\leqslant 1.0$ m
	C类裂缝	深层裂缝	0.3 mm$\leqslant\delta<0.5$ mm	1.0 m$<h\leqslant 5.0$ m
	D类裂缝	贯穿性裂缝	$\delta\geqslant 0.5$ mm	$h>5.0$ m
水工钢筋混凝土裂缝	A类裂缝	龟裂或细微裂缝	$\delta<0.2$ mm	$h\leqslant 0.3$ m
	B类裂缝	表层或浅层裂缝	0.2 mm$\leqslant\delta<0.3$ mm	0.3 m$<h\leqslant 1.0$ m且不超过结构宽度的1/4
	C类裂缝	深层裂缝	0.3 mm$\leqslant\delta<0.4$ mm	1.0 m$<h\leqslant 2.0$ m或大于结构厚度的1/4
	D类裂缝	贯穿性裂缝	$\delta\geqslant 0.4$ mm	$h>2.0$ m或大于结构厚度的2/3

2.3.5.2　裂缝环境分类

水工混凝土裂缝按其所处部位的工作或环境条件分为以下三类：

一类，室内或露天环境；

二类，迎水面、水位变动区或有侵蚀地下水环境；

三类，过流面、海水或盐雾作用区。

2.3.5.3　裂缝处理原则

(1) 水工大体积混凝土裂缝处理原则

a. A类裂缝位于一类环境条件时，可不进行处理，位于二类、三类环境条件时应进行处理。

b. B类裂缝位于二类、三类环境条件时，应进行处理。当位于一类环境条件时，可不进行处理。

c. C类、D类裂缝均应进行处理。

(2) 水工钢筋混凝土裂缝处理原则

a. A类裂缝在一类、二类环境条件下可不进行处理，在三类环境条件下应进行处理。

b. B类、C类、D类裂缝在各种环境条件下均应进行处理。

2.4　混凝土内部缺陷检测与评价

混凝土内部缺陷是指在混凝土结构中存在表面不可见的空腔、空隙、疏松不密实或不良结合面等缺陷，如图 2-27 所示。混凝土内部缺陷破坏了混凝土的连续性和完整性，局部或整体降低了混凝土的功能特性。

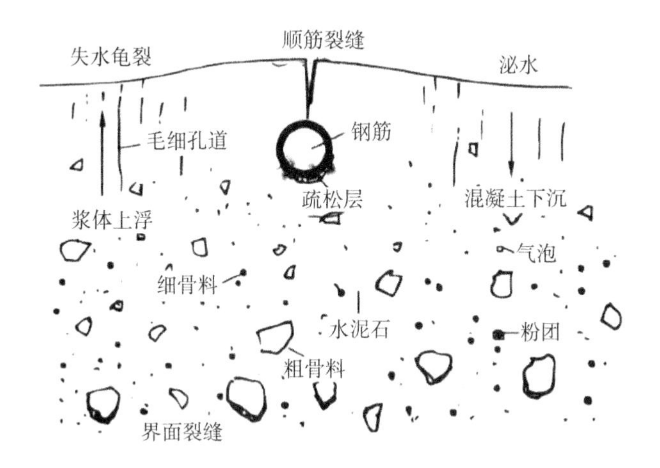

图 2-27　混凝土内部缺陷示意图

(一) 混凝土内部缺陷产生的原因

(1) 材料问题

混凝土材料的配合比不合理、材料质量不合格，就会导致混凝土内部存在气孔、空洞、夹杂物等缺陷。

(2) 施工操作不当

混凝土施工过程中的操作不当也是混凝土内部缺陷形成的原因之一。如果混凝土的浇筑、振捣、养护等环节没有按照规范进行，就会导致混凝土内部存在裂缝、空洞等缺陷。

(3) 钢筋过密

因设计原因钢筋间距不符合规范的规定，导致混凝土中粗骨料难以进入而产生分离，也难以振捣而产生蜂窝孔洞，钢筋层交叉处更易产生严重露筋等问题。

(4) 养护不当

混凝土养护的目的是使混凝土有适宜的硬化条件，保证混凝土在规定龄期内达到设计要求的强度，并防止混凝土产生收缩裂缝。养护不当或养护时间不足，都会产生混凝土缺陷。

（二）混凝土内部缺陷的危害

（1）降低结构强度和稳定性

混凝土内部缺陷会导致结构强度和稳定性下降，从而影响结构的使用寿命和安全性。

（2）加速结构的老化和腐蚀

混凝土内部缺陷的存在会加速结构的老化和腐蚀过程，进一步降低结构的耐久性和安全性。

（3）影响结构的耐久性

混凝土内部缺陷会影响结构的耐久性，使结构在正常使用条件下较早出现损伤和劣化，缩短结构的使用寿命。

（4）引发渗漏和钢筋腐蚀

混凝土内部缺陷如裂缝和空洞，会成为水的通道和钢筋的腐蚀通道，引发结构的渗漏和钢筋腐蚀，进一步降低结构的耐久性和安全性。

（三）混凝土内部缺陷检测方法

混凝土内部缺陷可采用超声法、冲击回波法、层析扫描法（CT）和电磁波法（雷达法）等无损检测方法进行检测。敲击锤、内窥镜等辅助检测工具可配合无损检测方法使用。

检测混凝土内部缺陷前，应根据检测对象、检测条件、检测效率和检测目的综合选择合适的检测方法，并制定相应的检测方案，相关检测方法的选用，可参考表2-18。

表2-18 混凝土内部缺陷检测方法

序号	检测方法	测试方法	适用条件	影响因素
1	超声波法	1. 双面 2. 钻孔	1. 墩柱 2. 板、梁 3. 大体积混凝土构件	1. 耦合状态 2. 钢筋影响 3. 水分
2	冲击回波法	单面	1. 墩柱 2. 板、梁 3. 大体积混凝土构件	1. 耦合状态 2. 构件厚度 3. 构件表面清洁程度
3	电磁波法（雷达法）	1. 剖面法 2. 宽角法 3. 多天线法 4. 天线阵列法 5. 环形法	1. 墩、柱 2. 板、梁 3. 混凝土构件 4. 桥面板 5. 混凝土及其他非金属构件检测	1. 耦合状态 2. 多层钢筋影响 3. 水分 4. 波纹管材质 5. 钢筋直径间距与排布方式
4	层析扫描法（CT）	双面	1. 桥墩 2. 群桩承台 3. 大体积结构混凝土	1. 测试对象 2. 结构形式

（四）混凝土内部缺陷检测要求

（1）被检测部位的混凝土表面应清洁平整，不宜有影响检测的外观缺陷。

（2）检测现场应避免环境噪声和电磁辐射对采集信号的影响。

（3）重要工程或部位宜用两种或以上的检测方法，以便检测结果相互印证，获得较准确的检测结果。

（4）批量或大面积混凝土结构缺陷的普查检测，宜先采用探地雷达法探测缺陷位置，后结合超声波法、冲击回波法和层析扫描法对缺陷进行定量识别。

（5）对于判别困难与构造复杂的区域，可采用钻芯（孔）或剔凿法对无损检测结果进行验证。采用钻芯法时应按如下要求执行。

a. 钻芯取样位置要选择在受力较小的部位，避开主筋、预埋件、管线的位置，并便于安装钻芯机。

b. 根据构件的特点与检测目的，选取合适的机具进行钻芯取样。

c. 利用钢尺、游标卡尺、内窥镜等工具进行检测。

d. 钻取的芯样应拍照记录，芯样记录表一般包括构件编号、芯样编号、测点位置、芯样尺寸、芯样描述、孔内状况和照片编号等。

2.4.1　超声波法

一、主要检测依据

（1）《水工混凝土结构缺陷检测技术规程》（SL 713—2015）；

（2）《水工混凝土试验规程》（SL/T 352—2020）；

（3）《超声法检测混凝土缺陷技术规程》（CECS 21:2000）；

（4）《混凝土结构现场检测技术标准》（GB/T 50784—2013）。

二、仪器设备与检测条件

（1）主要检测仪器和设备应包括：非金属超声波检测仪、换能器、耦合剂、游标卡尺、钢卷尺等。

（2）超声波法检测混凝土内部缺陷时，设备性能需满足2.3.4.2节中提到的要求。

（3）各种声波频率的平面换能器选用满足下列原则：

a. 当测距小于1 m时，宜采用50～100 kHz换能器；

b. 当测距大于2 m时，宜采用50 kHz以下的换能器；

c. 在穿透能力允许情况下，宜用高频率的换能器；

d. 孔中测量应采用径向换能器。

（4）被测部位应满足下列要求：

a. 被测部位应具有可进行检测的测试面或测试孔；

b. 测试范围应大于存疑的区域，并具有同条件的正常混凝土；

c. 总测点数不应少于30个，且其中同条件的正常混凝土的对比用测点数不应少于总测点数的60%，且不少于20个。

三、检测方法和步骤

1. 根据被测混凝土实际情况，应选择下列方式之一布置换能器。

(1) 当混凝土具有两对相互平行的测试面时，宜采用对测法(图2-28)。在测试部位相互平行的测试面对应位置宜分别按等间距的网格布设测点，对应测点连线垂直于测试面，测点间距不宜大于100 mm。

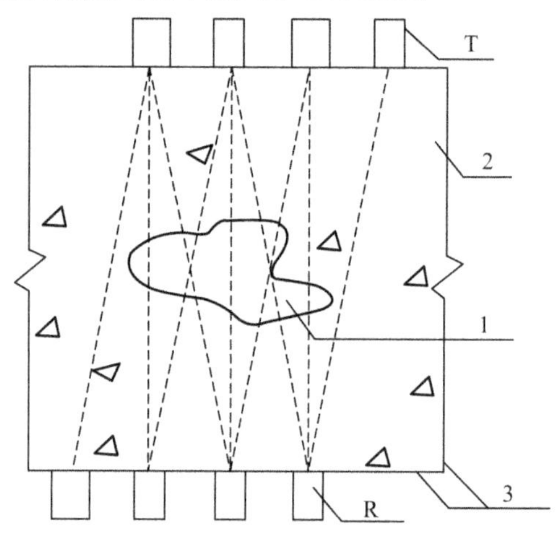

图2-28 对测法示意图

T—发射换能器；R—接收换能器；1—空洞；2—混凝土；3—混凝土表面

(2) 当构件只具有一对相互平行的测试面时，在测试部位相互平行的测试面对应位置宜分别按等间距的网格布设测点，检测范围应大于存疑的区域，测点间距不宜大于100 mm，在对测的基础上进行交叉斜测(图2-29)，采用斜测法时，两个换能器中点连线与换能器中心轴线夹角不宜大于40°。

2. 当测距较大或不具备上述换能器布置条件时，可采用钻孔法检测。测孔应布置在异常点附近区域，其深度可根据测试需要确定，且不应钻穿结构或构件，并应符合下列规定。

(1) 钻取测孔时，测孔应与混凝土表面垂直，测孔孔径应大于径向换能器直径5～10 mm，并清理干净测孔内粉末碎屑等。

(2) 检测前，应在测孔内注满清水。

(3) 当钻取一个测孔时，可将一个径向换能器和一个平面换能器分别置于测孔中和垂直于测孔的测试面进行检测(图2-30)。

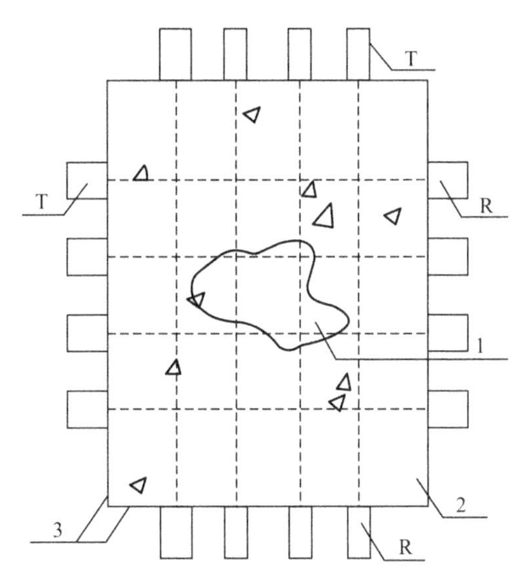

图 2-29　交叉斜测法示意图

T—发射换能器；R—接收换能器；1—空洞；2—混凝土；3—混凝土表面

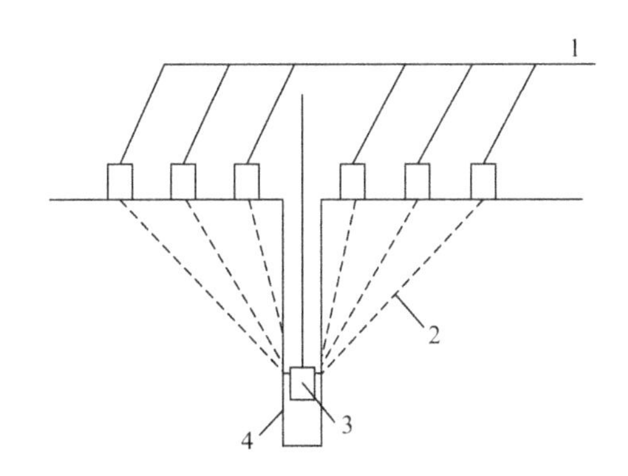

图 2-30　单测孔检测示意图

1—平面换能器；2—声波传播路径；3—径向换能器；4—测孔

(4) 当钻取两个测孔时，可将两个径向换能器分别置于两测孔中进行测试，或将一个径向换能器和一个平面换能器分别置于测孔中和平行于测孔的侧面进行测试(图 2-31)。

3. 超声波法检测应符合下列规定。

(1) 缺陷检测部位应根据检测要求和现场操作条件确定。

(2) 在满足首波振幅测读精度的条件下，应选择较高频率的换能器。

(3) 平面换能器应通过耦合剂与混凝土测试表面保持紧密结合，耦合层内不应夹杂杂质或空气；径向换能器应通过在测试孔中注满清水进行耦合。

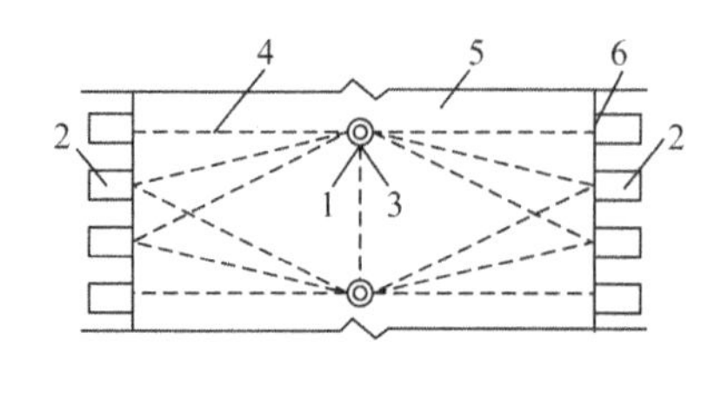

(a) 平面图

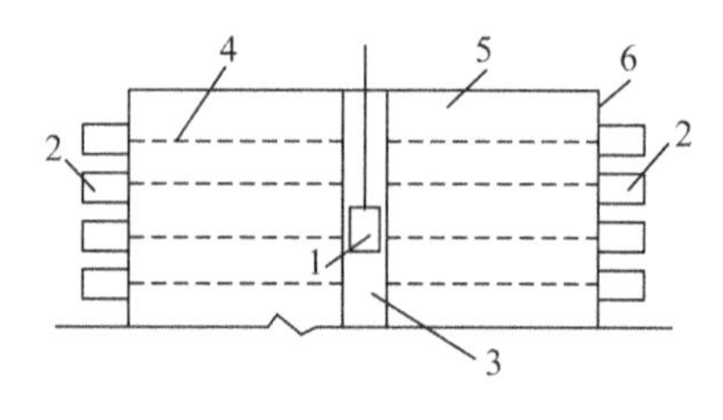

(b) 立面图

图 2-31 双测孔检测示意图

1—径向换能器；2—平面换能器；3—测孔；4—声波传播路径；5—混凝土；6—混凝土表面

(4) 检测时应避免超声传播路径与内部钢筋轴线平行，当无法避免时，应使测线与该钢筋的最小距离不小于超声测距的 1/6。

(5) 根据测距大小和混凝土外观质量，设置仪器发射电压、采样频率等参数，检测同一部位时，仪器参数宜保持不变。

(6) 读取并记录声时值，必要时记录波幅和主频值，并存储波形。

(7) 检测中出现可疑数据时，应及时查找原因，必要时应进行复测校核或加密测点补测。

4. 超声波检测时，测距的测量应符合下列规定。

(1) 当采用平面换能器对测时，宜用钢卷尺测量发射和接收换能器辐射面之间的距离。

(2) 当采用平面换能器平测时，宜用钢卷尺测量发射和接收换能器内边缘之间的距离。

(3) 当采用径向换能器在钻孔或预埋管中检测时，宜用钢卷尺测量放置发射和接收换能器的钻孔孔壁或预埋管外壁之间的最短距离。

(4) 当采用平面上的平面换能器和与平面相垂直钻孔中的径向换能器结合检测时，宜用钢卷尺测量平面换能器与放置径向换能器的钻孔孔壁之间的最短距离，同时记录径向换能器深度位置，计算平面换能器与径向换能器之间的最短距离。

(5) 测距应精确至 1 mm。

5. 检测过程应符合下列规定。

(1) 检测应按测量测距、换能器经耦合剂与测点紧密接触、触发采集的步骤进行。

(2) 在测试过程中，当出现相邻两对测点声时值的相对误差大于 15%、首波振幅值小于 30 dB 或接收信号的波形不规则情况之一时，应在原测点进行两次检测。

(3) 当重复测量声时值与第一次测量值的相对误差不大于 15%时，将三次测量值的平均值用于计算分析；若重复测量声时值与第一次测量值的相对误差大于 15%时，将重复两次测量平均值用于计算分析。

6. 声速值的计算应符合下列规定。

（1）混凝土声速值可按下式计算：

$$v = \frac{l}{t - t_0} \tag{2-14}$$

式中：v——混凝土声速值，km/s，精确至 0.01 km/s；l——测距，mm，精确至1 mm；t——声时值，μs，精确至 0.1 μs；t_0——系统延迟时间，μs，精确至 0.1 μs。

（2）声速值的平均值及标准差可按下列公式计算：

$$m_x = \frac{\sum_{i=1}^{n} v_i}{n} \tag{2-15}$$

$$S_x = \sqrt{\frac{\sum_{i=1}^{n} (v_i - m_x)^2}{n - 1}} \tag{2-16}$$

式中：m_x——参与统计测点的声速平均值，km/s，精确至 0.01 km/s；v_i——参与统计第 i 点的声速测量值，km/s，精确至 0.01 km/s；n——参与统计的测点数；S_x——参与统计测点的声速值标准差，km/s，精确至 0.01 km/s。

7. 声速值异常点的判定应符合下列规定。

（1）将各测点的声速值由大至小按顺序依次排列，即 $v_1 \geqslant v_2 \geqslant \cdots \geqslant v_{k'} \geqslant \cdots \geqslant v_{n-k} \geqslant \cdots \geqslant v_{n-1} \geqslant v_n$，逐一去掉排序中 k 个最小数值和 k' 个最大数值后的其余数据，可按下列公式进行计算：

$$v_{01} = m_x - \lambda_1 \cdot S_x \tag{2-17}$$

$$v_{02} = m_x + \lambda_1 \cdot S_x \tag{2-18}$$

式中：v_{01}——声速异常小值判断值，km/s，精确至 0.01 km/s；v_{02}——声速异常大值判断值，km/s，精确至 0.01 km/s；m_x——参与统计测点的声速平均值，km/s，精确至 0.01 km/s；λ_1——参与统计数据个数对应的系数，按照表2-19 取值；S_x——参与统计测点的声速值标准差，km/s，精确至 0.01 km/s。

（2）按照 $k=0$、$k'=0$、$k=1$、$k'=1$、$k=2$、$k'=2$、……的顺序，将参与统计的数列最小数据 v_{n-k} 与异常小值判断值 v_{01} 进行比较，当 v_{n-k} 小于等于 v_{01} 时剔除最小数据；将最大数据 $v_{k'+1}$ 与异常大值判断值 v_{02} 进行比较，当 $v_{k'+1}$ 大于等

于 v_{02} 时剔除最大数据。每剔除一个数据对剩余数据构成的数列，重复式(2-17)和式(2-18)的计算步骤，直到下列两式成立：

$$v_{n-k} > v_{01} \tag{2-19}$$

$$v_{k'+1} < v_{02} \tag{2-20}$$

(3) 测区内测点混凝土声速值不大于 v_{01} 时，可判定两测点之间混凝土声速值异常，存在缺陷。

(4) 当测区内某测点声速值被判为异常时，进一步判别其相邻测点是否异常，凡小于等于相邻点声速异常判断值都可判定为异常值。相邻点声速异常判断值按下列公式计算：

$$v_{03} = m_x - \lambda_2 S_x \tag{2-21}$$

$$v_{03} = m_x - \lambda_3 S_x \tag{2-22}$$

式中：v_{03}——相邻点声速异常判断值，km/s，精确至 0.01 km/s；λ_2——当测点网格状布置时所取的系数，按照表 2-19 取值；λ_3——当测点单排布置时所取的系数，按照表 2-19 取值。

(5) 当被测混凝土内部被怀疑空洞、不密实区范围较大，在同一结构或构件中不能满足要求时，可选择同条件的正常结构或构件进行检测，按正常结构或构件声速值的平均值和标准差以及被测结构或构件的测点数，依据上述公式分别计算声速异常值与相邻点声速异常判断值，以此对被测结构或构件声速值进行判断，确定声速值异常点。

(6) 当被测混凝土计算出的异常数据判断值与经验值相比明显偏低时，可采用声速值的经验判断值进行判断，确定声速值异常点。

(7) 当测点的测距和倾斜角度不一致、声速值不具有可比性时，可将存疑测点的声速值与同条件的正常混凝土区域测点的声速值进行比较。

表 2-19　参与统计数据的个数 n 与系数 λ_1，λ_2，λ_3 统计表

n	20	22	24	26	28	30	32	34	36	38
λ_1	1.65	1.69	1.73	1.77	1.80	1.83	1.86	1.89	1.92	1.94
λ_2	1.25	1.27	1.29	1.31	1.33	1.34	1.36	1.39	1.38	1.39
λ_3	1.05	1.07	1.09	1.11	1.12	1.14	1.16	1.17	1.18	1.19
n	40	42	44	46	48	50	52	54	56	58
λ_1	1.96	1.98	2.00	2.02	2.04	2.05	2.07	2.09	2.10	2.12

续表

n	40	42	44	46	48	50	52	54	56	58
λ_2	1.41	1.42	1.43	1.44	1.45	1.46	1.47	1.48	1.49	1.40
λ_3	1.20	1.22	1.23	1.25	1.26	1.27	1.28	1.29	1.30	1.31
n	60	62	64	66	68	70	72	74	76	78
λ_1	2.13	2.14	2.15	1.17	1.18	2.19	2.20	2.21	2.11	2.23
λ_2	1.50	1.51	1.52	1.53	1.53	1.54	1.55	1.56	1.56	1.57
λ_3	1.31	1.32	1.33	1.34	1.35	1.36	1.36	1.37	1.38	1.39
n	80	82	84	86	88	90	92	94	96	98
λ_1	2.24	2.25	2.26	2.27	2.28	2.29	2.30	2.30	2.31	2.31
λ_2	1.58	1.58	1.59	1.60	1.61	1.61	1.62	1.62	1.63	1.63
λ_3	1.39	1.40	1.41	1.42	1.42	1.43	1.44	1.45	1.45	1.45
n	100	105	110	115	120	125	130	140	150	160
λ_1	2.32	2.35	2.36	2.38	2.40	2.41	2.43	2.45	2.48	2.50
λ_2	1.64	1.65	1.66	1.67	1.68	1.69	1.71	1.73	1.75	1.77
λ_3	1.46	1.47	1.48	1.49	1.51	1.53	1.54	1.56	1.58	1.59

8. 判定混凝土空洞、不密实区的位置和范围时，应按声速值异常点的分布及波形状况确定，必要时结合其他声学参数异常点分布状况综合确定。

9. 当判定缺陷是空洞时，混凝土空洞半径可按下式估算：

$$r=\frac{l}{2}\sqrt{\left(\frac{t_{\max}}{t_m}\right)-1} \tag{2-23}$$

式中：r——空洞半径，mm，精确至 1 mm；l——测距值 mm，精确至 1 mm；$t_{\max}$——缺陷区的最大声时值 μs，精确至 0.1 μs；t_m——无缺陷区的平均声时值 μs，精确至 0.1 μs。

2.4.2 冲击回波法

一、主要检测依据

(1)《水工混凝土结构缺陷检测技术规程》(SL 713—2015)；

(2)《冲击回波法检测混凝土缺陷技术规程》(JGJ/T 411—2017)。

二、仪器设备与检测条件

(1) 主要检测仪器和设备应包括:冲击器、传感器、数据采样分析系统、游标卡尺、钢卷尺等。

(2) 冲击回波法检测混凝土内部缺陷区时,设备性能需满足2.3.4.3节中提到的要求。

(3) 被测部位应满足下列要求。

a. 受检测区外缘距构件的变截面或侧表面的最小距离应大于沿冲击方向的构件厚度。

b. 测区范围应大于预估缺陷的区域,并应有进行对比的同条件正常混凝土部位。

三、检测方法和步骤

1. 当所测区域厚度可以测量时,可采用一个接收传感器进行表观波速测试,测试步骤应符合下列规定。

(1) 在平整混凝土表面进行检测,观察数据采集系统中时域图和振幅谱图的波形变动情况,当出现与厚度值 H 对应的一个有效波形的振幅谱只有单个主峰值时,读取频域曲线图中主频值 f。

(2) 混凝土表观波速值可按下式计算:

$$v_p = 2Hf \tag{2-24}$$

式中:v_p——混凝土表观波速,m/s;H——混凝土结构、构件直接测量的实际厚度,m;f——振幅谱中构件厚度对应的频率值,Hz。

(3) 混凝土表观波速测试不宜少于3个测点,测试结果与平均值的差不超过平均值的5%,取测试值的平均值作为混凝土表观波速值。

2. 当所测区域厚度不能测量时,可采用两个接收传感器进行表观波速测试,测试步骤应符合下列规定。

(1) 将冲击回波仪的两个接收传感器置于构件表面,两传感器中心间距不小于300 mm,在两个传感器中心连线外侧140~160 mm范围内激发冲击弹性波(图2-32)。

(2) 当传感器获取的波形都有效时,可存储波形进行分析。

(3) 两个传感器的时域波形在同一时间坐标中显示。

(4) 分别读取并记录第一个和第二个传感器接收信号在电压基准线数值开始变化点的时间值 t_1 和 t_2。计算纵波在两传感器之间传播时间差 $\Delta t = t_1 - t_2$。

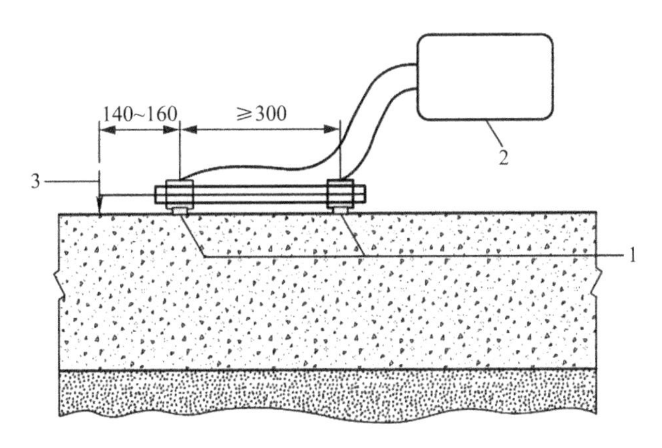

图 2-32　冲击回波法测试结构混凝土表观波速示意图(单位:mm)

1—接收传感器;2—数据采集和分析系统;3—冲击器

(5) 混凝土结构纵波传播的表观波速值可按下式计算:

$$v_p = k\frac{L}{\Delta t} \tag{2-25}$$

式中:v_p——混凝土表观波速,m/s;L——两个接收传感器中心之间的距离,m;Δt——两个接收传感器所接收到信号的时间差,s;k——截面形状系数,可通过现场试验确定,也可按下列规定取值:板类(长、宽大于厚度的 6 倍)可取 0.96,圆柱类可取 0.92,方形梁可取 0.87,长方形梁或柱可取 0.90,空心圆筒类可取 0.96。

(6) 通过改变采样时间间隔对同一测点重复进行两次试验,当该点两次测得传播时间明显不同时,应进行第三次测试,取与前两次值相同的值作为传播时间测试值。当三个数据都不同时应检查原因,排除故障后再进行测试。

(7) 混凝土表观波速测试不宜少于 3 个测点,测试结果与平均值的差不超过平均值的 5%,取测试值的平均值作为混凝土表观波速值。

3. 单点式冲击回波法检测应符合下列规定。

(1) 每个测区的测点应按等间距网格状布置,且不应少于 20 个测点。

(2) 应标明测点的编号和位置。

(3) 传感器和混凝土测试表面应处于良好的耦合状态。

(4) 冲击点位置与传感器的间距应小于设计厚度的 0.4 倍。

(5) 当检测面有沟槽或表面裂纹时,传感器和冲击器应位于沟槽或表面裂纹同侧。

4. 扫描式冲击回波仪检测应符合下列规定。

(1) 测线位置和测线网格的疏密应根据预估缺陷的位置和大小确定。测线的布置不应横跨沟槽或表面裂纹。

(2) 扫描器应紧贴混凝土表面匀速滚动,移动速率不宜大于 0.1 m/s。

(3) 对于隧道衬砌背后缺陷,宜沿隧道纵向与环向分别布置测线进行检测。

5. 检测时,应观察时域和频域的波形变化,可选择低通或高通等滤波方式进行波形处理。当无法获得有效波形时应进行复测。

6. 混凝土内部缺陷可根据实测频域曲线的主频和主频漂移情况判定。

7. 当结构或构件厚度已知时,应采用已知厚度对表观波速进行标定。

8. 混凝土结构或构件厚度检测应符合下列规定:

(1) 每测点应取 3 个有效波形,并应分析各有效的主频 f。主频 f 与平均值的差不应超过 $2\Delta f$(f 为频率采样间隔),测点的振幅谱图中构件厚度对应的主频 f 应为 3 个有效主频的平均值。

(2) 结构或构件厚度应按下式计算:

$$T=\frac{v_p}{2f} \tag{2-26}$$

式中:T——结构、构件的厚度计算值,m;v_p——混凝土表观波速,m/s;f——振幅谱图中构件厚度对应的主频,Hz。

9. 混凝土结构或构件内部缺陷判定应符合下列规定。

(1) 频域曲线主频 f_c 应根据对应的无缺陷构件厚度进行计算。

(2) 根据实测的波形频谱图,找出主频 f,与计算主频 f_c 进行比较。对于主频 f 之外的频率应结合被检测结构或构件形状、钢筋直径、保护层厚度、管线布设、预埋件位置等情况进行综合分析判断,确定内部缺陷位置。

10. 当冲击回波仪具备厚度-距离图分析功能时,可根据下列情况进行缺陷分析。

(1) 当振幅谱图中只有单峰形态且主频 f 与计算主频 f_c 差值不超过 $2\Delta f$,厚度-距离图显示构件厚度值随测试的距离无明显变化时,可判定混凝土密实。

(2) 当振幅谱图中主频 f 与计算主频 f_c 相差较大,振幅谱图中频率峰呈多峰形态,且向低频漂移时,可判定混凝土内部有缺陷。

(3) 实测波形信号复杂、振幅衰减缓慢、无法准确分析与评价时,宜结合其他检测方法进行综合测试。对于判别困难的区域可采取钻芯或剔凿法进行核实。

(4) 内部缺陷位置估算值可按式(2-26)计算确定,其中主频值应取振幅谱图缺陷波峰对应的频率值。

2.4.3　电磁波法(雷达法)

一、主要检测依据

(1)《水工混凝土结构缺陷检测技术规程》(SL 713—2015);

(2)《水利水电工程勘探规程　第 1 部分:物探》(SL/T 291.1—2021);

(3)《雷达法检测混凝土结构技术标准》(JGJ/T 456—2019);

(4)《水电工程探地雷达探测技术规程》(NB/T 10133—2019)。

二、仪器设备与检测条件

(1) 主要检测仪器和设备应包括雷达主机、雷达天线、数据采集分析处理系统、钢卷尺等。

(2) 雷达天线的选择可采用不同频率或不同频率组合,并应符合下列要求。

a. 应具有屏蔽功能,探测的最大深度应大于缺陷体埋深,垂直分辨率宜优于 2 cm。

b. 应根据检测的缺陷深度和现场具体条件,选择相应频率天线。在满足检测深度要求下,宜使用中心频率较高的天线。

c. 根据中心频率估算出的检测深度小于缺陷体埋深时,应适当降低中心频率以获得适宜的探测深度。

(3) 地质雷达法检测混凝土内部缺陷时,检测部位应符合下列规定。

a. 被检部位应具有可进行检测的测试面,在检测区域内不能有杂物妨碍正常检测。

b. 检测部位应避开能使电磁波强反射或强吸收的介质,且附近不能有影响检测的设备运行。

c. 测试范围应大于存疑的区域。

三、检测方法和步骤

1. 检测前应对混凝土的相对介电常数或电磁波波速做现场标定,标定方法应符合下列要求。

(1) 可在材料和工作环境相同的混凝土结构或钻取的芯样上进行测试。

(2) 测试的目标体已知厚度或长度应不小于 15 cm。

(3) 记录中的雷达影像图界面反射信号应清楚、准确。

(4) 测值应不少于 3 次,单值与平均值的相对误差应小于 5%,将其计算结果的平均值作为标定值。

(5) 相对介电常数应按式(2-27)计算:

$$\varepsilon_r = \left(\frac{ct}{2h}\right)^2 \tag{2-27}$$

电磁波波速应按式(2-28)计算：

$$v = \frac{2h}{t} \tag{2-28}$$

式中：ε_r——混凝土相对介电常数；v——混凝土介质中的电磁波速，m/s；c——真空中的电磁波速度，3×10^8 m/s；t——电磁波从顶面到达底面再返回双程走时时间，s；h——已知的混凝土结构厚度，m。

2. 测线和测点的布置应符合下列要求。

(1) 对于较大尺寸的混凝土结构，宜采用与结构物长度方向一致的平行测线布置，间距宜为 100～500 cm。

(2) 较小尺寸的宜采用网格布置，网格间距宜为 10～100 cm。

(3) 进行点测时，测点间距宜为 10～50 cm，并应满足式(2-29)的要求。

$$\Delta X \leqslant \frac{c}{4f\sqrt{\varepsilon_r}} \tag{2-29}$$

式中：ΔX——相邻测点间距，m；c——真空中的电磁波速度，3×10^8 m/s；f——天线中心频率，Hz；ε_r——混凝土相对介电常数。

3. 混凝土缺陷检测应符合下列要求。

(1) 应检查主机、雷达天线，使之处于正常状态。

(2) 应根据电缆、天线连接的测量方式，在主机上选择相应的测量模式。

(3) 设置仪器参数，并应符合式(2-30)至式(2-32)的要求。

a. 时窗长度估算：

$$w = \alpha\,\frac{2h_{\max}}{v} \tag{2-30}$$

式中：w——时窗长度，s；$h_{\max}$——拟检测目标体的最大深度，m；v——混凝土介质中电磁波速度，m/s；α——调整系数，混凝土介质电磁波速度与目标体深度变化所留出的残余值，可取 1.3～2.0。

b. 每道雷达波形最小采样点数：

$$S_p \geqslant 10wf \tag{2-31}$$

式中：S_p——雷达波形最小采样点数；w——时窗长度，s；f——天线中心频率，Hz。

c. 时间采样率：

$$\Delta t \leqslant \frac{1}{6 \times 10^6 f} \tag{2-32}$$

式中：Δt——时间采样率，s；f——天线中心频率，MHz。

d. 应标出被测结构表面反射波起始零点。雷达天线应与混凝土表面贴壁良好，并沿测线匀速、平稳滑行。移动速度宜符合式(2-33)的要求：

$$V_x \leqslant \frac{S_c d_{\min}}{20} \tag{2-33}$$

式中：V_x——天线速度，m/s；S_c——天线扫描速率，Hz；$d_{\min}$——检测目标体最小尺度，m。

e. 宜采用连续测量方式，特殊地段或条件不允许时可采用点测方式。

f. 当需要分段测量时，相邻测量段接头重复长度不应小于 1 m。

4. 记录应满足下列要求。

(1) 应记录测线号、方向、标记间隔以及天线中心频率等。

(2) 随时记录可能对测量产生电磁影响的物体(如渗水、电缆、铁架等)及其位置。

(3) 数据记录应完整，信号应清晰，里程标记应准确。

(4) 应准确标记测量位置。

5. 检测数据处理应符合下列规定。

(1) 原始数据处理前应回放检验。

(2) 标记位置应准确无误。

(3) 单个雷达图谱应做下列特征分析：

a. 确定反射波组的界面特征；

b. 识别地表干扰反射波组；

c. 识别正常介质界面反射波组；

d. 确定反射层信息。

6. 雷达图像数据的解释应在掌握测区内物性参数和混凝土结构的基础上，按由已知到未知、定性指导定量的原则进行。

7. 混凝土结构缺陷埋深应按式(2-34)确定：

$$h = \frac{1}{2} v t \tag{2-34}$$

式中：h——混凝土结构缺陷埋深，m；t——电磁波自混凝土表面至目标体双程历时，s；v——混凝土介质中的电磁波波速，m/s。

8. 混凝土缺陷初步判定特征如下。

a. 密实：信号幅度较弱，甚至没有界面反射信号。

b. 不密实：混凝土界面的强反射信号同向轴呈绕射弧形，且不连续、较分散。

c. 空洞：混凝土界面反射信号强，三振相明显，在其下部仍有强反射界面信号，两组信号时程差较大。

2.4.4 声波层析扫描法(CT)

一、主要检测依据

(1)《水利水电工程勘探规程　第1部分：物探》(SL/T 291.1—2021)；

(2)《大坝混凝土声波检测技术规程》(DL/T 5299—2013)；

(3)《水电工程层析成像技术规程》(NB/T 35112—2018)；

(4)《基于声波层析成像的桥梁混凝土质量检测技术规程》(DB21/T 3179—2019)。

二、仪器设备与检测条件

(1) 主要检测仪器和设备应包括数值采集器、检波器、震源、处理软件和钢卷尺等。

(2) 声波层析扫描法检测混凝土内部缺陷时，检测部位应符合下列规定。

a. 所检测的目标体应位于两孔、两面或孔与面之间，钻孔轴向或测线方向应位于同一平面内。

b. 所检测的目标体与正常混凝土之间应具有明显的声速差异。

c. 钻孔深度与两钻孔间距的比值或测线长度与两检测面间距的比值宜大于1。所检测的目标体应具有一定的规模，其尺寸大小应满足不小于两检测孔或两检测面间距的1/15、不小于测点间距的2倍和不小于成像单元的尺寸的要求。

三、检测方法和步骤

1. 进行混凝土质量检测时，现场检测应符合下列规定：

(1) 测区的范围应不小于目标检测区域；

(2) 每个测区的测点，宜按等间距网格状布置；

(3) 应标明测点的编号和位置；

(4) 检波器应与混凝土检测表面保持紧密贴合；

(5) 布置好检波器后，应用震源按顺序依次敲击激发点。

2. 根据检测目的和现场检测条件，可选择表面层析成像法、截面层析成像

法两种检测方法。表面层析成像法，测区应布置在同一可测面上；截面层析成像法，测区应布置在结构或构件的横截面上。

3. 为得到可靠的检测结果，观测排列应符合如下完备性评价技术要求：

(1) 接收点间距和激发点间距应该相等，不宜大于 50 cm；

(2) 观测排列的射线总数应大于网格节点总数；

(3) 观测排列中网格的射线密度应大于 15；

(4) 观测排列中各网格的射线正交性应大于 0.98；

(5) 可通过缩小测点间距或增加观测排列改善观测排列的完备性；

(6) 如观测排列不满足完备性评价的要求，其检测结果可靠性差。

4. 根据检测目的和现场检测条件，检测方案中的测点分布宜采用以下几种形式。

(1) 若测区用一个排列能够覆盖，首选 L 形排列，即接收点等间距布置在测区的相邻两边，呈 L 形；激发点等间距布置在测区的另外两边，也呈 L 形。测点布置呈封闭状。在表面层析成像和截面层析成像检测中都可采用。L 形排列布置如图 2-33 所示。

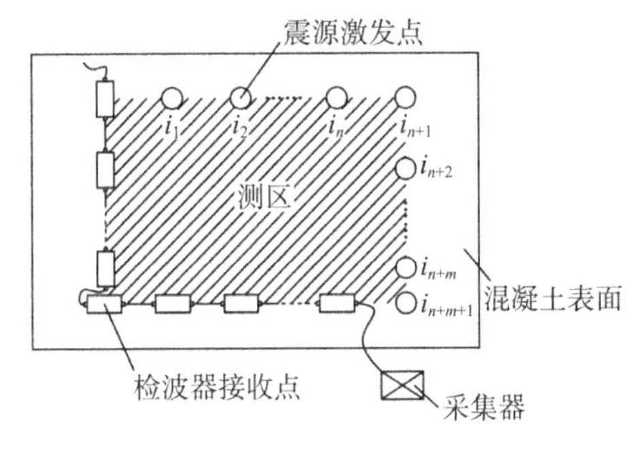

(a) 表面层析成像检测布置示意图

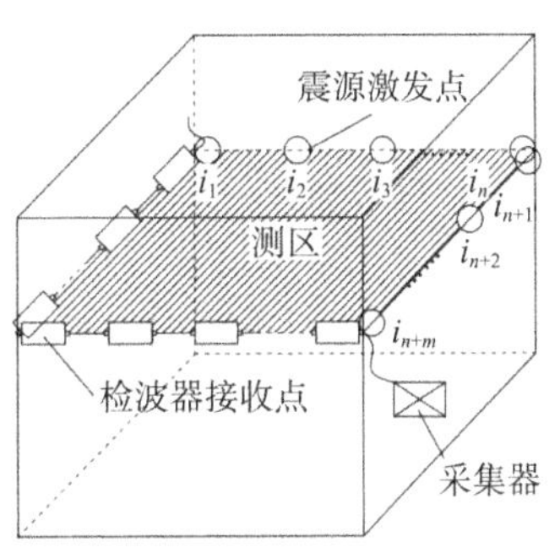

(b) 截面层析成像检测布置示意图

图 2-33　L 形排列布置示意图

(2) 若测区较长，布置单个排列不能覆盖，应设计多排列组合进行检测。从一端开始布置排列直至布满测区，两个排列中间应该有交叠部分，重复布置等同测区宽度的测点。其测区布置如图 2-34 所示。

(3) 当受检测现场条件所限，截面层析成像检测无法采用 L 形排列时，可采用一字形排列，其测区布置如图 2-35 所示。

(4) 若测区边界为圆形，可采用圆形排列，其测区布置如图 2-36 所示。即接收点沿圆边界等间距布置，激发点也沿圆边界布置。

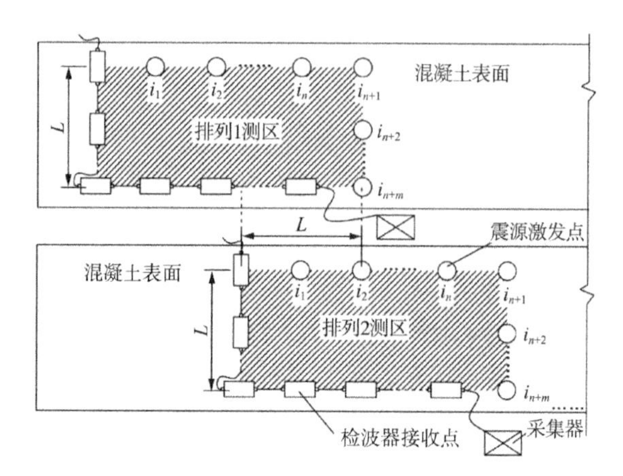

图 2-34 表面层析成像检测组合排列布置示意图

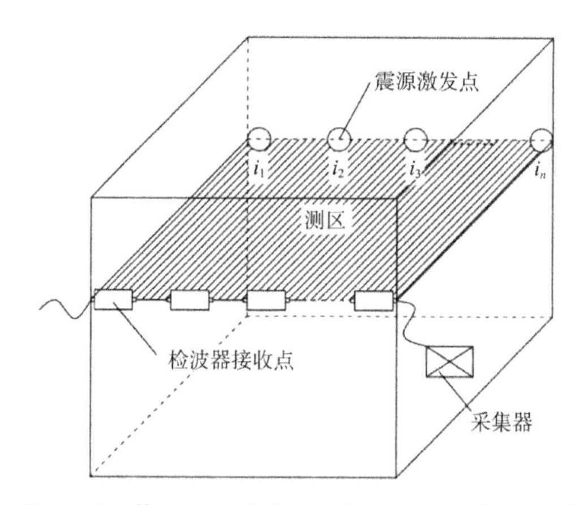

图 2-35 截面层析成像检测组合排列布置示意图

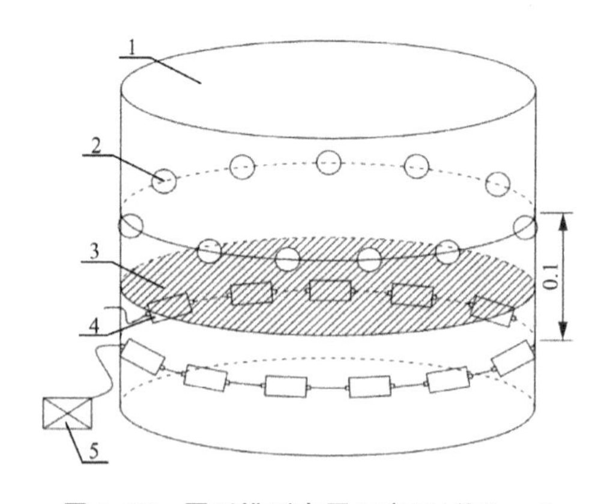

图 2-36 圆形排列布置示意图(单位:m)

1—圆柱形混凝土构件;2—初始震源激发点,按顺时针顺序激发;3—测区;4—初始检波器接收点,按顺时针顺序排列;5—采集器

5. 数据处理技术要求

(1) 数据处理前应对射线走时进行检验，舍去走时长度小于100个采样时间间隔的射线，作为无效射线。

(2) 数据处理前校验有效射线的总数是否大于单元总数。

(3) 根据有效射线，计算射线的正交性和射线密度。

(4) 数据处理流程与要求：

a. 进行初始时间校正，确定声波出发的准确时间；

b. 当自动走时读取所对应的位置与直达波前沿有差异时，应手动读取走时；

c. 自动进行射线追踪，形成走时方程；

d. 可采用联合代数迭代法进行波速反演。

6. 数据分析与评价

(1) 检测可获得测区混凝土的波速分布，用波速评价混凝土强度，可对比波速-强度曲线。波速-强度曲线有全国的、区域的、工程项目的。

(2) 工程检测中，三种波速-强度曲线选取的优先顺序是：工程项目的波速-强度曲线、区域的波速-强度曲线、全国的波速-强度曲线。

(3) 用波速评价混凝土质量的流程如下。

a. 声波层析成像检测得到测区混凝土波速分布图像。

b. 根据混凝土设计强度和选取的波速-强度曲线，确定标准波速值，作为混凝土质量评价的依据。

c. 波速在标准值以上的区域为合格区，不到标准值80%的区域称为低速异常区。

d. 根据射线密度与正交性分布，若检测区域只有部分满足完备性要求，那么只对满足要求的区域进行解释，不满足的区域只作为参考。

(4) 混凝土质量评价的参考统计指标

a. 用波速评价混凝土质量需要选取统计指标，选取平均波速、波速离散度、合格面积率作为评价的参考定量指标。

b. 混凝土的平均波速 V_a 计算公式如下：

$$V_a = \frac{1}{M}\sum_{j=1}^{M} V_j \tag{2-35}$$

式中：V_a——混凝土的平均波速，m/s；V_j——网格内单元位置的波速，m/s；M——网格内单元总数。

c. 波速离散度由式(2-36)计算，均匀混凝土的离散度宜小于10%。

$$R_b = \frac{\sigma}{V_a} \tag{2-36}$$

$$\sigma = \sqrt{\frac{\sum_{j=1}^{M}(V_j - V_a)^2}{M}} \tag{2-37}$$

式中：R_b——波速离散度；σ——标准差。

d. 合格面积率达到或超过80%时，可判定混凝土强度达到标准值。合格面积率 R_s 应按下列公式计算：

$$R_s = \frac{S_n}{S_m} \tag{2-38}$$

式中：R_s——合格面积率，%；S_n——达到标准值以上的单元所占的面积，m^2；S_m——网格总面积，m^2。

e. 最大缺陷尺度是混凝土质量评价的参数之一，最大缺陷尺度应不宜超过检测面积的5%。

f. 钢筋的波速 V_{st}（5 700 m/s）高于混凝土波速。若在钢筋密集处，可对钢筋的影响予以消除。

$$V_c = \frac{V - \alpha V_{st}}{1 - \alpha} \tag{2-39}$$

式中：V——直接量测的钢筋混凝土构件波速值，m/s；V_c——可在波速-强度曲线中得到对应强度的混凝土波速换算值，m/s；V_{st}——钢筋波速，m/s；α——钢筋在混凝土中所占的体积比，%。

钢筋在混凝土中所占的体积比 α 可根据钢筋构造图投影得到。当钢筋体积比小于5%时，波速可不必修正。

第3章
结构材料强度检测与评价

水闸主要由钢筋混凝土及浆砌块石结构组成，材料的结构强度是结构应力和稳定复核的重要参数，对工程结构的安全性与耐久性非常重要。如何准确、全面检测评估材料的现状强度，是水闸现场安全检测的一项重要内容。

3.1 概述

3.1.1 混凝土强度检测方法比较

目前，常用的混凝土强度实体检测主要分为无损检测和微破损检测。无损检测方法主要有回弹法、超声法、超声回弹综合法等；微破损检测方法主要有钻芯法、拔出法、摆锤敲入法和拉脱法等，各种检测方法适用条件见表3-1。每种检测方法均有其适用条件和优缺点，应根据检测目的、结构实际状况、现场具体条件选择适用的检测方法。

3.1.2 砌筑砂浆强度检测方法比较

砌筑砂浆强度检测方法有回弹法、贯入法、推出法、筒压法、择压法、剪切法和点荷载法等，各种检测方法适用条件见表3-2。每种检测方法均有其适用条件和优缺点，应根据检测目的、结构实际状况、现场具体条件选择适用的检测方法。

表 3-1　混凝土强度检测方法和适用条件汇总表

序号	检测方法	标准	适用范围	适用条件	备注
1	回弹法	SL/T 352—2020	强度范围：10.0～60.0 MPa	适用于普通混凝土，中型回弹仪：2.2 J，适用于结构或构件厚度＜600 mm；重型回弹仪：29.4 J，适用于结构或构件厚度≥600 mm，或骨料粒径≥40 mm	非水平方向测试时可按角度修正，采用碳化深度修正系数修正
		JGJ/T 23—2011	强度范围：10.0～60.0 MPa 龄期：14～1 000 d	适用于普通混凝土，不适用于表层与内部质量有明显差异或内部存在缺陷的混凝土	统一测强曲线分泵送混凝土和非泵送混凝土
		JGJ/T 294—2013	强度范围：C50～C100 龄期：≤900 d	适用于高强混凝土，回弹仪标称动能：4.5 J、5.5 J，不适用于表里质量不一致、构件厚度小于150 mm 的混凝土	统一测强曲线分4.5 J 和 5.5 J 两类，无需测试碳化深度，仅适用于混凝土成型侧面检测
2	超声法	SL/T 352—2020	强度范围：≤C45	适用于现场实测混凝土的波速，用于评定强度离散性、均匀性，推算结构混凝土强度，不宜用于在超声传播方向上钢筋布置密集等情况	需建立强度-波速测强曲线
3	超声回弹综合法	T/CECS 02—2020	强度范围：10.0～70.0 MPa 龄期：7～2 000 d	适用于正常使用状态下普通混凝土，不适用于因冻害、化学侵蚀、火灾、高温等已造成表面疏松、剥落的混凝土	可进行非水平方向测试修正和浇筑面修正，无需测试碳化深度
		SL/T 352—2020	强度范围：≤C45	适用于现场实测混凝土的波速，推算结构混凝土强度	用于评定强度离散性、均匀性
4	钻芯法	SL/T 352—2020	—	适用于从结构混凝土中钻取的混凝土芯样	试件试验前需泡水2 d，直径大于100 mm的试样应适当延长泡水时间
		CECS 03:2007	强度范围：≤80 MPa	适用于结构中强度不大于80 MPa普通混凝土	芯样试件应在自然干燥状态下进行抗压试验。当结构工作条件比较潮湿，需要确定潮湿状态下混凝土的拉压强度时，宜浸泡40～48 h后立即进行试验
		JGJ/T 384—2016	—	适用于普通混凝土	

续表

序号	检测方法	标准	适用范围	适用条件	备注
5	拔出法	CECS 69:2011	强度范围：10.0～80.0 MPa	本规程适用于既有结构和在建结构混凝土强度的检测与推定	分为圆环式或三点式拔出法，粗骨料粒径大于40 mm时，宜采用三点式拔出法
6	摆锤敲入法	T/CECS 1090—2022	强度范围：10.0～50.0 MPa 龄期≥14 d	适用于结构中普通混凝土抗压强度的现场无损检测，不适用于遭受高温、冻害、火灾等表面损伤混凝土的检测，结构或构件厚度不应小于80 mm	要求测试部位铅直面高度不宜小于550 mm，此被检测混凝土表面应为自然干燥状态
7	拉脱法	JGJ/T 378—2016	强度范围：10.0～100.0 MPa	适用于检测普通混凝土不同龄期(早龄期)表观密度为2 400 kg/m^{3}左右的结构构件，不适用于纤维混凝土和混凝土在硬化期间遭受冻害以及结构构件遭受化学侵蚀、火灾、高温损伤深度超过25 mm的情况	检测面应清洁、干燥、密实，不应有接缝、施工缝，并应避开蜂窝、麻面部位

表3-2 砂浆强度检测方法和适用条件汇总表

序号	检测方法	标准	特点	用途	限制条件
1	砂浆回弹法	GB/T 50315—2011	1. 属原位无损检测，测区选择不受限制； 2. 回弹仪有定型产品、性能较稳定，操作简便； 3. 检测部位的装修面层仅局部损伤。	1. 检测烧结普通砖和烧结多孔砖墙体中的砂浆强度； 2. 主要用于砂浆强度均质性检查。	1. 适用砂浆强度范围：≥2 MPa； 2. 水平灰缝表面粗糙且难以磨平时，不得采用； 3. 不适用于推定高温、长期浸水、化学侵蚀、火灾、环境侵蚀等的砂浆抗压强度。
2	贯入法	JGJ/T 136—2017	1. 属原位微损检测，测点选择不受限制； 2. 贯入仪有定型产品、性能较稳定，操作简便。	砌体结构中砌筑砂浆抗压强度的现场检测。	1. 适用砂浆强度范围：0.4～16.0 MPa；龄期28 d及以上。 2. 砌筑砂浆为自然养护，处于风干状态。 3. 不适用于遭受高温、冻害、化学侵蚀、火灾等表面损伤砂浆的检测，以及冻结法施工砂浆在强度回升期的检测。
3	推出法	GB/T 50315—2011	1. 属原位检测，直接在墙体上测试，检测结果综合反映了材料质量和施工质量； 2. 设备较轻便； 3. 检测部位局部破损。	检测烧结普通砖、烧结多孔砖、蒸压灰砂砖或蒸压粉煤灰砖墙体的砂浆强度。	1. 适用砂浆强度范围：1～15 MPa； 2. 水平灰缝厚度应为8～12 mm； 3. 当水平灰缝的砂浆饱满度低于65%时，不宜选用。

续表

序号	检测方法	标准	特点	用途	限制条件
4	筒压法	GB/T 50315—2011	1. 属取样检测； 2. 仅需利用一般混凝土试验室的常用设备； 3. 取样部位局部损伤。	检测烧结普通砖和烧结多孔砖墙体中的砂浆强度。	1. 适用砂浆强度范围：2.5～20.0 MPa； 2. 不适用于推定高温、长期浸水、化学侵蚀、火灾、环境侵蚀等的砂浆抗压强度。
5	择压法	JGJ/T 234—2011	1. 属取样检测； 2. 择压仪有定型产品、性能较稳定，操作简便。 3. 取样部位局部损伤。	检测烧结普通砖、烧结多孔砖、烧结空心砖砌体结构中水泥砂浆、混合砂浆抗压强度。	—
6	砂浆片剪切法	GB/T 50315—2011	1. 属取样检测； 2. 专用的砂浆测强仪及其标定仪，较为轻便； 3. 测试工作较简便； 4. 取样部位局部。	检测烧结普通砖和烧结多孔砖墙体中的砂浆强度。	—
7	点荷法	GB/T 50315—2011	1. 属取样检测； 2. 测试工作较简便； 3. 取样部位局部损伤。	检测烧结普通砖和烧结多孔砖墙体中的砂浆强度。	适用砂浆强度范围：≥2 MPa。

3.2 混凝土强度无损检测

3.2.1 回弹法

一、检测基本原理

回弹法是检测混凝土抗压强度的一种最常用非破损检测方法，具有准确、可靠、快速、经济等一系列优点。其基本原理是利用回弹仪检测混凝土表面硬度，并通过相关参数推算混凝土抗压强度。回弹仪利用弹簧驱动重锤，通过弹击杆（传力杆）弹击混凝土表面，并测出重锤被反弹回来的距离，即回弹值。回弹值与混凝土表面硬度相关，而混凝土表面硬度又与混凝土强度相关，因此可以通过回弹值与混凝土强度之间的相关关系曲线（测强曲线）、结合碳化深度的影响，推算混凝土抗压强度。

现场采用回弹法测定结构混凝土抗压强度试验方法，可按《水工混凝土试验规程》（SL/T 352—2020）中“回弹法检测混凝土抗压强度”、《回弹法检测混凝土抗压强度技术规程》（JGJ/T 23—2011）、《高强混凝土强度检测技术规程》（JGJ/T 294—2013）或各省相关地方标准执行。

二、检测仪器设备

回弹法检测混凝土抗压强度主要仪器设备为回弹仪、锤子、錾子、砂轮、碳化深度卡尺(或数显碳化深度测量仪)和浓度为1%～2%的酚酞酒精溶液等。

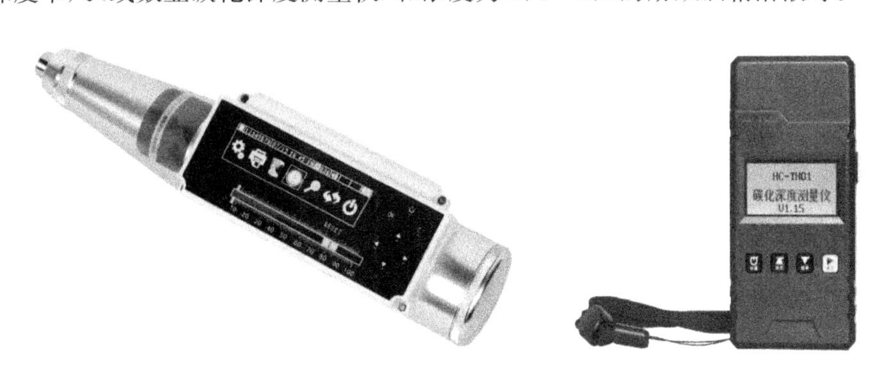

(a) 中型数显回弹仪(2.207 J)　　(b) 数显碳化深度测量仪

表 3-1　数显回弹仪(2.207 J)和数显碳化深度测量仪

数字式回弹仪应带有指针直读示值系统,数字显示的回弹值与指针直读示值相差不应超过1,碳化深度卡尺或数显碳化深度检测仪需通过检定,测量精度0.25 mm。

三、检测结果影响因素

(一) 测试面的状态

回弹法要求被测混凝土的内外质量基本一致,当混凝土表层与内部质量有明显差异,如遭受化学腐蚀、火灾、冻伤或内部存在缺陷时,回弹法不适用。

检测面应为原浆面,表面应清洁、平整,不应有疏松层、浮浆、油垢、蜂窝、麻面。

混凝土的含水率会影响其表面的硬度,混凝土在浸水之后会导致其表面硬度降低。因此,混凝土表面的湿度对回弹法检测影响较大,对于潮湿或浸水的混凝土,须待其表面干燥后再进行测试。

(二) 混凝土浇筑方式

泵送混凝土中掺入了泵送剂、掺合料,砂率增加、粗骨料粒径减少、浆体含量高、坍落度明显增大,另外泵送混凝土在搅拌、运输、输送、振捣、拆模、养护等方面,与非泵送混凝土也有着很大的差别。非泵送和泵送混凝土的测强曲线不同,在检测时,应确定混凝土的浇筑方式,选择合理的测强曲线。

(三) 混凝土碳化

通常情况下碳化可以使混凝土的强度有所增长,会使混凝土表面的硬度增加,对回弹法测强有显著影响,因为碳化使混凝土表面硬度增加,回弹值增大,但对混凝土强度影响较小,从而影响强度与回弹值的相关关系。不同的碳化深度对其影响不一样，对不同强度等级的混凝土，同碳化深度的影响也有差异。因此，碳化深度作为一个测强参数，反映了龄期的影响、构件所处环境条件对碳化及强度的影响。对于三年内的不同强度的混凝土，虽然回弹值随着碳化深度的增长而增大，但当碳化深度达到 6 mm 时，其影响作用基本不再增大。

对于强度等级为 C50～C100 的混凝土，碳化深度对回弹值的影响较小，当采用高强回弹仪检测强度时，可不考虑碳化深度的影响。

四、检测方法和步骤

（一）基本要求

（1）回弹仪在检测前后，均应在钢砧上做率定试验。

（2）混凝土强度可按单个构件或按批量进行检测。

（3）单个构件检测时测区数不宜少于 10 个。当受检构件数量大于 30 个且不需提供单个构件推定强度或受检构件一方向尺寸不大于 4.5 m 且另一方向尺寸不大于 0.3 m 时，每个构件的测区数量可适当减少，但不应少于 5 个。

（4）测区表面应为混凝土原浆面，并应清洁、平整，不应有疏松层、浮浆、油垢、涂层以及蜂窝、麻面。表面不平处可用砂轮适度打磨，并擦净残留粉尘。

（5）测区宜选在能使回弹仪处于水平方向的混凝土浇筑侧面。当不能满足这一要求时，也可选在使回弹仪处于非水平方向的混凝土浇筑表面或底面。测区宜布置在构件的两个对称的可测面上，当不能布置在对称的可测面上时，也可布置在同一可测面上，且应均匀分布。在构件的重要部位及薄弱部位应布置测区，并应避开预埋件。

（6）对混凝土生产工艺、强度等级相同，原材料、配合比、养护条件基本一致且龄期相近的一批同类构件的检测应采用批量检测。按批量进行检测时，应随机抽取构件，抽检数量不宜少于同批构件总数的 30%且不宜少于 10 件。当检验批构件数量大于 30 个时，抽样构件数量可适当调整，并不得少于国家现行有关标准规定的最少抽样数量。

（7）按《水工混凝土试验规程》（SL/T 352—2020）检测时应均匀布置测区，测区数不小于 10 个；测区面积：中型回弹仪为 400 cm^2，重型回弹仪为 600 cm^2；当混凝土结构、构件厚度＜600 mm 时宜选用中型回弹仪，厚度≥600 mm 或骨料最大粒径≥40 mm 时宜选用重型回弹仪。

（二）回弹值测量

（1）测量回弹值时，回弹仪的轴线应始终垂直于混凝土检测面，并应缓慢施压、准确读数、快速复位。

（2）每一测区应读取 16 个回弹值，每一测点的回弹值读数应精确至 1。测点宜在测区范围内均匀分布，相邻两测点的净距离不宜小于20 mm；测点距外露钢筋、预埋件的距离不宜小于30 mm；测点不应在气孔或外露石子上，同一测点应只弹击一次，每一测点回弹值应精确至1。

(3) 当一个测区有两个测面时，每一个测面弹击8个测点；不具备两个测面的测区，可在一个测面上弹击16点，如图3-2。

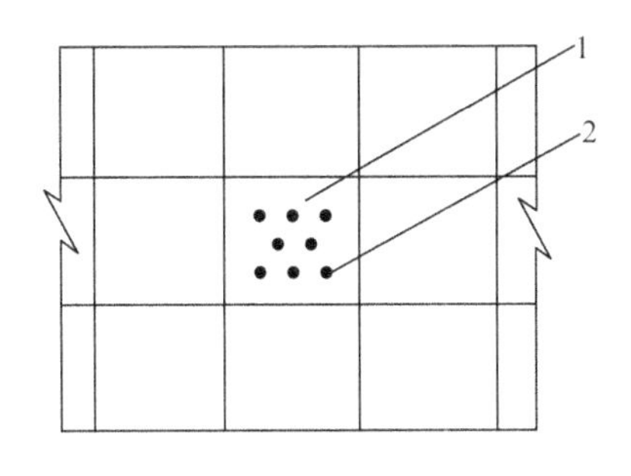

(a) 双面测试

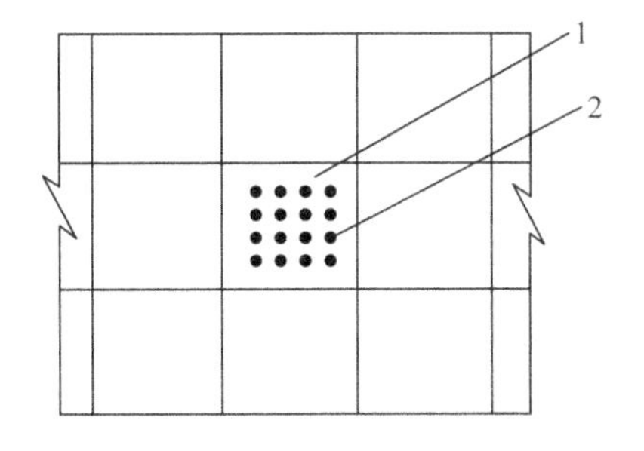

(b) 单面测试

表3-2　回弹测点布置示意图

1—测区；2—回弹测点

(三) 碳化深度值测量

(1) 当采用中型回弹仪(2.207 J)和重型回弹仪(29.43 J)检测混凝土强度时，应对碳化深度进行测量；采用高强回弹仪(4.5 J或5.5 J)检测时，无需对碳化深度进行检测。

(2) 回弹值测量完毕后，应在有代表性的测区上测量碳化深度值，测点数不应少于构件测区数的30%，应取其平均值作为该构件每个测区的碳化深度值。当碳化深度值极差大于2.0 mm时，应在每一测区分别测量碳化深度值。

(3) 碳化深度值的测量应符合下列规定：

a. 可采用工具在测区表面形成直径约15 mm的孔洞，其深度应大于混凝土的碳化深度；

b. 应清除孔洞中的粉末和碎屑，且不得用水擦洗；

c. 应采用浓度为1%～2%的酚酞酒精溶液滴在孔洞内壁的边缘处，当已碳化与未碳化界线清晰时，应采用碳化深度测量仪测量已碳化与未碳化混凝土交界面到混凝土表面的垂直距离，并应测量3次，每次读数应精确至0.25 mm；

d. 应取三次测量的平均值作为检测结果，并应精确至0.5 mm。

(四) 回弹值计算

1. 计算测区平均回弹值

计算测区平均回弹值时，应从该测区的16个回弹值中剔除3个最大值和

3 个最小值，其余的 10 个回弹值按式(3-1)计算：

$$R_m = \frac{\sum_{i=1}^{10} R_i}{10} \tag{3-1}$$

式中：R_m——测区平均回弹值，精确至 0.1；R_i——第 i 个测区回弹值。

2. 非水平方向修正

(1) 非水平方向检测混凝土浇筑侧面时，测区的平均回弹值应按式(3-2)修正：

$$R_m = R_{m\alpha} + R_{a\alpha} \tag{3-2}$$

式中：$R_{m\alpha}$——非水平方向检测时测区的平均回弹值，精确至 0.1；$R_{a\alpha}$——按 JGJ/T 23—2011 附录 C 查表得出的非水平方向检测时回弹值修正值。

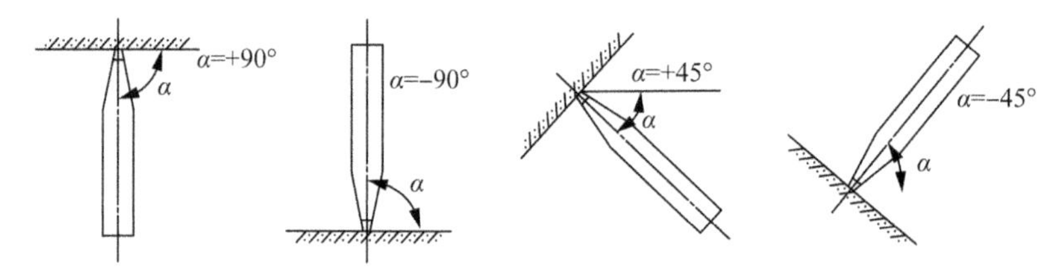

表 3-3　回弹仪非水平方向测试示意图

(2) 水平方向检测混凝土浇筑表面或浇筑底面时，测区的平均回弹值应按式(3-3)和式(3-4)修正：

$$R_m = R_m^t + R_a^t \tag{3-3}$$

$$R_m = R_m^b + R_a^b \tag{3-4}$$

式中：R_m^t、R_m^b——水平方向检测混凝土浇筑表面、底面时，测区的平均回弹值，精确至 0.1；R_a^t、R_a^b——混凝土浇筑表面、底面回弹值的修正值，按 JGJ/T 23—2011 附录 D 取值。

(3) 当回弹仪为非水平方向且测试面为混凝土的非浇筑侧面时，应先对回弹值进行角度修正，并应对修正后的回弹值进行浇筑面修正。

(4) 采用《水工混凝土试验规程》(SL/T 352—2020)计算回弹值时，当回弹仪在非水平方向测试时，需考虑测试角度修正，按式(3-5)换算成水平方向测试的测区平均回弹值 m_N。

$$m_N = m_{N\alpha} + \Delta N_\alpha \tag{3-5}$$

式中：$m_{N\alpha}$——回弹仪与水平方向成 α 角测试时测区的平均回弹值；ΔN_α——按照《水工混凝土试验规程》(SL/T 352—2020)中表 8.1.4-1 查出的不同测试角度 α 的回弹修正值。

(五) 测强曲线

1. JGJ/T 23—2011 中型回弹仪全国测强曲线

JGJ/T 23—2011 提供了全国统一测强曲线。检测人员可以根据非泵送混凝土和泵送混凝土浇筑方式的不同，分别按照规程提供的测区强度换算表进行强度换算。有条件的地区和部门，已建立了本地区的测强曲线或专用测强曲线。检测单位宜按专用测强曲线、地区测强曲线、统一测强曲线的顺序选用测强曲线。

(1) 非泵送混凝土

根据 JGJ/T 23—2011 附录 A 的测区强度换算表换算。

(2) 泵送混凝土

根据曲线方程[式(3-6)]计算，或查询 JGJ/T 23—2011 附录 B 的测区强度换算表换算。

$$f = 0.034\,488R^{1.940\,0}10^{-0.017\,3d_m} \tag{3-6}$$

式中：f——测区强度推定值，MPa；R——修正后测区平均回弹值；d_m——测区平均碳化深度值，mm。

2. SL/T 352—2020 中型和重型回弹仪强度计算公式

采用 SL/T 352—2020 中混凝土强度计算公式时，应根据回弹仪型号，按式(3-7)和式(3-8)推定混凝土强度的测强曲线。

(1) 中型回弹仪

$$f_{ccNo} = 0.024\,97m_N^{2.010\,8} \tag{3-7}$$

(2) 重型回弹仪

$$f_{ccNo} = 7.7e^{0.04m_N} \tag{3-8}$$

式中：f_{ccNo}——混凝土抗压强度，MPa；m_N——测区平均回弹值。

3. JGJ/T 294—2013 中高强回弹仪全国测强曲线

(1) 4.5 J 回弹仪

根据曲线方程[式(3-9)]计算，或查询附录 A 的测区强度换算表换算。

$$f_{cu,i}^c = -7.83 + 0.75R + 0.007\,9R^2 \tag{3-9}$$

(2) 5.5 J 回弹仪

根据曲线方程[式(3-10)]计算，或查询附录 B 的测区强度换算表换算。

$$f_{cu,i}^{c}=2.51246R^{0.889} \tag{3-10}$$

式中：$f_{cu,i}^{c}$——测区强度换算值，MPa；R——测区回弹代表值。

(六) 混凝土强度计算

1. JGJ/T 23—2011 中混凝土强度计算

(1) 构件第 i 个测区混凝土强度换算值，可按平均回弹值(R_m)和平均碳化深度值(d_m)由规程附录 A、附录 B 查表或计算得出。当有地区或专用测强曲线时，混凝土强度的换算值宜按地区测强曲线或专用测强曲线计算或查表得出。

(2) 构件的测区混凝土强度平均值应根据各测区的混凝土强度换算值计算。当测区数为 10 个及以上时，还应计算强度标准差。平均值及标准差应按下列公式计算：

$$m_{f_{cu}^{c}}=\frac{\sum_{i=1}^{n} f_{cu,i}^{c}}{n} \tag{3-11}$$

$$S_{f_{cu}^{c}}=\sqrt{\frac{\sum_{i=1}^{n}(f_{cu,i}^{c})^{2}-n(m_{f_{cu}^{c}})^{2}}{n-1}} \tag{3-12}$$

式中：$m_{f_{cu}^{c}}$——构件测区混凝土强度换算值的平均值(MPa)，精确至 0.1 MPa；n——对于单个检测的构件，取该构件的测区数；对批量检测的构件，取所有被抽检构件测区数之和；$S_{f_{cu}^{c}}$——结构或构件测区混凝土强度换算值的标准差(MPa)，精确至 0.1 MPa。

(3) 构件的现龄期混凝土强度推定值 $f_{cu,e}$ 应符合下列规定。

a. 当构件测区数少于 10 个时，应按下式计算：

$$f_{cu,e}=f_{cu,\min}^{c} \tag{3-13}$$

式中：$f_{cu,\min}^{c}$——构件中最小的测区混凝土强度换算值，MPa，精确至 0.1 MPa。

b. 当构件的测区强度值中出现小于 10.0 MPa 时，应按下式确定：

$$f_{cu,e}<10.0\ \text{MPa} \tag{3-14}$$

c. 当构件测区数不少于 10 个时，应按下式计算：

$$f_{cu,e}=m_{f_{cu}^{c}}-1.645S_{f_{cu}^{c}} \tag{3-15}$$

d. 当批量检测时，应按下式计算：

$$f_{cu,e} = m_{f^c_{cu}} - kS_{f^c_{cu}} \tag{3-16}$$

式中：k——推定系数，宜取 1.645。当需要推定强度区间时，可按国家现行有关标准的规定取值。

注：构件的混凝土强度推定值是指相应于强度换算值总体分布中保证率不低于 95%的构件中混凝土抗压强度值。

(4) 对按批量检测的构件，当该批构件混凝土强度标准差出现下列情况之一时，该批构件应全部按单个构件检测：

a. 当该批构件混凝土强度平均值小于 25 MPa、$S_{f^c_{cu}}$ 大于 4.5 MPa 时；

b. 当该批构件混凝土强度平均值不小于 25 MPa 且不大于 60 MPa、$S_{f^c_{cu}}$ 大于 5.5 MPa 时。

2. SL/T 352—2020 中混凝土强度计算

(1) 按 SL/T 352—2020 推定混凝土结构或构件混凝土抗压强度时，应考虑混凝土结构或构件碳化的影响，可按式(3-17)修正。

$$f_{ccN} = f_{ccNo}C \tag{3-17}$$

式中：f_{ccN}——碳化深度修正后的混凝土强度，MPa；f_{ccNo}——按照公式推定的混凝土强度，MPa；C——查表 3-3 的混凝土碳化深度修正值。

表 3-3　碳化深度修正值

测区强度(MPa)	碳化深度(mm)					
	1.0	2.0	3.0	4.0	5.0	6.0
10.0～19.5	0.95	0.90	0.85	0.80	0.75	0.70
20.0～29.5	0.94	0.88	0.82	0.75	0.73	0.65
30.0～39.5	9.93	0.86	0.80	0.73	0.68	0.60
40.0～49.5	0.92	0.84	0.78	0.71	0.65	0.58
50.0～59.5	0.92	0.82	0.76	0.71	0.65	0.58

(2) 根据各测点区的混凝土强度 f_{ccN}，计算构件的混凝土平均强度 m_{fccN}、标准差 σ 和变异系数 C_v，评估构件的混凝土强度和均匀性。

(3) 保证率不低于 95%的构件混凝土强度推定值，当构件测区数不少于 10 个时，按式(3-18)计算构件混凝土强度推定值。

$$f_{cu,e} = m_{fccN} - 1.645\sigma \tag{3-18}$$

当测区数少于10个时，按式(3-19)计算构件混凝土强度推定值。

$$f_{cu,e}=f_{ccN,\min} \tag{3-19}$$

式中：$f_{cu,e}$——构件的混凝土强度推定值，MPa；m_{fccN}——构件各测区的平均混凝土强度值，MPa；$f_{ccN,\min}$——构件各测区的最小混凝土强度，MPa。

3. JGJ/T 294—2013中混凝土强度计算

(1) 构件各测区混凝土强度平均值应根据各测区的混凝土强度换算值计算。当测区数为10个及以上时，还应计算强度标准差。平均值和标准差计算工程参见式(3-11)和式(3-12)。

(2) 当结构或构件测区数小于10个时，参照式(3-13)计算混凝土强度推定值。

(3) 当结构或构件测区数不少于10个或按批量检测时，参照式(3-15)和式(3-16)计算混凝土强度推定值。

(4) 对按批量检测的结构或构件，当该批构件混凝土强度标准差出现下列情况之一时，该批构件应全部按单个构件检测：

a. 该批构件的混凝土抗压强度换算值的平均值 $m_{f_{cu}^c}$ 不大于50.0 MPa，且标准差 $S_{f_{cu}^c}$ 大于5.50 MPa；

b. 该批构件的混凝土抗压强度换算值的平均值 $m_{f_{cu}^c}$ 大于50.0 MPa，且标准差 $S_{f_{cu}^c}$ 大于6.50 MPa。

(七) 钻芯法修正回弹强度

回弹法检测混凝土抗压强度一般对混凝土的龄期有一定的要求，比如《回弹法检测混凝土抗压强度技术规程》(JGJ/T 23—2011)规定其适用龄期14～1 000 d的混凝土的检测，《高强混凝土强度检测技术规程》(JGJ/T 294—2013)规定其适用龄期不大于900 d的高强混凝土的检测。水闸安全鉴定检测时，一般都超过了1 000 d的龄期，当用回弹法检测混凝土抗压强度时，宜采用钻芯法对回弹强度进行修正。

钻芯法具体的检测方法步骤见3.3.1章节，采用钻芯修正量时的芯样和修正方法须满足规定。

(1) 当采用修正量的方法时，芯样试件的数量和取芯位置应符合下列规定：

a. 直径100 mm芯样试件的数量不应少于6个，小直径芯样试件的数量不应少于9个；

b. 当采用的间接检测方法为无损检测方法时，钻芯位置应与间接检测方法相应的测区重合；

c. 当采用的间接检测方法对结构构件有损伤时，钻芯位置应布置在相应测区的附近。

(2) 钻芯修正可按式(3-20)计算，修正量 Δf 可按式(3-21)计算。

$$f^c_{cu,i0}=f^c_{cu,i}+\Delta f \tag{3-20}$$

$$\Delta f=f_{cu,cor,m}-f^c_{cu,mj} \tag{3-21}$$

式中：Δf——修正量，MPa，精确至 0.1 MPa；$f^c_{cu,i0}$——修正后的换算强度，MPa，精确至 0.1 MPa；$f^c_{cu,i}$——修正前的换算强度，MPa，精确至 0.1 MPa；$f_{cu,cor,m}$——芯样试件抗压强度平均值，MPa，精确至 0.1 MPa；$f^c_{cu,mj}$——所用间接检测方法对应芯样测区的换算强度的算术平均值，MPa，精确至 0.1 MPa。

(八) 检测注意事项

(1) 检测前，应充分了解被检构件的特性。根据混凝土强度设计指标、骨料最大粒径、现场环境条件选用不同冲击能量的回弹仪，普通混凝土应选用中型回弹仪，高强混凝土应选用 4.5 J 或 5.5 J 的回弹仪，混凝土结构、构件厚度≥600 mm 或骨料最大粒径≥40 mm 时选用 29.4 J 的重型回弹仪。

(2) 对于弹击时产生颤动的薄壁、小型构件，约束力不够，回弹时产生颤动，造成回弹能量损失，使检测结果偏低，应进行固定，使之有足够的约束力。

(3) 当采用中型回弹仪检测抗压强度 10～60 MPa 混凝土，构件的测区强度小于 10 MPa 时，宜直接按推定值小于 10 MPa 计。

(4) 回弹仪保养时不能在指针轴上抹油，否则，使用中由于指针轴的油污垢，将使指针摩擦力变化，直接影响检测结果。

钢砧率定值达不到规定值时，不得使用混凝土试块上的回弹值予以修正，不得旋转调零螺丝使其达到率定值。

(5) 检测前应对被检测的构件进行全面系统的了解，还应了解水泥的安定性；如不能确定水泥安定性合格与否则应在检测报告上说明，以免后期产生因水泥安定性不合格而混凝土强度降低或丧失所引起的事故责任不清的问题。

3.2.2 超声回弹综合法

一、检测基本原理

超声波法检测混凝土强度是一种非破坏性检测技术，它是基于超声波在介质中传播速度与介质性质之间的关系的一种技术。检测过程中，超声波脉冲由发射换能器发出，通过混凝土介质传播，然后由接收换能器检测。混凝土中的超声波传播速度与其密度、弹性模量和泊松比等物理性质密切相关，而这些物理性质又与混凝土的强度有关。因此,通过测定超声波在混凝土中的传播速度,可以间接评价混凝土的质量和抗压强度。超声波法检测混凝土抗压强度不适用于抗压强度在 45 MPa 以上或在超声波传播方向上钢筋布置太密的混凝土。实践表明,超声波波速受混凝土中粗骨料的品种、粒径、用量的影响很大,因此目前已很少单纯采用超声波波速推算混凝土强度,而是与回弹法相结合,即超声回弹综合法。

超声回弹综合法是利用超声仪和回弹仪通过测定混凝土超声波声速值 v 和回弹值 R 检测混凝土抗压强度的一种方法。混凝土中的超声波传播速度与混凝土密度、弹性模量和超声波波速密切相关。一般来说,混凝土抗压强度越大,其密度越高,弹性模量越大,超声波的传播速度越高。回弹值与混凝土的硬度和抗压强度有一定的相关性。超声回弹综合法将超声波传播速度和回弹值结合起来,可以更准确地测试混凝土的抗压强度。

二、检测仪器设备

超声回弹综合法检测混凝土抗压强度主要仪器设备为非金属超声波仪、换能器、耦合剂、钢卷尺、回弹仪、锤子、錾子、砂轮、碳化深度卡尺(或数显碳化深度测量仪)和浓度为 1%～2%的酚酞酒精溶液等。

非金属超声波仪性能需满足 2.3.4.2 节中提到的要求,回弹仪性能需满足 3.2.1 节中的要求,仪器设备应进行检定/校准。

三、检测结果影响因素

(一) 含水率

混凝土含水率对超声回弹综合法检测结果有一定的影响。随着含水率的增加,声速增大,混凝土抗压强度降低,回弹仪测定的回弹值也降低。当含水率大于 1%时,声速增大影响量明显比回弹值降低量大,导致测出的强度比实际强度偏高。

(二) 钢筋密度

当钢筋平行于测试方向时,对声速值影响较大。钢筋太密,换能器避开钢筋距离不足,测定的混凝土推定强度比实际强度偏高。当钢筋垂直于测试方向时,钢筋对声速值有一定影响。测试时超声测点应避开钢筋密集区和预埋件。

四、检测方法和步骤

(一) 检测数量

(1) 构件检测时,应在构件检测面上均匀布置测区,每个构件上的测区数不应少于 10 个。对于检测面一个方向尺寸不大于 4.5 m,且另一个方向尺寸不大于 0.3 m 的构件,测区数可适当减少,但不应少于 5 个。

(2) 当同批构件按批进行一次或二次随机抽样检测时，随机抽样的最小样本容量宜符合表3-4的规定。

表3-4　随机抽样的最小样本容量

检测批的容量	检测类别和最小样本容量		
	A	B	C
3～8	2	3	4
9～15	2	3	5
16～25	3	5	8
26～50	5	8	13
51～90	5	13	20
91～150	8	20	32
151～280	13	32	50
281～500	20	50	80
501～1 200	32	80	125

注：1. 检测类别A适用于施工或监理单位一般性抽样检测，也可用于既有结构的一般性抽样检测；
2. 检测类别B适用于混凝土施工质量的抽样检测，可用于既有结构的混凝土强度鉴定检测；
3. 检测类别C适用于混凝土结构性能的检测或混凝土强度复检，可用于存在问题较多的既有结构混凝土强度的检测。

(3) 当混凝土设计强度等级相同，混凝土原材料、配合比、成型工艺、养护条件和龄期基本相同，构件种类相同，且施工阶段所处状态基本相同时，可作为同批构件按批抽样检测。

(二) 测区布置

(1) 在条件允许时，测区宜布置在构件混凝土浇筑方向的侧面。

(2) 测区可在构件的两个相对面、相邻面或同一面上布置。

(3) 测区宜均匀布置，相邻两测区的间距不宜大于2 m。

(4) 测区应避开钢筋密集区和预埋件。

(5) 测区尺寸宜为200 mm×200 mm；采用平测时宜为400 mm×400 mm。

(6) 测试面应为清洁、平整、干燥的混凝土原浆面，不应有接缝、施工缝、饰面层、浮浆和油垢，并应避开蜂窝、麻面部位。

(三) 回弹测试与回弹值计算

(1) 回弹测试时，应始终保持回弹仪的轴线垂直于混凝土测试面。宜首先选择混凝土浇筑方向的侧面进行水平方向测试。如不具备浇筑方向侧面水平测试的条件，可采用非水平状态测试，或测试混凝土浇筑的顶面或底面。

(2) 测点在测区范围内宜均匀布置，但不得布置在气孔或外露石子上。相邻两测点的间距不宜小于20 mm；测点距构件边缘或外露钢筋、铁件的距离不应小于30 mm，同一测点只允许弹击一次。

(3) 超声对测或角测时，回弹测试应在测区内超声波的发射面和接收面各测读5个回弹值。超声平测时，回弹测试应在测区内超声波的发射测点和接收测点之间测读10个回弹值。每一测点的回弹值的测读应精确至1，且同一测点应只允许弹击1次。

(4) 测区回弹代表值应从该测区的10个回弹值中剔除1个较大值和1个较小值，根据其余8个有效回弹值按式(3-22)计算：

$$R=\frac{1}{8}\sum_{i=1}^{n}R_i \tag{3-22}$$

式中：R——测区回弹代表值，取有效测试数据的平均值，精确至0.1 MPa；R_i——第i个测点的有效回弹值。

(5) 非水平状态下测得的回弹值，应按式(3-23)修正：

$$R_a=R+R_{a\alpha} \tag{3-23}$$

式中：R_a——修正后的测区回弹代表值；$R_{a\alpha}$——测试角度为α时的测区回弹修正值按T/CECS 02—2020中附录B采用。

(6) 在混凝土浇筑的顶面或底面测得的回弹值，应按式(3-24)和式(3-25)修正。

$$R_a=R+R_a^t \tag{3-24}$$

$$R_a=R+R_a^b \tag{3-25}$$

式中：R_a^t——测量顶面时的回弹修正值，按T/CECS 02—2020中附录C采用；R_a^b——测量底面时的回弹修正值，按T/CECS 02—2020中附录C采用。

(7) 测试时回弹仪处于非水平状态，同时测试面又非混凝土浇筑方向的侧面的情况下，应对测得的回弹值先进行角度修正，然后对角度修正后的值再进行顶面或底面修正。

(四) 超声测试与声速值计算

1. 基本要求

(1) 超声测点应布置在回弹测试的同一测区内，每一测区应布置3个测点。超声测试宜采用对测，当被测构件不具备对测条件时，可采用角测或平测。

(2) 超声测试时，换能器辐射面应通过耦合剂(涂黄油或凡士林等)与混凝土测试面良好耦合。

(3) 应先测定声时初读数(t_0),再进行声时测量,读数应精确至0.1 μs,超声测距l测量应精确至1 mm,且测量误差不应超过±1%。声速计算应精确至0.01 km/s。

(4) 检测过程中若更换换能器或高频电缆,应重新测定声时初读数(t_0)。

2. 采用角测法测试声速值

(1) 当构件只有两个相邻测试面可供检测时,可采用角测法(图3-4)测量混凝土中的声速。每个测区应布置3个测点,并应与相应测试面对应的3个测点的测距保持基本一致。

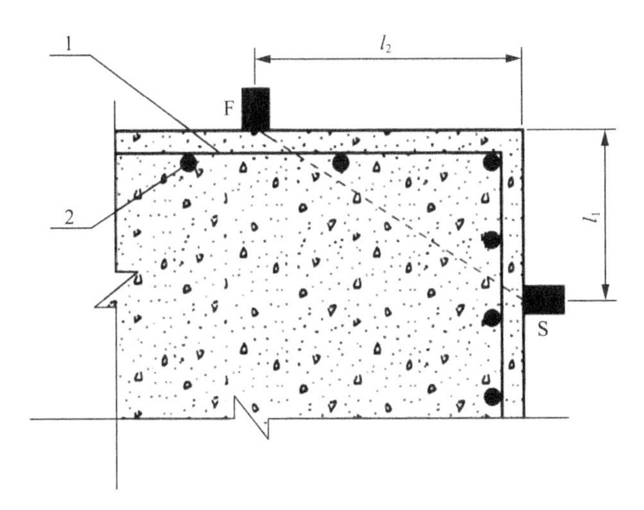

表3-4　角测法示意图

1—箍筋;2—主筋;F—发射换能器;S—接收换能器

(2) 布置超声角测点时,换能器中心与构件边缘的距离l_1、l_2不宜小于300 mm;且两者两差不宜大于1.5倍。

(3) 超声测距应按下式计算:

$$l_i=\sqrt{l_{1i}^2+l_{2i}^2} \tag{3-26}$$

式中:l_i——第i个测点的超声测距,mm;l_{1i}、l_{2i}——角测时第i个测点换能器与构件边缘的距离,mm。

(4) 角测测区混凝土中声速代表值应按式(3-27)计算:

$$v_j=\frac{1}{3}\sum_{i=1}^{3}\frac{l_i}{t_i-t_0} \tag{3-27}$$

式中:v_j——测区混凝土中声速代表值,km/s;t_i——第i个测点的声时读数,μs;t_0——声时初读数,μs。

(5) 当在混凝土浇筑的表面或底面对测时，测区混凝土中声速代表值应按式(3-28)修正：

$$v_a = \beta \cdot v_d \tag{3-28}$$

式中：v_a——修正后的测区混凝土中声速代表值，km/s；β——超声测试面的声速修正系数，取 1.034。

3. 采用平测法测试声速值

(1) 当构件只有一个测试面可供检测时，可采用平测法测量混凝土中的声速。

(2) 布置平测测点时，每个测区应布置一排超声测点，发射和接收换能器的连线与附近钢筋轴线宜呈 40°～50°(图 3-5)。应以两个换能器内边距分别为 200 mm、250 mm、300 mm、350 mm、400 mm、450 mm、500 mm 进行平测，逐点测读相应声时值(t)，并用回归分析方法求出下列直线方程：

$$l = a + ct \tag{3-29}$$

式中：c——平测测区混凝土中声速代表值(v_p)。

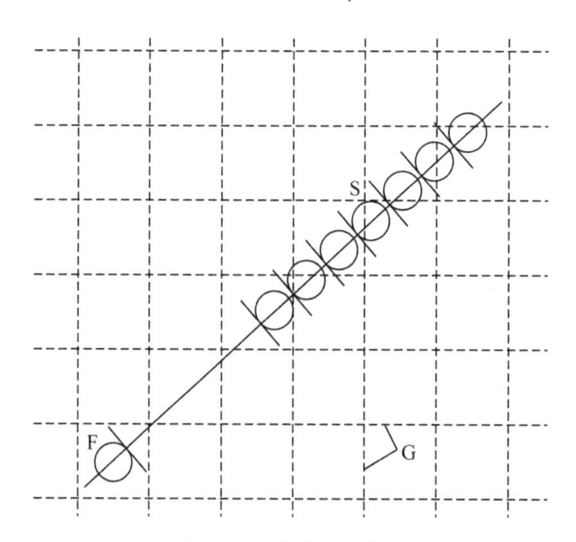

表 3-5　平测法示意图

F—发射换能器；S—接收换能器；G—钢筋轴线

(3) 应选取有代表性且具有对测条件的构件，将平测测区混凝土中声速代表值(v_p)修正为对测测区混凝土中声速代表值(v_d)。在构件上采用对测法得到对测测区混凝土中声速代表值(v_d)，并采用平测法得到平测时代表性构件混凝土中平测声速(v_{pp})，按式(3-30)计算平测声速修正系数：

$$\lambda = v_d / v_{pp} \tag{3-30}$$

式中：v_d——对测测区混凝土中声速代表值，km/s；v_{pp}——平测时代表性构件混凝土中平测声速，km/s；λ——平测声速修正系数。

(4) 修正后的平测法测区混凝土中声速代表值应按式(3-31)计算：

$$v_a = \lambda v_p \tag{3-31}$$

式中：v_a——修正后的测区混凝土中声速代表值，km/s；v_p——平测测区混凝土中声速代表值，km/s；λ——平测声速修正系数。

4. 采用对测法测试声速值

(1) 超声测点布置在回弹测试的同一测区内，每个测区布置3个测点。

(2) 将两个换能器分别均匀按压在对侧面测区相同位置测点上，两测点之间的距离即为超声测距l。

(3) 当在混凝土浇筑方向的侧面对测时，测区混凝土中声速代表值应按式(3-32)计算：

$$v_d = \frac{1}{3}\sum_{i=1}^{3}\frac{l_i}{t_i - t_0} \tag{3-32}$$

式中：v_d——对测测区混凝土中声速代表值，km/s；l_i——第i个测点的超声测距，mm；t_i——第i个测点的声时读数，μs；t_0——声时初读数，μs。

(5) 当在混凝土浇筑的表面或底面对测时，测区混凝土中声速代表值应按式(3-28)修正。

(五) 测强曲线

(1) 混凝土抗压强度换算值可采用专用测强曲线、地区测强曲线或全国测强曲线计算。

(2) 使用超声回弹综合法检测混凝土抗压强度的地区和部门，宜指定专用测强曲线或地区测强曲线，经审定和批准后实施。应按专用测强曲线、地区测强曲线、全国测强曲线的次序选用测强曲线。

(3) 全国测强曲线

全国统一测区混凝土抗压强度换算值应按式(3-33)计算：

$$f_{cu,i}^{c} = 0.0286 v_{ai}^{1.999} R_{ai}^{1.155} \tag{3-33}$$

式中：$f_{cu,i}^{c}$——第i个测区的混凝土抗压强度换算值，MPa，精确至0.1 MPa；R_{ai}——第i个测区修正后的测区回弹代表值，km/s；v_{ai}——第i个测区修正后的测区混凝土中声速代表值，km/s。

(六) 抗压强度推定

(1) 构件第 i 个测区的混凝土抗压强度换算值 $f_{cu,i}^{c}$，可按上述有关规定求得修正后的测区回弹代表值 R_{ai} 和声速代表值 v_{ai} 后，采用专用测强曲线、地区测强曲线或全国测强曲线换算而得。

(2) 当构件所采用的材料及龄期与制定测强曲线所采用的材料及龄期有较大差异时，可采用在构件上钻取混凝土芯样或同条件立方体试件的方式对测区混凝土抗压强度换算值进行修正。

(3) 混凝土芯样修正时，芯样数量不应少于 4 个，公称直径宜为 100 mm，高径比应为 1。芯样应在测区内钻取，每个芯样应只加工 1 个试件，并应符合现行行业标准《钻芯法检测混凝土强度技术规程》(JGJ/T 384—2016)的有关规定。

(4) 同条件立方体试件修正时，试件数量不应少于 4 个，试件边长应为 150 mm，并应符合现行国家标准《混凝土物理力学性能试验方法标准》(GB/T 50081—2019)的有关规定。

(5) 计算时，测区混凝土抗压强度修正量及测区混凝土抗压强度换算值的修正应符合如下规定。

a. 测区混凝土抗压强度修正量应按下列公式计算：

$$\Delta_{tot}=f_{cor,m}-f_{cu,m0}^{c} \tag{3-34}$$

$$\Delta_{tot}=f_{cu,m}-f_{cu,m0}^{c} \tag{3-35}$$

$$f_{cor,m}=\frac{1}{n}\sum_{i=1}^{n}f_{cor,i} \tag{3-36}$$

$$f_{cu,m}=\frac{1}{n}\sum_{i=1}^{n}f_{cu,i} \tag{3-37}$$

$$f_{cu,m0}^{c}=\frac{1}{n}\sum_{i=1}^{n}f_{cu,i}^{c} \tag{3-38}$$

式中：Δ_{tot}——测区混凝土抗压强度修正量，MPa，精确至 0.1 MPa；$f_{cor,m}$——芯样试件混凝土抗压强度平均值，MPa，精确至 0.1 MPa；$f_{cu,m}$——同条件立方体试件混凝土抗压强度平均值，MPa，精确至 0.1 MPa；$f_{cu,m0}^{c}$——对应于芯样部位或同条件立方体试件测区混凝土抗压强度换算值的平均值，MPa，精确至 0.1 MPa；$f_{cor,i}$——第 i 个混凝土芯样试件的抗压强度；$f_{cu,i}$——第 i 个混凝土同条件立方体试件的抗压强度；$f_{cu,i}^{c}$——对应于第 i 个芯样部位或同条件立方体试件测区回弹值和声速值的混凝土抗压强度换算值，按式(3-33)计算，或查询

《超声回弹综合法检测混凝土抗压强度技术规程》(T/CECS 02—2020)附录F；

n——芯样或试件数量。

b. 测区混凝土抗压强度换算值的修正应按下式计算：

$$f^c_{cu,i1}=f^c_{cu,i0}+\Delta_{tot} \tag{3-39}$$

式中：$f^c_{cu,i1}$——第 i 个测区修正后的混凝土强度换算值，MPa，精确至0.1 MPa；$f^c_{cu,i0}$——第 i 个测区修正前的混凝土强度换算值，MPa，精确至0.1 MPa。

(6) 构件混凝土抗压强度推定值 $f_{cu,e}$ 的确定。

a. 当构件的测区混凝土抗压强度换算值中出现小于10.0 MPa的值时，构件的混凝土抗压强度推定值 $f_{cu,e}$ 应小于10.0 MPa。

b. 当构件中测区数少于10个时，应按下式计：

$$f_{cu,e}=f^c_{cu,\min} \tag{3-40}$$

式中：$f^c_{cu,\min}$——构件最小的测区混凝土抗压强度换算值，MPa，精确至0.1 MPa。

c. 当构件中测区数不少于10个或按批量检测时，应按下列公式计算：

$$f_{cu,e}=m_{f^c_{cu}}-1.645s_{f^c_{cu}} \tag{3-41}$$

$$m_{f^c_{cu}}=\frac{1}{n}\sum_{i=1}^{n}f^c_{cu,i} \tag{3-42}$$

$$s_{f^c_{cu}}=\sqrt{\frac{\sum_{i=1}^{n}(f^c_{cu,i})^2-n(m_{f^c_{cu}})^2}{n-1}} \tag{3-43}$$

式中：$m_{f^c_{cu}}$——测区混凝土抗压强度换算值的平均值，MPa，精确至0.1 MPa；$s_{f^c_{cu}}$——测区混凝土抗压强度换算值的标准差，MPa，精确至0.1 MPa；$f^c_{cu,i}$——第 i 个测区的混凝土抗压强度换算值，MPa，精确至0.1 MPa；n——测区数，对于单个检测的构件，取构件的测区数，对批量检测的构件，取所有被抽检构件测区数之总和。

(7) 对按批量检测的构件，当测区混凝土抗压强度标准差出现下列情况之一时，构件应全部按单个构件进行强度推定：

a. 测区混凝土抗压强度换算值的平均值 $m_{f^c_{cu}}$ 小于25.0 MPa，测区混凝土抗压强度换算值的标准差 $s_{f^c_{cu}}$ 大于4.50 MPa；

b. 测区混凝土抗压强度换算值的平均值 $m_{f^c_{cu}}$ 不小于25.0 MPa且不大于

50.0 MPa，测区混凝土抗压强度换算值的标准差 $s_{f^c_{cu}}$ 大于 5.50 MPa；

c. 测区混凝土抗压强度换算值的平均值 $m_{f^c_{cu}}$ 大于 50.0 MPa，测区混凝土抗压强度换算值的标准差 $s_{f^c_{cu}}$ 大于 6.50 MPa。

（七）检测注意事项

（1）不适合用回弹法或者超声法单一检测的工程，同样也不宜采用超声回弹综合法。

（2）超声回弹综合法对测试人员的要求较高，其需要经过专业培训并具备一定的实践经验。

（3）超声回弹综合法检测混凝土抗压强度适用范围为 10～70 MPa，适用龄期为 7～2 000 d。

（4）超声回弹综合法测试顺序不可颠倒，应先回弹后超声。

（5）在超声测试时应在混凝土超声波检测仪上配置满足要求的换能器和高频电缆，换能器辐射面应与混凝土测试面耦合，达到完全面接触，排除其间的空气和杂物，同时，每一测点的耦合层达到最薄，以保持耦合状态一致，才能保证声时测量条件的一致性。

（6）在声时测量过程中声时初读数除了与仪器的传输电路有关外，还与换能器的构造和高频电缆长度有关，因此，每次检测时，应先对所用仪器和按需要配置的换能器、电缆线等进行声时初读数的测量。

3.3 混凝土强度微损检测

3.3.1 钻芯法

一、检测基本原理

钻芯法是一种常用的测试混凝土抗压强度的方法。其基本原理是在混凝土中钻取一定直径和长度的芯样，然后通过对芯样进行试验，测量芯样在受力下的变形和破坏特性，进而推算出混凝土的抗压强度。该方法结果准确、直观，但对结构有局部损坏，与其他检测方法相比，钻芯法的检测成本较高，操作相对复杂，需要专业的检测人员和设备。

二、检测仪器设备

钻芯法检测混凝土抗压强度的仪器设备主要有：钢筋探测仪、钻芯机、切割机、磨平机、补平装置、游标卡尺和压力试验机等；计量器具应进行检定/校准，并应在有效期内。

(1) 钻芯机

a. 钻芯机应具有足够的刚度和操作灵活度,固定和移动方便,并应有水冷却系统。

b. 钻取芯样时宜采用金刚石或人造金刚石薄壁钻头。钻头胎体不得有肉眼可见的裂缝、缺边、少角、倾斜及喇叭口变形。钻头胎体对钢体的同心度偏差不得大于 0.3 mm,钻头的径向跳动不大于 1.5 mm。

c. 普通混凝土检测所用钻芯机功率应不小于 1 000 W,高强混凝土检测应采用更大功率钻芯机。

d. 作业完毕后,应及时对钻芯机进行维修保养。

(2) 钢筋探测仪

a. 混凝土保护层厚度测量精度应不低于 1 mm。

b. 钢筋间距的测量精度应不低于 3 mm。

c. 钢筋直径的测量精度应不低于 1 mm。

d. 在相邻钢筋间距与保护层厚度比值不小于 1 的条件下,钢筋探测仪应能够分辨相邻的钢筋。

e. 钢筋探测仪应能在−10 ℃~40 ℃环境条件下正常使用。

(3) 切芯机

切芯机应具有冷却系统和牢固夹紧芯样的装置;配套使用的人造金刚石锯片应有足够的刚度。

(4) 磨平机

磨平机应具有冷却系统和牢固夹紧芯样的装置,磨轮与芯样轴线应垂直,保证磨平后芯样端面与芯样轴线垂直。

(5) 补平仪

芯样端面补平仪应保证修补后混凝土芯样尺寸、平整度、垂直度等达到抗压强度检测要求。

(6) 压力试验机

用于检测混凝土芯样圆柱体抗压强度的压力试验机应符合 GB/T 50081—2019 中混凝土立方体试块抗压强度试验用压力试验的要求。

三、检测结果影响因素

(一) 芯样中含有钢筋

抗压芯样内含有钢筋,往往会对芯样抗压强度值产生影响。受现场条件限制,如构件钢筋较密、钢筋埋置较深、取芯位置受限等情况,取芯时很难完全避开钢筋。通过以往的比对试验分析,当抗压芯样试件内有一根直径不大于 10 mm

的钢筋，且钢筋应与芯样试件的轴线垂直并离开端面 10 mm 以上时，对芯样抗压强度值无明显影响。

（二）芯样加工与修补精度

对混凝土芯样进行锯切之后选取各类端面处理方式，常用的主要有在磨平机上磨平、硫磺胶泥补平或环氧胶泥补平等措施。机械磨平会对芯样进行二次干扰，磨平的工艺不均匀，会存在一些表面缺陷，受力传递方式不同，整体的芯样抗压强度值偏低，且离散性更大一些。应用硫磺胶泥补平的试样，抗压强度值较机械磨平方式处理的芯样高且分布更加集中，与混凝土立方体标准试块抗压强度值测试结果相当，更接近构件实体的强度真实值，更有代表性。

（三）芯样抗压试验加荷速率

芯样抗压试验过程中应按照规范要求控制加载速率，不同的加载速率对抗压结果有不同的影响，在具体的试验操作过程中将加载速率控制在规范规定范围中，对试验结果不会产生较大影响，采取超出规范的高加载速率进行试验，获得的试验数据结果将偏高。在具体的试验中，将速率设定为某一数值时，压力机的实际速率会存在一定范围的波动，所以我们在试验中应该将速率设定为要求范围的中值，以减小加载速率不同带来的试验结果偏差。

（四）其他影响因素

除了上述影响因素，芯样的尺寸和比例、芯样的湿度、芯样的取向(即水平或垂直取样)、混凝土内部缺陷等均会对检测结果有一定的影响。

四、检测方法和步骤

（一）基本要求

(1) 钻芯法适用于非预应力混凝土结构和经设计单位允许的预应力混凝土结构的强度检测。

(2) 钻芯法可用于确定检测批或单个构件的混凝土抗压强度推定值，也可用钻芯修正方法修正间接强度检测方法得到的混凝土抗压强度换算值。

(3) 钻芯法芯样试件钻取部位选择应考虑下列因素。

a. 结构或构件受力较小的部位。

b. 混凝土质量有代表性的部位。

c. 便于钻芯机安放与操作的部位。

d. 避开主筋、预埋件和管线的位置，并尽量避开其他钢筋。

e. 钻孔中心距结构或构件边缘不宜小于 150 mm。

f. 混凝土的芯样钻取不宜破坏防水结构。

(4) 芯样试件宜使用标准芯样，骨料最大粒径不宜大于标准芯样直径的

1/3；当无法获得标准芯样时，可采用小直径芯样试件，其公称直径不应小于70 mm，且不得小于骨料最大粒径的 2 倍。

（5）钻芯法批量检测混凝土强度时，取样应符合下列规定。

a. 芯样试件的数量应根据批量检测的容量确定；标准芯样试件的最小样本量不宜少于 15 个，小直径芯样试件的最小样本量不宜少于 20 个。

b. 芯样应从受检结构或构件中随机抽取，取芯位置应符合相关规范的要求，芯样要有代表性。

（6）确定单个构件或局部的混凝土强度推定值时，结合结构或构件实际情况，有效芯样数量不应少于 3 个；钻芯对工作性能影响较大的小尺寸构件不应少于 2 个。

（7）钻取芯样后的结构或构件应根据工程实际需要采取措施对孔洞进行修补。

（二）芯样钻取与加工

（1）钻芯机应安装平稳，固定牢靠。在安装钻头前检查主轴旋转方向，并将主轴线调整至与被钻取芯样的混凝土表面垂直。

（2）钻芯机应按使用说明书进行操作，钻芯时冷却水的流量应满足现场使用要求。

（3）芯样卸取时应采取措施保证芯样完整。

（4）取出的芯样应及时标记，按要求填写现场操作记录。芯样应包装完好，不得损坏。取芯现场的全部记录应与芯样抗压强度试验记录一起存档。

（5）采用锯切机加工芯样试件时，应将芯样固定，并使锯切平面垂直于芯样轴线。锯切后的芯样应进行端面处理，宜采用双端面磨平机磨平。承受轴向压力的芯样试件端面，也可采取下列处理方法修补。

a. 用水泥砂浆（水泥净浆）、聚合物水泥砂浆等材料补平，补平厚度不宜大于 5 mm。

b. 用环氧胶泥、硫黄胶泥等补平时，补平厚度不宜大于 1.5 mm。

（6）芯样试压前应测量试件的直径、高度、垂直度和平整度，并应符合下列要求。

a. 直径测量应用游标卡尺在芯样上部、中部和下部 3 个位置各测 2 次，取算术平均值作为芯样试件的直径，精确至 0.5 mm。

b. 高度测量应用钢板尺或游标卡尺在不同方向测量 2 次，取平均值作为芯样试件的高度，精确至 1 mm。

c. 垂直度测量应用游标万能量角器测量两个端面与轴线的夹角，取最大值作为芯样试件的垂直度，精确至 0.1°。

d. 平整度测量应用钢板尺紧靠在芯样端面上，一边转动钢板尺，一边用塞尺测量钢板尺与芯样端面之间的最大缝隙。

(7) 芯样尺寸偏差及外观质量应符合下列规定。

a. 加工后芯样试件的高径比(H/D)应大于等于 0.95 且不大于 1.05。

b. 沿芯样试件高度任一直径与平均直径相差应小于 2 mm。

c. 芯样试件端面平整度允许偏差在直径范围内不应大于 0.05 mm。

d. 芯样试件端面与轴线垂直度的允许偏差为±1°。

e. 芯样应无裂缝、明显的错台和其他较大缺陷。

(三) 芯样试验与抗压强度计算

(1) 芯样试件应在自然干燥状态下进行抗压试验。当结构工作条件比较潮湿，需要确定潮湿状态下混凝土的抗压强度时，芯样试件宜在 20 ℃±5 ℃的清水中浸泡 40～48 h，从水中取出后应去除表面水渍，并立即进行试验。

(2) 芯样试件抗压试验的操作应符合现行国家标准《普通混凝土力学性能试验方法标准》(GB/T 50081—2019)中对立方体试件抗压试验的规定。即在试验过程中应连续均匀加荷，当混凝土强度等级≤C30 时，加荷速度取每秒钟 0.3～0.5 MPa；混凝土强度等级≥C30 且<C60 时，取每秒钟 0.5～0.8 MPa；混凝土强度等级≥C60 时，取每秒钟 0.8～1.0 MPa。

(3) 芯样试件抗压强度值可按下式计算：

$$f_{cu,cor}=\beta_c \frac{F_c}{A_c} \tag{3-44}$$

式中：$f_{cu,cor}$——芯样试件抗压强度值，MPa，精确至 0.1 MPa；F_c——芯样试件抗压试验的破坏荷载(N)；A_c——芯样试件抗压截面面积，mm^2；β_c——芯样试件强度换算系数，取 1.0。

当有可靠试验依据时，芯样试件强度换算系数 β_c 也可根据混凝土原材料和施工工艺情况通过试验确定。

(4) 当采用《水工混凝土试验规程》(SL/T352—2020)中的试验方法时，可按下式计算。

a. 芯样抗压强度按式(3-45)计算，以 3 个试件测值的平均值作为试验结果(修约间隔 0.1 MPa)。

$$f_c=\frac{4P}{\pi D^2}=1.273\frac{P}{D^2} \tag{3-45}$$

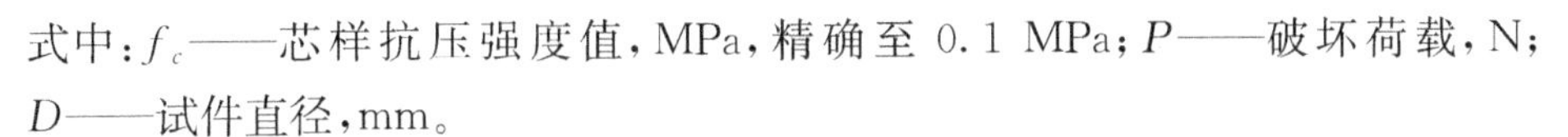

式中：f_c——芯样抗压强度值，MPa，精确至0.1 MPa；P——破坏荷载，N；D——试件直径，mm。

b. 将长径比为1.0的芯样试件的抗压强度换算成150 mm×150 mm×150 mm立方体试件的抗压强度，应按式(3-46)计算（修约间隔0.01 MPa）：

$$f_{cc}=Af_c \tag{3-46}$$

式中：f_{cc}——150 mm×150 mm×150 mm立方体试件的抗压强度，MPa；f_c——长径比为1.0的芯样试件抗压强度，MPa；A——换算系数，见表3-5，其他尺寸芯样的换算系数通过对比试验确定。

表3-5　芯样试件和150 mm×150 mm×150 mm立方体试件之间抗压强度换算系数

芯样尺寸(mm)	ϕ100×100	ϕ150×150	ϕ200×200
换算系数A	1.00	1.04	1.18

（四）混凝土抗压强度的推定

1. 检测批

(1) 钻芯法确定检测批的混凝土抗压强度推定值的要求。

a. 芯样试件的数量应根据检测批的容量确定。直径100 mm的芯样试件的最小样本量不宜小于15个，小直径芯样试件的最小样本量不宜小于20个。

b. 芯样应从检测批的结构、构件中随机抽取，每个芯样宜取自一个构件或结构的局部部位。

(2) 检测批混凝土抗压强度推定值的确定方法。

a. 检测批的混凝土抗压强度推定值应计算推定区间，推定区间的上限值和下限值应按下列公式计算：

$$f_{cu,e1}=f_{cu,cor,m}-k_1 s_{su} \tag{3-47}$$

$$f_{cu,e2}=f_{cu,cor,m}-k_2 s_{cu} \tag{3-48}$$

$$f_{cu,cor,m}=\frac{\sum_{i=1}^{n} f_{cu,cor,i}}{n} \tag{3-49}$$

$$s_{cu}=\frac{\sum_{i=1}^{n}(f_{cu,cor,i}-f_{cu,cor,m})^2}{n-1} \tag{3-50}$$

式中：$f_{cu,cor,m}$——芯样试件抗压强度平均值，MPa，精确至0.1 MPa；$f_{cu,cor,i}$——

单个芯样试件抗压强度值，MPa，精确至 0.1 MPa；$f_{cu,e1}$——混凝土抗压强度推定上限值，MPa，精确至 0.1 MPa；$f_{cu,e2}$——混凝土抗压强度推定下限值，MPa，精确至 0.1 MPa；k_1，k_2——推定区间上限值系数和下限值系数，由 CECS 03:2007 中附录 B 查得；s_{cu}——芯样试件抗压强度样本的标准差，MPa，精确至 0.1 MPa。

b. $f_{cu,e1}$ 和 $f_{cu,e2}$ 所构成推定区间的置信度宜为 0.90；当采用小直径芯样试件时，推定区间的置信度可为 0.85。$f_{cu,e1}$ 和 $f_{cu,e2}$ 之间的差值不宜大于 5.0 MPa 和 $0.10f_{cu,cor,m}$ 两者的较大值。

c. $f_{cu,e1}$ 和 $f_{cu,e2}$ 之间的差值大于 5.0 MPa 和 $0.10f_{cu,cor,m}$ 两者的较大值时，可适当增加样本容量，或重新划分检测批，直至满足第 b 款的规定。若不能满足该条件，则不宜进行批量推定，只能按单个构件对混凝土抗压强度进行推定。

d. 宜以 $f_{cu,e1}$ 作为检测批混凝土抗压强度的推定值。

2. 单个构件

(1) 采用《钻芯法检测混凝土强度技术规程》(JGJ/T 384—2016)中相关方法

钻芯法确定单个构件混凝土抗压强度推定值时，芯样试件的数量不应少于 3 个；钻芯对构件工作性能影响较大的小尺寸构件，芯样试件的数量不得少于 2 个。单个构件的混凝土抗压强度推定值确定不再进行数据的舍弃，而应按芯样试件混凝土抗压强度值中的最小值确定。

钻芯法确定构件混凝土抗压强度代表值时，芯样试件的数量宜为 3 个，应取芯样试件抗压强度值的算术平均值作为构件混凝土抗压强度代表值。

(2) 采用《水工混凝土试验规程》(SL/T352—2020)中相关方法

钻芯法确定混凝土抗压强度按式(3-45)计算，以 3 个试件测值的平均值作为试验结果(修约间隔 0.1 MPa)。

(五) 检测注意事项

(1) 芯样试件内不宜含有钢筋。当不能满足时，每个标准芯样试件内最多允许有 2 根直径不大于 10 mm 的钢筋，公称直径小于标准芯样的单个试件内最多只允许有 1 根直径不大于 10 mm 的钢筋，且钢筋应与芯样轴线垂直并距端面大于 10 mm。

(2) 抗压强度低于 30 MPa 的芯样试件，不宜采用磨平端面的处理方法；抗压强度高于 60 MPa 的芯样试件，不宜采用硫黄胶泥或环氧胶泥补平的处理方法。

(3) 钻芯法确定检测批混凝土抗压强度推定值时，可剔除样本中的异常值。剔除规则应按现行国家标准《数据的统计处理和解释正态样本离群值的判断和处理》(GB/T 4883—2008)规定执行。当确有试验依据时，可对芯样试件抗压强

度样本的标准差进行符合实际情况的修正或调整。

3.3.2　拔出法

一、检测基本原理

拔出法是指通过拉拔安装在混凝土中的锚固件，测定极限拔出力，并根据预先建立的极限拔出力与混凝土抗压强度之间的相关关系推定混凝土抗压强度的检测方法。拔出法是检测混凝土强度的一种微破损试验方法，检测损伤区域仅限于混凝土保护层。它具有检测精度高、破损程度小、使用方便、适用范围广等特点。拔出法包括后装拔出法和预埋拔出法。

后装拔出法是在已硬化的混凝土表面钻孔、磨槽、嵌入锚固件并安装拔出仪进行拔出法检测，测定极限拔出力，并根据预先建立的极限拔出力与混凝土抗压强度之间的相关关系推定混凝土抗压强度的检测方法。

预埋拔出法是对预先埋置在混凝土中的锚盘进行拉拔，测定极限拔出力，并根据预先建立的极限拔出力与混凝土抗压强度之间的相关关系推定混凝土抗压强度的检测方法。

二、检测仪器设备

拔出法检测装置由钻孔机、磨槽机、锚固件及拔出仪等组成。钻孔机宜采用金刚石薄壁空心钻或冲击电锤，钻孔机宜带有控制垂直及深度的装置，金刚石薄壁空心钻应带水冷装置。磨槽机由电钻、金刚石磨头、定位圆盘和冷却水装置组成。

(1) 拔出仪由加荷装置、测力装置和反力支承三部分组成，其技术性能应满足下列规定：

a. 圆环式拔出仪的拉杆及胀簧材料极限抗拉强度不应小于 2 100 MPa；

b. 工作行程对于圆环式拔出法检测装置不应小于 4 mm；对于三点式拔出法检测装置不应小于 6 mm；

c. 允许示值误差为±2%F. S；

d. 测力装置应具有峰值保持功能。

(2) 拔出装置可分为圆环式和三点式，圆环式后装拔出装置(图 3-6)技术指标应符合下列规定：

a. 钻孔直径宜为 18 mm；

b. 反力支承内径宜为 55 mm；

c. 锚固深度宜为 25 mm。

(3) 圆环式预埋拔出装置(图 3-7)技术指标应符合下列规定：

a. 反力支承内径宜为 55 mm；

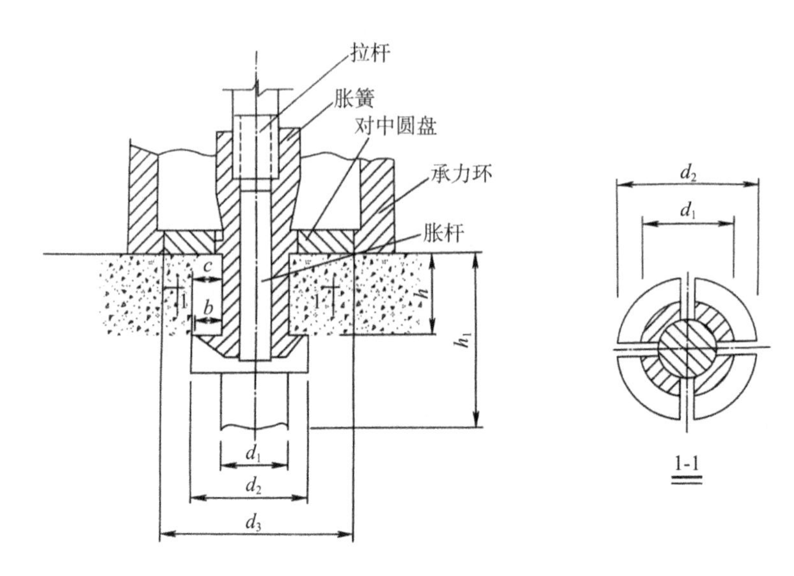

图 3-6　圆环式后装拔出装置示意图

d_1—钻孔直径；d_2—锚盘直径；d_3—反力支承内径；h—锚固深度；h_1—钻孔深度；c—环形槽深度；b—胀簧锚固台阶宽度

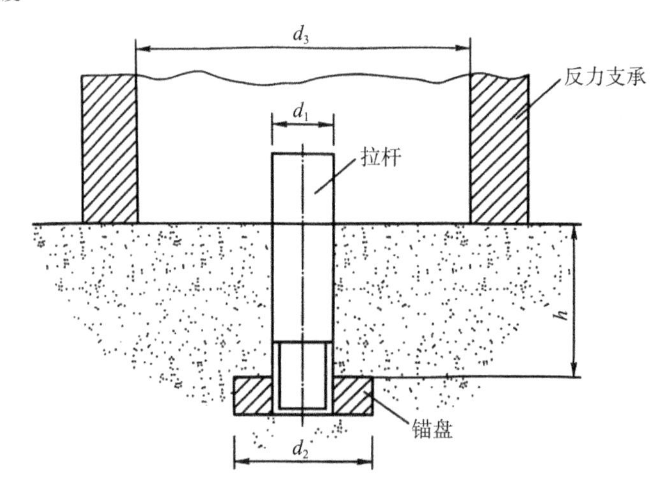

图 3-7　圆环式预埋拔出装置示意图

d_1—钻孔直径；d_2—锚盘直径；d_3—反力支承内径；h—锚固深度

b. 拉杆直径宜为 10 mm；

c. 锚盘直径宜为 25 mm；

d. 锚固件的锚固深度宜为 25 mm。

(4) 三点式后装拔出装置(图 3-8)技术指标和使用范围应符合下列规定：

a. 钻孔直径宜为 22 mm；

b. 反力支承内径宜为 120 mm；

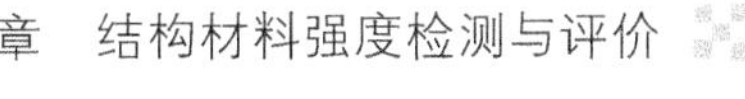

c. 锚固件锚固深度宜为35 mm。

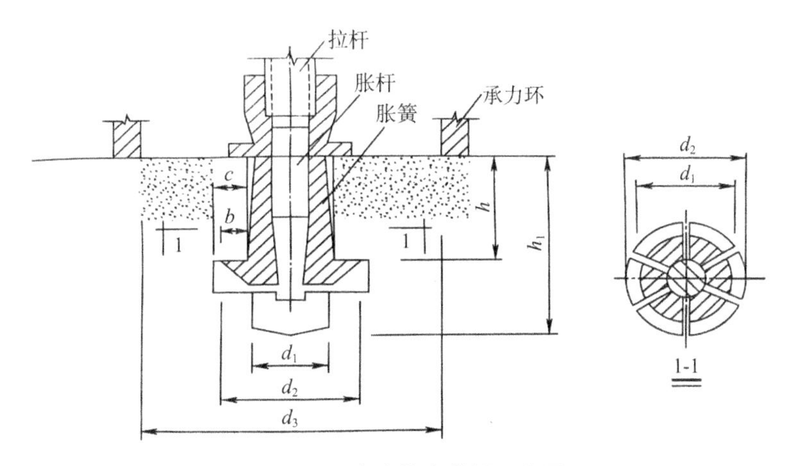

图3-8　三点式拔出装置示意图

d_1—钻孔直径；d_2—锚盘直径；d_3—反力支承内径；h—锚固深度；h_1—钻孔深度；c—环形槽深度；b—胀簧锚固台阶宽度

三、检测结果影响因素

（一）骨料及粒径

粗骨料最大粒径在40 mm以内时，粒径对拉拔力的影响不大。当粗骨料粒径大于40 mm时，应该考虑粒径变化对检测结果的影响，宜采用三点式拔出法检测。

（二）测试面

混凝土不同测试面检测结果有所差异，底面比侧面的拉拔力高，侧面比表面的拉拔力高，这与混凝土制品表面强度低，底面强度高的结果相一致。由于建立测强曲线时规定拔出试验在混凝土侧面进行，故拔出法试验一般应布置在混凝土的侧面。

（三）钢筋及预埋件

在现场检测混凝土构件时，要避开混凝土表层钢筋及预埋件。拉拔测点周围（小于5 cm范围内）有钢筋存在，就会导致检测混凝土的拉拔力偏大，利用回归曲线推得的混凝土强度值也偏大。在钻孔时发现混凝土难以钻进，这时就需要检查在钻孔区域是否有钢筋存在，如果有钢筋存在就需要另换测试点。

四、检测方法和步骤

（一）测点布置要求

1. 后装拔出法测点按如下要求布置。

（1）单个构件检测时，应在构件上均匀布置3个测点。当3个拔出力中的最大值和最小值与中间值之差小于中间值的15%时，可布置3个测点。当最大值和最小值与中间值之差大于等于中间值的15%时，应在最小拔出力测点附近再加测2个测点。

(2) 当同批构件按批抽样检测时，抽检数量应不少于同批结构总数的50%，且不少于2个，每个构件不应少于5个测点。

(3) 测点的布置应具有代表性，应能真实反映整个结构或构件的整体质量情况，相邻两测点的间距不应小于250 mm。当采用圆环式拔出仪时，测点距构件边缘不应小于100 mm。当采用三点式拔出仪时，测点距构件边缘不应小于150 mm。测试部位的混凝土厚度不宜小于80 mm。

(4) 测点宜布置在结构或构件混凝土的浇筑侧面，如不能满足这一要求时，可布置在结构或构件混凝土的浇筑顶面或底面。

(5) 测点应避开接缝，蜂窝、麻面部位和钢筋、预埋件等。

(6) 测点表面应平整、清洁、干燥，对饰面层、浮浆、薄弱层等应予清除，必要时进行磨平处理。

2. 预埋拔出法测点按如下要求布置。

(1) 预埋件的布点数量和位置应预先规划确定。对局部混凝土或单个构件进行强度测试时，应在同一母体混凝土范围内至少设置5个预埋点。当用以监控较大批量混凝土的强度时，每浇灌100 m^2 混凝土至少设置10个预埋点。

(2) 预埋点相互之间间距不应小于200 mm，预埋点离混凝土边缘的距离不应小于100 mm，预埋点部位的混凝土厚度不宜小于80 mm，预埋件与钢筋边缘间的净距离不应小于钢筋的直径。

(二) 检测方法

1. 后装拔出法检测

(1) 钻孔与磨槽应符合下列规定。

a. 在钻孔过程中，钻头应始终与混凝土测试面保持垂直，垂直度偏差不应大于3°；

b. 在混凝土钻孔内的孔壁磨环形槽时，磨槽机的定位圆盘应始终紧靠混凝土表面回转，磨出的环形槽形状应规整。

(2) 成孔尺寸应符合下列要求。

a. 钻孔直径 d_1 的最大允许偏差为1.0 mm。

b. 钻孔深度 h_1 应较锚固深度 h 深20～30 mm。

c. 圆环式锚固深度 h 宜为25 mm，三点式锚固深度 h 宜为35 mm，允许误差为±0.5 mm。

d. 环形槽深度 c 不应小于胀簧锚固台阶宽度 b。

(3) 安装拔出仪应注意下列事项。

a. 将胀簧插入成型孔内,通过胀杆使胀簧锚固台阶完全嵌入环形槽内,保证锚固可靠。

b. 将拉杆一端旋入胀簧,另一端与拔出仪连接对中,拔出仪与混凝土检测面应垂直。

(4) 拔出检测应符合下列规定。

a. 施加拔出力应连续均匀,将拉拔速度控制在 0.5～1.0 kN/s。

b. 施加拔出力至混凝土开裂破坏、测力显示器读数不再增加为止,记录极限拔出力值,精确至 0.1 kN。

c. 拔出检测时,应采取措施防止拔出仪及机具脱落摔坏或伤人。

(5) 当发生下列情况之一时,拔出检测应做详细记录,并将该值舍去,在其附近补测一个测点:

a. 锚固件在混凝土孔内滑移或断裂;

b. 被测构件在拔出检测时出现断裂;

c. 反力支承内的混凝土仅有小部分破损或被拔出,而大部分无损伤;

d. 在拔出混凝土的破坏面上,有大于 40 mm 的粗骨料颗粒,有蜂窝、空洞、疏松等缺陷或其他异物;

e. 当采用圆环式拔出法检测装置时,检测后在混凝土测试面上见不到完整的环形压痕或在支承环外出现混凝土裂缝。

2. 预埋拔出法检测

(1) 预埋拔出法宜采用圆环式拔出仪进行试验。

(2) 预埋件由锚盘、定位杆和连接圆盘组成,在锚盘和定位杆外表宜涂上一层机油或其他隔离油。

(3) 在浇筑混凝土之前,预埋件应安装在划定测点部位的模板内侧。当测点在浇筑面时,应将预埋件钉在连接圆盘的木板上,确保木板漂浮在混凝土表面。

(4) 在模板内浇筑混凝土时,预埋点周围的混凝土应与其他部位同样捣实,且不应损坏预埋件。

(5) 拆模后应预先将定位杆旋松,进行拔出试验前,应把连接圆盘和定位杆拆除。

(6) 采用预埋拔出法检测时,应符合下列规定:

a. 检测前,应确认预埋件未受损伤,并确认拔出仪的工作状态正常;

b. 检测时，应将拉杆一端穿过小孔旋入锚盘中，另一端与拔出仪连接；

c. 拔出仪的反力支承应均匀地压紧混凝土测试面，并与拉杆和锚盘处于同一轴线；

d. 施加拔出力应连续均匀，其速度应控制在 0.5～1.0 kN/s；

e. 拔出力应施加至混凝土破坏、测力显示器读数不再增加为止，记录的极限拔出力值应精确至 0.1 kN；

f. 检测时，应防止拔出仪及机具脱落摔坏或伤人。

(7) 当出现下列情况之一时，可采用后装拔出法补充检测：

a. 单个构件检测时，因预埋件损伤或异常导致有效测试点不足 3 个；

b. 按批抽样检测时，因预埋件损伤或数据异常导致样本容量不足 15 个，无法按批进行强度推定。

(三) 测强曲线

(1) 混凝土强度换算值可按下列公式计算。

a. 后装拔出法(圆环式)：

$$f_{cu}^{c}=1.55F+2.35 \tag{3-51}$$

b. 后装拔出法(三点式)：

$$f_{cu}^{c}=2.76F-11.54 \tag{3-52}$$

c. 预埋拔出法(圆环式)：

$$f_{cu}^{c}=1.28F-0.64 \tag{3-53}$$

式中：f_{cu}^{c}——混凝土强度换算值，MPa，精确至 0.1 MPa；F——拔出力代表值，kN，精确至 0.1 kN。

(2) 当有地区测强曲线或专用测强曲线时，应按地区测强曲线或专用测强曲线计算，建立测强曲线应符合如下要求。

a. 建立测强曲线试验用混凝土，不宜少于 8 个强度等级，每一强度等级混凝土不应少于 6 组，每组由 1 个至少可布置 3 个测点的拔出试件和相应的 3 个立方体试块组成。

b. 每组拔出试件和立方体试块，应采用同盘混凝土，在同一振动台上同时振捣成型，同条件养护，同时进行试验。

c. 拔出法检测的测点应布置在混凝土试件成型侧面；在每一拔出试件上，应进行不少于 3 个测点的拔出法检测，取平均值为该试件的拔出力计算值 F。3 个立方体试块的抗压强度代表值，应按现行国家标准《混凝土强度检验评定标

准》(GB/T 50107—2010)确定。

d. 将每组试件的拔出力计算值及立方体试块的抗压强度代表值汇总，按最小二乘法原理进行回归分析。测强曲线的方程式宜采用直线形式。当回归方程式的相对标准差不大于12%时，可报请当地建设行政主管部门审定后实施。

(四) 强度换算与推定

1. 单个构件的混凝土强度推定

(1) 单个构件的拔出力代表值，应按下列规定取值：

a. 当构件3个拔出力中的最大和最小拔出力与中间值之差的绝对值均小于中间值的15%时，取最小值作为该构件拔出力代表值；

b. 当按CECS 69—2011中相关条款加测时，加测的2个拔出力值和最小拔出力值一起取平均值，再与前一次的拔出力中间值比较，取小值作为该构件拔出力代表值。

(2) 将单个构件的拔出力代表值根据不同的检测方法对应代入式(3-51)～式(3-53)中计算强度换算值作为单个构件混凝土强度推定值 $f_{cu,e}$。

$$f_{cu,e}=f_{cu}^{c} \tag{3-54}$$

2. 批抽检构件的混凝土强度推定

(1) 将同批构件抽样检测的每个拔出力作为拔出力代表值根据不同的检测方法对应代入式(3-51)～式(3-53)中计算强度换算值。

(2) 混凝土强度的推定值 $f_{cu,e}$ 可按下列公式计算：

$$f_{cu,e}=m_{f_{cu}^{c}}-1.645S_{f_{cu}^{c}} \tag{3-55}$$

$$m_{f_{cu}^{c}}=\frac{1}{n}\sum_{i=1}^{n}f_{cu,i}^{c} \tag{3-56}$$

$$S_{f_{cu}^{c}}=\sqrt{\frac{\sum_{i=1}^{n}(f_{cu,i}^{c}-m_{f_{cu}^{c}})^{2}}{n-1}} \tag{3-57}$$

式中：$S_{f_{cu}^{c}}$——检验批中构件混凝土强度换算值的标准差，MPa，精确至0.01 MPa；n——检验批中所抽检构件的测点总数；$f_{cu,i}^{c}$——第 i 个测点混凝土强度换算值，MPa；$m_{f_{cu}^{c}}$——检验批中构件混凝土强度换算值的平均值，MPa，精确至0.1 MPa。

(3) 对于按批抽样检测的构件，当全部测点的强度标准差或变异系数出现下列情况时，该批构件应全部按单个构件进行检测：

a. 当混凝土强度换算值的平均值不大于 25 MPa 时，$S_{f_{cu}^c}$ 大于 4.5 MPa；

b. 当混凝土强度换算值的平均值大于 25 MPa 且不大于 50 MPa 时，$S_{f_{cu}^c}$ 大于 5.5 MPa。

c. 当混凝土强度换算值的平均值大于 50 MPa 时，δ 大于 0.10。

变异系数按下式计算：

$$\delta = \frac{S_{f_{cu}^c}}{m_{f_{cu}^c}} \tag{3-58}$$

（五）检测注意事项

（1）拔出法检测混凝土抗压强度技术的适用范围扩大至 80 MPa，当混凝土强度小于 10 MPa 时不易成孔检测，因此适用范围限定在 10 MPa 及以上。

（2）后装拔出法适用于既有建筑的混凝土强度检测，也可用于在建工程的混凝土施工质量控制。当需要测定预制构件或在建工程构件混凝土早期强度时，预埋拔出法比后装拔出法更为方便和准确，因此在这类情况下应优先采用预埋拔出法。

（3）拔出法检测混凝土强度的前提，是要求被测结构或构件的混凝土表层与内部质量一致。当混凝土表层与内部质量有明显差异时，根据情况采取措施后可进行检测。例如，遭受冻害、化学腐蚀、火灾及高温等属于表层范围内损伤时，由于拔出法检测部位面积不大，测点不多，所以可将薄弱的表层混凝土清除干净后进行检测。

（4）在结构或构件上检测时，宜在成型侧面上做拔出试验，如不能满足这一要求，可在混凝土成型的表面上做试验，试验结果可不作修正。

（5）当试验目的为质量控制时，拔出力达到要求时即可停止试验，不必拉至破坏。

（6）加荷速度过快会导致测试结果偏高，而加荷速度过慢会导致测试结果偏低，因此应按规定的加荷速度进行操作。

3.3.3 摆锤敲入法

一、检测基本原理

摆锤敲入法是一种原位微损检测方法，通过摆锤将测钉敲入被测材料中，根据测钉敲入被测材料中的深度确定被测材料的抗压强度。摆锤敲入法的原理基于混凝土材料的脆性和硬度，不同硬度的混凝土材料对应不同的测钉敲入深度。当摆锤敲击测钉时，测钉会以一定的速度和能量敲入混凝土中，根据测钉的敲入深度可以推算出混凝土的抗压强度。摆锤敲入法具有操作简单、检测快捷、检测结果精度较高、受人为影响因素小等优点。因为摆锤敲入仪由重力驱动,因此仪器需竖向放置,一般仅能检测柱、墙类构件的侧面。

二、检测仪器设备

摆锤敲入法检测仪器包括摆锤敲入仪(图 3-9)和深度测量表(图 3-10),其技术性能应满足 T/CECS 1090—2022 的要求。

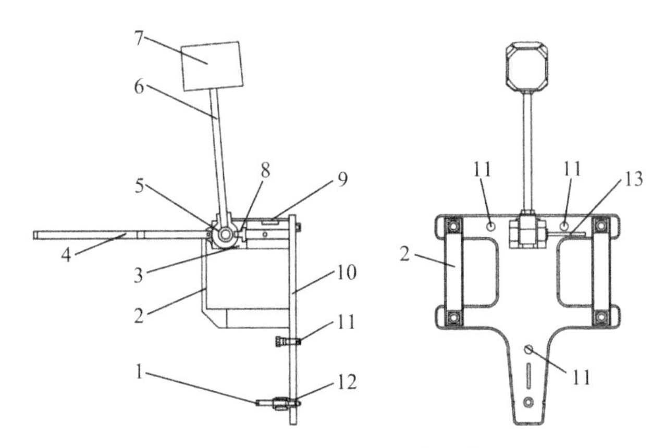

表 3-9 摆锤敲入仪构造示意图

1—测钉;2—把手;3—悬臂;4—防护架;5—轴承;6—摆杆;7—锤头;8—限位销;9—水准泡;10—竖板;11—调节螺丝;12—测钉座;13—激发杆

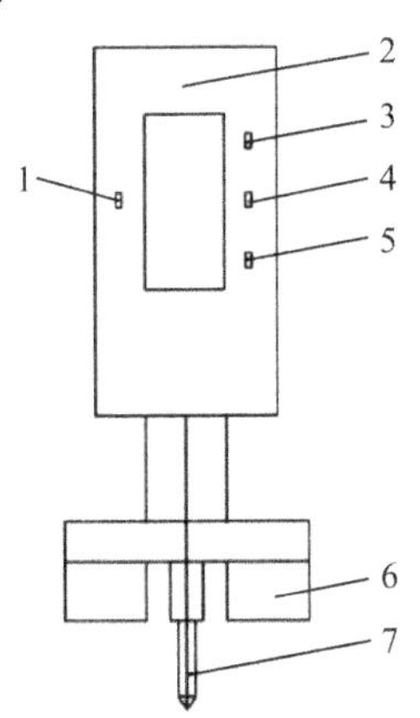

表 3-10 深度测量表示意图

1—测量单位选择键;2—深度测量表;3—保持键;4—清零键;5—开关;6—扁头;7—尖测针

三、检测结果影响因素

(一)测试面

混凝土受潮或被雨淋湿后表面硬度降低,当对其进行敲入法检测时,敲入深度会变大,因此被检测混凝土表面应为自然干燥状态。混凝土的表面是否清洁、平整，对敲入深度的检测与测量影响也较大，因此要求被测混凝土的表面应清洁、平整。

（二）构件尺寸

当混凝土结构或构件厚度过小，会引起结构或构件在测试时发颤，导致测试结果偏大；测试部位铅直面高度过小，会引起仪器操作空间不足，甚至无法进行现场测试。因此要求结构或构件厚度不应小于 80 mm，且测试部位铅直面高度不宜小于 550 mm。

四、检测方法和步骤

（一）基本要求

(1) 摆锤敲入法检测构件混凝土强度应符合下列规定：

a. 混凝土材料中的水泥、砂石、外加剂、掺合料、拌和用水应符合国家现行有关标准的规定；

b. 采用符合国家现行标准模板以及普通成型工艺；

c. 表面应干燥、清洁、平整；

d. 龄期不应少于 14 d；

e. 抗压强度应为 10～50 MPa；

f. 结构或构件厚度不应小于 80 mm；

g. 测试部位铅直面高度不宜小于 550 mm。

(2) 混凝土抗压强度的检测，可按单个构件或检验批抽样进行。按检验批抽样检测时，构件抽样最小样本容量不应少于表 3-6 的规定。

表 3-6　构件抽样检测的最小样本容量(件)

检测批容量	检测类别和样本最小容量			检测批容量	检测类别和样本最小容量		
	A	B	C		A	B	C
3～8	2	2	3	91～150	8	20	32
9～15	2	3	5	151～280	13	32	50
16～25	3	5	8	281～500	20	50	80
26～50	5	8	13	501～1 200	32	80	125
51～90	5	13	20	1 201～3 200	50	125	200

注：1. 检测类别 A 适用于施工或监理单位一般性抽样检测，可用于既有结构一般性抽样检测；
2. 检测类别 B 适用于混凝土施工质量的抽样检测，可用于既有结构安全鉴定时的混凝土强度检测；
3. 检测类别 C 适用于混凝土施工质量的复检，可用于存在问题较多的既有结构混凝土强度的检测。

(3) 构件上测点的布置应符合下列规定：

a. 测点应选在使摆锤敲入仪处于铅直位置的混凝土浇筑侧面，且应避开预

埋件处；

b. 测点表面应为混凝土原浆面，不应有疏松层、浮浆、油垢、涂层以及蜂窝、麻面；

c. 每个构件上应布置 12 个测点，相邻测点间距离以及测点与构件边缘距离均不应小于 60 mm。对表面无饰面层的构件，宜在构件上均匀布置测点；对表面有饰面层的构件，应剔出面积不小于 0.30 m^2 的区域，在该区域内均匀布置测点。

（二）检测方法

(1) 摆锤敲入法检测应按下列程序操作：

a. 将锤头提至顶部，测钉插入竖板上的测钉座中，测钉细端朝向被测构件，测钉座对准被测混凝土；

b. 将摆锤敲入仪的竖板紧贴在构件上，使竖板处于铅直位置；当构件不铅直时，可调整摆锤敲入仪上调节螺丝，水准泡应居中；

c. 紧压摆锤敲入仪的把手，在确认水准泡居中后，并确保锤头下摆不会伤及检测人员的前提下，拇指压激发杆，使锤头自由下摆，将测钉敲入混凝土中，测量测孔的深度。

(2) 当检测过程中摆锤敲入仪出现滑动时，检测数据无效，应重新选定测点。

(3) 测钉敲入深度测量操作程序应符合下列规定：

a. 开启深度测量表，置于平整量块上，当扁头端面和平整量块表面重合时，再将深度测量表的示值调为零；

b. 将测钉从混凝土中拔出，测孔内落入异物时，应用橡皮吹风器将测孔中的粉尘吹干净；

c. 将深度测量表测针对准测孔，使深度测量表扁头紧贴被测混凝土，并保持测量表垂直于被测混凝土表面，从测量表中读取显示值 d_i 并记录，精确至 0.01 mm。

（三）测强曲线

根据《摆锤敲入法检测混凝土抗压强度技术规程》(T/CECS 1090—2022)的要求，制定专用测强曲线的试块应与欲测构件在原材料、成型工艺、养护方法等方面条件相同。

(1) 试块的制作、养护应符合下列规定。

a. 应选取 8 种不同强度等级(C15、C20、C25、C30、C35、C40、C45、C50)的混凝土进行试验，每一强度等级应分别制作不少于 6 组(18 块)边长 150 mm 立方体试块。

b. 在成型 24 h 后，应将试块移至与被测构件相同条件下养护，试块拆模日期宜与构件的拆模日期相同。

(2) 试块的测试应符合下列规定：

a. 应按龄期 14 d、28 d、60 d、90 d、180 d 和 365 d 分别进行 1 组(3 块)混凝土试块的摆锤敲入试验和抗压强度试验；

b. 将边长 150 mm 立方体试块置于试验机的下承压板上，其上对齐叠放 150 mm×150 mm×360 mm 木块，试块的承压面应与成型时的顶面垂直，浇筑侧面应朝向测试人员，加压 80～100 kN；

c. 在试块保持压力下，采用符合规定的摆锤敲入仪和操作方法，对边长 150 mm 立方体试块的一个浇筑侧面敲入 4 个点；

d. 1 组混凝土试块共应进行 12 次摆锤敲入试验，剔除 12 个测量值中的 1 个最大值和 1 个最小值，以余下的 10 个敲入深度的平均值作为该组试块的代表值 m_i(mm)，精确至 0.01 mm；

e. 卸荷后，取出立方体试块上方的 150 mm×150 mm×360 mm 木块；

f. 对每个试块进行加载试验，加荷直至破坏，以 3 个试块的抗压强度平均值作为该组试块的抗压强度值 $f^c_{cu,i}$，精确至 0.1 MPa。

(3) 专用测强曲线的计算应符合下列规定。

a. 专用测强曲线的回归方程式，应根据每一组试块的敲入深度平均值 m_i 和对应试块的抗压强度值 $f^c_{cu,i}$，采用最小二乘法进行计算。

b. 回归方程式宜采用下式确定：

$$f^c_{cu,i}=\alpha m_i^{\beta} \tag{3-59}$$

式中：$f^c_{cu,i}$——第 i 组混凝土试件抗压强度换算值，MPa；α、β——测强曲线回归系数；m_i——敲入深度平均值，mm。

(4) 测强曲线的平均相对误差不应大于 18%，相对标准差不应大于 20%。平均相对误差和相对标准差应按下列公式计算：

$$m_{\delta}=\pm\frac{1}{n}\sum_{i=1}^{n}\left|\frac{f^c_{cu,i}}{f_{cu,i}}-1\right|\times 100\% \tag{3-60}$$

$$e_r=\sqrt{\frac{1}{n-1}\sum_{i=1}^{n}\left(\frac{f^c_{cu,i}}{f_{cu,i}}-1\right)^2}\times 100\% \tag{3-61}$$

式中：m_{δ}——混凝土抗压强度换算值相对于实测混凝土抗压强度值的平均相对

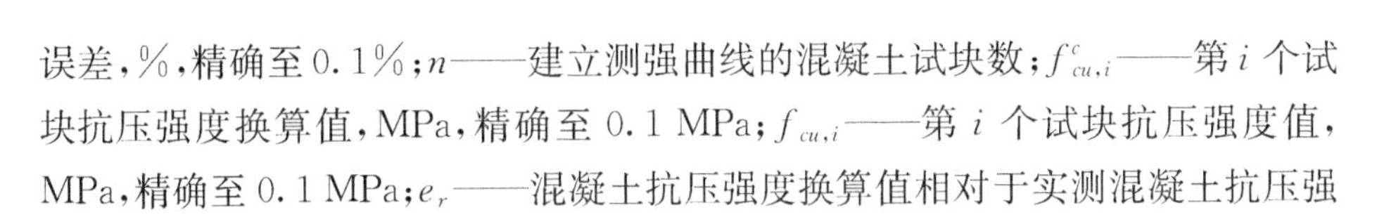

误差，%，精确至 0.1%；n——建立测强曲线的混凝土试块数；$f^{c}_{cu,i}$——第 i 个试块抗压强度换算值，MPa，精确至 0.1 MPa；$f_{cu,i}$——第 i 个试块抗压强度值，MPa，精确至 0.1 MPa；e_r——混凝土抗压强度换算值相对于实测混凝土抗压强度值的相对标准差（%），精确至 0.1%。

（四）强度计算与推定

（1）计算第 i 个构件混凝土的敲入深度平均值时，应先剔除 12 个测量值中的 1 个最大值和 1 个最小值，其余 10 个敲入深度的平均值应按下式计算：

$$m_i = \frac{1}{10}\sum_{j=1}^{10} d_j \tag{3-62}$$

式中：m_i——第 i 个构件混凝土的敲入深度平均值，mm，宜精确至 0.01 mm；d_j——混凝土第 j 个测点的敲入深度值，mm，宜精确至 0.01 mm。

（2）第 i 个构件混凝土的抗压强度换算值应按下式计算：

$$f^{c}_{cu,i} = 105.0 m_i^{-1.24} \tag{3-63}$$

式中：$f^{c}_{cu,i}$——第 i 个构件混凝土的抗压强度换算值，MPa，宜精确至 0.10 MPa。

（3）当式（3-63）计算所得的混凝土抗压强度换算值小于 10.00 MPa 或大于 50.00 MPa 时，不宜给出换算值。

（4）当混凝土结构所采用的材料与本节基本要求所规定的材料有较大差异时，应从结构中钻取直径 100 mm 的混凝土芯样，根据芯样抗压强度对混凝土强度换算值进行修正。芯样数量不应少于 4 个，且宜在不同构件上钻取。在每个拟钻取芯样的部位，应先进行 12 个点的敲入测试，再钻取芯样。应取敲入深度平均值代入式（3-63）中，计算每个芯样附近的混凝土强度换算值，修正系数可按下式计算：

$$\eta = \frac{1}{n}\sum_{i=1}^{n} \frac{f_{cor,i}}{f^{c}_{cu,i}} \tag{3-64}$$

式中：η——修正系数，精确至 0.01；$f_{cor,i}$——第 i 个混凝土芯样试件的抗压强度值，MPa，精确至 0.1 MPa；$f^{c}_{cu,i}$——第 i 个芯样附近的混凝土强度换算值，MPa，精确至 0.1 MPa；n——芯样数，取 $n \geqslant 4$。

（5）当用钻芯法对摆锤敲入法进行修正时，芯样的钻取、加工、试验等应符合现行行业标准《钻芯法检测混凝土强度技术规程》（JGJ/T384—2016）的规定。

各测点混凝土抗压强度换算值均应乘以修正系数 η。

(6) 当按单个构件检测时，构件混凝土抗压强度推定应按下式计算：

$$f^c_{cu,e}=0.9f^c_{cu,i} \tag{3-65}$$

式中：$f^c_{cu,e}$——混凝土抗压强度推定值，MPa，精确至 0.1 MPa；$f^c_{cu,i}$——第 i 个构件混凝土抗压强度换算值，MPa，精确至 0.1 MPa；

(7) 当按检验批检测时，检验批的混凝土抗压强度推定值应符合下列规定。

a. 当检验批中构件数量少于 10 时，应按下式计算：

$$f^c_{cu,e}=f^c_{cu,\min} \tag{3-66}$$

式中：$f^c_{cu,\min}$——检验批中构件混凝土最小的抗压强度换算值(MPa)，精确至 0.1 MPa。

b. 当检验批中构件数量大于或等于 10 时，应按下列公式计算：

$$f^c_{cu,e}=f_{f^c_{cu}}-1.645s_{f^c_{cu}} \tag{3-67}$$

$$m_{f^c_{cu}}=\frac{1}{n}\sum_{i=1}^{n}f^c_{cu,i} \tag{3-68}$$

$$s_{f^c_{cu}}=\sqrt{\frac{\sum_{i=1}^{n}(f^c_{cu,i}-m_{f^c_{cu}})^2}{n-1}} \tag{3-69}$$

式中：$f^c_{cu,e}$——检验批混凝土抗压强度推定值；$m_{f^c_{cu}}$——检验批中抽检构件混凝土强度换算值的平均值，精确至 0.1 MPa；n——检验批中抽检构件数；$f^c_{cu,i}$——第 i 个构件混凝土强度换算值，精确至 0.1 MPa；$s_{f^c_{cu}}$——检验批中抽检构件混凝土强度换算值的标准差，精确至 0.01 MPa。

(8) 确定检验批混凝土强度推定值时，可剔除构件混凝土强度代表值中的离群值。剔除规则应按现行国家标准《数据的统计处理和解释　正态样本离群值的判断和处理》(GB/T 4883—2008)的有关规定执行。剔除离群值后，检验批中构件数应符合表 3-6 的要求，并应重新计算检验批中混凝土强度代表值的平均值、标准差和最小值。

(9) 对按检验批检测的构件，当该批构件混凝土强度代表值的标准差出现下列情况之一时，该批构件应全部按单个构件检测：

a. 当该批构件混凝土强度代表值的平均值 $m_{f^c_{cu}}$ 小于 25.00 MPa 时，标准差 $s_{f^c_{cu}}$ 大于 4.50 MPa；

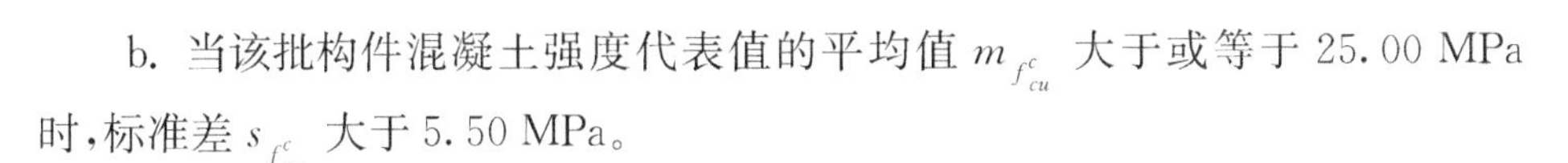

b. 当该批构件混凝土强度代表值的平均值 $m_{f_{cu}^c}$ 大于或等于 25.00 MPa 时，标准差 $s_{f_{cu}^c}$ 大于 5.50 MPa。

(五) 检测注意事项

(1) 摆锤敲入仪的敲入能量是通过锤头自由下摆的摆动获得的，锤头的重量、摆杆的长度、轴承到锤头中心的距离等性能指标决定了敲入能量的大小，仪器的核查和保养尤为重要，是保证测试结果准确可靠的重要一环。

(2) 当检测过程中摆锤敲入仪出现滑动时，摆锤敲入的动能有所降低，将导致敲入深度测量结果偏浅，应重新选定测点进行补测。

(3) 敲入试验后，如测孔内有粉尘等异物，可用橡皮吹风器将测孔内的粉尘吹干净，否则将导致敲入深度测量结果偏浅。

3.3.4　拉脱法

一、检测基本原理

在已硬化的混凝土结构构件上，钻制直径 44 mm、深度 44 mm 芯样试件，用具有自动夹紧试件功能的装置进行拉脱试验，根据芯样试件的拉脱强度值推定混凝土抗压强度的方法称为拉脱法。拉脱法采用具有自动调节径向夹紧力夹紧芯样试件功能的装置完成拉脱操作，是近年来新研发的一项微破损检测混凝土测强技术，具有高效、快捷、精度较高、对结构损伤较小等特点，适用钢筋密集部位检测。

二、检测仪器设备

拉脱法检测装置应由钻芯机、金刚石钻磨头、拉脱仪组成。仪器设备性能需满足如下要求。

(1) 内径为 $44_{-0.4}^{0}$ mm，外径为 54 mm±1 mm，设置有钻取深度为 44 mm±1 mm 的磨平支撑面的定位装置。

(2) 拉脱装置应具有自动调节对试件径向夹紧力的功能。拉脱装置测力系统应由传感器和具有实时显示、超载显示及峰值保持功能的荷载表组成。荷载表的分辨率及最小示值应不大于 1 N，满量程测试误差应不大于 1.0%。

(3) 钻机使用完毕后应关闭电源、拆下钻头、清除污垢、擦拭干净存放在阴凉干燥处。钻头内径可用游标卡尺测量，如超出公差范围应及时更换。

(4) 拉脱仪是一台集测力、记录、计数为一体的电子仪器，当出现意外或不按规程操作，如发生高处坠落或超载使用，将影响仪器的性能，一旦出现突然停机、异响、操作失控，应立即关闭电源并返厂家检修。

(5) 拉脱仪使用完毕，内部电路还处于工作状态，应关闭电源，防止误启动进入工作状态。工作时产生的灰尘易渗入机体内部，影响电气系统正常工作或使驱动总成的润滑状况降低，因此应将仪器擦拭干净，最后将仪器装入箱内，存放在阴凉干燥处。

三、检测结果影响因素

（一）测试面

混凝土受潮或被雨淋湿后表面硬度降低，采用拉脱法测试时，拉脱力会降低，因此被检测混凝土表面应为自然干燥状态。混凝土测试面应清洁、干燥、密实，不应有接缝、施工缝并应避开蜂窝、麻面部位。

（二）检测点的位置

拉脱测点宜选在结构构件混凝土浇筑方向的侧面，相邻拉脱测点的间距不应小于 300 mm，距构件边缘不应小于 100 mm，检测时应保持拉脱仪的轴线垂直于混凝土检测面。

四、检测方法和步骤

（一）拉脱测点的布置及试样钻取

(1) 拉脱试件应在结构构件的下列部位钻制：

a. 结构构件受力较小的部位；

b. 混凝土强度具有代表性的部位；

c. 钻制时应避开钢筋、预埋件和管线；

d. 便于钻芯机安放与操作的部位。

(2) 混凝土强度可按单个构件检测或按检测批进行抽检，并应符合下列规定：

a. 按单个构件检测时，应在构件上布置测点，每个构件上测点布置数量应为 3 个；

b. 对于公路桥梁、桥墩等大型结构构件，应布置不少于 10 个测点；

c. 按检测批抽检时，构件抽样数应为 10～15 个，每个构件应布置不少于 1 个测点；

d. 按检测批抽样检测时，同批结构构件的设计混凝土强度等级应相同；混凝土原材料、配合比、施工工艺、养护条件和龄期应相同；结构构件种类应相同，施工阶段所处位置应相同。

(3) 钻芯机应安放平稳，固定牢固。钻制时用于冷却钻头和排除混凝土碎屑的冷却水的流量宜为 31～51 L/min。

(4) 钻制时应匀速进钻并均匀施力，钻深可通过钻头安装座的调节螺栓调整磨盘的上下位置或钻机深度标尺控制。钻制完毕后应切断电源、及时冲洗拉脱试件表面泥浆，并应将钻芯机擦拭干净。

(5) 在结构构件上进行拉脱法试验后，留下的孔洞应及时采用同强度或高一个等级的细石混凝土进行修补。

(二) 拉脱试验

(1) 采用拉脱法检测结构混凝土强度前，宜具备下列资料：

a. 工程名称或代号及建设、设计、施工单位名称；

b. 结构构件种类、外形尺寸及数量；

c. 设计混凝土强度等级以及水泥品种和粗骨料粒径；

d. 检测龄期，检测原因；

f. 结构构件质量状况和施工中存在问题的记录；

g. 有关设计文件或施工图纸。

(2) 拉脱试件应处自然风干状态，试验前拉脱仪应先清零，调整三爪夹头套住拉脱试件。

(3) 在试验过程中应连续均匀加荷，加荷速度宜控制为 130～260 N/s，在试件断裂时应立即读取最大拉脱力值。

(4) 拉脱出的试件，应用游标卡尺测量试件断裂处相互垂直位置的直径尺寸。

(5) 在试验中拉脱仪显示屏幕出现超载信号时应立即停止加载，复位后关闭电源。

(三) 数值测量与计算

(1) 单个构件检测时，记录每点最大拉脱力 F_i，测量试件断裂处相互垂直的直径尺寸 D_1、D_2。

(2) 第 i 个拉脱试件的平均直径、截面积及强度换算值应按下列公式计：

$$D_{m,i}=\frac{(D_1+D_2)}{2} \tag{3-70}$$

$$A_i=\frac{\pi\times D_{m,i}^2}{4} \tag{3-71}$$

$$f_{p,i}=\frac{F_i}{A_i} \tag{3-72}$$

$$f_{p,m,i}=\frac{1}{3}\sum_{i=1}^{3}f_{p,i} \tag{3-73}$$

$$f_{cu,r,i}^{c}=af_{p,m,i}^{b} \tag{3-74}$$

式中：D_1，D_2——第 i 个拉脱试件互为垂直的两个方向直径，mm，精确至 0.1 mm；$D_{m,i}$——第 i 个拉脱试件平均直径，mm，精确至 0.1 mm；F_i——第 i 个拉脱试件测得的最大拉脱力，N，精确至 1 N；A_i——第 i 个拉脱试件截面积，mm^2，精确至 0.01 mm^2；$f_{p,i}$——第 i 个试件测点拉脱强度值，MPa，精确至 0.001 MPa；$f_{p,m,i}$——第 i 个构件拉脱试件强度平均值，MPa，精确至 0.001 MPa；$f^c_{cu,r,i}$——第 i 个构件拉脱强度换算的混凝土立方体抗压强度代表值，MPa，精确至 0.1 MPa；a，b——测强曲线系数值，应由试验数据回归确定。

(3) 大型结构构件按检测批抽检，拉脱试件的平均直径、截面积及试件拉脱强度值应按式(3-70)～式(3-72)计算，第 i 个构件换算的混凝土抗压强度值应按下式计算：

$$f^c_{cu,i} = a f^b_{p,i} \tag{3-75}$$

式中：$f_{p,i}$——第 i 个试件测点拉脱强度值，MPa，精确至 0.001 MPa；$f^c_{cu,i}$——第 i 个试件测点换算的混凝土立方体抗压强度值，MPa，精确至 0.1 MPa；a，b——测强曲线系数值，应由试验数据回归确定。

(四) 测强曲线

(1) 当无专用和地区测强曲线时，宜按《拉脱法检测混凝土抗压强度技术规程》(JGJ/T 378—2016)中附录规定的方法验证，相对标准差 e_r 大于规程的规定时，可按现行国家标准《混凝土结构现场检测技术标准》(GB/T 50784—2013)的规定进行钻芯修正。

(2) 建立专用或地区混凝土测强曲线基本要求。

a. 混凝土用水泥应符合现行国家标准《通用硅酸盐水泥》(GB 175—2023)的规定；混凝土用砂、石应符合现行行业标准《普通混凝土用砂、石质量及检验方法标准》(JGJ 52—2019)的规定；混凝土拌和用水应符合现行行业标准《混凝土用水标准》(JGJ 63—2006)的规定。

b. 应选用本地区常用水泥、粗骨料、细骨料，按常用配合比制作混凝土强度等级为 C15、C20、C30、C40、C50、C60、C70、C80 的标准试件。

(3) 试件准备应符合下列规定。

a. 试模应符合现行行业标准《混凝土试模》(JG 237—2008)的规定；

b. 每一混凝土强度等级的试件，应采用同一盘或同一车中混凝土，均匀取出并装模振动成型，得到边长为 150 mm×150 mm×150 mm 的立方体试件；

c. 试件拆模后浇水养护 7 d，然后按"品"字形堆放在不受日晒雨淋处自然养护；

d. 试件的测试龄期宜分为1 d、3 d、7 d、14 d、28 d、60 d、9od、180 d和360 d；

e. 对同一强度等级的混凝土，应一次成型；

f. 试件制作数量不应少于表3-7的规定。

表3-7 混凝土试件制作数量

强度等级	龄期(d)									合计
	1	3	7	14	28	60(56)	90	180	360	
C15	—	—	2组	2组	3组	2组	2组	2组	2组	15组
C20	—	—	2组	2组	3组	2组	2组	2组	2组	15组
C30	—	—	2组	2组	3组	2组	2组	2组	2组	15组
C40	—	—	2组	2组	3组	2组	2组	2组	2组	15组
C50	2组	2组	2组	2组	3组	2组	2组	2组	2组	19组
C60	2组	2组	2组	2组	3组	2组	2组	2组	2组	19组
C70	2组	2组	2组	2组	3组	2组	2组	2组	2组	19组
C80	2组	2组	2组	2组	3组	2组	2组	2组	2组	19组

注：28 d龄期3组，其中一组标准养护，供强度试验，另两组与其他龄期试验相同。

(4) 试件测试应符合下列规定。

a. 到达规定龄期时，取出两组同等级试件，一组试件钻制拉脱试件，另一组试件进行抗压试验；

b. 记录每个拉脱试件试验得到的最大测试力 F_i，宜精确至1 N；测量试件断裂处相互垂直位置的直径尺寸 D_1、D_2，宜精确至0.1 mm；计算混凝土拉脱强度值 $f_{p,i}$，宜精确至0.001 MPa；

c. 抗压强度试验应符合现行国家标准《混凝土力学性能试验方法标准》(GB/T 50081—2019)的规定，根据试压结果计算抗压强度值 $f_{cu,i}$，宜精确至0.1 MPa。

(5) 测强曲线计算应符合下列规定。

a. 整理汇总数据，将测试所得的试件拉脱强度值和试件抗压强度值汇总。

b. 对试验数据进行回归分析，计算误差。计算测强曲线的相对标准差 e_r，和平均相对误差 δ。

(6) 测强曲线误差满足《拉脱法检测混凝土抗压强度技术规程》(JGJ/T 378—2016)相关要求时，可作为专用或地区测强曲线。

(7) 混凝土抗压强度换算值可根据测强曲线按系列拉脱强度代表值计算，并列出测点混凝土抗压强度换算表供速查使用。

(五) 强度换算与推定

1. 抗压强度换算

(1) 结构构件中第 i 个测点的混凝土抗压强度换算值,可根据试件拉脱强度值 $f_{p,i}$,采用专用测强曲线或地区测强曲线换算成第 i 个测点的混凝土抗压强度值。

(2) 换算强度可按下式计算。

$$f_{cu,i}^{c}=22.886f_{p,i}^{0.877} \tag{3-76}$$

式中:$f_{cu,i}^{c}$——第 i 个测点换算的混凝土立方体抗压强度值,MPa,精确至 0.1 MPa;$f_{p,i}$——第 i 个测点试件拉脱强度值,MPa,精确至 0.001 MPa。

(3) 专用或地区测强曲线的抗压强度相对标准差 e_r、平均相对误差 δ 应符合下列规定。

a. 专用测强曲线:相对标准差 e_r 不宜大于 11.0%,平均相对误差 δ 不宜大于 10.0%;

b. 地区测强曲线:相对标准差 e_r 不宜大于 13.0%,平均相对误差 δ 不宜大于 11.0%;

c. 回归方程的相对标准差 e_r,平均相对误差 δ 应按下列公式计算:

$$e_r=\sqrt{\frac{\sum_{i=1}^{n}\left(\frac{f_{cu,i}^{c}}{f_{cu,i}}-1\right)^2}{n-1}}\times 100\% \tag{3-77}$$

$$\delta=\frac{1}{n}\left|\frac{f_{cu,i}^{c}-f_{cu,i}}{f_{cu,i}}\right|\times 100\% \tag{3-78}$$

式中:e_r——相对标准差,%,精确至 0.1%;δ——平均相对误差,%,精确至 0.1%;$f_{cu,i}^{c}$——第 i 个测点换算的混凝土立方体抗压强度值,MPa,精确至 0.1 MPa;$f_{cu,i}$——第 i 组混凝土立方体的抗压强度,MPa,精确至 0.1 MPa;n——测点数(个)。

2. 抗压强度推定

(1) 结构构件混凝土立方体抗压强度推定值 $f_{cu,e}$ 应按下列规定确定。

a. 按单个构件检测,由拉脱强度值换算得到混凝土立方体抗压强度代表值 $f_{cu,r,i}^{c}$,其可作为构件的混凝土抗压强度推定值 $f_{cu,e}$。

$$f_{cu,e}=f_{cu,r,i}^{c} \tag{3-79}$$

式中:$f_{cu,e}$——结构构件混凝土抗压强度推定值,MPa,精确至 0.1 MPa;$f_{cu,r,i}^{c}$——第 i 个构件拉脱强度换算的混凝土立方体抗压强度代表值,MPa,精确至0.1 MPa。

b. 对大型结构构件的检测，混凝土抗压强度推定值应按下列公式计算。

$$f_{cu,e}=m_{f_{cu}^{c}}-1.645s_{f_{cu}^{c}} \tag{3-80}$$

$$m_{f_{cu}^{c}}=\frac{1}{n}\sum_{i=1}^{n}f_{cu,i}^{c} \tag{3-81}$$

$$s_{f_{cu}^{c}}=\sqrt{\frac{\sum_{i=1}^{n}(f_{cu,i}^{c}-m_{f_{cu}^{c}})^{2}}{n-1}} \tag{3-82}$$

式中：$f_{cu,i}^{c}$——第 i 个测点混凝抗压土立方体抗压强度值，MPa，精确至0.1 MPa；$m_{f_{cu}^{c}}$——结构构件测点混凝土抗压强度换算值的平均值，MPa，精确至0.1 MPa；$s_{f_{cu}^{c}}$——结构构件测点混凝土抗压强度换算值的标准差，MPa，精确至0.01 MPa；n——测点数。

c. 按检测批抽检的混凝土抗压强度推定值，宜按式(3-80)～式(3-82)计算确定；当计算结果略低于设计值时，也可按现行国家标准《建筑结构检测技术标准》(GB/T 50344—2019)规定计算混凝土抗压强度推定区间。

(2) 按检测批检测的结构构件，当一批结构构件的测点混凝土抗压强度标准差出现下列情况之一时，应全部按单个构件进行强度推定。

a. 混凝土抗压强度平均值 $m_{f_{cu}^{c}}$ 小于25.0 MPa时，标准差 $s_{f_{cu}^{c}}$ 大于4.50 MPa；

b. 混凝土抗压强度平均值 $m_{f_{cu}^{c}}$ 在25.0～50.0 MPa的范围内时，标准差 $s_{f_{cu}^{c}}$ 大于5.50 MPa；

c. 混凝土抗压强度平均值 $m_{f_{cu}^{c}}$ 大于50.0 MPa时，标准差 $s_{f_{cu}^{c}}$ 大于6.50 MPa。

(六) 检测注意事项

(1) 本方法不适用于纤维混凝土和混凝土在硬化期间遭受冻害以及结构构件遭受化学侵蚀、火灾、高温损伤深度超过25 mm的情况。

(2) 拉脱试件钻制部位应选择结构构件受力较小的部位，如选择在柱的中部、距梁柱节点至梁跨中的1/3处。测试部位应剔除抹灰层，选择在原始结构面上，在钻制试件前，需采用磁感仪确定钢筋的位置，在钢筋之间钻制试件。

(3) 钻芯时忽快忽慢的进钻速度会加大芯样的损伤，因此应控制进钻速度、均匀施压，钻芯机必须通冷却水才能达到冷却钻头和排出混凝土碎屑的目的。

在高温下使用会使金刚石钻头烧损，混凝土碎屑不能及时排除不仅会加速钻头的磨损，还会影响进钻速度和芯样表面质量。

(4) 若金刚石钻头有磨损，会致使钻制的拉脱试件直径发生变化，因此必须测量靠近试件断裂处相互垂直位置的直径尺寸。

3.4 砂浆强度原位检测

3.4.1 砂浆回弹法

一、检测基本原理

砂浆回弹法是一种检测砂浆强度常用的非破损检测方法，具有准确、可靠、快速、经济的一系列优点。检测时，采用回弹仪测试砂浆表面硬度，用酚酞试剂测试砂浆碳化深度，以回弹值和碳化深度两项指标根据公式换算砂浆的强度。

二、检测仪器设备

回弹法检测砂浆强度主要仪器设备为砂浆回弹仪、锤子、錾子、砂轮、碳化深度卡尺(或数显碳化深度测量仪)和浓度为1%～2%的酚酞酒精溶液等。

回弹仪水平弹击时的标准能量为(0.196±0.010)J，在洛氏硬度为HRC60±2的钢砧上率定值为74±2；碳化深度卡尺或数显碳化深度检测仪需通过检定，测量精度0.5 mm。

三、检测结果影响因素

(一) 仪器设备

回弹仪的技术性能是否稳定可靠，是影响砂浆回弹测强准确性的关键因素之一，因此，回弹仪必须符合产品质量要求，并经专业质检机构检验合格后方可使用；使用过程中，应定期检验、维修与保养。

(二) 测试面

检测前，应宏观检查砌筑砂浆质量，水平灰缝内部的砂浆与其表面的砂浆质量应基本一致。测试面砌体灰缝被测处平整与否，对回弹值有较大的影响，故要求用扁砂轮或其他工具进行仔细打磨至平整。当灰缝砌筑不饱满或表面粗糙且无法磨平时，不得采用砂浆回弹法检测砂浆强度。

四、检测方法和步骤

(一) 检测步骤

(1) 测位处应按下列要求进行处理。

a. 粉刷层、勾缝砂浆、污物等应清除干净。

b. 弹击点处的砂浆表面，应仔细打磨平整，并应除去浮灰。

c. 磨掉表面砂浆的厚度应为5～10 mm，且不应小于5 mm。

(2) 每个测位内均匀布置12个弹击点。选定弹击点应避开砖的边缘、气孔或松动的砂浆。相邻两弹击点的间距不应小于20 mm。

(3) 在每个弹击点上，使用回弹仪连续弹击3次，第1、2次不读数，仅记读第3次回弹值，精确至1个刻度。测试过程中，回弹仪应始终处于水平状态，其轴线应垂直于砂浆表面，且不得移位。

(4) 在每一测位内，应选择3处灰缝，并应采用工具在测区表面打凿出直径约10 mm的孔洞，其深度应大于砌筑砂浆的碳化深度，应清除孔洞中的粉末和碎屑，且不得用水擦洗，然后采用浓度为1%～2%的酚酞酒精溶液滴在孔洞内壁边缘处，当已碳化与未碳化界限清晰时，采用碳化深度测定仪或游标卡尺测量已碳化与未碳化砂浆交界面到灰缝表面的垂直距离。

(二) 强度换算与推定

(1) 从每个测位的12个回弹值中，分别剔除最大值、最小值，将余下的10个回弹值计算算术平均值，以R表示，并应精确至0.1。

(2) 每个测位的平均碳化深度，应取该测位各次测量值的算术平均值，以d表示，精确至0.5 mm。

(3) 第i个测区第j个测位的砂浆强度换算值，应根据该测位的平均回弹值和平均碳化深度值，分别按下列公式计算。

a. 碳化深度$d \leqslant 1.0$ mm时：

$$f_{2ij}=13.97\times10^{-5}R^{3.57} \tag{3-83}$$

b. 碳化深度1.0 mm$<d<$3.0 mm时：

$$f_{2ij}=4.85\times10^{-4}R^{3.04} \tag{3-84}$$

c. 碳化深度$d \geqslant 3.0$ mm时：

$$f_{2ij}=6.34\times10^{-5}R^{3.60} \tag{3-85}$$

式中：f_{2ij}——第i个测区第j个测位的砂浆强度值，MPa；d——第i个测区第j个测位的平均碳化深度(mm)；R——第i个测区第j个测位的平均回弹值。

(4) 测区的砂浆抗压强度平均值，应按下式计算：

$$f_{2i}=\frac{1}{n_1}\sum_{j=1}^{n_1}f_{2ij} \tag{3-86}$$

(三) 检测注意事项

(1) 砂浆回弹仪在工程检测前后，均应在钢砧上进行率定测试。

(2) 在常用砂浆的强度范围内,每个弹击点的回弹值随着连续弹击次数的增加而逐步提高,经第三次弹击后,其提高幅度趋于稳定。如果仅弹击一次,读数不稳,且对低强砂浆,回弹仪往往不起跳,弹击 3 次与 5 次相比,回弹值约低 5%。由此选定:每个弹击点连续弹击 3 次,仅读记第 3 次的回弹值。

(3) 正确地操作回弹仪,可获得准确而稳定的回弹值,故要求操作回弹仪时,使之始终处于水平状态,其轴线垂直于砂浆表面,且不得移位。

(4) 同混凝土相比,砂浆的强度低,密实度较差,又因掺加了混合材料,所以碳化速度较快。碳化增加了砂浆表面硬度,从而使回弹值增大。砂浆的碳化深度和速度,同龄期、密实性、强度等级、品种及砌体所处环境条件均有关系,因而碳化值的离散性较大。为保证砂浆强度推定值的准确性,一定要求对每一测位都要准确地测量碳化深度值。

3.4.2 贯入法

一、检测基本原理

采用贯入仪压缩工作弹簧加荷,把一测钉贯入砂浆中,根据测钉贯入砂浆的深度和砂浆抗压强度间的相关关系,由测钉的贯入深度通过测强曲线来换算砂浆抗压强度的检测方法称为贯入法。由构件的砂浆贯入深度平均值通过测强曲线计算得到的砌筑砂浆抗压强度值,相当于被测构件在该龄期下同条件养护的边长为 70.7 mm 立方体砂浆试块的抗压强度值。贯入法因具有操作简单、检测快捷、检测结果精度高等优点而被广泛使用。

二、检测仪器设备

贯入法检测砂浆抗压强度主要仪器设备为贯入式砂浆强度检测仪(图 3-11)和数字式贯入深度测量表等。

贯入仪贯入力应为(800±8)N,工作行程应为(20±0.10)mm。贯入深度测量表最大量程不应小于 20.00 mm,分度值应为 0.01 mm。测钉宜采用高速工具钢制成,长度应为(40.00～40.10)mm,直径应为(3.50±0.05)mm,尖端锥度应为 45.0°±0.5°。测钉量规的量规槽长度应为(39.50～39.60)mm。贯入仪的校准应符合《贯入法检测砌筑砂浆抗压强度技术规程》(JGJ/T 136—2017)中相关规定,贯入深度测量表上的百分表应经计量部门检定合格。

三、检测结果影响因素

(一) 仪器设备

贯入式砂浆检测设备技术性能是否稳定可靠,是影响砂浆抗压强度检测准确性的关键因素之一,因此,检测设备必须符合产品质量要求,并经专业质检

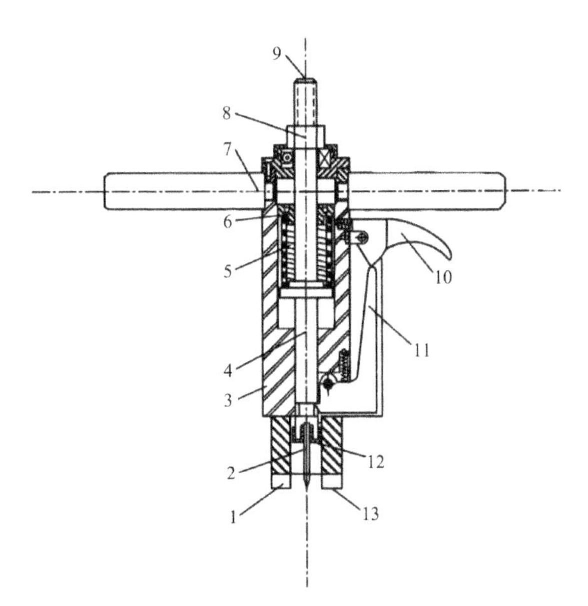

表 3-11　贯入式砂浆强度检测仪结构示意图

1—扁头；2—测钉；3—主体；4—贯入杆；5—工作弹簧；6—调整螺母；7—把手；8—螺母；9—贯入杆外端；10—扳机；11 —挂钩；12—贯入杆端面；13—扁头端面

机构检验合格后方可使用；使用过程中，应定期检验、维修与保养。

（二）测试面

贯入法检测砌筑砂浆强度，测区内的灰缝砂浆应该外露。如外露灰缝不够整齐，还应该打磨至平整后才能进行检测，否则将对贯入深度的测量带来误差，且主要是负偏差。对于加气混凝土砌体，应将灰缝和加气混凝土砌块打磨成一个平整面。对表面腐蚀，遭受高温、冻害、化学侵蚀、火灾等的砂浆，可以将损伤层磨去后再进行检测。

（三）含水量

砂浆的含水量对检测结果有一定的影响，规范规定砂浆为风干状态，当无法确认砂浆是否为风干状态时，可以打开几块砖查看，也可以用不高于 50 ℃的空气人工风干。

（四）气温

环境温度异常时，对贯入仪和贯入深度测量表的性能有影响，故应在规范规定的环境温度区间（−4～40）℃内使用。

四、检测方法和步骤

（一）一般要求

采用贯入法检测的砌筑砂浆应符合下列规定：

（1）自然养护；

(2) 龄期为 28 d 或 28 d 以上；

(3) 风干状态。

(二) 测点布置

(1) 检测砌筑砂浆抗压强度时，应以面积不大于 25 m^2 的砌体构件或构筑物为一个构件。

(2) 按批抽样检测时，应取龄期相近的同楼层、同来源、同类型、同品种和同强度等级的砌筑砂浆且不大于 250 m^3 砌体为一批，抽检数量不应少于砌体总构件数的 30%，且不应少于 6 个构件。

(3) 被检测灰缝应饱满，其厚度不应小于 7 mm，并避开竖缝位置、门窗洞口、后砌洞口和预埋件的边缘。检测加气混凝土砌块砌体时，其灰缝厚度应大于测钉直径。

(4) 多孔砖砌体和空斗墙砌体的水平灰缝深度不应小于 30 mm。

(5) 检测范围内的饰面层、粉刷层、勾缝砂浆、浮浆以及表面损伤层等，应清除干净；应使待测灰缝砂浆暴露并打磨平整后再进行检测。

(6) 每一构件应测试 16 点。测点应均匀分布在构件的水平灰缝上，相邻测点水平间距不宜小于 240 mm，每条灰缝测点不宜多于 2 点。

(三) 贯入检测

(1) 贯入检测应按下列程序操作。

a. 将测钉插入贯入杆的测钉座中，测钉尖端朝外，固定好测钉；

b. 当用加力杠杆时，将加力杠杆插入贯入杆外端，施加外力使挂钩挂上；

c. 当用旋紧螺母加力时，用摇柄旋紧螺母，直至挂钩挂上为止，然后将螺母退至贯入杆顶端；

d. 将贯入仪扁头对准灰缝中间，并垂直贴在被测砌体灰缝砂浆的表面，握住贯入仪把手，扳动扳机，将测钉贯入被测砂浆中。

(2) 每次贯入检测前，应清除测钉上附着的水泥灰渣等杂物，同时用测钉量规核查测钉的长度，当测钉长度小于测钉量规槽时，应重新选用新的测钉。

(3) 操作过程中，当测点处的灰缝砂浆存在空洞或测孔周围砂浆有缺损时，该测点应作废，另选测点补测。

(4) 贯入深度的测量应按下列程序操作。

a. 开启贯入深度测量表，将其置于钢制平整量块上，直至扁头端面和量块表面重合，使贯入深度测量表的读数为零。

b. 将测钉从灰缝中拔出，用橡皮吹风器将测孔中的粉尘吹干净。

c. 将贯入深度测量表的测头插入测孔中，扁头紧贴灰缝砂浆，并垂直于被

测砌体灰缝砂浆的表面，从测量表中直接读取显示值 d_i。

d. 直接读数不方便时，可按一下贯入深度测量表中的“保持”键，显示屏会记录当时的示值，然后取下贯入深度测量表读数。

(5) 当砌体的灰缝经打磨仍难以达到平整时，可在测点处标记，贯入检测前用贯入深度测量表测读测点处的砂浆表面不平整度读数 d_i^0，然后再在测点处进行贯入检测，读取 d_i'，贯入深度应按下式计算：

$$d_i = d_i' - d_i^0 \tag{3-87}$$

式中：d_i——第 i 个测点贯入深度值，mm，精确至 0.01 mm；d_i^0——第 i 个测点贯入深度测量表的不平整度读数，mm，精确至 0.01 mm；d_i'——第 i 个测点贯入深度测量表读数，mm，精确至 0.01 mm。

(四) 砂浆抗压强度计算

(1) 检测数值中，应将 16 个贯入深度值中的 3 个较大值和 3 个较小值剔除，余下的 10 个贯入深度值应按下式取平均：

$$m_{d_j} = \frac{1}{10}\sum_{i=1}^{10} d_i \tag{3-88}$$

式中：m_{d_j}——第 j 个构件的砂浆贯入深度代表值，mm，精确至 0.01 mm；d_i——第 i 个测点的贯入深度值，mm，精确至 0.01 mm。

(2) 利用构件的贯入深度代表值 m_{d_j} 按不同的测强曲线计算其砂浆抗压强度换算值 $f_{2,j}^c$。有专用测强曲线或地区曲线时，应优先使用专用测强曲线和地区测强曲线。无专用测强曲线时候，可按 JGJ/T 136—2017 附录 D 查表计算。

(3) 当所检测砂浆与测强曲线所用砂浆有较大差异时，宜进行检测误差验证试验，试验方法可按 JGJ/T 136—2017 附录 E 的要求进行，试验数量和范围应按检测的对象确定，其检测平均相对误差不应大于 18%，相对标准差不应大于 20%。否则应按要求建立专用测强曲线。

(4) 按批抽检时，同批构件砂浆应按下列公式计算其平均值、标准差和变异系数：

$$m_{f_2^c} = \frac{1}{n}\sum_{j=1}^{n} f_{2,j}^c \tag{3-89}$$

$$S_{f_2^c} = \sqrt{\frac{\sum_{j=1}^{n}(f_{2,j}^c - m_{f_2^c})^2}{n-1}} \tag{3-90}$$

$$\eta_{f_2^c}=\frac{S_{f_2^c}}{m_{f_2^c}} \tag{3-91}$$

式中：$m_{f_2^c}$——同批次构件砂浆抗压强度换算值的平均值，MPa，精确至0.1 MPa；$f_{2,j}^c$——第 j 个构件的砂浆抗压强度换算值，MPa，精确至0.1 MPa；$S_{f_{cu}^c}$——同批构件砂浆抗压强度换算值的标准差，MPa，精确至0.01 MPa；$\eta_{f_2^c}$——同批构件砂浆抗压强度换算值的变异系数，精确至0.01。

(5) 砌筑砂浆抗压强度推定值 $f_{2,e}^c$ 应按下列规定确定。

a. 当按单个构件检测时，该构件的砌筑砂浆抗压强度推定值应按下式计算：

$$f_{2,e}^c=0.91f_{2,j}^c \tag{3-92}$$

式中：$f_{2,e}^c$——砂浆抗压强度推定值，MPa，精确至0.1 MPa；$f_{2,j}^c$——第 j 个构件的砂浆抗压强度换算值，MPa，精确至0.1 MPa。

b. 当按批抽检时，应按式(3-93)和式(3-94)计算，并取 $f_{2,e1}^c$ 和 $f_{2,e2}^c$ 中的较小值作为该批构件的砌筑砂浆抗压强度推定值 $f_{2,e}^c$：

$$f_{2,e1}^c=0.91m_{f_2^c} \tag{3-93}$$

$$f_{2,e2}^c=1.18f_{2,\min}^c \tag{3-94}$$

式中：$f_{2,e1}^c$——砂浆抗压强度推定值之一，MPa，精确至0.1 MPa；$f_{2,e2}^c$——砂浆抗压强度推定值之二，MPa，精确至0.1 MPa；$m_{f_2^c}$——同批构件砂浆抗压强度换算值的平均值，MPa，精确至0.1 MPa；$f_{2,\min}^c$——同批构件中砂浆抗压强度换算值的最小值，MPa，精确至0.1 MPa。

(6) 对于按批抽检的砌体，当该批构件砌筑砂浆抗压强度换算值变异系数不小于0.30时，则该批构件应全部按单个构件检测。

(五) 检测注意事项

(1) 贯入法检测技术是通过测钉贯入砂浆表面来进行检测的，当砂浆遭受高温、冻害、化学侵蚀、火灾等时，其表面和内部都容易产生损伤，将与建立测强曲线的砂浆在性能上存在差异，且砂浆的内外质量可能存在较大不同，因而不再适用。

(2) 贯入仪在使用后，应将工作弹簧释放，闲置和保管时使其处于自由状态时。若工作弹簧长时间处于压缩状态，将有可能改变其性能，使检测结果产生误差。

(3) 测钉在试验中会受到磨损而变短，测钉的使用次数视所测砂浆的强度而定。测钉是否废弃，可用贯入仪所附的测钉量规来核查。核查时，将测钉量规

槽平放在水平面上，把测钉放入槽内，若测钉能从量规槽漏出，则应废弃。

(4) 贯入试验后的测孔内，由于贯入试验会积有一些粉尘，要用吹风器将测孔内的粉尘吹干净，否则将导致贯入深度测量结果偏浅。

(5) 在砌体灰缝表面不平整处进行检测，将可能导致强度检测结果偏低。在检测时先测量测点处的不平整度并扣除，才能得到准确的检测结果。

3.4.3　推出法

一、检测基本原理

采用推出仪从墙体上水平推出单块丁砖，测得水平推力及推出砖下的砂浆饱满度，以此推定砌筑砂浆抗压强度的方法称为推出法。它综合反映了砌筑砂浆的质量状况和施工质量水平，与我国现行的施工规范及工程质量评定标准相结合，较为适合我国国情。

二、检测仪器设备

推出法检测砂浆抗压强度主要检测设备为推出仪，由钢制部件、传感器、推出力峰值测定仪等组成(图 3-12)。

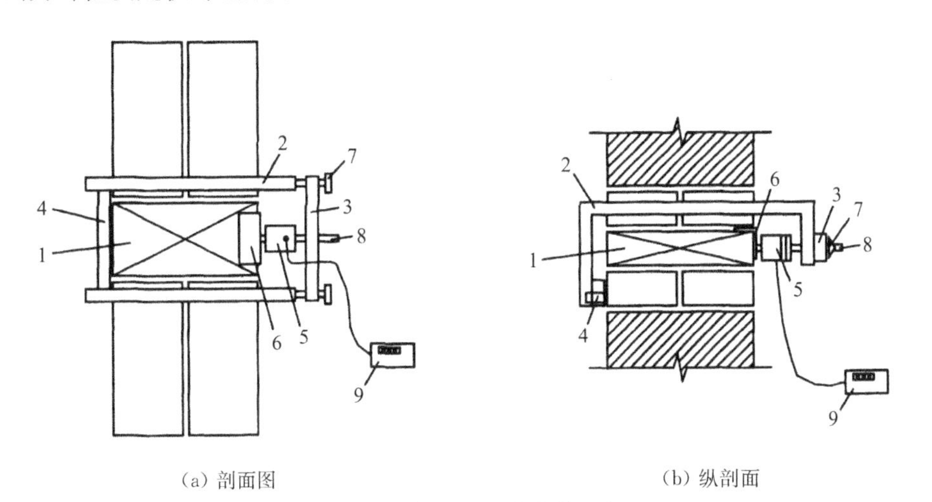

图 3-12　推出仪及测试安装示意图

1—被推出丁砖；2—支架；3—前梁；4—后梁；5—传感器；6—垫片； 7—调平螺钉；8—加荷螺杆；9—推出力峰值测定仪

(1) 推出仪的主要技术指标应符合表 3-8 的要求。

(2) 推出力峰值测定仪应符合下列要求：

a. 最小分辨值应为 0.05 kN，力值范围应为 0～30 kN；

b. 应具有测力峰值保持功能；

c. 仪器读数显示应稳定，在 4 h 内的读数漂移应小于 0.05 kN。

表 3-8 推出仪的主要技术指标

项目	指标	项目	指标
额定推力(kN)	30	额定行程(mm)	80
相对测量范围(%)	20～80	示值相对误差(%)	±3

三、检测结果影响因素

（一）仪器设备

检测设备必须符合产品质量要求，并经专业质检机构检验合格后方可使用；使用过程中，应定期检验、维修与保养。仪器性能稳定性是准确测量数据的基础，一般要求能连续工作 4 h 以上。校验推出力峰值测定仪时，在 4 h 内读数漂移小于 0.05 kN，即可认为仪器的稳定性能良好。

（二）传感器作用点

传感器作用点的位置直接影响被推出砖下灰缝的受力状况，推出法在试验研究时，均是使传感器的作用点水平方向位于被推出砖中间，铅垂方向位于被推出砖下表面之上 15 mm 处进行试验，故在现场测试时应与此要求保持一致，横梁两端和墙之间的距离可通过挂钩上的调整螺钉进行调整。

（三）加荷速度

试验表明，加荷速度过快会使试验数据偏高，因此规定加荷速度控制在 5 kN/min 左右，以提高测试数据的准确性。

四、检测方法和步骤

（一）测点布置

测点的布置应符合如下要求：

(1) 测点宜均匀布置在墙上，并应避开施工中的预留洞口；

(2) 被推丁砖的承压面可采用砂轮磨平，并应清理干净；

(3) 被推丁砖下的水平灰缝厚度应为 8～12 mm；

(4) 测试前，被推丁砖应编号，并应详细记录墙体的外观情况。

（二）检测步骤

(1) 取出被推丁砖上部的两块顺砖，其应符合下列要求。

a. 应使用冲击钻在图 3-13 所示 A 点打出约 40 mm 的孔洞。

b. 应使用锯条自 A 点至 B 点锯开灰缝。

c. 应将扁铲打入上一层灰缝，并应取出两块顺砖。

d. 应使用锯条锯切被推丁砖两侧的竖向灰缝，直至下皮砖顶面。

e. 开洞及清缝时，不得扰动被推丁砖。

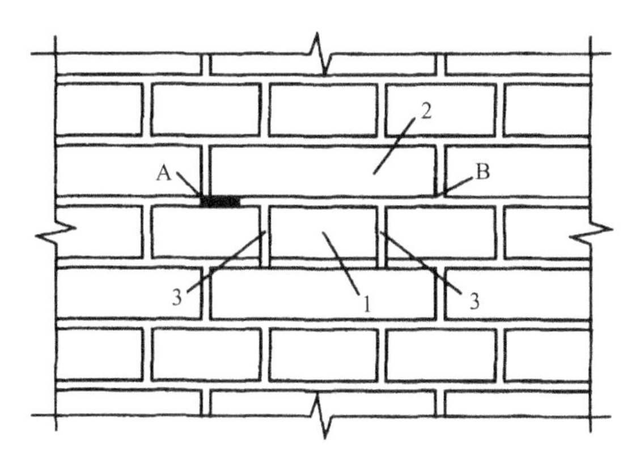

图 3-13　试件加工步骤示意图

1—被推丁砖；2—被取出的两块顺砖；3—掏空的竖缝

(2) 安装推出仪(图 3-12)，应使用钢尺测量前梁两端与墙面距离，误差应小于 3 mm。传感器的作用点，在水平方向应位于被推丁砖中间；铅垂方向距被推丁砖下表面之上的距离，普通砖应为 15 mm，多孔砖应为 40 mm。

(3) 使用旋转加荷螺杆对试件施加荷载时，加荷速度宜控制在 5 kN/min 左右。当被推丁砖和砌体之间发生相对位移时，应认定试件达到破坏状态，并应记录推出力 N_{ij}。

(4) 取下被推丁砖时，应使用百格网测试砂浆饱满度 B_{ij}。

(三) 强度换算与推定

(1) 单个测区的推出力平均值，应按下式计算：

$$N_i = \xi_{2i} \frac{1}{n_1} N_{ij} \tag{3-95}$$

式中：N_i ——第 i 个测区的推出力平均值，kN，精确至 0.01 kN；N_{ij} ——第 i 个测区第 j 块测试砖的推出力峰值，kN；ξ_{2i} ——砖品种的修正系数，对烧结普通砖和烧结多孔砖，取 1.00，对蒸压灰砂砖或蒸压粉煤灰砖，取 1.14。

(2) 测区的砂浆饱满度平均值，应按下式计算：

$$B_i = \frac{1}{n_1} \sum_{j=1}^{n_1} B_{ij} \tag{3-96}$$

式中：B_i ——第 i 个测区的砂浆饱满度平均值，以小数计；B_{ij} ——第 i 个测区第 j 块测试砖下的砂浆饱满度实测值，以小数计。

(3) 当测区的砂浆饱满度平均值不小于 0.65 时，测区的砂浆强度平均值，应按下列公式计算：

$$f_{2i}=0.30\left(\frac{N_i}{\xi_{3i}}\right)^{1.19} \tag{3-97}$$

$$\xi_{3i}=0.45B_i^2+0.90B_i \tag{3-98}$$

式中：f_{2i} ——第 i 个测区的砂浆强度平均值，MPa；ξ_{3i} ——推出法的砂浆强度饱满度修正系数，以小数计。

(4) 当测区的砂浆饱满度平均值小于 0.65 时，宜选用其他方法推定砂浆强度。

(四) 检测注意事项

(1) 推出法适用于砂浆测强范围 1.0～15 MPa 的情况，超过此范围时，绝对误差较大。

(2) GB/T 50315—2011 中建立推出法测强曲线时，选用了烧结普通砖和灰砂砖，故其他砖应用尚需通过试验验证。

(3) 采用推出法测试普通砖砌体和多孔砖砌体时，系采用同一种推出仪，因多孔砖块体较厚，推出仪的荷载作用线上移，增加了被测砖块的上翘分力，导致推出力值降低。对比试验表明，多孔砖砌体的砂浆销键作用不明显。因此，推出法测试烧结普通砖砌体和烧结多孔砖砌体，采用同一计算公式。

3.5 砂浆强度取样检测

3.5.1 筒压法

一、检测基本原理

筒压法是指将取样砂浆破碎、烘干并筛分成符合一定级配要求的颗粒，装入承压筒并施加筒压荷载，检测其破损程度(筒压比)，根据筒压比推定砌筑砂浆抗压强度的方法。

筒压法适用于推定烧结普通砖或烧结多孔砖砌体中砌筑砂浆的强度，不适用于推定高温、长期浸水、遭受火灾、环境侵蚀等条件下砌筑砂浆的强度。筒压法所测试的砂浆品种及其强度范围，应符合下列要求。

(1) 砂浆品种应包括中砂、细砂配制的水泥砂浆，特细砂配制的水泥砂浆，中砂、细砂配制的水泥石灰混合砂浆，中砂、细砂配制的水泥粉煤灰砂浆，石灰石质石粉砂与中砂、细砂混合配制的水泥石灰混合砂浆和水泥砂浆。

(2) 砂浆强度范围应为 2.5～20 MPa。

二、检测仪器设备

筒压法检测砂浆强度主要设备包括承压筒、水泥跳桌、砂摇筛机、干燥箱、托盘天平和压力试验机等。

(1) 承压筒(图 3-14)可用普通碳素钢或合金钢制作,也可用测定轻骨料筒压强度的承压筒代替。

(2) 水泥跳桌技术指标,应符合现行国家标准《水泥胶砂流动度测定方法》(GB/T 2419—2005)的有关规定。

(3) 其他设备和仪器应包括 50～100 kN 压力试验机或万能试验机;砂摇筛机;干燥箱;孔径为 5 mm、10 mm、15 mm(或边长为 4.75 mm、9.5 mm、16 mm)的标准砂石筛(包括筛盖和底盘);称量为 1 000 g、感量为 0.1 g 的托盘天平。

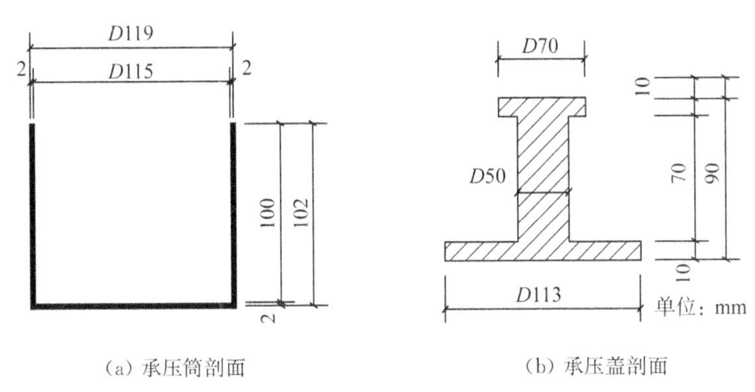

图 3-14　承压筒构造

三、检测结果影响因素

(一) 取样位置与样品要求

为保证所取砂浆试样的质量较为稳定,避免外部环境及碳化等因素的影响,提高制备粒径大于 5 mm 试样的成品率,规定只取距墙面 20 mm 以里的水平灰缝的砂浆,且砂浆片厚度不得小于 5 mm。取样的具体数量,可视砂浆强度而定,高者可少取,低者宜多取,以足够制备 3 个标准试样并略有富余为准。

应对样品进行烘干,消除砂浆湿度对强度的影响,利于后续的筛分。

(二) 筛分方式

筛分包括筒压试验前的分级筛分和筒压试验后的分级筛分。每次筛分的时间对测定筒压比值均有影响。筛分可采用摇摆式筛分机或人工摇筛,人工筛分人为影响因素较大,尤其对低强砂浆,应注意摇筛强度保持一致。具备摇筛机的试验室,应优先选用机械摇筛。

四、检测方法和步骤

（一）测试步骤

（1）在每一测区，应从距墙表面 20 mm 以里的水平灰缝中凿取砂浆约 4 000 g，砂浆片（块）的最小厚度不得小于 5 mm。各个测区的砂浆样品应分别放置并编号，不得混淆。

（2）使用手锤击碎样品时，应筛取 5～15 mm 的砂浆颗粒约 3 000 g，应在 105 ℃±5 ℃的温度下烘干至恒重，并待冷却至室温后备用。

（3）每次应取烘干样品约 1 000 g，应置于孔径 5 mm、10 mm、15 mm（或边长 4.75 mm、9.5 mm、16 mm）标准筛所组成的套筛中，应机械摇筛 2 min 或手工摇筛 1.5 min；应称取粒级 5～10 mm（4.75～9.5 mm）和 10～15 mm（9.5～16 mm）的砂浆颗粒各 250 g，混合均匀后作为一个试样；应制备三个试样。

（4）每个试样应分两次装入承压筒。每次宜装 1/2，应在水泥跳桌上跳振 5 次。第二次装料并跳振后，应整平表面。无水泥跳桌时，可按砂、石紧密体积密度的测试方法颠击密实。

（5）将装试样的承压筒置于试验机上时，应再次检查承压筒内的砂浆试样表面是否平整，稍有不平时，应整平；应盖上承压盖，按 0.5～1.0 kN/s 加荷速度 20～40 s 内均匀加荷至规定的筒压荷载值后，立即卸荷。不同品种砂浆的筒压荷载值，应符合下列要求：

a. 水泥砂浆、石粉砂浆应为 20 kN；

b. 特细砂水泥砂浆应为 10 kN；

c. 水泥石灰混合砂浆、粉煤灰砂浆应为 10 kN。

（6）施加荷载过程中，出现承压盖倾斜状况时，应立即停止测试，并检查承压盖是否受损（变形），以及承压筒内砂浆试样表面是否平整。出现承压盖受损（变形）情况时，应更换承压盖，并重新制备试样。

（7）将施压后的试样倒入由孔径 5（4.75）mm 和 10（9.5）mm 标准筛组成的套筛中时，应装入摇筛机摇筛 2 min 或人工摇筛 1.5 min，并应筛至每隔 5 s 的筛出量基本相等。

（8）应称量各筛筛余试样的重量，并应精确至 0.1 g，各筛的分计筛余量和底盘剩余量的总和，与筛分前的试样重量相比，相对差值不得超过试样重量的 0.5%；当超过时，应重新进行测试。

（二）强度换算与推定

（1）标准试样的筒压比，应按下式计算：

$$\eta_{ij} = \frac{t_1 + t_2}{t_1 + t_2 + t_3} \tag{3-99}$$

式中：η_{ij}——第i个测区中第j个试样的筒压比，以小数计；t_1、t_2、t_3——分别为孔径5(4.75)mm、10(9.5)mm筛的分计筛余量和底盘剩余量(g)。

(2) 测区的砂浆筒压比，应按下式计算：

$$\eta_i = \frac{1}{3}(\eta_{i1} + \eta_{i2} + \eta_{i3}) \quad (3\text{-}100)$$

式中：η_i——第i个测区的砂浆筒压比平均值，以小数计，精确至0.01；η_{i1}、η_{i2}、η_{i3}——分别为第i个测区三个标准砂浆试样的筒压比。

(3) 测区的砂浆强度平均值应按下列公式计算：

水泥砂浆

$$f_{2i} = 34.58(\eta_i)^{2.06} \quad (3\text{-}101)$$

特细砂水泥砂浆

$$f_{2i} = 21.36(\eta_i)^{3.07} \quad (3\text{-}102)$$

水泥石灰混合砂浆

$$f_{2i} = 6.10(\eta_i) + 11.0(\eta_i)^{2.0} \quad (3\text{-}103)$$

粉煤灰砂浆

$$f_{2i} = 2.52 - 9.40(\eta_i) + 32.80(\eta_i)^{2.0} \quad (3\text{-}104)$$

石粉砂浆

$$f_{2i} = 2.70 - 13.90(\eta_i) + 44.90(\eta_i)^{2.0} \quad (3\text{-}105)$$

(三) 检测注意事项

(1) 筒压法对遭受火灾、环境侵蚀的砌筑砂浆未进行试验研究，因此不得在这些条件下应用。应用本方法时，使用范围不得外延。当超过使用范围时，筒压法的测试误差较大。

(2) 承压筒内装入的试样数量，对测试筒压比值有一定影响，经对比试验分析，确定每个标准试样数量为500 g。

(3) 为减小装料和施压前的搬运对装料密实程度的影响，制定了两次装料，两次振动的程序，使承压前的筒内试样的紧密程度基本维持不变。

(4) 筛分前后，试样量的相对差值若超过0.5%，则试验工作可能有误，对检测结果(筒压比)有影响。

3.5.2 择压法

一、检测基本原理

择压法是指选择砌体结构中有代表性的水平灰缝，对砌体结构水平灰缝中取出的砂浆片通过直径为 10 mm 圆平压头进行实质近似于直径为 10 mm、高度为灰缝厚度的正圆柱体形砂浆的局部直接抗压试验，测得其择压荷载值。由预先通过对比试验所建立的砂浆片试样抗压强度与同条件养护的砂浆试块立方体抗压强度的关系，推定砌体结构砌筑砂浆抗压强度。

本方法主要适用于烧结普通砖、烧结多孔砖、烧结空心砖砌体结构中水泥砂浆、混合砂浆抗压强度的检测和推定。

二、检测仪器设备

择压仪应包括反力架、测力系统、圆平压头、对中自调平系统、数显测读系统、加载手柄和积灰盖等部分(图 3-15)。仪器设备性能需满足如下的要求：

(1) 整体结构应有足够强度和刚度；

(2) 择压仪用圆平压头的直径应为(10±0.05)mm，额定行程不应小于 18 mm；

(3) 择压仪应设有对中自调平系统；

(4) 择压仪的极限压力应为 5 000 N；

(5) 数显测读系统示值的最小分度值不应大于 1 N，且数显测读系统应具有峰值保持功能、断电保持功能和数据存储功能；

(6) 测力系统的力值误差不应大于 1 N；

(7) 择压仪的使用环境温度宜为 5～35 ℃，数显测读系统应在室内自然环境下使用和放置，严禁与水接触。

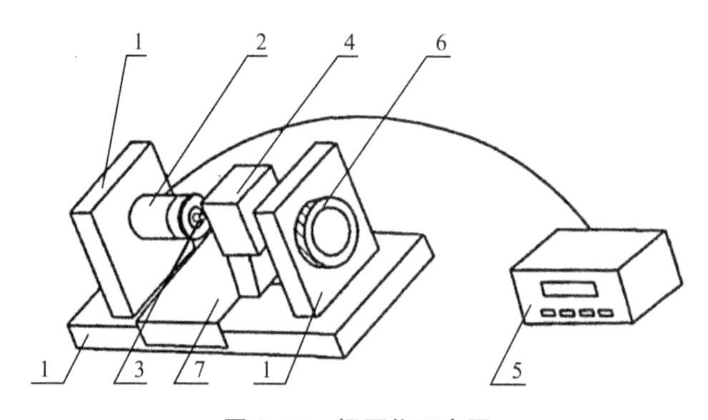

图 3-15 择压仪示意图

1—反力架；2—测力系统；3—圆平压头；4—对中自调平系统；5—数显测读系统；6—加载手柄；7—积灰盖

三、检测结果影响因素

（一）仪器设备

择压仪的技术性能是否稳定可靠，是砂浆强度检测结果准确性的影响因素之一。因此，择压仪必须符合产品质量要求，并经专业质检机构检验合格后方可使用；使用过程中，应定期检验、维修与保养。

（二）加荷速率

圆平压头加荷速率大小对试件极限破坏荷载有影响，因此在对砂浆试件进行加荷试验时，加荷速率宜控制在每秒为预估破坏荷载的1/15～1/10，并应持续至试件破坏为止。

四、检测方法和步骤

（一）抽样与制样

（1）抽样方法应符合下列规定。

a. 当检测对象为整栋建筑物或建筑物的一部分时，可将其划分为一个或若干个独立的检测单元。对连续墙体划分检测单元时，每片墙的高度不宜大于3.5 m，水平长度不宜大于6.0 m。

b. 当一个检测单元内的墙体多于6片时，随机抽样的墙片数量不应少于6片；当一个检测单元内的墙体不多于6片时，每片墙均应检测。每片墙内至少应布置1个测区，当每片墙布置2个或2个以上测区时，宜沿墙高均匀分布。当检测单元仅为单片墙时，测区数不应少于2个。

c. 每个测区的面积宜为0.5 m×0.5 m。

d. 应随机在每个测区的水平灰缝内取出6个面积不小于30 mm×30 mm、厚度为8～16 mm的砂浆片试样，其中1个应为备份试样，其余5个应为试验试样。试样的两面应相对平行。取得的试样应使用同一容器收置并编号入册。

（2）砂浆试样应在深入墙体表面20 mm以内抽取，不应在独立砖柱或长度小于1 m的墙体上抽取，也不应在承重梁正下方的墙体上抽取。

（3）试件制作应符合下列规定。

a. 制作的试件最小中心线性长度不应小于30 mm。

b. 试件受压面应平整和无缺陷，对于不平整的受压面，可用砂纸打磨。

c. 试件表面的砂粒和浮尘应清除。

（二）检测步骤

（1）砂浆试样应在自然干燥的状态下进行检测；当砂浆试样处于潮湿状态时，应自然晾干或烘干。

（2）砂浆试件的厚度应使用游标卡尺进行量测，测厚点应在择压作用面内，读数应精确至 0.1 mm，并应取 3 个不同部位厚度的平均值作为试件厚度。

(3) 在择压仪的两个圆平压头表面，各贴一片厚度小于 1 mm、面积略大于圆平压头的薄橡胶垫。启动择压仪，设置数显测读系统为峰值保持状态，并应确认计量单位为牛顿(N)。

(4) 砂浆试件应垂直对中放置在择压仪的两个压头之间，压头作用面边缘至砂浆试件边缘的距离不宜小于 10 mm。

(5) 对砂浆试件进行加荷试验时，加荷速率宜控制在每秒为预估破坏荷载的 1/15～1/10，并应持续至试件破坏为止。择压荷载值应为砂浆试件破坏时择压仪数显测读系统显示的峰值，并应精确至 1 N。

(三) 强度换算与推定

1. 强度计算

(1) 单个砂浆试件的择压强度应按下式计算：

$$f_{2,i,j}=\xi_{i,j}\frac{N_{i,j}}{A} \tag{3-106}$$

式中：$N_{i,j}$ ——第 i 测区第 j 个砂浆试件破坏时试件择压荷载值，精确至 1 N；A——试件受压面积，取 78.54 mm^2；$\xi_{i,j}$ ——第 i 测区第 j 个砂浆试件厚度换算系数，按表 3-9 取；$f_{2,i,j}$ ——第 i 测区第 j 个砂浆试件的择压强度，精确至 0.1 MPa。

表 3-9 砂浆试件厚度换算系数

试件厚度(mm)	8	9	10	11	12	13	14	15	16
厚度换算系数 $\xi_{i,j}$	1.25	1.11	1.00	0.91	0.83	0.77	0.71	0.67	0.62

注：表中未列出的值，可用内插法求得。

(2) 每个测区的择压强度平均值应按下式计算：

$$f_{2,i}=\frac{\sum_{j=1}^{5}f_{2,i,j}}{5} \tag{3-107}$$

式中：$f_{2,i}$ ——第 i 测区砂浆试件择压强度平均值，精确至 0.1 MPa。

(3) 每个测区的砂浆抗压强度换算值应通过测强曲线换算取得，并应优先采用专用测强曲线。当无专用测强曲线时，可采用地区测强曲线。当无地区测强曲线或专用测强曲线时，可按下列公式计算：

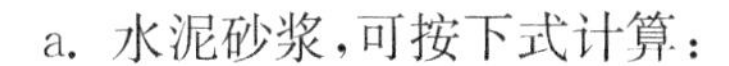

a. 水泥砂浆,可按下式计算：

$$f_{2,i,cu}=0.635f_{2,i}^{1.112} \tag{3-108}$$

b. 混合砂浆,可按下式计算：

$$f_{2,i,cu}=0.511f_{2,i}^{1.267} \tag{3-109}$$

式中：$f_{2,i,cu}$——第 i 测区砂浆抗压强度换算值,精确至 0.1 MPa。

(4) 有条件的单位或地区,可制定专用测强曲线或地区测强曲线。专用测强曲线或地区测强曲线的制定应符合《择压法检测砌筑砂浆抗压强度技术规程》(JGJ/T 234—2011)附录 B 的规定。

2. 强度推定

(1) 每一检测单元的砌筑砂浆抗压强度平均值、标准差和变异系数,应分别按下列公式计算：

$$f_{2,m}=\frac{1}{n_2}\sum_{i=1}^{n_2}f_{2,i,cu} \tag{3-110}$$

$$s=\sqrt{\frac{\sum_{i=1}^{n_2}(f_{2,m}-f_{2,i,cu})^2}{n_2-1}} \tag{3-111}$$

$$\delta=\frac{s}{f_{2,m}} \tag{3-112}$$

式中：$f_{2,m}$——同一检测单元内各测区砌筑砂浆抗压强度平均值,MPa；n_2——同一检测单元的测区数；s——同一检测单元的强度标准差,精确至 0.01 MPa；δ——同一检测单元的强度变异系数,精确至 0.01。

(2) 每一检测单元的砌筑砂浆抗压强度,应按下列规定进行推定。

a. 当墙片数大于或等于 6 片时,砌筑砂浆抗压强度推定值应符合下列公式的规定：

$$f_2\leqslant f_{2,m} \tag{3-113}$$

$$f_2\leqslant\frac{4}{3}f_{2,\min} \tag{3-114}$$

b. 当墙片数小于 6 片时,砌筑砂浆抗压强度推定值应符合下式的规定：

$$f_2\leqslant f_{2,\min} \tag{3-115}$$

式中：f_2——砌筑砂浆抗压强度推定值,MPa,精确至 0.1 MPa；$f_{2,\min}$——同一检测单元中，测区砌筑砂浆抗压强度的最小值，MPa。

（四）检测注意事项

（1）试件抽样应遵守“随机”的原则，宜由管理单位和鉴定组织单位会同检测单位共同商定抽样的范围、数量和方法。对有争议的墙体或推定强度明显偏低的墙体，采取细分检测单元或增加单元测区数量等措施。

（2）在圆平压头表面各垫上一片薄橡胶垫，既可确保加载均匀，有缓冲作用，又可避免圆平压头磨损。

（3）当检测结果的变异系数（δ）大于 0.35 时，应检查产生离散性的原因，当离散性是因检测单元划分不当造成时，应重新划分检测单元进行检测，并可增加测区数进行补测，然后重新推定；当离散性是因其他原因造成时，可根据实际情况采取相应措施。

3.5.3 砂浆片剪切法

一、检测基本原理

砂浆片剪切法是采用砂浆测强仪检测砂浆片的抗剪强度，以此推定砌筑砂浆抗压强度的方法。该方法适用于推定烧结普通砖或烧结多孔砖砌体中的砌筑砂浆强度。相关试验研究表明，砂浆品种、砂子粒径、龄期等因素对本方法的测试结果无显著影响。

二、检测仪器设备

砂浆片剪切法主要采用砂浆测强仪（图 3-16），砂浆测强仪主要技术指标应符合表 3-10 的要求，砂浆测强标定仪主要技术指标应符合表 3-11 的要求。

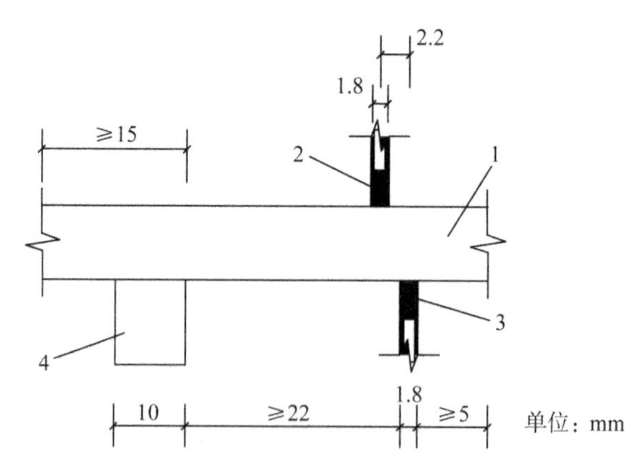

图 3-16 砂浆测强仪工作原理示意图

1—砂浆片；2—上刀片；3—下刀片；4—条钢块

表 3-10　砂浆测强仪主要技术指标

项目		指标	项目	指标
上下刀片刃口厚度(mm)		1.8±0.02	测试荷载 N_v 范围(N)	40～1 400
上下刀片中心间距(mm)		2.2±0.05	示值相对误差(%)	±3
刀片行程	上刀片(mm)	>30	刀片刃口棱角线直线度(mm)	0.02
	下刀片(mm)	>3	刀片刃口棱角垂直度(mm)	0.02
刀片刃口面平整度(mm)		0.02	刀片刃口硬度(HRC)	55～58

表 3-11　砂浆测强标定仪主要技术指标

项目	指标
标定荷载 N_b 范围(N)	40～1 400
示值相对误差(%)	±1
N_b 作用点偏离下刀片中心线距离(mm)	±0.2

三、检测结果影响因素

(一) 仪器设备

砂浆片属小试件,破坏荷载较小,对力值精度、刀片定位精度要求较高,因此砂浆测强仪需满足上述技术指标要求。试验荷载采用液压系统施加,示值系统为量程 0～0.16 MPa、0～1 MPa 的带有被动针的 0.4 级压力表。砌筑砂浆测强标定仪为砌筑砂浆测强仪出厂标定、使用中定期校验的专用仪器;其计量标准器为三等标准测力计(压力环),需经计量部门定期检验。

(二) 样品含水量

建筑物基础与上部结构两部分比较,砌体内砂浆的含水率往往有较大差异。中、低强度的砂浆,软化系数较大且非定值。为了准确测试砂浆在结构部位受力时的实际强度,应考虑含水率这一影响因素。砂浆试件存于密封袋内,避免水分散失,使其含水率接近工程实际情况。对于±0.000 高程以上主体结构的砌筑砂浆片试件,一般可不考虑含水率这一影响因素。

(三) 试验加荷速度

加荷速度过快,可能造成试件被冲击破坏,测试结果失真。低强砂浆可选用较小的加荷速度,高强砂浆的加荷速度亦不宜大于 101 N/s。

四、检测方法和步骤

(一) 检测步骤

(1) 制备砂浆片试件,应符合下列要。

a. 从测点处的单块砖大面上取下的原状砂浆大片,应编号,并分别放入密封袋内。

b. 一个测区的墙面尺寸宜为0.5 m×0.5 m。同一个测区的砂浆片，应加工成尺寸接近的片状体，大面、条面应均匀平整，单个试件的各向尺寸、厚度应为7～15 mm，宽度应为15～50 mm，长度应按净跨度不小于22 mm确定。

c. 试件加工完毕，应放入密封袋内。

(2) 砂浆试件含水率，应与砌体正常工作时的含水率基本一致。试件呈冻结状态时，应缓慢升温解冻。

(3) 砂浆片试件的剪切测试，应符合下列程序。

a. 应调平砂浆测强仪，并使水准泡居中。

b. 应将砂浆片试件置于砂浆测强仪内，并用上刀片压紧。

c. 应开动砂浆测强仪，并对试件匀速连续施加荷载，加荷速度不宜大于101 N/s，直至试件破坏。

(4) 试件未沿刀片刃口破坏时，此次测试应作废，应取备用试件补测。

(5) 试件破坏后，应记读压力表指针读数，并换算成剪切荷载值。

(6) 用游标卡尺或最小刻度为0.5 mm的钢板尺量测试件破坏截面尺寸时，应每个方向量测两次，并分别取平均值。

(二) 强度换算与推定

(1) 砂浆片试件的抗剪强度，应按下式计算：

$$\tau_{ij}=0.95\frac{V_{ij}}{A_{ij}} \tag{3-116}$$

式中：τ_{ij} ——第i个测区第j个砂浆片试件的抗剪强度，MPa；V_{ij} ——试件的抗剪荷载值，N；A_{ij} ——试件破坏截面面积，mm^2。

(2) 测区的砂浆片抗剪强度平均值，应按下式计算：

$$\tau_i=\frac{1}{n_1}\sum_{j=1}^{n_1}\tau_{ij} \tag{3-117}$$

式中：τ_i ——第i个测区的砂浆片抗剪强度平均值，MPa。

(3) 测区的砂浆抗压强度平均值，应按下式计算：

$$f_{2i}=7.17\tau_i \tag{3-118}$$

(4) 当测区的砂浆抗剪强度低于0.3 MPa时，应对式(3-118)的计算结果乘以表3-12的修正系数。

表3-12　低强砂浆的修正系数

τ_i (MPa)	>0.30	0.25	0.20	<0.15
修正系数	1.00	0.86	0.75	0.35

（三）检测注意事项

(1) 宜从每个测点处取出两个砂浆片，应一片用于检测、一片备用。

(2) 将砂浆片的大面、条面加工成规则形状，有利于试件正常受力，且便于在条形钢块与下刀片刃口面上平稳放置，以及试件与上下刀片刃口面良好接触。

(3) 一次连续砌墙高度对灰缝中的砂浆紧密程度有一定影响，即初始压应力对砂浆片强度有影响。但在工程的检测工作中，多数情况无法准确判定压砖皮数。这时，施工时砌体的初始压力修正系数可取0.95。该值大体对应砂浆试件在砌体中承受6皮砖的初始压力。

3.5.4　点荷法

一、检测基本原理

点荷法是指在砂浆片的大面上施加点荷载，推定砌筑砂浆抗压强度的方法。主要适用于推定烧结普通砖或烧结多孔砖砌体中的砌筑砂浆强度。检测时，从砖墙中抽取砂浆片试样，采用试验机或专用仪器测试其点荷载，然后换算为砂浆强度。

二、检测仪器设备

(1) 测试设备应采用额定压力较小的压力试验机，最小读数盘宜为50 kN以内。

(2) 压力试验机的加荷附件，应符合下列要求。

a. 钢质加荷头应为内角为60°的圆锥体，锥底直径应为40 mm，锥体高度应为30 mm；锥体的头部应为半径为5 mm的截球体，锥球高度应为3 mm（图3-17）；其他尺寸可自定。加荷头应为2个。

b. 加荷头与试验机的连接方法，可根据试验机的具体情况确定，宜将连接件与加荷头设计为一个整体附件。

(3) 在符合上述要求的前提下，也可采用其他专用加荷附件或专用仪器。

三、检测结果影响因素

（一）仪器设备

试样的点荷值较低，为保证测试精度，需选用读数精度较高的小吨位压力试验机。制作加荷头的关键是确保其端部截球体的尺寸。截球体尺寸与一般试验

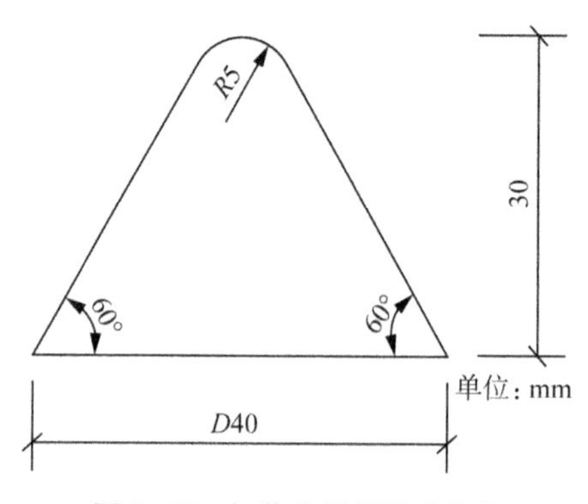

图 3-17　加荷头端部尺寸示意

机上的布式硬度测头一致。

（二）样品质量

砂浆薄片过厚或过薄，将增大测试值的离散性，最大厚度波动范围不应超过5～20 mm，宜为10～15 mm。现行国家标准《砌体结构工程施工质量验收规范》（GB 50203—2011）规定灰缝厚度为（10±2）mm，所以选取适宜厚度的砂浆薄片并不困难。

（三）加载过程

试验过程中，应使上、下加荷头对准，两轴线重合并处于铅垂线方向；砂浆试样保持水平。否则，将增大测试误差。

四、检测方法和步骤

（一）试件制备

制备试件，应符合下列要求。

(1) 从每个测点处剥离出砂浆大片。

(2) 加工或选取的砂浆试件应符合下列要求：

a. 厚度在5～12 mm之间；

b. 预估荷载作用半径为15～25 mm；

c. 大面应平整，但其边缘可不要求非常规则。

(3) 在砂浆试件上应画出作用点，并应量测其厚度，精确至0.1 mm。

（二）检测步骤

(1) 在小吨位压力试验机上、下压板上分别安装上、下加荷头，两个加荷头应对齐。

(2) 将砂浆试件水平放置在下加荷头上时，上、下加荷头应对准预先画好的作用点，并使上加荷头轻轻压紧试件，然后缓慢匀速施加荷载至试件破坏。加荷速度宜控制试件在 1 min 左右破坏，记录荷载值，并应精确至 0.1 kN。

(3) 应将破坏后的试件拼接成原样，测量荷载实际作用点中心到试件破坏线边缘的最短距离，即荷载作用半径，精确至 0.1 mm。

(三) 强度换算与推定

(1) 砂浆试件的抗压强度换算值，应按下列公式计算：

$$f_{2ij}=(33.30\xi_{4ij}\xi_{5ij}N_{ij}-1.10)^{1.09} \tag{3-119}$$

$$\xi_{4ij}=\frac{1}{0.05r_{ij}+1} \tag{3-120}$$

$$\xi_{5ij}=\frac{1}{0.03t_{ij}(0.10t_{ij}+1)+0.40} \tag{3-121}$$

式中：N_{ij} ——点荷载值，kN；ξ_{4ij} ——荷载作用半径修正系数；ξ_{5ij} ——试件厚度修正系数；r_{ij} ——荷载作用半径，mm；t_{ij} ——试件厚度，mm。

(2) 测区的砂浆抗压强度平均值，按下式计算。

$$f_{2i}=\frac{1}{n_1}\sum_{j=1}^{n_1}f_{2ij} \tag{3-122}$$

(四) 检测注意事项

(1) 宜从每个测点处取出两个砂浆大片，一片用于检测、一片备用。

(2) 从砖砌体中取出砂浆薄片的方法，可采用手工方法，也可采用机械取样方法。如采用混凝土取芯机钻取带灰缝的芯样，可用小锤敲击芯样，剥离出砂浆片。

(3) 一个试样破坏后，可能分成几个小块。应将试样拼合成原样，以荷载作用点的中心为起点，量测最小破坏线直线的长度(作用半径)，以及实际厚度。

3.6 材料强度检测结果评价

3.6.1 混凝土强度检测结果评价

(一) 水工混凝土环境类别

《水利水电工程合理使用年限及耐久性设计规范》(SL 654—2014)将水工建筑物所处的侵蚀环境条件分为五个类别，如表 3-13 所示。

表 3-13 水工混凝土所处的侵蚀环境类别

环境类别	环境条件
一	室内正常环境
二	室内潮湿环境；露天环境；长期处于水下或地下的环境
三	淡水水位变化区；有轻度化学侵蚀性地下水的地下环境；海水水下区
四	海上大气区；轻度盐雾作用区；海水水位变化区；中度化学侵蚀性环境
五	使用除冰盐的环境；海水浪溅区；重度盐雾作用区；严重化学侵蚀性环境

注：1. 海上大气区与浪溅区的分界线为设计最高水位加 1.5 m；浪溅区与水位变化区的分界线为设计最高水位减 1.0 m；水位变化区与水下区的分界线为设计最低水位减 1.0 m；重度盐雾作用区为离涨潮岸线 50 m 内的陆上室外环境；轻度盐雾作用区为离涨潮岸线 50～500 m 内的陆上室外环境。
2. 冻融比较严重的二类、三类、四类环境条件下的建筑物，可将其环境类别分别提高为三类、四类、五类。

（二）设计强度等级要求

（1）《水工混凝土结构设计规范》(SL191—2008)

钢筋混凝土结构构件的混凝土强度等级不应低于 C15；当采用 HRB335 级钢筋时，混凝土强度等级不宜低于 C20；当采用 HRB400 级和 RRB400 级钢筋或承受重复荷载时，混凝土强度等级不应低于 C20。预应力混凝土结构构件的混凝土强度等级不应低于 C30，当采用钢绞线、钢丝作预应力钢筋时，混凝土强度等级不宜低于 C40。

（2）《水利水电工程合理使用年限及耐久设计规范》(SL 654—2014)

a. 对于合理使用年限为 50 年的水工结构，配筋混凝土耐久性的基本要求宜符合表 3-14 的要求。

表 3-14 配筋混凝土耐久性基本要求

环境类别	一	二	三	四	五
混凝土 最低强度等级	C20	C25	C25	C30	C35

注：1. 配置钢丝、钢绞线的预应力混凝土构件的混凝土最低强度等级不宜小于 C40；
2. 桥梁上部结构及处于露天环境的梁、柱构件，混凝土强度等级不宜低于 C25。

b. 对于合理使用年限为 100 年的水工结构，混凝土强度等级宜按表 3-14 的规定提高一级

c. 合理使用年限为 20 年、30 年的水工结构，混凝土强度等级宜与合理使用年限为 50 年的水工结构一致。合理使用年限为 150 年的水工结构混凝土强度等级应作专门论证。

（3）《水工建筑物抗冲磨防空蚀混凝土技术规范》(DL/T 5207—2021)

a. 抗冲磨防空蚀混凝土的强度等级分为 C35、C40、C45、C50、C55、C60、>C60 七级，设计龄期可根据过流时间合理确定，宜选用龄期 90 d 或 180 d。有

机抗冲磨防空蚀材料的强度等级可分为60 MPa和80 MPa两个。

b. 水流中冲磨介质以悬移质为主的水工工程，可根据水流空化数、最大流速和多年平均含沙量按表3-15选择混凝土强度等级。在强度等级满足要求的前提下，通过抗冲磨强度优选配合比。

表3-15　抗冲磨防空蚀材料选择

水流空化数 σ	$\sigma>1.5$	$0.6<\sigma\leqslant1.5$		$0.3\leqslant\sigma\leqslant0.6$		$\sigma<0.3$	
水流流速 v(m/s)	$v<15$	$15\leqslant v\leqslant25$		$25<v\leqslant35$		$v>35$	
含沙量(kg/m³)	>2	≤2	>2	≤2	>2	≤2	>2
无机材料强度等级	C35～C40	C35	C40～C50	≥C40	C50～C60	≥C50	≥C60
有机材料强度(MPa)	≥60			≥80			

注：1. 排沙建筑物均应按含沙量大于2 kg/m² 选择混凝土强度等级。
2. 当水流中推移质含量大于2 kg/m³ 时，宜选用比表中提高1～2个强度等级的混凝土（以5 MPa为1个等级）。
3. 如按水流空化数和水流流速确定的等级不一致时，按较高的等级确定。

(4)《混凝土结构通用规范》(GB 55008—2021)

结构混凝土强度等级的选用应满足工程结构的承载力、刚度及耐久性需求。对设计工作年限为50年的混凝土结构，结构混凝土的强度等级尚应符合下列规定；对设计工作年限大于50年的混凝土结构，结构混凝土的最低强度等级应比下列规定提高。

a. 素混凝土结构构件的混凝土强度等级不应低于C20；钢筋混凝土结构构件的混凝土强度等级不应低于C25；预应力混凝土楼板结构的混凝土强度等级不应低于C30，其他预应力混凝土结构构件的混凝土强度等级不应低于C40；钢-混凝土组合结构构件的混凝土强度等级不应低于C30。

b. 承受重复荷载作用的钢筋混凝土结构构件，混凝土强度等级不应低于C30。

c. 抗震等级不低于二级的钢筋混凝土结构构件，混凝土强度等级不应低于C30。

d. 采用500 MPa及以上等级钢筋的钢筋混凝土结构构件，混凝土强度等级不应低于C30。

(三) 混凝土强度验收评定技术要求

混凝土质量检验以检测抗压强度为主，并以标准养护条件下150 mm立方体试件抗压强度为标准。《水利水电工程单元工程施工质量验收评定标准——混凝土工程》(SL 632—2012)和《水利水电工程施工质量检验与评定规程》(SL 176—2007)主要针对施工期混凝土的检验与评定，规定采用抽样检验，以混凝土抗压强度保证率和最低抗压强度值评定混凝土质量，以强度标准差反映混凝土生产质量水平。普通混凝土性能质量标准如表 3-16 所示，强度保证率由《水工混凝土施工规范》(SL 677—2014)附录 E 中概率度系数 t 与保证率 P 关系曲线查得。

表 3-16　普通混凝土性能质量标准

类别	检测项目		质量标准	
			合格	优良
普通混凝土	抗压强度保证率(%)	无筋(少筋)混凝土	$P \geqslant 80$	$P \geqslant 85$
		结构混凝土	$P \geqslant 90$	$P \geqslant 95$
	混凝土强度最低值	≤C20	≥0.85 设计龄期强度标准值	
		>C20	≥0.95 设计龄期强度标准值	
	抗压强度标准差(MPa)	<C20	≤4.5	≤3.5
		C20～C35	≤5.0	≤4.0
		>C35	≤5.5	≤4.5

(四) 混凝土强度安全检测评价

水闸工程结构混凝土强度安全检测，应优先采用无损检验方法，并从结构物中钻取混凝土芯样试件进行修正，现场检测应提供结构混凝土在检测龄期相当于边长为 150 mm 立方体试件强度特征值的推定值。检测结果应与原设计强度和规范要求最低强度等级(表 3-17)进行比对，评价现混凝土强度情况，为结构设计复核提供依据。

表 3-17　水闸工程混凝土结构最低强度等级参考表

结构部位			混凝土结构最低强度等级要求				
			一类环境	二类环境	三类环境	四类环境	五类环境
素混凝土			C20				
钢筋混凝土	主体水下结构(底板、护底、护坦等)	非预应力	——	C25	——	——	——
	主体半水下结构(墩墙、翼墙、挡墙等)	非预应力	——	C25	C30	——	——
	主体水上结构(排架、启闭机房框架等)	非预应力	——	C25	——	C30	C35
	桥梁结构(交通桥、工作桥和检修便桥等)	非预应力	普通预制板 C25；其他 C30				
		预应力	普通预应力混凝土 C30； 钢绞线和钢丝预应力混凝土 C40				

备注：本表主要针对合理使用年限为 50 年的水工结构(非冻融严重区域，非抗冲磨防空蚀混凝土)。

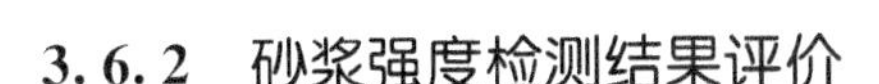

3.6.2 砂浆强度检测结果评价

(一) 砂浆强度等级

按《墙体材料应用统一技术规范》(GB 50574—2010),砂浆分为普通砌筑砂浆(M)、蒸压加气混凝土砌块专用砌筑砂浆(Ma)、混凝土小型空心砌块专用砌筑砂浆(Mb)和蒸压砖专用砌筑砂浆(Ms)。

按《砌筑砂浆配合比设计规程》(JGJ/T 98—2010),水泥砂浆及预拌砌筑砂浆的强度等级可分为 M5、M7.5、M10、M15、M20、M25、M30;水泥混合砂浆的强度等级可分为 M5、M7.5、M10、M15。

(二) 设计强度等级要求

(1)《水闸设计规范》(SL265—2016)

当水闸翼墙、护坡、海漫等结构采用砌石结构时,条石或块石应能抗风化,冻融损失率应小于1%,单块重量宜大于30 kg,砌筑砂浆强度等级不应低于M10。砌石结构应采取防渗排水措施;寒冷地区水闸砌石结构还应采取保温防冻措施。

(2)《砌体结构设计规范》(GB50003—2011)

a. 烧结普通砖、烧结多孔砖、蒸压灰砂普通砖和蒸压粉煤灰普通砖砌体采用的普通砂浆强度等级:M15、M10、M7.5、M5 和 M2.5;蒸压灰砂普通砖和蒸压粉煤灰普通砖砌体采用的专用砌筑砂浆强度等级:Ms15、Ms10、Ms7.5、Ms5.0。

b. 混凝土普通砖、混凝土多孔砖、单排孔混凝土砌块和煤矸石混凝土砌块砌体采用的砂浆强度等级:Mb20、Mb15、Mb10、Mb7.5 和 Mb5。

c. 双排孔或多排孔轻集料混凝土砌块砌体采用的砂浆强度等级:Mb10、Mb7.5 和 Mb5。

d. 毛料石、毛石砌体采用的砂浆强度等级:M7.5、M5 和 M2.5。

(3)《砌体结构通用规范》(GB 55007—2021)

砌筑砂浆的最低强度等级应符合下列规定:

a. 设计工作年限大于和等于25年的烧结普通砖和烧结多孔砖砌体应为M5,设计工作年限小于25年的烧结普通砖和烧结多孔砖砌体应为M2.5;

b. 蒸压加气混凝土砌块砌体应为Ma5,蒸压灰砂普通砖和蒸压粉煤灰普通砖砌体应为Ms5;

c. 混凝土普通砖、混凝土多孔砖砌体应为Mb5;

d. 混凝土砌块、煤矸石混凝土砌块砌体应为Mb7.5;

e. 配筋砌块砌体应为Mb10;

f. 毛料石、毛石砌体应为M5。

（三）砌筑砂浆强度安全检测评价

水闸工程结构砌筑砂浆强度安全检测，应优先采用无损检验方法，检测结果应与原设计强度和规范要求最低强度等级（表 3-18）进行比对，评价现砌筑砂浆强度情况，为结构设计复核提供依据。

表 3-18 水闸工程结构砌筑砂浆最低强度参考表

检测部位		砌筑砂浆最低强度等级
水闸主体结构	翼墙	M10
	护坡	M10
	海漫	M10
其他附属结构	临时工程	M2.5
	烧结普通砖和烧结多孔砖砌体	M5
	蒸压加气混凝土砌块砌体	Ma5
	蒸压灰砂普通砖和蒸压粉煤灰普通砖砌体	Ms5
	混凝土普通砖、混凝土多孔砖砌体	Mb5
	混凝土砌块、煤矸石混凝土砌块砌体	Mb7.5
	配筋砌块砌体	Mb10

第4章 混凝土中钢筋的检测与评价

钢筋混凝土结构是现代水工建筑中最常见的结构形式之一，在钢筋混凝土构件中，混凝土是主体构件，而钢筋则起着重要的加固和增强作用。钢筋具有高强度和坚固性，在混凝土受到压缩时能提供足够的强度，在混凝土受到拉伸和剪切时，还可以承担一部分受力，使整体材料的强度更加稳定。但当混凝土中钢筋劣化锈蚀后，铁锈体积比原体积大2～3倍，膨胀将使钢筋混凝土保护层开裂、剥落。另外铁锈的生成使得黏结破坏面从混凝土与钢筋的界面转移到了铁锈与母材的界面，使得钢筋与混凝土的协同工作能力大幅度降低。

4.1 概述

混凝土中钢筋的检测可分为钢筋位置、钢筋间距或数量、钢筋直径、混凝土保护层厚度和钢筋锈蚀状况等检测分项。

(一) 主要检测方法

混凝土中钢筋检测可分为工程质量检测和结构性能检测，根据检测目的、项目特点和条件，可按表4-1选择检测方法。采用无损检测方法时，可结合直接法对检测结果进行验证。

表4-1 检测方法

检测方法	检测项目
直接法	钢筋的保护层厚度、间距、直径、力学性能、锈蚀性状
电磁感应法	混凝土中钢筋的保护层厚度、间距
雷达法	混凝土中钢筋的保护层厚度、间距
取样称量法	钢筋的公称直径
半电池电位法	混凝土中钢筋锈蚀性状

(二)主要检测依据

(1)《水工混凝土结构缺陷检测技术规程》(SL 713—2015);

(2)《水工混凝土试验规程》(SL/T 352—2020);

(3)《水利工程质量检测技术规程》(SL 734—2016);

(4)《水工混凝土建筑物缺陷检测和评估技术规程》(DL/T 5251—2010);

(5)《混凝土中钢筋检测技术标准》(JGJ/T 152—2019);

(6)《雷达法检测混凝土结构技术标准》(JGJ/T 456—2019);

(7)《混凝土结构现场检测技术标准》(GB/T 50784—2013);

(8)《水运工程混凝土结构实体检测技术规程》(JTS 239—2015);

(9)《铁路工程混凝土实体质量检测技术规程》(TB 10433—2023)。

4.2 钢筋直径检测与评价

4.2.1 基本规定

(1)钢筋公称直径的检测可采用直接法或取样称量法。

(2)当出现下列情况之一时,应采用取样称量法进行检测:

a. 仲裁性检测;

b. 对钢筋直径有争议;

c. 缺失钢筋资料;

d. 委托方有要求。

(3)钢筋公称直径检测前应确定钢筋位置。

4.2.2 抽样要求

(1)当采用直接法检测钢筋公称直径时,钢筋抽样可按下列规定进行:

a. 单位工程建筑面积不大于 2 000 m^2 同牌号同规格的钢筋应作为一个检测批;

b. 工程质量检测时,每个检测批同牌号同规格的钢筋各抽检不应少于 1 根;

c. 结构性能检测时,每个检测批同牌号同规格的钢筋各抽检不应少于 2 根;当图纸缺失时,选取钢筋应具有代表性。

(2)当采用取样称量法检测钢筋直径时,抽样应符合《混凝土中钢筋检测技术标准》(JGJ/T 152—2019)中 6.2 节的规定。

4.2.3 直接法检测

（1）本方法宜用于光圆钢筋和带肋钢筋。对于环氧涂层钢筋应清除环氧涂层。

（2）直接法检测混凝土中钢筋直径应符合下列规定：

a. 应剔除混凝土保护层，露出钢筋，并将钢筋表面的残留混凝土清除干净；

b. 应用游标卡尺测量钢筋直径，测量精确到 0.1 mm；

c. 同一部位应重复测量 3 次，将 3 次测量结果的算术平均值作为该测点钢筋直径检测值。

（3）钢筋直径的测量应符合下列规定：

a. 对光圆钢筋，应测量不同方向的直径；

b. 对带肋钢筋，宜测量钢筋内径。

4.2.4 取样称量法

（1）采用取样称量法检测钢筋公称直径时，应符合下列规定：

a. 应沿钢筋走向凿开混凝土保护层；

b. 截取长度不宜小于 500 mm；

c. 应清除钢筋表面的混凝土，用 12%盐酸溶液进行酸洗，经清水漂净后用石灰水中和，再以清水冲洗干净；

d. 应调直钢筋，将端部打磨平整并测量钢筋长度，精确至 1 mm；

e. 钢筋表面晾干后，应采用天平称重，精确至 1 g。

（2）钢筋直径应按下式进行计算：

$$d = 12.74\sqrt{\frac{w}{l}} \tag{4-1}$$

式中：d——钢筋直径，mm，精确至 0.1 mm；w——钢筋试件重量，g，精确至 0.1 g；l——钢筋试件长度，mm，精确至 1 mm。

（3）钢筋实际重量与理论重量的偏差应按下式计算：

$$p = \frac{G_1/l - g}{g} \tag{4-2}$$

式中：p——钢筋实际重量与理论重量偏差，%；G_1——钢筋试件实际重量，g，精确至 0.1 g；g——钢筋单位长度理论重量，g/mm；l——钢筋试件长度，mm，精确至 1 mm。

（4）钢筋实际重量与理论重量的允许偏差应符合表 4-2 的规定。

表 4-2　钢筋实际重量与理论重量的允许偏差

<table>
<tr><th>公称直径
(mm)</th><th>单位长度理论重量
(g/mm)</th><th>带肋钢筋实际重量
与理论重量的偏差
(%)</th><th>光圆钢筋实际重量
与理论重量的偏差
(%)</th></tr>
<tr><td>6</td><td>0.222</td><td rowspan="4">−8～+6</td><td rowspan="4">−8～+6</td></tr>
<tr><td>8</td><td>0.395</td></tr>
<tr><td>10</td><td>0.617</td></tr>
<tr><td>12</td><td>0.888</td></tr>
<tr><td>14</td><td>1.210</td><td rowspan="4">−6～+4</td><td rowspan="10">−6～+4</td></tr>
<tr><td>16</td><td>1.580</td></tr>
<tr><td>18</td><td>2.000</td></tr>
<tr><td>20</td><td>2.470</td></tr>
<tr><td>22</td><td>2.980</td><td rowspan="6">−5～+3</td></tr>
<tr><td>25</td><td>3.850</td></tr>
<tr><td>28</td><td>4.830</td></tr>
<tr><td>32</td><td>6.310</td></tr>
<tr><td>36</td><td>7.990</td></tr>
<tr><td>40</td><td>9.870</td></tr>
</table>

4.2.5　检测结果评价

（1）采用直接法检测时，光圆钢筋直径应符合现行国家标准《钢筋混凝土用钢　第 1 部分：热轧光圆钢筋》(GB 1499.1—2024)的规定；带肋钢筋内径允许偏差应符合现行国家标准《钢筋混凝土用钢　第 2 部分：热轧带肋钢筋》(GB 1499.2—2024)的规定，并应根据内径推定带肋钢筋的公称直径。

（2）钢筋直径检测结果评定宜符合现行国家标准《建筑结构检测技术标准》(GB/T 50344—2019)和《混凝土结构现场检测技术标准》(GB/T 50784—2013)的规定。

4.3　钢筋力学性能检测

4.3.1　基本规定

（1）当存在下列情况之一时，应进行钢筋力学性能检测：

a. 缺乏钢筋进场抽检试验报告；

b. 缺乏相关设计资料；

c. 对钢筋力学性能存在怀疑时。

(2) 混凝土中钢筋的力学性能应采用直接截取钢筋的方式进行检测，检测项目应符合现行国家标准《钢筋混凝土用钢　第 1 部分：热轧光圆钢筋》(GB/T 1499.1—2024) 和《钢筋混凝土用钢　第 2 部分：热轧带肋钢筋》(GB/T 1499.2—2024) 的规定。

(3) 截取钢筋前后，应对截取钢筋的构件采取防护和修复措施。

4.3.2 抽样要求

(1) 对构件内钢筋进行截取时，应符合下列规定：

a. 应选择受力较小的构件进行随机抽样，并应在抽样构件中受力较小的部位截取钢筋；

b. 每个梁、柱构件上截取 1 根钢筋，墙、板构件每个受力方向截取 1 根钢筋；

c. 所选择的钢筋应表面完好，无明显锈蚀现象；

d. 钢筋的截断宜采用机械切割方式；

e. 截取的钢筋试件长度应符合钢筋力学性能试验的规定。

(2) 工程质量检测时，钢筋的抽样数量应符合下列规定：

a. 当有钢筋材料进场记录时，根据钢筋材料进场记录确定检测批；当钢筋材料进场记录缺失时，应将建筑面积不大于 3 000 m^2 的单位工程的钢筋作为一个检测批；

b. 在一个检测批内，仅对有疑问的钢筋进行取样，相同牌号和规格的钢筋截取钢筋试件不应少于 2 根。

(3) 结构性能评价时，钢筋的抽样数量应符合下列规定：

a. 面积不大于 3 000 m^2 的单位工程建筑的钢筋应作为一个检测批；

b. 在一个检测批中，随机抽取同一种牌号和规格的钢筋，截取钢筋试件数量不应少于 2 根。

(4) 评估损伤钢筋的力学性能时，应根据不同受损程度确定取样范围和数量。每类受损程度截取的钢筋试件数量不应少于 2 根。

4.3.3 检测结果评价

(1) 钢筋力学性能试验应符合现行国家标准《金属材料　拉伸试验　第

1 部分:室温试验方法》(GB/T 228.1—2021)的规定。

(2) 腐蚀钢筋应采用取样称量法确定其损伤后钢筋的公称直径。

(3) 工程质量检测时,钢筋合格判定标准应符合现行国家标准《钢筋混凝土用钢　第 1 部分:热轧光圆钢筋》和《钢筋混凝土用钢　第 2 部分:热轧带肋钢筋》。

(4) 结构性能评价时,各批受检钢筋力学性能评定值应按现行国家标准《混凝土结构现场检测技术标准》有关规定确定。当检测值离散程度超过其规定范围时,宜补充检测;当不具备补充检测条件时,应以最小检测值作为该批钢筋力学性能检测值。

(5) 对损伤钢筋的力学性能评定,应取最低检测值作为该类损伤钢筋力学性能评定值。

(6) 钢筋牌号可根据检测结果以及其他辅助试验,根据现行国家标准《钢筋混凝土用钢　第 1 部分:热轧光圆钢筋》和《钢筋混凝土用钢　第 2 部分:热轧带肋钢筋》等进行推定。

4.4　钢筋配置检测与评价

4.4.1　基本规定

(1) 混凝土中钢筋的配置检测主要包括钢筋保护层厚度、数量和间距等,宜采用电磁感应法或探地雷达法。相关方法不适用于含铁磁物质的混凝土,当混凝土中含有铁磁物质时,可采用直接法进行检测。

(2) 检测面选择应便于仪器操作并应避开金属预埋件;检测面应清洁平整。

(3) 进行混凝土保护层厚度检测时,检测部位应无饰面层,有饰面层时应清除;当进行钢筋间距检测时,检测部位宜选择无饰面层或饰面层影响较小的部位。

(4) 混凝土保护层检测位置宜选择保护层要求较高的部位。

(5) 检测所进行的钻孔、剔凿等不得损坏钢筋。混凝土保护层厚度的直接量测精度不应低于 0.1 mm。钢筋间距的直接量测精度不应低于 1 mm。

4.4.2　抽样要求

(1) 对混凝土结构进行工程质量检测时,混凝土保护层厚度检测抽样应符合现行国家标准《混凝土结构工程施工质量验收规范》(GB 50204—2015)的

规定。

(2) 对混凝土结构进行结构性能检测时，混凝土保护层厚度及钢筋间距的测量抽样可按现行国家标准《建筑结构检测技术标准》(GB/T 50344—2019)或《混凝土结构现场检测技术标准》(GB/T 50784—2013)的有关规定进行。当委托方有明确要求时，应按相关要求确定。

(3) 钢筋保护层厚度应重点检测下列部位：

a. 主要构件或主要受力部位；

b. 钢筋可能锈蚀活化的部位；

c. 发生钢筋锈蚀胀裂的部位；

d. 布置混凝土碳化深度检测测区的部位；

e. 出现顺筋裂缝的部位。

4.4.3　直接法

一、检测基本原理

直接法是指通过剔除钢筋保护层混凝土，让钢筋充分暴露后，直接测量保护层厚度和钢筋间距的方法。该方法需要局部破损，因此主要用于无损检测的点验证或含磁性物质混凝土中的局部小范围检测。

二、检测仪器设备

直接法检测混凝土中钢筋配置的主要检测工具为锤子、錾子、电钻、毛刷、钢卷尺、游标卡尺和深度卡尺等。钢卷尺精度不低于 1 mm，游标卡尺和深度卡尺精度不低于 0.1 mm，所用量具需通过检定。

三、检测方法和步骤

(1) 直接法混凝土保护层厚度检测步骤如下：

a. 采用无损检测方法确定被测钢筋位置；

b. 采用空心钻头钻孔或剔凿去除钢筋外层混凝土直至被测钢筋直径方向完全暴露，且沿钢筋长度方向不宜小于 2 倍钢筋直径；

c. 采用游标卡尺测量钢筋外轮廓至混凝土表面最小距离。

(2) 直接法钢筋间距检测步骤如下：

a. 在垂直于被测钢筋长度方向上对混凝土进行连续剔凿，直至钢筋直径方向完全暴露，暴露的连续分布且设计间距相同钢筋不宜少于 6 根；当钢筋数量少于 6 根时，应全部剔凿。

b. 采用钢卷尺逐个量测钢筋的间距。

4.4.4 电磁感应法

一、检测基本原理

电磁感应法是利用电磁感应现象检测混凝土中钢筋的一种方法。检测设备钢筋探测仪由探头和主机两部分组成，探头部分的工作原理为电磁脉冲。在探头的内部装有两组线圈，一组为磁场线圈，另外一组为感应线圈。磁场线圈在所要检查的混凝土中产生高脉冲的一次电磁场，如混凝土中有金属物体，则该物体将感应产生二次电磁场(位于前述的第一次电磁场之内)。每一次磁场线圈所产生的电磁场的脉冲间隙会引起第二次电磁场的衰减，这样就使感应线圈产生电压变化。因此，根据这个电压的变化通过数学计算，就可得出混凝土中的钢筋间距和保护层厚度。

电磁感应法检测混凝土中的钢筋为非破坏性检测，不影响混凝土结构的完整性，有检测速度快、效率高等优点。

二、检测仪器设备

电磁感应法检测混凝土中钢筋的分布和保护层厚度主要仪器设备为钢筋探测仪、游标卡尺和钢卷尺等。钢筋探测仪精度应满足：当混凝土保护层厚度为10～50 mm时，保护层厚度检测的允许偏差为±1 mm，当混凝土保护层厚度大于50 mm时，保护层厚度检测的允许偏差为±2 mm；钢筋间距的检测允许偏差为±2 mm；钢筋直径的测量精度应不低于1 mm。游标卡尺和钢卷尺等需通过检定，测量精度不应低于1 mm。

三、检测结果影响因素

(一) 仪器设备性能

a. 仪器精度需满足要求。

b. 测量参数设置要准确。如果按照实际钢筋尺寸设置仪器中的钢筋直径参数，那么可以得到较为准确的数据，如果和实际尺寸存在偏差，那么会导致检测结果存在一定的偏差。

c. 探头大小的选用要合适。小尺寸的探头的精度要相对较高，但是检测中如果钢筋间距过大会影响检测精度，所以在检测保护层较小的工程中适用。对于混凝土保护层厚度较厚的情况可以使用大探头，大探头有着较强的稳定性。

(二) 钢筋疏密程度

钢筋保护层厚度检测精度的一个重要的影响因素就是钢筋的疏密程度。如果钢筋间距是保护层厚度的1.5倍，那么基本不会影响到保护层厚度的检测精度，但是如果间距较小，那么随着钢筋密度增加，仪器显示值呈现减小的趋势。

尤其在钢筋直径较小而配筋密度又较大时，误差会进一步加大。

（三）钢筋与探头两轴线交角

钢筋保护层厚度检测结果精度还受到信号传感器所处位置直线和钢筋所处平面平行度的影响。如果信号传感器所在直线平行于平面那么可以得到较为准确的检测结果，但是如果存在较大夹角那么会产生较大的检测误差，所以，在检测中需要注意控制好钢筋和探头轴线交角。

（四）检测面的平整度

如果检测面平整那么可以获得较为准确的检测值，如果不平整那么会导致数据出现较大的误差。

（五）其他

如果检测区存在导电金属如水管、金属电线等，就会对检测结果产生较大的干扰。

四、检测方法和步骤

（一）检测准备工作

(1) 检测前，应进行下列准备工作。

a. 根据设计资料了解钢筋的直径和间距。

b. 根据检测目的确定检测部位；检测部位应避开钢筋接头、绑扎部位及金属预埋件。检测部位的钢筋间距应符合电磁感应法钢筋探测仪的检测要求。

c. 根据所检钢筋的布置状况，确定垂直于所检钢筋轴线方向为探测方向，检测部位应平整光洁。

d. 应对仪器进行预热和调零，调零时探头应远离金属物体。

(2) 检测前应进行预扫描，电磁感应法钢筋探测仪的探头在检测面上沿探测方向移动，直到仪器保护层厚度示值最小，此时探头中心线与钢筋轴线应重合，在相应位置做好标记，并初步了解钢筋埋设深度。重复上述步骤将相邻的其他钢筋位置逐一标出。

（二）钢筋保护层厚度检测

钢筋混凝土保护层厚度的检测应按下列步骤进行。

(1) 应根据预扫描结果设定仪器量程范围，根据原位实测结果或设计资料设定仪器的钢筋直径参数。沿被测钢筋轴线选择相邻钢筋影响较小的位置，在预扫描的基础上进行扫描探测，确定钢筋的准确位置，将探头放在与钢筋轴线重合的检测面上读取保护层厚度检测值。

(2) 应对同一根钢筋同一处检测 2 次，读取的 2 个保护层厚度值相差不大于 1 mm 时，取二次检测数据的平均值为保护层厚度值，精确至 1 mm；相差大于

1 mm 时，该次检测数据无效，并应查明原因，在该处重新进行 2 次检测，仍不符合规定时，应该更换电磁感应法钢筋探测仪进行检测或采用直接法进行检测。

(3) 当实际保护层厚度值小于仪器最小示值时，应采用在探头下附加垫块的方法进行检测。垫块对仪器检测结果不应产生干扰，表面应光滑平整，其各方向厚度值偏差不应大于 0.1 mm。垫块应与探头紧密接触，不得有间隙。所加垫块厚度在计算保护层厚度时应予扣除。

(三) 钢筋分布(间距)检测

钢筋间距的检测按下列步骤进行。

(1) 根据预扫描的结果，设定仪器量程范围，在预扫描的基础上进行扫描，确定钢筋的准确位置。

(2) 检测钢筋间距时，应将检测范围内的设计间距相同的连续相邻钢筋逐一标出，并应逐个量测钢筋的间距。当同一构件检测的钢筋数量较多时，应对钢筋间距进行连续量测，且不宜少于 6 个。

(四) 检测数据处理

(1) 当采用直接法验证混凝土保护层厚度时，应先按式(4-3)计算混凝土保护层厚度的修正值：

$$c_c = \frac{\sum_{i=1}^{n}(c_i^z - c_i^t)}{n} \tag{4-3}$$

式中：c_c ——混凝土保护层厚度修正值，精确至 0.1 mm；c_i^z ——第 i 个测点的混凝土保护层厚度直接法实测值，mm，精确至 0.1 mm；c_i^t ——第 i 个测点的混凝土保护层厚度电磁感应法钢筋探测仪显示值，mm，精确至 1 mm；n——钻孔、剔凿验证实测点数。

(2) 钢筋的混凝土保护层厚度平均检测值应按式(4-4)计算：

$$c_{m,i}^t = (c_1^t + c_2^t + 2c_c - 2c_0)/2 \tag{4-4}$$

式中：$c_{m,i}^t$ ——第 i 个测点混凝土保护层厚度平均检测值，精确至 1 mm；c_1^t、c_2^t——第一、第二次检测的混凝土保护层厚度检测值，精确至 1 mm；c_0——探头垫块厚度，精确至 0.1 mm；不加垫块时$c_0 = 0$。

(3) 检测钢筋间距时，可根据实际需要采用绘图方式给出结果。当同一构件检测钢筋不少于 7 根(6 个间距)时，也可给出被测钢筋的最大间距、最小间距，并按式(4-5)计算钢筋平均间距。

$$S_{m,i}=\frac{\sum_{i=1}^{n}S_i}{n} \tag{4-5}$$

式中：$S_{m,i}$ ——钢筋平均间距，精确至 1 mm；n——钢筋间距数；S_i ——第 i 个钢筋间距，精确至 1 mm。

（五）检测注意事项

(1) 首先应根据设计图纸或者结构知识，了解所检测构件中可能的钢筋品种、排列方式，比如框架柱一般有纵筋、箍筋，了解钢筋分布的目的在于确定适当的检测面。检测面宜避免布置在钢筋排列较为密集的部位，以免相邻钢筋对检测结果产生干扰。

(2) 预热可以使仪器达到稳定的工作状态。对于电子仪器，使用中难免受到各种干扰导致读数漂移，为保证仪器读数的准确，应适时检查仪器是否偏离调零时的状态。

(3) 对于电磁感应法钢筋探测仪，其基本原理是根据钢筋对仪器探头所发出的电磁场感应强度来判定钢筋的大小和距离，而钢筋公称直径和距离是相互关联的，对于同样强度的感应信号，当钢筋直径较大时，其保护层厚度较大，因此，为了准确得到混凝土保护层厚度值，应该按照钢筋实际直径进行设定。

(4) 当两次检测混凝土保护层厚度示值的误差超过 1 mm 时，表明其数据的重复性出现问题，原因可能是钢筋定位出现偏差，或者探头的两次扫描方向不一致，或者仪器偏离调零，应检查出现偏离的原因并采取相应的处理措施。当无法排查偏离原因时，应采用直接法量测混凝土保护层厚度值。

(5) 遇到下列情况之一时，应采用直接法进行验证：

a. 认为相邻钢筋对检测结果有影响；

b. 钢筋公称直径未知或有异议；

c. 钢筋实际根数、位置与设计有较大偏差；

d. 钢筋以及混凝土材质与校准试件有显著差异。

(6) 当采用直接法验证时，应选取不少于 30% 的已测钢筋，且不应少于 7 根，当实际检测数量小于 7 根时应全部抽取。

4.4.5　雷达法

一、检测基本原理

雷达法检测的技术原理如下。利用电子技术的手段，对检测目标发射电磁波，电磁波在目标物体内进行传播时，由于物体的电磁特性不同，物质的介电常

数 ε 也会存在差异，在不同物体的交界面，会形成物质电磁特性差异的界面；物质介电常数的差异越大，则 Δε 的值也越大，我们称为介电常数的突变；当电磁辐射传播到这个界面时，根据电磁波的传播原理，会形成较强的电磁波反射信号。对电磁波反射信号的传播时间进行分析，可以得到反射信号传播时间与反射界面之间的空间位置关系，从而达到对未知目标体进行无损检测的目的。在对混凝土构件的预埋钢筋进行检测时，由于混凝土与钢筋的介电常数存在较大的差异，Δε 的值较大，因此，我们会观察到强烈的反射信号，在雷达剖面图上反射信号会形成清晰的抛物线线型。

雷达法宜用于结构或构件中钢筋间距和位置的大面积扫描检测以及多层钢筋的扫描检测；当检测精度符合规范要求时，也可用于混凝土保护层厚度检测。

二、检测仪器设备

雷达法检测混凝土中钢筋的分布和保护层厚度主要仪器设备为雷达仪、游标卡尺和钢卷尺等。雷达仪的性能需满足要求，游标卡尺和钢卷尺等需通过检定，测量精度不应低于 1 mm。

三、检测结果影响因素

(1) 雷达天线性能

天线中心频率的选择直接影响工程检测项目的检测效果，常用的雷达天线频率范围为 15 MHz～3.0 GHz，目前最高已接近 5.0 GHz，其中低频段可用于较大深度的地质探测，混凝土结构体检测，天线的频率主要集中在 200 MHz 以上的高频段，因此正确、合理选择天线的中心频率至关重要。不同的雷达天线，主频不同，波在介质中的衰减不同，发射的功率也不同，其探测的深度存在很大的差别。因此，天线中心频率的选择需要兼顾目标体深度、目标体最小尺寸及天线的尺寸是否符合检测场地的要求。常规来说，在满足检测深度要求下，尽量使用中心频率较高的天线。雷达天线中心频率选取的经验公式中，垂直分辨率可取 $x=\lambda/2$，λ 为理论雷达波波长，实际波速以标定为准。钢筋布设检测天线频率范围宜为 900 MHz～2.0 GHz。

(2) 检测参数的选择

a. 介质的相对介电常数由介质的介电性决定，同一种介质在不同地方介电常数差别很大。例如混凝土的介电常数主要受混凝土的湿度影响，不同湿度的混凝土会有不同的介电常数。干混凝土的介电常数为 4～10，电磁波速度为 0.09～0.15 m/ns，湿混凝土的介电常数为 10～20，电磁波速度为 0.07～0.09 m/ns。介电常数和电磁波速度一般在现场常采用钻取芯样的试验方式标定较可靠。

b. 时窗长度决定了雷达系统对反射回来的雷达波信号取样的最大时间范

围，即图像上显示的探测深度。一般选取探测深度为目标深度的 1.5 倍，主要考虑实际电性的变化、电磁波速度变化，为目标体深度变化留有富余量。

c. 每道雷达波最小采样点数是每道波形的扫描样点数。雷达仪器均有多种采样点数供实测选择，例如每道波形可有 128、256、512、1 024、2 048 等五种采样点数。为保证在一定条件下，每一道波有 10 个采样点，扫描点数应满足：扫描样点数≥10×时窗长度×天线频率。例如 1 600 MHz 天线，20 ns 时窗长度，要求扫扫描点数应大于 320 点/扫，可以选择 512。

d. 时间采样率体现了单道反射波采样点之间的时间间隔。选取前提是保证天线较高的垂直分辨率。根据尼奎斯特采样定律，采样频率至少要达到记录反射波中最高频率的 2 倍。对大多数雷达系统，频带与中心频率之比大约为 1∶1，即发射脉冲能量的覆盖范围为 0.5～1.5 倍中心频率，这就是说，反射波的最高频率大约为中心频率的 3 倍，为使记录更完整，建议采样率为天线中心频率的 6 倍。实际操作中，需经过现场试验，以能清晰有效反应被测目标体为宜。

e. 移动速率由扫描速度衍生，是在连续探测时雷达系统每秒钟记录的一定数目的扫描信息，表面测点的多少取决于天线的移动速度，移动速度的变化体现移动速率。天线移动的速度主要受雷达主机性能、道间距、采样率等参数的影响。一般情况下，扫描速度越大，在相同道间距和采样率设置下，雷达天线移动的速度可以越快，天线移动速度因不同型号雷达性能不同而有所差异。扫描速度确定后，可根据目标体尺度决定天线的移动速度，估算移动速度的原则是要保持最小探测目标体内至少有 20 条扫描线。例如扫描速度为 64 Scans/s，最小探测目标体尺寸为 10 cm，天线移动速度要小于 32 cm/s。

四、检测方法和步骤

(一) 现场波速矫正

(1) 雷达检测应对检测区域进行波速校正，现场波速标定，宜根据需要选定 2～3 个区域。波速校正宜采用已知目标深度法，并应符合下列规定：

a. 每个检测区域内的校正波速应为其内校正点测得波速的算术平均值，每个检测区域选取的校正点数不宜少于 3 个；

b. 当检测区域内存在不同的介质层时，应对每个介质层内的雷达波速进行校正；

c. 当同一介质层内的混凝土沿垂直方向均质性、含水率、含钢量差异较大时，宜采用不同深度的目标物进行校正。

(2) 电磁波在介质中的平均传播波速应按下式计算：

$$\overline{v}=\frac{2h_k}{t} \tag{4-6}$$

式中：$\overline{v}$——电磁波在介质中的平均传播速度，m/ns；h_k——已知目标深度，m；t——电磁波在结构体中的双程传播时间，ns。

（二）检测步骤

(1) 根据检测构件的钢筋位置选定合适的天线中心频率。在天线中心频率满足探测深度的前提下，使用较高分辨率天线的雷达仪。

(2) 根据检测构件中钢筋的排列方向，雷达仪探头或天线沿垂直于选定的被测钢筋轴线方向扫描采集数据。场地允许的情况下，宜使用天线阵雷达进行网格状扫描。

(3) 根据钢筋的反射回波在波幅及波形上的变化形成图像，来确定钢筋间距、位置和混凝土保护层厚度检测值，并可对被检测区域的钢筋进行三维立体显示。

（三）数据与图像处理

(1) 数据处理前应检查原始数据的完整性、可靠性。

(2) 采集的数据宜进行零线设定。

(3) 采集的数据应按下列方法进行滤波处理：

a. 应采用带通滤波方式对雷达信号进行一维滤波处理，滤波参数可根据信号的频谱分析结果进行调整；

b. 采集的数据应进行背景去噪处理；

c. 当存在地面以上物体的反射干扰时，应采用二维滤波方式进一步处理。

(4) 雷达信号应进行增益处理。

(5) 采集的数据宜有选择地进行反滤波处理、时域偏移处理等。

(6) 单道雷达波形分析应依次遵循以下步骤：确定反射波组的界面特征、识别干扰反射波组、识别正常介质界面反射波组、确定反射层信息。

(7) 雷达图像可依据入射波和反射波的振幅、相位特征和同相轴形态特征等进行识别。

(8) 雷达图像分析应按下列步骤进行：

a. 结合多个相邻剖面单道雷达波形，找到数据之间的相关性；

b. 结合现场的实际情况，将检测区域表面情况和测得的雷达图像进行比对分析；

c. 将测得的雷达图像和经过验证的雷达图像进行比对分析。

（四）检测注意事项

(1) 在实际工程质量检测时，检测结果的均匀性的好坏与所选择的数据有关，故在进行典型数据选取时，一定要选择有代表性的数据。

(2) 遇到下列情况之一时，宜采用直接法验证：

a. 认为相邻钢筋对检测结果有影响；

b. 无设计图纸时，需要确定钢筋根数和位置；

c. 当有设计图纸时，钢筋检测数量与设计不符或钢筋间距检测值超过相关标准允许的偏差；

d. 混凝土未达到表面风干状态；

e. 饰面层电磁性能与混凝土有较大差异。

(3) 当采用直接法验证时，应选取不少于 30%的已测钢筋且不应少于 7 根，当实际检测数量不到 7 根时应全部抽取。

4.4.6　检测结果评价

(一) 钢筋保护层厚度检测结果评价

1. 规范要求混凝土保护层最小厚度

(1)《水利水电工程合理使用年限及耐久性设计规范》(SL 654—2014)

合理使用年限为 50 年的水工结构钢筋的混凝土保护层厚度不应小于表 4-3 所列值。合理使用年限为 20 年、30 年时，其保护层厚度应比表 4-3 所列值适当降低；合理使用年限为 100 年时，其保护层厚度应比表 4-3 所列值适当增加；合理使用年限为 150 年时，其保护层厚度应专门研究确定。

表 4-3　混凝土保护层最小厚度　　单位：mm

序号	构件类别	环境类别				
		一	二	三	四	五
1	板、墙	20	25	30	45	50
2	梁、柱、墩	30	35	45	55	60
3	截面厚度不小于 2.5 m 的底板及墩墙	—	40	50	60	65

注：1. 直接与地基接触的结构底层钢筋或无检修条件的结构，保护层厚度应适当增大；
2. 有抗冲耐磨要求的结构面层钢筋，保护层厚度应适当增大；
3. 混凝土强度等级不低于 C30 且浇筑质量有保证的预制构件或薄板，保护层厚度可按表中数值减小 5 mm；
4. 钢筋表面涂塑或结构外表面敷设永久性涂料或面层时，保护层厚度可适当减小；
5. 寒冷地区受冰冻的部位，保护层厚度还应符合《水工建筑物抗冰冻设计规范》(GB/T 50662—2011)的规定。

说明：表中环境类别参见《水利水电工程合理使用年限及耐久性设计规范》(SL 654—2014)中表 4.1.9。

(2)《混凝土结构耐久性设计标准》(GB/T 50476—2019)

a. 一般环境中钢筋保护层厚度

一般环境中的配筋混凝土结构构件，其普通钢筋的保护层最小厚度与相应的混凝土强度等级、最大水胶比应符合表 4-4 的要求。当采用的混凝土强度等级比表 4-4 的规定低一个等级时，混凝土保护层厚度应增加 5 mm；当低两个等级时，混凝土保护层厚度应增加 10 mm。当采用直径 6 mm 的细直径热轧钢筋或冷加工钢筋作为构件的主要受力钢筋时，应在表 4-4 规定的基础上将混凝土强度提高一个等级，或将钢筋的混凝土保护层厚度增加 5 mm。

表 4-4　一般环境中混凝土保护层最小厚度　　单位：mm

构件部位	环境作用等级	设计使用寿命 100 年		设计使用寿命 50 年		设计使用寿命 30 年	
		混凝土强度等级	保护层最小厚度	混凝土强度等级	保护层最小厚度	混凝土强度等级	保护层最小厚度
板、墙等面型结构	Ⅰ-A	≥C30	20	≥C25	20	≥C25	20
	Ⅰ-B	C35	30	C30	25	C25	25
		≥C40	25	≥C35	20	≥C30	20
	Ⅰ-C	C40	40	C35	35	C30	30
		C45	35	C40	30	C35	25
		≥C50	30	≥C45	25	≥C40	20
梁、柱等条形结构	Ⅰ-A	C30	25	C25	25	C25	20
		≥C35	20	≥C30	20		
	Ⅰ-B	C35	35	C30	30	C25	30
		≥C40	30	≥C35	25	≥C30	25
	Ⅰ-C	C40	45	C35	40	C30	30
		C45	40	C40	35	C35	30
		≥C50	35	≥C45	30	≥C40	25

注：1. Ⅰ-A 环境中使用年限低于 100 年的板、墙，当混凝土骨料最大公称粒径不大于 15 mm 时，保护层最小厚度可降为 15 mm；

2. 年平均气温大于 20 ℃且年平均湿度大于 75%的环境，除Ⅰ-A 环境中的板、墙构件外，混凝土最低强度等级应比表中规定提高一级，或将保护层最小厚度增大 5 mm；

3. 直接接触土体浇筑的构件，其混凝土保护层厚度不应小于 70 mm；有混凝土垫层时，可按上表确定；

4. 处于流动水中或同时受水中泥沙冲刷的构件，其保护层厚度宜增加 10～20 mm；

5. 预制构件的保护层厚度可比表中规定减少 5 mm；

6. 具有连续密封套管的后张预应力钢筋，其混凝土保护层厚度可与普通钢筋相同且不应小于孔道直径的 1/2；否则应比普通钢筋增加 10 mm；先张法构件中预应力钢筋在全预应力状态下的保护层厚度可与普通钢筋相同，否则应比普通钢筋增加 10 mm；直径大于 16 mm 的热轧预应力钢筋保护层厚度可与普通钢筋相同。

说明：表中环境类别参见《混凝土结构耐久性设计标准》(GB/T 50476—2019)中表 4.2.1。

b. 冻融环境中钢筋保护层厚度

冻融环境中的配筋混凝土结构构件，其普通钢筋的混凝土保护层最小厚度与相应的混凝土强度等级应符合表 4-5 的要求。其中有盐冻融环境中钢筋的混凝土保护层最小厚度按氯化物环境的有关规定执行。

表 4-5　冻融环境中混凝土保护层最小厚度　　单位：mm

构件部位	环境作用等级	设计使用寿命 100 年		设计使用寿命 50 年		设计使用寿命 30 年	
		混凝土强度等级	保护层最小厚度	混凝土强度等级	保护层最小厚度	混凝土强度等级	保护层最小厚度
板、墙等面型结构	Ⅱ-C 无盐	C45	35	C45	30	C40	30
		≥C50	30	≥C50	25	≥C45	25
		C_{a}35	35	C_{a}30	30	C_{a}30	25
	Ⅱ-D 无盐	C_{a}40	35	C_{a}35	35	C_{a}35	30
梁、柱等条形结构	Ⅱ-C 无盐	C45	40	C45	35	C40	35
		≥C50	35	≥C50	30	≥C45	30
		C_{a}35	35	C_{a}30	35	C_{a}30	30
	Ⅱ-D 无盐	C_{a}40	40	C_{a}35	40	C_{a}35	35

注：1. 带脚标“a”的表示引气混凝土；
2. 预制构件的保护层厚度可比表中规定减少 5 mm；
3. 预应力钢筋的保护层厚度可参照表 4-4 中的注 6 执行。
说明：表中环境类别参见《混凝土结构耐久性设计标准》(GB/T 50476—2019)中表 5.2.1。

c. 氯化物环境钢筋保护层厚度

氯化物环境中的配筋混凝土结构构件，其普通钢筋的混凝土保护层最小厚度与相应的混凝土强度等级应符合表 4-6 的要求。

表 4-6　氯化物环境中混凝土保护层最小厚度　　单位：mm

构件部位	环境作用等级	设计使用寿命 100 年		设计使用寿命 50 年		设计使用寿命 30 年	
		混凝土强度等级	保护层最小厚度	混凝土强度等级	保护层最小厚度	混凝土强度等级	保护层最小厚度
板、墙等面型结构	Ⅲ-C、Ⅳ-C	C45	45	C40	40	C40	35
	Ⅲ-D、Ⅳ-D	C45	55	C40	50	C40	45
		≥C50	50	≥C45	45	≥C45	40
	Ⅲ-E、Ⅳ-E	C50	60	C45	55	C45	45
		≥C55	55	≥C50	50	≥C50	40
	Ⅲ-F	≥C55	65	C50	60	C50	55
				≥C55	55		
梁、柱等条形结构	Ⅲ-C、Ⅳ-C	C45	50	C40	45	C40	40
	Ⅲ-D、Ⅳ-D	C45	60	C40	55	C40	50
		≥C50	55	≥C45	50	≥C45	40
	Ⅲ-E、Ⅳ-E	C50	65	C45	60	C45	50
		≥C55	60	≥C50	55	≥C50	45
	Ⅲ-F	≥C55	70	C50	65	C50	55
				≥C55	60		

注：1. 处于流动海水中或同时受水中泥沙冲刷腐蚀的混凝土构件，其钢筋的混凝土保护层厚度应增加 10～20 mm；
2. 预制构件的保护层厚度可比表中规定减少 5 mm；
3. 预应力钢筋的保护层厚度可参照表 4-4 中的注 6 执行。
说明：表中环境类别参见《混凝土结构耐久性设计标准》(GB/T 50476—2019)中表 6.2.1 和表 6.2.5。

d. 化学腐蚀环境钢筋保护层厚度

水、土中的化学腐蚀环境、大气污染环境和含盐大气环境中的配筋混凝土结构构件，其普通钢筋的混凝土保护层最小厚度与相应的混凝土强度等级应符合表 4-7 的要求。

表 4-7　化学腐蚀环境中混凝土保护层最小厚度　　单位：mm

构件部位	环境作用等级	设计使用寿命 100 年		设计使用寿命 50 年	
		混凝土强度等级	保护层最小厚度	混凝土强度等级	保护层最小厚度
板、墙等面型结构	V-C	C45	40	C40	35
	V-D	C50	45	C45	40
		≥C55	40	≥C50	35
	V-E	C55	45	C50	40
梁、柱等条形结构	V-C	C45	45	C40	40
		≥C50	40	≥C45	35
	V-D	C50	50	C45	45
		≥C55	45	≥C50	40
	V-E	C55	50	C50	45
		≥C60	45	≥C55	40

注：1. 预制构件的保护层厚度可比表中规定减少 5 mm；
2. 预应力钢筋的保护层厚度可参照表 4-4 中的注 6 执行。

说明：表中环境类别参见《混凝土结构耐久性设计标准》(GB/T 50476—2019)中表 7.2.1、表 7.2.3 和表 7.2.4。

(3)《水运工程结构耐久性设计标准》(JTS 153—2015)

a. 海水环境钢筋保护层厚度

海水环境受力钢筋的混凝土保护层厚度应符合表 4-8 的要求。对于海水环境预应力筋，当构件厚度大于等于 0.5 m 时，混凝土保护层厚度应符合表 4-9 的要求；当构件厚度小于 0.5 m 时，预应力筋的混凝土保护层最小厚度不小于 2.5 倍预应力筋直径，且不得小于 50 mm。

表 4-8　海水环境受力钢筋的混凝土保护层最小厚度　　单位：mm

建筑物所处地区	大气区	浪溅区	水位变化区	水下区
北方	50	60	50	40
南方	50	65	50	40

注：1. 箍筋直径大于 6 mm 时混凝土保护层厚度应按表中规定增加 5 mm；
2. 位于水位变动区、浪溅区的现浇混凝土构件，其保护层厚度应按表中规定增加 10～15 mm；
3. 位于浪溅区的细薄构件的混凝土保护层厚度可取 50 mm；
4. 南方指历年最冷月月平均气温高于 0 ℃的地区。

表 4-9　海水环境预应力筋的混凝土保护层最小厚度　　单位：mm

所在部位	大气区	浪溅区	水位变化区	水下区
保护层厚度	65	80	65	65

注：1. 构件厚度系指规定保护层最小厚度方向上的构件尺寸；
2. 后张法预应力筋的混凝土保护层厚度系指预留孔道壁至构件表面的最小距离；
3. 采用特殊工艺制作的构件，经充分技术论证，对钢筋的防腐蚀作用确有保证时，保护层厚度可适当减小；
4. 有效预应力小于 400 MPa 的预应力筋的混凝土保护层厚度可按表 4.8 执行。

b. 淡水环境钢筋保护层厚度

淡水环境受力钢筋的混凝土保护层厚度应符合表 4-10 的要求。淡水环境预应力筋的混凝土保护层最小厚度应符合表 4-10 的规定，且不宜小于 1.5 倍主筋直径；预应力筋是碳素钢丝、钢绞线时的保护层厚度宜按表 4-10 的规定增加 20 mm；如采取特殊工艺或专门防腐措施，经充分技术论证，对预应力筋的防腐蚀作用确有保证时，保护层厚度可不受上述规定的限制。

表 4-10　淡水环境受力钢筋的混凝土保护层最小厚度　　单位：mm

<table>
<tr><td>所在部位</td><td colspan="2">水上区</td><td>水位变化区</td><td>水下区</td></tr>
<tr><td rowspan="2">保护层厚度</td><td>水汽积聚</td><td>无水汽积聚</td><td rowspan="2">40</td><td rowspan="2">35</td></tr>
<tr><td>40</td><td>35</td></tr>
</table>

注：箍筋直径大于 6 mm 时，保护层厚度应按表中规定增加 5 mm，板等无箍筋的构件保护层厚度可按表中规定减少 5 mm。

c. 化学腐蚀环境钢筋保护层厚度

化学腐蚀环境受力钢筋混凝土保护层厚度应符合表 4-11 的要求。对于配置构造钢筋的素混凝土结构，海水环境中构造筋的混凝土保护层最小厚度不应小于 40 mm，且不应小于 2.5 倍构造筋直径；淡水环境中构造筋的混凝土保护层最小厚度不应小于 30 mm。板桩式前墙和锚碇结构采用现浇地下连续墙结构时，受力钢筋的混凝土保护层最小厚度不应小于 70 mm。

表 4-11　化学腐蚀环境混凝土保护层最小厚度　　单位：mm

<table>
<tr><td>构件部位</td><td>环境作用等级</td><td>混凝土强度等级</td><td>混凝土保护层最小厚度</td></tr>
<tr><td rowspan="5">板、墙等面形构件</td><td>中等</td><td>C40</td><td>50</td></tr>
<tr><td rowspan="2">严重</td><td>C45</td><td>55</td></tr>
<tr><td>≥C50</td><td>50</td></tr>
<tr><td rowspan="2">非常严重</td><td>C50</td><td>55</td></tr>
<tr><td>≥C55</td><td>50</td></tr>
</table>

续表

构件部位	环境作用等级	混凝土强度等级	混凝土保护层最小厚度
桩、梁、柱等条形构件	中等	C40	55
		≥C45	50
	严重	C45	60
		≥C50	55
	非常严重	C50	60
		≥C55	55

注：预制构件的保护层厚度可比表中规定减少 5 mm。

2. 水闸工程混凝土保护层厚度检测评价

(1) 水闸工程环境作用等级

参照相关规范，水闸工程的环境类别可分为Ⅰ(碳化环境)、Ⅱ(冻融环境)、Ⅲ(氯化物环境)、Ⅳ(化学侵蚀环境)等 4 类(表 4-12)。环境作用程度分为 A(轻微)、B(轻度)、C(中度)、D(严重)、E(非常严重)等 5 级。环境作用等级分为Ⅰ-A、Ⅰ-B、Ⅰ-C、Ⅱ-C、Ⅱ-D、Ⅲ-C、Ⅲ-D、Ⅲ-E、Ⅳ-C、Ⅳ-D、Ⅳ-E 等 11 级。碳化、冻融、氯化物等环境作用等级按表 4-13 确定，化学侵蚀环境作用等级按表 4-14 确定。

表 4-12　水闸工程环境类别划分

环境类别	名称	腐蚀机理
Ⅰ	碳化环境	混凝土碳化引起钢筋锈蚀
Ⅱ	冻融环境	反复冻融循环导致混凝土损伤
Ⅲ	氯化物环境	氯化物引起钢筋锈蚀
Ⅳ	化学侵蚀环境	硫酸盐、镁盐和酸类等化学物质对混凝土的腐蚀

表 4-13　碳化、冻融、氯化物等环境作用等级

环境类别	环境条件	环境作用程度	环境作用等级	构件示例
Ⅰ	长期位于水下或土中	A	Ⅰ-A	底板、消力池、护坦、铺盖、基桩等所有表面均处于水下或土中的构件
	室内潮湿环境，非干湿交替露天环境，长期湿润环境	B	Ⅰ-B	泵站电机层等中高湿度环境中的室内混凝土，经常露出水面的底板，不受雨淋或偶尔与雨水接触的露天构件
	干湿交替环境	C	Ⅰ-C	闸墩、胸墙、翼墙等处于水位变化区的构件，排架、工作桥等频繁受淋雨的构件

续表

环境类别	环境条件	环境作用程度	环境作用等级	构件示例
Ⅱ	淡水环境水位变化区、浪溅区、大气区,氯化物环境大气区	C	Ⅱ-C	内河工程中的闸墩、胸墙、翼墙等构件;内河和沿海工程中的排架、工作桥等构件
	氯化物环境浪溅区、水位变化区	D	Ⅱ-D	沿海工程中的闸墩、胸墙、翼墙等构件
Ⅲ	长期在水下或土中(氯化物环境)	C	Ⅲ-C	底板、基桩、沉井、地下连续墙等沿海工程中的水下或土中的构件
	海水环境水位变化区,轻度盐雾作用区	D	Ⅲ-D	闸墩、翼墙、胸墙、排架、工作桥等构件
	海水环境浪溅区,重度盐雾作用区	E	Ⅲ-E	闸墩、翼墙、胸墙、排架、工作桥等构件

注:轻度盐雾作用区指距平均水位 15 m 以上的海上大气区或离涨潮岸线 50～500 m 的陆上室外环境;重度盐雾作用区指距平均水位 15 m 以下的海上大气区或离涨潮岸线 50 m 内的陆上室外环境。

表 4-14　化学侵蚀环境作用等级

环境类别	环境作用程度	环境作用等级	水中 SO_4^{2-} 含量(mg/L)	土中 SO_4^{2-} 含量(水溶值)(mg/kg)	水中 Mg^{2+} 含量(mg/L)	水中 pH 值	水中 CO_2 含量(mg/L)
Ⅳ	C	Ⅳ-C	≥200,<1 000	≥300,<1 500	≥300,<1 000	≥5.5,<6.5	≥15,<30
	D	Ⅳ-D	≥1 000,<4 000	≥1 500,<6 000	≥1 000,<3 000	≥4.5,<5.5	≥30,<60
	E	Ⅳ-E	≥4 000	≥6 000	≥3 000	≥4.5	≥60

(2) 水闸工程混凝土保护层检测结果评价

水闸工程结构混凝土钢筋保护层厚度检测,应优先采用无损检验方法,有条件的,应采用直接法进行校准验证。现场检测结果需按构件统计分析最大值、最小值和平均值。检测成果应与原设计保护层厚度和最低厚度要求(表 4-15)进行比较,评价实体混凝土保护层厚度情况,为结构设计复核提供依据。

表 4-15　水闸工程钢筋混凝土保护层最小厚度　　单位:mm

环境作用等级	设计使用年限		
	100 年	50 年	30 年
Ⅰ-A	55	50	45
Ⅰ-B、Ⅰ-C、Ⅱ-C	50	45	40
Ⅱ-D	60	55	50
Ⅱ-C、Ⅳ-C	55	50	45
Ⅱ-D、Ⅳ-D	60	55	50
Ⅲ-E、Ⅳ-E	65	60	55

注:板、墙等薄壁构件混凝土保护层厚度可减小 5～10 mm。预制构件钢筋的混凝土保护层厚度可比现浇构件减小 5 mm

(二)钢筋配置(分布)检测结果评价

水闸工程结构混凝土钢筋配置检测,应优先采用无损检验方法,有条件的,应采用直接法进行校准验证。现场检测结果需按构件统计分析主筋和箍筋分布间距的最大值、最小值和平均值。检测成果应与原设计要求进行比较,评价实体混凝土钢筋分布偏差情况,为后续结构复核提供依据。

4.5 钢筋锈蚀性状检测与评价

4.5.1 基本规定

钢筋锈蚀性状检测宜采用半电池电位法,该方法不适用于带涂层的钢筋以及混凝土已饱水和接近饱水构件中的钢筋检测。钢筋的实际锈蚀状况可采用直接法(剔凿法)进行验证。

4.5.2 直接法(剔凿法)

直接检测可采用游标卡尺直接量测钢筋的剩余直径、蚀坑深度、长度及锈蚀物的厚度,推算钢筋的截面损失率。取样检测可通过截取钢筋,按 4.2.3 节方法检测剩余直径并计算钢筋的截面损失率。

钢筋的截面损失率应按式(4-7)计算,当钢筋的截面损失率大于 5%,应按 4.3 节进行锈蚀钢筋的力学性能检测。

$$l_{s,a}=(d/d_s)^2\times100\% \tag{4-7}$$

式中:d——钢筋直径实测值,精确至 0.1 mm;d_s——钢筋公称直径;$l_{s,a}$——钢筋的截面损失率,精确至 0.1%。

4.5.3 半电池电位法

一、检测基本原理

半电池电位法是利用了电化学反应的原理来进行测量的。考虑到在一般的建筑物中,混凝土结构及构件中钢筋腐蚀通常是由于自然电化学腐蚀引起的,因此采用测量电化学参数来进行判断。该方法规定了一种半电池,即铜-硫酸铜半电池;同时将混凝土与混凝土中的钢筋看作是另一个半电池。测量时,将铜-硫酸铜半电池与钢筋混凝土相连接检测钢筋的电位,根据研究积累的经验来判断钢筋的锈蚀性状。这种方法适用于已硬化混凝土中钢筋的半电池电位的检测,它不受混凝土的构件尺寸和钢筋保护层厚度的限制。

二、检测仪器设备

半电池电位法检测混凝土中钢筋锈蚀性状主要仪器设备为钢筋探测仪、半电池电位法钢筋锈蚀检测仪、红外温度计、锤子和錾子等。钢筋探测仪的性能需满足规范要求；半电池电位法钢筋锈蚀检测仪半电池电位测量范围应为±1 000 mV，半电池电位测量精度不应低于1 mV。

三、检测结果影响因素

（一）环境因素

半电池电位法利用了电化学反应机理进行测量，其基本原理是根据钢筋表面产生的氧化反应来探测钢筋的锈蚀状态。当钢筋表面发生氧化反应时，会形成一个电池，钢筋的表面成为电极，周围环境则成为电解质。在这个电池中，钢筋表面氧化产生了电子流，这个电子流的方向和大小由电位差来决定，而电位差的大小则取决于环境电解质的成分和浓度、钢筋表面的电化学特性等因素。因此环境因素如温度、湿度等会影响半电池电位法的测量精度。

（二）检测面状况

当混凝土表面有绝缘涂层介质隔离时，为了能让2个半电池形成通路，应清除绝缘层介质。为了保证半电池的电连接垫与测点处混凝土有良好接触，测点处混凝土表面应平整、清洁。如果表面有水泥浮浆或其他杂物时，应用砂轮或钢丝刷打磨，将其清除掉。

四、检测方法和步骤

（一）测区布置

在混凝土结构及构件上可布置若干测区，测区面积不宜大于5 m×5 m，并按确定的位置进行编号。每个测区应采用行、列布置测点，依据被测结构及构件的尺寸，宜用100 mm×100 mm～500 mm×500 mm划分网格，网格的节点应为电位测点。每个结构或构件的半电池电位法测点数不应少于30个。

（二）设备连接与测量

（1）导线与钢筋的连接应按下列步骤进行：

a. 采用电磁感应法用钢筋探测仪检测钢筋的分布情况，并应在适当位置剔凿出钢筋；

b. 导线一端应接于电压仪的负输入端，另一端应接于混凝土中钢筋上；

c. 连接处的钢筋表面应除锈或清除污物，以保证导线与钢筋有效连接；

d. 测区内的钢筋必须与连接点的钢筋形成电通路。

（2）导线与铜-硫酸铜半电池的连接应按下列步骤进行：

a. 连接前应检查各种接口，接口接触应良好；

b. 导线一端应连接到铜-硫酸铜半电池接线插座上，另一端应连接到电压仪的正输入端。

(3) 测区混凝土应预先充分浸湿。可在饮用水中加入 2%液态洗涤剂配置成导电溶液，在测区混凝土表面喷洒，半电池的电连接垫与混凝土表面测点应有良好的耦合。

(4) 铜-硫酸铜半电池检测系统稳定性应符合下列规定：

a. 在同一测点，用同一只铜-硫酸铜半电池重复 2 次测得该点的电位差值，其值应小于 10 mV；

b. 在同一测点，用两只不同的铜-硫酸铜半电池重复 2 次测得该点的电位差值，其值应小于 20 mV。

(5) 铜-硫酸铜半电池电位的检测应按下列步骤进行：

a. 测量并记录环境温度；

b. 应按测区编号，将铜-硫酸铜半电池依次放在各电位测点上，检测并记录各测点的电位值；

c. 检测时，应及时清除电连接垫表面的吸附物，铜-硫酸铜半电池多孔塞与混凝土表面应形成电通路；

d. 在水平方向和垂直方向上检测时，应保证铜-硫酸铜半电池刚性管中的饱和硫酸铜溶液同时与多孔塞和铜棒保持完全接触；

e. 检测时应避免外界各种因素产生的电流影响。

(三) 检测结果温度修正

当检测环境温度在(22±5)℃之外时，应按下列公式对测点的电位值进行温度修正。

当 $T \geqslant 27$ ℃：

$$V = k \times (T - 27.0) + V_R \tag{4-8}$$

当 $T \leqslant 17$ ℃：

$$V = k \times (T - 17.0) + V_R \tag{4-9}$$

式中：V——温度修正后电位值，mV，精确至 1 mV；V_R——温度修正前电位值，mV，精确至 1 mV；T——检测环境温度，℃，精确至 1 ℃；k——系数，mV/℃。

4.5.4 检测结果评价

半电池电位检测结果可采用电位等值线图(图 4-1)表示被测结构及构件中

钢筋的锈蚀性状。宜按合适比例在结构及构件图上标出各测点的半电池电位值,可通过数值相等的各点或内插等值的各点绘出电位等值线。电位等值线的最大间隔宜为 100 mV。

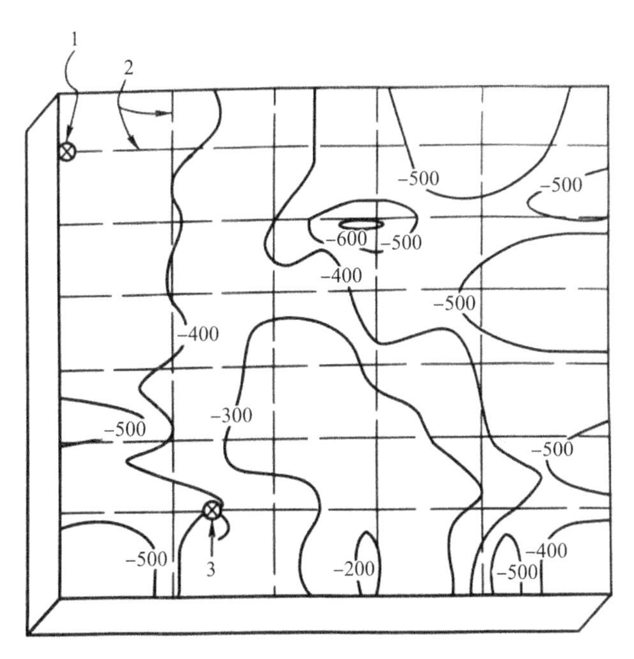

图 4-1　电位等值线示意图

1—半电池电位法钢筋锈蚀检测仪与钢筋连接点;2—钢筋;3—铜-硫酸铜半电池

当采用半电池电位值评估钢筋锈蚀状态时,应根据表 4-16 进行钢筋锈蚀性状判断。

表 4-16　半电池电位值评价钢筋锈蚀性状的判据

电位水平(mV)	钢筋锈蚀性状
>−200	不发生锈蚀的概率>90%
−200～−350(含)	锈蚀性状不确定
<−350	发生锈蚀的概率>90%

第 5 章
混凝土耐久性能的检测与评价

在水工建筑物的安全鉴定中，需要对结构的各项功能进行全面鉴定，包括结构的安全性、适用性和耐久性。我国现有的耐久性技术标准大多是从设计的角度对未建工程考虑耐久性问题，而对于已建工程耐久性的评价方面可参考的不多。耐久性问题的影响因素众多，而混凝土结构的劣化机理非常复杂，损伤往往是多因素作用的结果，环境和材料特性均有很大的不确定性。近年来，国内外在混凝土耐久性研究方面取得了很大进展，对于钢筋锈蚀、氯离子侵蚀等已有相对成熟的理论预测公式，但对混凝土结构的剩余寿命的准确预测仍存在困难。

5.1 概述

大量混凝土工程由于环境侵蚀、材料老化及使用维护不当等原因产生累积损伤，使得结构的耐久性能下降。如何评价其耐久性已经成为工程技术界关心的问题。水工混凝土结构耐久性破坏的突出因素有碳化环境、氯盐环境、冻融环境、渗透压环境、硫酸盐环境、磨蚀环境、碱-骨料反应。其中渗透压和磨蚀环境是水工混凝土特有的耐久性破坏因素。

水工混凝土结构的耐久性损伤主要为钢筋锈蚀及水工混凝土腐蚀和损伤。钢筋锈蚀是混凝土结构最普遍的、危害最大的耐久性损伤，据美国标准局1975年的调查，美国全年由于混凝中钢筋锈蚀造成的损失为280亿美元，英国、挪威、荷兰在20世纪80年代对钢筋混凝土结构斥巨资进行了维修。我国20世纪60年代对华南、华东地区27座海港的钢筋混凝土进行调查，发现钢筋锈蚀导致结构破坏的占74%，1981年对华南18座使用了7～25年的海港码头调查，发现钢筋锈蚀导致结构破坏的占89%。在寒冷地区，冻融破坏也是常见的耐久性损伤。对于高水头挡水建筑，混凝土的抗渗性能和抗磨蚀性能也是不容忽视的

耐久性指标。在存在硫酸盐腐蚀及碱-骨料反应环境下两类耐久性问题还需要提高重视程度。目前对于化学腐蚀、高水头渗透和磨蚀环境下的耐久性评价方法还缺乏深入的研究，其他特殊问题还应结合相关标准进行综合评估。

（一）混凝土耐久性评定准则

（1）混凝土结构耐久性评定应结合结构设计的合理使用年限、所处的环境类别及混凝土自身的耐久性能来进行，结构合理使用年限的确定应符合《水利水电工程合理使用年限及耐久性设计规范》(SL 654—2014)的要求。

（2）混凝土结构处于多种环境因素作用时，耐久性评定应根据各环境作用的类别及其作用等级分别进行耐久性评定。

（3）根据混凝土结构满足期望使用年限内的耐久性要求程度，耐久性评定等级分为A、B、C三级，见表5-1。

表5-1 混凝土耐性评定等级划分

评定等级	含义
A	期望使用年限内满足耐久性要求
B	期望使用年限内基本满足耐久性要求，不需采取或需部分采取修复及其他防护补救措施
C	期望使用年限内不能满足耐久性要求，应及时采取修复或其他防护补救措施

（4）混凝土结构的耐久性评定等级可根据耐久性极限状态对应的耐久性要求的满足程度进行评定，并考虑结构和构件的耐久重要性系数。根据混凝土结构耐久性对建筑物的影响程度，结构和构件的耐久重要性系数可按表5-2确定。

表5-2 结构和构件的耐久重要性系数 γ_0

耐久性失效的影响	耐久重要性系数
很大影响，不易修复	≥1.1
较大影响，较易修复	1.0(含)～1.1(不含)
较小影响，次要结构	0.9(含)～1.0(不含)

（5）碳化环境和氯盐环境下的耐久性极限状态可按下列规定确定：

a. 对期望使用年限内不允许钢筋锈蚀的构件，可将钢筋开始锈蚀作为耐久性极限状态；

b. 对期望使用年限内不允许保护层出现锈胀裂缝的构件可将保护层锈胀开裂作为耐久性极限状态；

c. 对期望使用年限内允许出现锈胀裂缝局部破损的构件可将混凝土表面出现最大可接受外观损伤作为耐久性极限状态。

(6) 冻融环境的耐久性极限状态应按下列规定确定:

a. 钢筋混凝土保护层剥落严重,钢筋出露;

b. 混凝土出现明显冻融损伤,强度损失达到允许值。

(7) 硫酸盐环境的耐久性极限状态为混凝土的强度损失达到允许值。

(8) 渗透压环境下的耐久性极限状态为混凝土抗渗等级达到设计等级。

(9) 磨蚀环境的耐久性极限状态为混凝土出现最大可接受磨蚀深度。

(二) 混凝土耐久性评定程序

(1) 混凝土耐久性评定宜按以下程序进行:

a. 对评定工作的目的、范围及评定内容进行调研分析;

b. 对水工建筑物或结构的相关背景资料进行详细调查;

c. 根据调查结果制定评定方案;

d. 进行必要的检测、试验;

e. 对调查及检测结果进行分析,提出评定意见,综合分析,编制耐久性评定报告。

(2) 对水工建筑物和结构的相关背景资料的调查应包括下列内容:

a. 混凝土结构用途、使用情况;

b. 混凝土结构设计、施工、维修加固、改造扩建、维护监测、事故和处理等与耐久性相关的情况;

c. 设计技术资料、相关验收资料等;

d. 混凝土结构的环境及防护措施,包括大气年平均温度最高最低温度、最冷月平均温度及年低于0 ℃的天数等;大气年平均相对湿度、月平均相对湿度、日平均相对湿度等;结构或构件的环境温度变化及干湿交替情况;海潮周期性变化情况;侵蚀性气体、液体、固体的影响范围及程度,必要时应检测有害成分含量;冻融循环及混凝土饱水状态;冲刷磨蚀情况、平均及最大水流流速和水力梯度情况。

(3) 环境作用类别与等级的划分按照《水工混凝土结构耐久性评定规范》(SL 775—2018)中的相关规定执行。

(4) 与耐久性评估有关的时间节点示意如图5-1所示,时间轴起点为结构建成时间。

(三) 现场取样检测结构混凝土耐久性要求

(1) 取样检测结构混凝土长期性能和耐久性能,芯样最小直径应符合表5-3的要求。

(2) 取样位置应在受检区域内随机选取,取样点应布置在无缺陷的部位。当受检区域存在明显劣化迹象时,取样深度应考虑劣化层的厚度。

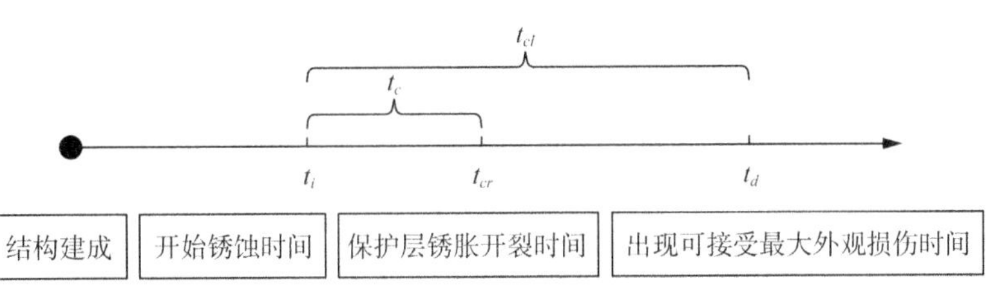

图 5-1　与耐久性评估有关的时间节点示意图

t_i —结构建成至钢筋开始锈蚀的时间，t_c —钢筋开始锈蚀至保护层锈胀开裂的时间，t_{cr} —保护层锈胀开裂的时间，t_d —混凝土表面出现可接受最大外观损伤的时间，t_{cl} —钢筋开始锈蚀至混凝土表面出现可接受最大外观损伤的时间。

表 5-3　芯样最小直径　　单位：mm

骨料最大粒径	31.5	40.0	63.0
芯样最小直径	100	150	200

(3) 当委托方有要求时，可对特定部位的混凝土长期性能和耐久性能进行专项检测。

(四) 主要检测和评定依据

(1)《水利水电工程合理使用年限及耐久性设计规范》(SL 654—2014)；

(2)《水工混凝土结构耐久性评定规范》(SL 775—2018)；

(3)《水工混凝土试验规程》(SL/T 352—2020)；

(4)《混凝土结构现场检测技术标准》(GB/T 50784—2013)；

(5)《混凝土结构耐久性评定标准》(CECS 220：2007)；

(6)《水工混凝土耐久性技术规范》(DL/T 5241—2010)；

(7)《普通混凝土长期性能和耐久性能试验方法标准》(GB/T 50082—2009)；

(8)《既有混凝土结构耐久性评定标准》(GB/T 51355—2019)；

(9)《混凝土耐久性检验评定标准》(JGJ/T 193—2009)；

(10)《在用公路桥梁现场检测技术规程》(JTG/T 5214—2022)；

(11)《水运工程结构耐久性设计标准》(JTS 153—2015)；

(12)《水运工程水工建筑物检测与评估技术规范》(JTS 304—2019)；

(13)《混凝土结构耐久性电化学技术规程》(T/CECS 565—2018)。

5.2　碳化环境下结构耐久性检测与评价

混凝土是一种多孔体，其在空气中的碳化是中性化最常见的一种形式。混凝土碳化是存在于大气中的 CO_2 在湿度相宜的情况下，可与已水化的水泥矿物中的碱性物质相互作用，使其成分、组织和性能发生变化，使用机能下降的一种很复杂的物理化学过程。尽管碳化进行缓慢，但对于钢筋混凝土而言，碳化深度到达钢筋时，将使钢筋失去钝化膜的保护而发生电化学锈蚀，引起混凝土顺钢筋方向的裂缝，加速钢筋的锈蚀。

(1) 混凝土碳化机理

硅酸盐水泥熟料的主要矿物成分是 C_3S、C_2S、C_3A 和 C_4AF，熟料矿物与水发生涉及 $Ca(OH)_2$ 的反应，使得硅酸盐水泥熟料中 $Ca(OH)_2$ 的含量约占水泥熟料质量的 25%左右(一般占 15%～30%)。由于 $Ca(OH)_2$ 的极限浓度最大、最容易溶解，所以混凝土孔隙液总是 $Ca(OH)_2$ 的饱和溶液，加上水泥中所含可溶性碱(K_2O，Na_2O)，使孔隙中的 pH 值高达 12.5～13.6。

二氧化碳(CO_2)溶于水成为碳酸，呈弱酸性。空气中的 CO_2 不断地沿着不饱和的混凝土连通毛细孔进入混凝土中，与混凝土孔隙液中的 $Ca(OH)_2$ 进行中和反应，这一过程称为混凝土的碳化。其主要的化学反应式为：

$$CO_2 + H_2O \longrightarrow H_2CO_3$$

$$H_2CO_3 + Ca(OH)_2 \longrightarrow CaCO_3 + H_2O$$

碳化过程即使在 CO_2 浓度很低的情况下(如乡村空气中 CO_2 含量按体积计仅占 0.03%)也能发生，随着碳化深度的增加，CO_2 进入混凝土内部更加困难，碳化进行更加缓慢。

碳化引起混凝土的碱度降低，还会使混凝土的微观结构发生变化，并因此改变混凝土的传质特性，在引起混凝土碱度降低方面，碳化对钢筋混凝土的耐久性是不利的；但在混凝土渗透性及孔隙率方面，碳化使混凝土的抗渗性得到一定的提高。

(2) 影响混凝土碳化的因素

混凝土碳化是一个极其缓慢的反应过程，碳化速率取决于许多因素的影响，归结起来，影响混凝土碳化深度的因素主要有以下几个。

a. 水泥品种及用量：由于空气中的 CO_2 含量是相对不变的，若混凝土中的 $Ca(OH)_2$ 含量越多，则碳化速度越缓慢。水泥中含熟料越多，水泥水化生成物 $Ca(OH)_2$ 就越多，抗碳化性能越好。因此就抗碳化能力而言，混凝土中水泥用量越大，其抗碳化能力越强。

b. 掺合料品种、掺量及掺入方法：硅粉和粉煤灰等掺合料的掺入，等量取代水泥的量越多，水化生成的 $Ca(OH)_2$ 减少，同时火山灰效应又需消耗部分

$Ca(OH)_2$，因此从 $Ca(OH)_2$ 总量角度看，掺合料的加入，不利于混凝土的抗碳化性能；但掺合料的加入，减少了水化热温升，降低了开裂风险，提高了混凝土的致密性，又增加了混凝土的抗碳化能力。

c. 外加剂的掺入：在胶凝材料用量不变的情况下，混凝土拌合物中掺入减水剂或引气剂，可降低混凝土的水胶比（或水灰比），使水泥颗粒均匀分散，提高混凝土的密实性或不透气性，从而产生延缓混凝土碳化速率的效果。

d. 水灰比：普通硅酸盐水泥影响碳化的一个内在因素是水灰比，混凝土的碳化速度与它的透气性有很密切的关系，混凝土透气性越小，碳化进行得越慢。水灰比小的混凝土由于水泥浆的组织密实，透气性小，因此碳化速度就慢。

e. 混凝土施工与养护：混凝土浇筑施工振捣不密实、养护不到位、蜂窝麻面多，造成混凝土密实度低，为二氧化碳和水分的渗入创造了条件，加速了混凝土的碳化速率。混凝土养护时拆模过早或洒水养护不到位，在高温或强风环境下，混凝土中水分流失迅速，导致水泥水化不充分，生成的 $Ca(OH)_2$ 含量偏低，表层混凝土渗透性增大，碳化速度加快。

f. 环境中 CO_2 的浓度及空气相对湿度：相关研究表明，碳化速度与空气中的 CO_2 浓度的平方根成正比，在空气中 CO_2 含量高且相对湿度为 50%～80% 时，混凝土的碳化速度较快。

g. 温度与光照：阳面混凝土的温度较背阳面混凝土的温度高，CO_2 在空气中的扩散系数较大，为其与 $Ca(OH)_2$ 的反应提供了有利条件，阳光的直射会加速其化学反应和碳化速度。

h. 冻融与渗漏：混凝土经过长期冻融循环作用后，内部孔结构劣化，为二氧化碳在其内部扩散提供了有利条件，使得碳化加速。渗漏水会使混凝土中的 $Ca(OH)_2$ 流失，在混凝土表面形成碳化钙的结晶，引起混凝土水化产物的分解，严重降低混凝土的强度和碱度，给钢筋锈蚀提供了条件。

(3) 碳化引起的钢筋锈蚀

在钢筋混凝土中，钢筋被混凝土包裹，受混凝土保护层的保护。在正常情况下，混凝土孔隙液为水泥水化时析出的 $Ca(OH)_2$ 和少量钾、钠氢氧化合物所饱和而呈强碱性，其 pH 值高达 12.5～13.5。钢筋在这种高碱度中，由于初始的电化学作用会迅速生成一层非常致密的、厚度约为 0.02 μm 的 Fe_3O_4-Fe_2O_3 的膜。这层膜牢牢附着在钢筋表面上，使其难以进行电化学反应，即为钢筋的钝化，此层膜称为钝化膜。而当混凝土碳化后，混凝土中的 pH 值降至 9 以下时，保护钢筋的钝化膜处于活化状态，在氧和水的作用下，钢筋产生电化学腐蚀。钢筋一旦锈蚀，铁锈体积比原体积大 2～3 倍，膨胀将使顺筋保护层开裂、剥落。另外铁锈的生成使得黏结破坏面从混凝土与钢筋的界面转移到了铁锈与母材的界面，使得钢筋与混凝土的协同工作能力大幅度降低。

5.2.1 混凝土碳化深度检测

混凝土碳化深度检测方法主要有酚酞指示剂呈色法、热分析法、X 射线物相分析法和电子探针显微分析法(EPMA)等。酚酞指示剂呈色法是根据酚酞试剂在强碱中呈现紫红色，弱碱性中为无色的原理，间接检测混凝土的碳化深度。该方法具有使用简便、成本低、结果直观等优点，在水闸混凝土结构碳化深度安全检测中广泛使用。

一、检测仪器设备

酚酞指示剂呈色法检测混凝土碳化深度主要检测设备包括：小锤(0.5 kg 铁锤)、钢凿、手持充电式电钻、碳化深度尺(精度为 0.25 mm)、深度卡尺(精度不大于 0.02 mm)、1%～2%的酚酞乙醇溶液(含 20%的蒸馏水)、小毛刷等。

碳化深度测量设备应进行检定，或按照《碳化深度测量仪和测量尺校准规范》(JJF 1721—2018)进行校准。

二、检测方法和步骤

(一) 测试点的选择

混凝土碳化深度测区的选择应有代表性，需避开混凝土表面上的裂缝和空洞，并应清洁、平整，不应有疏松层、浮浆、油垢、涂层以及蜂窝、麻面等缺陷。测区数量及布置应符合下列规定。

(1) 测区宜布置在量测保护层厚度的测区内。

(2) 同类构件含有测区的构件数不宜少于 6 个，同类构件数少于 6 个时，应逐个测试。

(3) 每个检测构件应不少于 3 个测区，测区应布置在构件的不同侧面。

(4) 每一测区应布置 3 个测孔，呈“品”字形排列，孔距应大于 2 倍孔径，测区碳化深度为 3 个测孔碳化深度的平均值。

(5) 测区宜布置在钢筋附近，对构件角部钢筋宜测试钢筋处两侧的碳化深度，碳化深度测量应精确至 0.1 mm。

(二) 检测方法和步骤

采用适当的工具在测点表面形成直径约 15 mm 的具有新生表面的测坑或测孔，其深度应大于混凝土的碳化深度。立即清除测坑或测孔中的粉末和碎屑，不得使用打磨工具清理，不得用水擦洗，未碳化的混凝土粉末和碎屑不应污染已碳化的混凝土表面。在测坑或测孔的新生表面上喷洒足够的酚酞酒精溶液，保证表面充分润湿且溶液不会流出。当已碳化区与未碳化区的界线清晰时,立即用深度测量工具测量已碳化与未碳化混凝土交界面到混凝土表面的垂直距离,测量时应避开混凝土中粗骨料,选取碳化深度最大的位置量测一次,在距离该测点 5 mm 的两侧各测量一次,每次读数精确至 0.25 mm。测点的碳化深度值应为每个测坑或测孔的三个数据的平均值,测区的碳化深度值应为每个测区的至少三个测点的平均值,测量结果精确至 0.5 mm。

5.2.2 环境水中二氧化碳含量测定

环境水中游离二氧化碳和侵蚀性二氧化碳含量可采用取样酸碱滴定法测定。

(一) 试验基本原理

(1) 游离二氧化碳是指溶于水中的二氧化碳,游离二氧化碳在水中极不稳定,采样后应及时进行测定。游离二氧化碳含量可采用碱滴定法测定。以酚酞为指示剂,用氢氧化钠标准溶液滴定游离二氧化碳的含量。游离二氧化碳与氢氧化钠反应生成碳酸氢钠,其反应如下:

$$NaOH+CO_2 \longrightarrow NaHCO_3$$

(2) 侵蚀性二氧化碳是指超过平衡量并能与碳酸钙起反应的游离二氧化碳。侵蚀性二氧化碳含量可采用酸滴定法测定。侵蚀性二氧化碳与碳酸钙作用,析出等量的重碳酸根离子,待侵蚀性二氧化碳与外加的碳酸钙完全作用后,以甲基橙为指示剂,用盐酸标准溶液测定重碳酸盐含量,扣除水样中原重碳酸盐含量,即得侵蚀性二氧化碳的含量,其反应如下:

$$CaCO_3+CO_2+H_2O \longrightarrow Ca(HCO_3)_2$$

(二) 检测仪器设备

仪器设备应包括下列几种。

(1) 分析天平:分度值不大于 0.1 mg;

(2) 250 mL 锥形瓶;

(3) 25 mL 滴定管,误差不大于 0.01 mL;

(4) 100 mL 容量瓶;

(5) 辅助器具:虹吸管。

(三) 检测试剂

(1) 0.05 mol/L 氢氧化钠标准溶液:称取分析纯氢氧化钠 2 g,溶于新煮沸冷却的 1 L 蒸馏水中。

a. 标定：称取已在105～110 ℃烘2 h的邻苯二甲酸氢钾（分析纯）0.2 g（准确至0.1 mg）置于250 mL锥形瓶内，加入50 mL新煮沸冷却的蒸馏水，再加2～3滴酚酞指示剂，立即用氢氧化钠标准溶液滴定至微红色在30 s内不褪色为终点，记录所耗体积。同时做空白试验。氢氧化钠标准溶液的浓度按照式(5-1)计算：

$$C=\frac{m}{(V-V_0)\times 204.23}\times 1\,000 \tag{5-1}$$

式中：C——氢氧化钠标准溶液的浓度，mol/L；m——邻苯二甲酸氢钾的质量，g；V——消耗氢氧化钠标准溶液的体积，mL；V_0——空白试验消耗氢氧化钠标准溶液的体积，mL；204.23——邻苯二甲酸氢钾的摩尔质量，g/mol。

b. 标定三次，差值不得超过0.001 mol/L，取其平均值。

(2) 0.05 mol/L盐酸标准溶液：取4.2 mL分析纯盐酸，加蒸馏水稀释至1 L。

a. 标定：称取已在250 ℃烘4 h的无水碳酸钠（分析纯）0.1 g（准确至0.1 mg）置于250 mL锥形瓶内，加蒸馏水100 mL，微热使其溶解。加2～3滴甲基橙指示剂，用配制好的盐酸标准溶液滴定至橙色，记录所耗体积。盐酸标准溶液的浓度按照式(5-2)计算：

$$C=\frac{m}{53.00V}\times 1\,000 \tag{5-2}$$

式中：C——盐酸标准溶液的浓度，mol/L；m——无水碳酸钠的质量，g；V——滴定时消耗盐酸标准溶液的体积，mL；53.00——$1/2\,Na_2CO_3$的摩尔质量，g/mol。

b. 标定3次，差值不得超过0.001 mol/L，取其平均值。

(3) 0.5%酚酞指示剂：称取酚酞0.5 g溶于100 mL 95%乙醇中。

(4) 0.1%甲基橙指示剂：称取0.1 g甲基橙溶于100 mL蒸馏水中。

(5) 饱和酒石酸钾钠溶液。

(6) 碳酸钙（分析纯粉末）。

（四）检测试验步骤

(1) 从水源取样后应立即进行游离CO_2的测定。取水样时应沿壁流下，不要使水溅起气体逸出。

(2) 游离二氧化碳测定：用虹吸管吸取水样100 mL（将开始吸取的约100 mL水样溢去），注入带塞的锥形瓶中，加2～3滴酚酞指示剂，若显红色，则说明水样不含二氧化碳；若不显红色，立即用氢氧化钠标准溶液滴定至微红色，

在 30 s 内不褪色为终点，记录所耗体积。水样在滴定时发生浑浊，表明水的硬度较高或含铁盐，应在滴定前加 1 mL 饱和酒石酸钾钠溶液。

(3) 侵蚀性二氧化碳测定：同时用虹吸管吸取两瓶水样（各 500 mL），从其中一瓶中立即取 100 mL 水样注入锥形瓶中，加 2～3 滴甲基橙指示剂，用 0.05 mol/L 盐酸标准溶液滴定至橙色为止，记录所耗体积。另一瓶按规定方法预处理后，加入 3 g 碳酸钙粉末并放置 5 d 或用电动振荡器振荡 6 h 后，取澄清的水样 100 mL（不能夹带沉淀粉末），用同样方法滴定，记录所耗体积。

(4) 每个水样做平行测定。

(五) 检测结果处理

(1) 水样中游离二氧化碳和侵蚀性二氧化碳含量分别按照式(5-3)和式(5-4)计算。

$$C_f = \frac{C_0 V_0 \times 44.00}{V} \times 1\,000 \tag{5-3}$$

$$C_c = \frac{C_1 (V_2 - V_1) \times 22.00}{V} \times 1\,000 \tag{5-4}$$

式中：C_f ——水样中游离二氧化碳含量，mg/L；C_c ——水样中侵蚀性二氧化碳含量，mg/L；C_0——氢氧化钠标准溶液的浓度，mol/L；C_1——盐酸标准溶液的浓度，mol/L；V_0——测定游离二氧化碳消耗的氢氧化钠标准溶液的体积，mL；V_1——未加碳酸钙的水样消耗盐酸标准溶液的体积，mL；V_2——加碳酸钙粉末的水样消耗盐酸标准溶液的体积，mL；V——水样的体积，mL；44.00——CO_2 的摩尔质量，g/mol；22.00——1/2CO_2 的摩尔质量，g/mol。

(2) 以两次测值的平均值作为试验结果（修约间隔为 1 mg/L）。若两测值相对误差大于 8.7%，应重做试验。如果 $V_2 \leqslant V_1$ 说明水样无侵蚀性二氧化碳。

5.2.3　碳化环境下的结构耐久性评价

一、碳化环境下钢筋锈蚀过程分析

(一) 碳化环境下结构耐久性评定计算参数选用要求

(1) 保护层厚度取实测平均值；

(2) 混凝土强度取实测抗压强度推定值；

(3) 碳化深度取钢筋部位实测平均值；

(4) 环境温度、湿度取建成后历年的年平均环境温度和年平均相对湿度的平均值，室内构件宜按室内实测数据确定，也可按室外数据适当调整；

(5) 对薄弱构件或薄弱部位(保护层厚度较小,混凝土强度较低,所处环境恶劣)宜按其最不利参数单独进行评定,并在评定报告中列出。

(二) 碳化环境下钢筋开始锈蚀时间

(1) 碳化环境下钢筋开始锈蚀时间 t_i 应根据碳化速率、保护层厚度和局部环境的影响确定,可按式(5-5)或式(5-6)计算,其中式(5-5)为查表法,式(5-6)为计算法。

$$t_i = 15.2K_k K_c K_m \tag{5-5}$$

$$t_i = \left(\frac{c - x_0}{k}\right)^2 \tag{5-6}$$

式中:t_i ——结构建成至钢筋开始锈蚀的时间,a(年);K_k ——碳化速率影响系数,按表 5-4 取用;K_c ——保护层厚度影响系数,按表 5-5 取用;K_m ——局部环境影响系数,按表 5-6 取用;c——保护层厚度实测值,mm;x_0——碳化残量,mm,按式(5-8)计算;k——碳化系数,按式(5-7)计算。

表 5-4　碳化速率影响系数 K_k

碳化系数 k(mm/$\sqrt{a}$)	1.0	2.0	3.0	4.5	6.0	7.5	9.0
K_k	2.27	1.54	1.20	0.94	0.80	0.71	0.64

注:碳化系数 k 按式(5-7)计算。

表 5-5　保护层厚度影响系数 K_c

保护层厚度 c(mm)	10	15	20	25	30	40	50	60
K_c	0.75	1.00	1.29	1.62	1.96	2.67	3.26	3.91

注:保护层厚度 c 取实测值。

表 5-6　局部环境影响系数 K_m

局部环境系数 m	1.0	1.5	2.0	2.5	3.0	3.5	4.5
K_m	1.51	1.24	1.05	0.94	0.85	0.78	0.68

注:局部环境系数 m 按表(5-7)取用。

(2) 碳化系数 k 按式(5-7)计算:

$$k = \frac{x_c}{\sqrt{t_0}} \tag{5-7}$$

式中:x_c ——实测碳化深度,mm;t_0——结构建成至检测时的时间,a(年)。

注:①碳化深度测区与评定钢筋锈蚀部位一致,测区不在构件角部时,角部

的碳化深度可取非角部的 1.4 倍。

②计算未考虑覆盖层的作用。

(3) 不同环境作用等级和条件的局部环境系数 m 可按照表 5-7 取值。

表 5-7　环境等级及局部环境系数 *m*

环境作用等级	条件	局部环境系数 m
Ⅰ-A	干燥环境	1.0
Ⅰ-B	长期处于内河水下或土中、室内潮湿环境(相对湿度≥75%)	1.5～2.5
	室内高温、高湿度变化环境	2.5～3.5
	室内干湿交替环境(表面淋水或结露)	3.0～4.0
Ⅰ-C	干燥地区室外环境(湿度≤75%,室外淋雨)	3.5～4.5
	水位变化区、湿热地区室外环境(室外淋雨)、室外大气污染环境	4.0～4.5

注:存在气态介质的弱腐蚀和中等腐蚀时,局部环境系数考虑具体情况,取用大值。

(4) 碳化残量 x_0 可按式(5-8)计算:

$$x_0=(1.2-0.35k^{0.5})D_c-\frac{6.0}{m+1.6}(1.5+0.84k) \tag{5-8}$$

式中:x_0——碳化残量,mm;k——碳化系数,按式(5-7)计算;D_c——与保护层厚度及碳化系数有关的参数,按照表 5-8 计算;m——局部环境系数,按表 5-7 取用。

表 5-8　参数 D_c 取值表

保护层厚度实测值 c	碳化系数 k	D_c 取值
$c\leqslant 28$ mm	$k\geqslant 0.8$	$D_c=c$
	$k<0.8$	$D_c=c-0.16/k$
$c>28$ mm	$k\geqslant 1.0$($k>3.3$ 时取 $k=3.3$)	$D_c=c+0.066(c-28)^{0.47k}$
	$k<1.0$	$D_c=c-0.389(c-28)(0.16/k)^{1.5}$

(三) 钢筋开始锈蚀至保护层锈胀开裂时间

(1) 钢筋开始锈蚀至保护层锈胀开裂的时间 t_c 应考虑保护层厚度、混凝土强度、钢筋直径、环境温度、环境湿度以及局部环境的影响,可采用查表法按式(5-9)估算或采用直接计算法按式(5-10)估算:

$$t_c=t_sH_cH_fH_dH_TH_{RH}H_m \tag{5-9}$$

$$t_c=\frac{\delta_{cr}}{\lambda_0} \tag{5-10}$$

式中：t_c——钢筋开始锈蚀至保护层锈胀开裂的时间，a(年)；t_s——特定条件下(各项影响系数为 1.0 时)构件自钢筋开始锈蚀到保护层锈胀开裂的时间，a(年)，对室外杆件取 $t_s=1.9$，室外墙、板取 $t_s=3.9$；对室内杆件取 $t_s=3.8$，室内墙、板取 $t_s=11.0$；H_c——保护层厚度对保护层锈胀开裂时间的影响系数，按表 5-9 取用；H_f——混凝土强度对保护层锈胀开裂时间的影响系数，按表 5-10 取用；H_d——钢筋直径对保护层锈胀开裂时间的影响系数，按表 5-11 取用；H_T——环境温度对保护层锈胀开裂时间的影响系数，按表 5-12 取用；H_{RH}——环境湿度对保护层锈胀开裂时间的影响系数，按表 5-13 取用；H_m——局部环境对保护层锈胀开裂时间的影响系数，按表 5-14 取用；δ_{cr}——保护层锈胀开裂时的临界钢筋锈蚀深度，mm，按式(5-11)或(5-12)估算；λ_0——保护层锈胀开裂前的年平均钢筋锈蚀速率，mm/a(年)，按式(5-13)或(5-14)估算。

表 5-9 保护层厚度对保护层锈胀开裂时间的影响系数 H_c

保护层厚度(mm)			10	15	20	25	30	40	50	60
H_c	室外	杆件	0.68	1.00	1.34	1.70	2.09	2.93	3.82	4.83
		墙、板	0.62	1.00	1.48	2.07	2.79	4.62	6.80	9.49
	室内	杆件	0.68	1.00	1.35	1.73	2.13	3.02	3.96	5.03
		墙、板	0.51	1.00	1.51	2.14	2.92	4.91	7.40	10.41

表 5-10 混凝土强度对保护层锈胀开裂时间的影响系数 H_f

混凝土强度(MPa)			10	15	20	25	30	35	40	50	60
H_f	室外	杆件	0.21	0.47	0.86	1.39	2.08	2.94	3.99	6.60	9.80
		墙、板	0.17	0.41	0.76	1.26	1.92	2.76	3.79	6.25	9.36
	室内	杆件	0.21	0.48	0.89	1.44	2.15	3.04	4.13	6.59	9.78
		墙、板	0.17	0.41	0.77	1.27	1.94	2.79	3.83	6.23	9.34

表 5-11 钢筋直径对保护层锈胀开裂时间的影响系数 H_d

钢筋直径(mm)			4	8	12	16	20	24	28	32	36
H_d	室外	杆件	2.43	1.66	1.40	1.27	1.19	1.13	1.10	1.00	0.95
		墙、板	4.65	2.11	1.50	1.25	1.12	1.02	0.99	0.96	0.93
	室内	杆件	2.23	1.52	1.29	1.17	1.10	1.04	1.02	1.00	0.98
		墙、板	4.10	1.87	1.34	1.11	1.00	0.92	0.88	0.85	0.83

表 5-12　环境温度对保护层锈胀开裂时间的影响系数 H_T

环境温度(℃)			4	8	12	16	20	24	28
H_T	室外	杆件	1.50	1.42	1.34	1.27	1.20	1.15	1.09
		墙、板	1.39	1.31	1.24	1.17	1.11	1.06	1.01
	室内	杆件	1.39	1.31	1.24	1.17	1.11	1.06	1.01
		墙、板	1.25	1.19	1.11	1.05	1.00	0.95	0.91

表 5-13　环境湿度对保护层锈胀开裂时间的影响系数 H_{RH}

环境湿度(%)			55	60	65	70	75	80	85
H_{RH}	室外	杆件	2.40	1.83	1.51	1.30	1.15	1.04	1.04
		墙、板	2.23	1.70	1.40	1.21	1.07	0.97	0.97
	室内	杆件	2.04	1.91	1.46	1.21	1.04	0.92	0.92
		墙、板	2.75	1.73	1.32	1.09	0.94	0.83	0.83

表 5-14　局部环境对保护层锈胀开裂时间的影响系数 H_m

局部环境系数 m			1.0	1.5	2.0	2.5	3.0	3.5	4.5
H_m	室外	杆件	3.74	2.49	1.87	1.50	1.25	1.07	0.83
		墙、板	3.50	2.33	1.75	1.40	1.17	1.00	0.78
	室内	杆件	3.40	2.27	1.70	1.36	1.13	0.97	0.76
		墙、板	3.09	2.05	1.55	1.24	1.03	0.88	0.59

(2) 临界钢筋锈蚀深度 δ_{cr} 可根据结构类型和钢筋部位分别按式(5-11)和式(5-12)估算:

杆件(角部钢筋)

$$\delta_{cr}=0.012c/d+0.000\,84f_{cu,k}+0.018 \tag{5-11}$$

墙、板(非角部钢筋)

$$\delta_{cr}=0.015(c/d)^{1.55}+0.001\,4f_{cu,k}+0.016 \tag{5-12}$$

式中:δ_{cr} ——保护层锈胀开裂时的临界钢筋锈蚀深度,mm;c——钢筋保护层厚度实测值,mm;d——钢筋直径,mm; $f_{cu,k}$ ——混凝土抗压强度设计标准值,MPa。

(3) 保护层锈胀开裂前年平均钢筋锈蚀速率 λ_0 可根据室外或室内分别按式(5-13)和式(5-14)估算:

室外

$$\lambda_0=7.53K_{cl}m(0.75+0.0125T)(RH-0.45)^{2/3}c^{-0.675}f_{cu,k}^{-1.8} \quad (5\text{-}13)$$

室内

$$\lambda_0=5.92K_{cl}m(0.75+0.0125T)(RH-0.45)^{2/3}c^{-0.675}f_{cu,k}^{-1.8} \quad (5\text{-}14)$$

式中：λ_0——保护层锈胀开裂前的年平均钢筋锈蚀速率，mm/a(年)；K_{cl}——钢筋位置影响系数，钢筋位于角部时 $K_{cl}=1.6$，钢筋位于非角部时 $K_{cl}=1.0$；m——局部环境系数，按表 5-7 取用；T——年平均温度，℃；RH——年平均相对湿度，$RH>0.8$ 时，取 $RH=0.80$；c——钢筋保护层厚度实测值，mm；$f_{cu,k}$——混凝土抗压强度设计标准值，MPa。

（四）钢筋开始锈蚀至混凝土表面出现可接受最大外观损伤时间

(1) 钢筋开始锈蚀至混凝土表面出现可接受最大外观损伤的时间 t_{cl} 应考虑保护层厚度、混凝土强度、钢筋直径、环境温度、环境湿度以及局部环境的影响，可按式(5-15)或式(5-16)估算，其中式(5-15)为查表法，式(5-16)为直接计算法：

$$t_{cl}=BF_cF_fF_dF_TF_{RH}F_m \quad (5\text{-}15)$$

$$t_{cl}=t_c+\frac{\delta_d-\delta_{cr}}{\lambda_1} \quad (5\text{-}16)$$

式中：t_{cl}——钢筋开始锈蚀至混凝土表面出现可接受最大外观损伤的时间，a(年)；B——特定条件下(各项影响系数为 1.0 时)，自钢筋开始锈蚀至混凝土表面出现可接受最大外观损伤的时间，对室外杆件取 $B=7.04$，室外墙、板取 $B=8.09$；对室内杆件取 $B=8.84$，室内墙、板取 $B=14.48$；F_c——保护层厚度对混凝土表面出现可接受最大外观损伤时间的影响系数，按表 5-15 取用；F_f——混凝土强度对混凝土表面出现可接受最大外观损伤时间的影响系数，按表 5-16 取用；F_d——钢筋直径对混凝土表面出现可接受最大外观损伤时间的影响系数，按表 5-17 取用；F_T——环境温度对混凝土表面出现可接受最大外观损伤时间的影响系数，按表 5-18 取用；F_{RH}——环境湿度对混凝土表面出现可接受最大外观损伤时间的影响系数，按表 5-19 取用；F_m——局部环境对混凝土表面出现可接受最大外观损伤时间的影响系数，按表 5-20 取用；t_c——钢筋开始锈蚀至保护层锈胀开裂的时间，a(年)，按式(5-9)或式(5-10)估算；δ_d——混凝土表面出现可接受最大外观损伤时的钢筋锈蚀深度，mm，按式(5-17)、式(5-18)或式(5-19)估算；δ_{cr}——保护层锈胀开裂时的临界钢筋锈蚀深度，mm，按式(5-11)或式(5-12)估算；λ_1——保护层锈胀开裂后的年平均钢筋锈蚀速率，

mm/a(年),按式(5-20)估算。

表 5-15　保护层厚度对混凝土表面出现可接受最大外观损伤时间影响系数 F_c

保护层厚度(mm)			10	15	20	25	30	40	50	60
F_c	室外	杆件	0.87	1.00	1.17	1.36	1.54	1.91	2.43	2.93
		墙、板	0.77	1.00	1.24	1.49	1.76	2.35	2.98	3.69
	室内	杆件	0.78	1.00	1.23	1.48	1.59	2.13	2.84	3.45
		墙、板	0.74	1.00	1.26	1.53	1.82	2.45	3.17	3.93

表 5-16　混凝土强度对混凝土表面出现可接受最大外观损伤时间影响系数 F_f

混凝土强度(MPa)			10	15	20	25	30	35	40	50	60
F_f	室外	杆件	0.29	0.60	0.92	1.25	1.64	2.16	2.78	4.14	5.74
		墙、板	0.31	0.59	0.89	1.29	1.81	2.46	3.24	4.94	7.15
	室内	杆件	0.34	0.62	0.93	1.33	1.85	2.49	3.24	4.94	7.09
		墙、板	0.31	0.56	0.89	1.35	1.94	2.66	3.52	5.56	8.12

表 5-17　钢筋直径对混凝土表面出现可接受最大外观损伤时间影响系数 F_d

钢筋直径(mm)			4	8	12	16	20	25	28	32	36
F_d	室外	杆件	0.86	1.11	1.33	1.29	1.26	1.23	1.22	1.21	1.20
		墙、板	0.91	1.44	1.47	1.36	1.30	1.26	1.24	1.23	1.22
	室内	杆件	0.94	1.14	1.32	1.27	1.24	1.21	1.20	1.19	1.18
		墙、板	0.92	1.40	1.41	1.29	1.23	1.19	1.17	1.16	1.15

表 5-18　环境温度对混凝土表面出现可接受最大外观损伤时间影响系数 F_T

环境温度(℃)			4	8	12	16	20	24	28
F_T	室外	杆件	1.39	1.33	1.27	1.22	1.18	1.13	1.10
		墙、板	1.48	1.41	1.34	1.27	1.22	1.16	1.12
	室内	杆件	1.42	1.34	1.28	1.22	1.16	1.12	1.07
		墙、板	1.43	1.35	1.28	1.22	1.16	1.11	1.06

表 5-19　环境湿度对混凝土表面出现可接受最大外观损伤时间影响系数 F_{RH}

环境湿度(%)			55	60	65	70	75	80	85
F_{RH}	室外	杆件	2.07	1.64	1.40	1.24	1.13	1.06	1.06
		墙、板	2.30	1.79	1.50	1.31	1.18	1.08	1.08
	室内	杆件	2.95	1.91	1.49	1.26	1.11	1.00	1.00
		墙、板	3.08	1.96	1.51	1.26	1.10	0.98	0.98

表 5-20 局部环境对混凝土表面出现可接受最大外观损伤时间影响系数 F_m

局部环境系数 m			1.0	1.5	2.0	2.5	3.0	3.5	4.0	4.5
F_m	室外	杆件	3.10	2.14	1.67	1.38	1.20	1.06	0.95	0.88
		墙、板	3.53	2.39	1.82	1.49	1.26	1.10	0.98	0.89
	室内	杆件	3.27	2.23	1.71	1.40	1.19	1.05	0.93	0.85
		墙、板	3.43	2.30	1.75	1.41	1.19	1.03	0.91	0.82

(2) 混凝土表面出现可接受最大外观损伤时的钢筋锈蚀深度 δ_d 可根据结构和钢筋特征按式(5-17)、式(5-18)或式(5-19)分别估算：

配有圆形钢筋的杆件

$$\delta_d = 0.255 + 0.012c/d + 0.000\,84 f_{cu,k} \tag{5-17}$$

配有带肋钢筋的杆件

$$\delta_d = 0.273 + 0.008c/d + 0.000\,55 f_{cu,k} \tag{5-18}$$

墙、板类构件

$$\delta_d = 0.3 \tag{5-19}$$

式中：δ_d ——混凝土表面出现可接受最大外观损伤时的钢筋锈蚀深度，mm；c——钢筋保护层厚度，mm；d——钢筋直径，mm；$f_{cu,k}$ ——混凝土抗压强度设计标准值，MPa。

(3) 保护层锈胀开裂后年平均钢筋锈蚀速率 λ_1 可按式(5-20)估算：

$$\lambda_1 = (4.5 - 340\lambda_0)\lambda_0 \tag{5-20}$$

式中：λ_1——保护层锈胀开裂后的年平均钢筋锈蚀速率，mm/a(年)；λ_0——保护层锈胀开裂前的年平均钢筋锈蚀速率，mm/a(年)，按式(5-13)或式(5-14)估算。

当 $\lambda_1 < 1.8\lambda_0$ 时，取 $\lambda_1 = 1.8\lambda_0$。

二、碳化环境下结构耐久性分析

(1) 碳化环境下钢筋开始锈蚀的时间 t_i 应根据碳化速率、保护层厚度和局部环境的影响确定，按式(5-5)或式(5-6)计算。

(2) 保护层锈胀开裂的时间 t_{cr} 应考虑保护层厚度、混凝强度、钢筋直径、环境温度、环境湿度以及局部环境的影响，可按式(5-21)估算：

$$t_{cr} = t_i + t_c \tag{5-21}$$

式中：t_{cr} ——保护层锈胀开裂的时间，a(年)；t_i ——结构建成至钢筋开始锈蚀的时间，a(年)；t_c ——钢筋开始锈蚀至保护层锈胀开裂的时间，a(年)，按式(5-9)或式(5-10)估算。

(3) 混凝土表面出现可接受最大外观损伤的时间 t_d 应考虑保护层厚度、混凝土强度、钢筋直径、环境温度、环境湿度以及局部环境的影响，可按式(5-22)估算：

$$t_d = t_i + t_{cl} \tag{5-22}$$

式中：t_d ——混凝土表面出现可接受最大外观损伤的时间，a(年)；t_i ——结构建成至钢筋开始锈蚀的时间，a(年)；t_{cl} ——钢筋开始锈蚀至混凝土表面出现可接受最大外观损伤的时间，a(年)，按式(5-15)或式(5-16)估算。

(4) 剩余使用年限 t_{re} 由耐久性失效时间减去结构已运行年限确定。对期望使用年限内不允许钢筋锈蚀的构件可按式(5-23)计算，对期望使用年限内不允许保护层出现锈胀裂缝的构件可按(5-24)计算，对期望使用年限内允许出现锈胀裂缝或局部破损的构件可按式(5-25)计算：

$$t_{re} = t_i + t_0 \tag{5-23}$$

$$t_{re} = t_{cr} - t_0 \tag{5-24}$$

$$t_{re} = t_d - t_0 \tag{5-25}$$

式中：t_{re} ——剩余使用年限，a(年)；t_i ——结构建成至钢筋开始锈蚀的时间，a(年)；t_0——结构建成至检测时的时间，a(年)；t_{cr} ——保护层锈胀开裂的时间，a(年)；t_d ——混凝土表面出现可接受最大外观损伤的时间，a(年)。

(5) 碳化环境下结构耐久性等级可通过计算 $t_{re}/(t_e\gamma_0)$ 的结果按表5-21评定。

表5-21 碳化环境下结构耐久性等级评定

$t_{re}/(t_e\gamma_0)$	≥1.8	<1.8，且≥1.0	<1.0
耐久性等级	A	B	C

注：1. t_e 为期望使用年限。
2. γ_0 为结构耐久重要性系数。
3. 当计算评定为A、B级时，如不允许钢筋锈蚀的构件出现碳化深度超过保护层厚度，或不允许保护层出现锈胀裂缝的构件出现保护层锈胀开裂，耐久性等级为C级。

5.3 氯盐环境下结构耐久性检测与评价

钢筋腐蚀是钢筋混凝土结构最常见的问题，国内外大量事实表明，引起混凝土中钢筋腐蚀的主要环境因素是“盐害”。混凝土中引起钢筋锈蚀的氯离子来源于外掺和内掺两种方式。在一些混凝土的使用环境中，如近海建筑物、使用化冰盐的桥梁和公路、盐碱地及盐污染的工业环境，氯离子可以从外部掺入到混凝土的内部，从而引起钢筋的腐蚀，即外掺方式引入；而拌制用细骨料中及拌制用水中含有氯离子，即内掺方式引入。

(1) 氯盐腐蚀作用机理

氯离子对钢筋混凝土结构的侵入会导致混凝土构件中的钢筋脱钝，引起钢筋锈蚀，致使钢筋混凝土结构或构筑物的服役性能退化乃至失效破坏，其腐蚀作用机理主要为以下几个方面。

a. 破坏钝化膜：水泥水化产生大量的 $Ca(OH)_2$，内部形成一种高碱性环境 ($pH \geqslant 12.6$)，使钢筋表面产生一层致密的钝化膜，该钝化膜中包含有 Si—O 键，对钢筋有很强的保护作用。然而钝化膜只有在高碱性环境中才是稳定的。研究与实践表明，当 $pH<11.5$ 时钝化膜就开始不稳定(临界值)；当 $pH<9.88$ 时钝化膜生成困难或已经生成的钝化膜逐渐破坏。Cl^- 进入混凝土中并到达钢筋表面，当它吸附于局部钝化膜处时，可使该处的 pH 值迅速降低到 4 以下，于是该处的钝化膜就被破坏了。

b. 形成腐蚀电池：钢筋表面钝化膜的破坏首先发生在局部(点)，这些部位(点)露出了铁基体，与尚完好的钝化膜区域之间构成电位差(混凝土内一般有水或潮气存在可作为电解质)。铁基体作为阳极而受腐蚀，大面积的钝化膜区作为阴极。腐蚀电池作用的结果：钢筋表面产生点蚀(坑蚀)，由于大阴极(钝化膜区)对应于小阳极(钝化膜破坏点)，坑蚀发展十分迅速。这就是 Cl^- 使钢筋表面产生"坑蚀"的原因。

c. Cl^- 的去极化作用：Cl^- 不仅会促进腐蚀电池的形成，而且会通过阳极去极化作用加速腐蚀电池的作用。若电化学腐蚀阳极区生成的 Fe^{2+} 逐渐积累，则阳极反应会因此受阻，腐蚀速率会减慢；反之，阳极反应会顺利进行甚至加速进行，腐蚀加速。Fe^{2+} 和 Cl^- 反应生成可溶性 $FeCl_2$，且 $FeCl_2$ 会随溶液向外运输扩散，阻止 Fe^{2+} 的积累，保证阳极反应的顺利进行。当 $FeCl_2$ 到达混凝土孔隙液时，会与 OH^- 反应生成 $Fe(OH)_2$，Cl^- 又被释放出来，参与阳极反应，加速腐蚀。$Fe(OH)_2$ 在水和氧气作用下形成 $Fe(OH)_3$ 和 Fe_3O_4，在钢筋表面形成锈层。Cl^- 发挥着阳极去极化作用，其本身并未被消耗而是起到"搬运工"的作用，只要有少量的 Cl^- 存在，钢筋腐蚀就会一直进行下去。腐蚀反应见式(5-26)～式(5-31)。

阳极区：

$$Fe \longrightarrow Fe^{2+} + 2e^- \tag{5-26}$$

阴极区：

$$2H_2O+O_2+4e^- \longrightarrow 4OH^- \tag{5-27}$$

腐蚀产物：

$$Fe^{2+}+2Cl^-+2H_2O \longrightarrow Fe(OH)_2+2HCl \tag{5-28}$$

$$4Fe(OH)_2+2H_2O+O_2 \longrightarrow 4Fe(OH)_3 \tag{5-29}$$

$$2Fe(OH)_3 \longrightarrow Fe_2O_3+3H_2O \tag{5-30}$$

$$6Fe(OH)_2+O_2 \longrightarrow 2Fe_3O_4+6H_2O \tag{5-31}$$

d. Cl^-的导电作用：腐蚀电池的要素之一是要有离子通路。混凝土中 Cl^- 的存在，强化了离子通路，降低了阴、阳极之间的欧姆电阻，提高了腐蚀电池的效率，从而加速了电化学腐蚀过程。氯盐中的阳离子（Na^+、Ca^{2+}等），也降低了阴、阳极之间的欧姆电阻。

(2) 氯盐腐蚀影响因素

混凝土中氯盐腐蚀的发生和发展受到多种因素的影响，主要包括以下几个方面。

a. 氯盐浓度：氯盐浓度是影响混凝土中氯盐腐蚀的主要因素之一，氯离子的浓度越高，混凝土中的钢筋就越容易受到腐蚀。

b. 温度和湿度：温度和湿度也会影响混凝土中氯盐腐蚀的发生和发展。在高温和高湿条件下，混凝土中的水分会增加，这会使氯离子更容易进入钢筋表面，从而加速钢筋的腐蚀。

c. 混凝土质量：混凝土的质量也是影响混凝土中氯盐腐蚀的重要因素之一。如果混凝土的质量不好，其中的氯离子浓度就会增加，从而加速钢筋的腐蚀。

d. 使用环境：使用环境也会影响混凝土中氯盐腐蚀的发生和发展。如果混凝土处于海洋环境或者污染环境中，其中的氯离子浓度就会增加，从而加速钢筋的腐蚀。

5.3.1 混凝土抗氯离子渗透性能检测(取芯检测)

结构混凝土抗氯离子渗透性能可采用快速氯离子迁移系数法和电通量法检测。

(1) 采用快速氯离子迁移系数法时，取样与测试应符合下列规定：

a. 在受检区域随机布置取样点，每个受检区域取样不应少于 1 组；每组应由不少于3个直径100 mm且长度不小于120 mm的芯样组成；

b. 将无明显缺陷的芯样从中间切成两半，加工成2个高度为50 mm±2 mm的试件，分别标记为内部试件和外部试件；将3个内部试件作为一组，对应的3个外部试件作为另一组；

c. 按现行国家标准《普通混凝土长期性能和耐久性能试验方法标准》(GB/T 50082—2009)的有关规定，分别对两组试件进行试验，试验面为中间切割面；

d. 按规定进行数据取舍后，分别确定两组氯离子迁移系数测定值；

e. 当两组氯离子迁移系数测定值相差不超过15%时，应以两组平均值作为结构混凝土在检测龄期氯离子迁移系数推定值；

f. 当两组氯离子迁移系数测定值相差超过15%时，应以两组氯离子迁移系数测定值，作为结构混凝土内部和外部在检测龄期氯离子迁移系数推定值。

(2) 采用电通量法时，取样与测试应符合下列规定：

a. 在受检区域随机布置取样点，每个受检区域取样不应少于1组；每组应由不少于3个直径100 mm且长度不小于120 mmn的芯样组成；

b. 应将无明显缺陷且无钢筋、无钢纤维的芯样从中间切成两半，加工成2个高度为50 mm±2 mm的试件，分别标记为内部试件和外部试件；将3个外部试件作为一组，对应的3个内部试件作为另一组；

c. 应按现行国家标准《普通混凝土长期性能和耐久性能试验方法标准》(GB/T 50082—2009)的有关规定，分别对两组试件进行试验，试验面应为中间切割面；

d. 按规定进行数据取舍后，应分别确定两组电通量测定值；

e. 当两组电通量测定值相差不超过15%时，应以两组平均值作为结构混凝土在检测龄期电通量推定值；

f. 当两组氯离子迁移系数测定值相差超过15%时，应以两组电通量测定值，作为结构混凝土内部和外部在检测龄期电通量推定值。

5.3.2 混凝土中氯离子含量检测(取样硝酸银电位滴定法)

(一) 检测仪器设备

测定混凝土中氯离子含量应具备下列仪器：

(1) 具有0.1pH单位精确度的酸度计或10 mV精确度的电位计；

(2) 银电极或氯电极；

(3) 饱和甘汞电极；

(4) 电磁搅拌器；

(5) 电振荡器；

(6) 50mL 滴定管；

(7) 10 mL、25 mL 及 50 mL 移液管；

(8) 烧杯；

(9) 300 mL 磨口三角瓶；

(10) 感量为 0.0 001 g 和感量为 0.1 g 的天平；

(11) 最高使用温度不小于 1 000 ℃的箱式电阻炉；

(12) 0.075 mm 的方孔筛；

(13) 电热鼓风恒温干燥箱，温度控制范围 0 ℃～250 ℃；

(14) 磁铁；

(15) 快速定量滤纸；

(16) 干燥器。

(二) 测定试剂

测定混凝土中氯离子含量应具备下列试剂：

(1) 三级以上试验用水；

(2) 体积比为 1(硝酸)∶3(试验用水)的硝酸溶液；

(3) 浓度为 10 g/L 的酚酞指示剂；

(4) 浓度为 0.01 mol/L 的硝酸银标准溶液；

(5) 浓度为 10 g/L 的淀粉溶液；

(6) 氯化钠基准试剂；

(7) 硝酸银。

(三) 试样钻取与制备

取样位置应在受检混凝土区域中随机确定，需避开主筋预埋件和管线，尽量避开其他钢筋，钻孔中心距结构或构件边缘不宜小于 150 mm。每个区域钻取不少于 3 个直径不小于 70 mm 的混凝土芯样，芯样长度不应小于 100 mm。取回的芯样进行试验试样制备时，应符合下列规定：

(1) 混凝土芯样应进行破碎，并剔除粗骨料；

(2) 试样应缩分至 30 g，并应研磨至全部通过 0.075 mm 的方孔筛；

(3) 试样中的铁屑应采用磁铁吸出；

(4) 试样应置于 105 ℃～110 ℃电热鼓风恒温干燥箱中烘至恒重，取出后应放入干燥器中冷却至室温。

(四) 硝酸银标准溶液的配制

硝酸银标准溶液应按下列方法配制：

(1) 用感量为 0.000 1 g 的天平称取 1.700 0 g 硝酸银，放于烧杯中；

(2) 在烧杯中加入少量试验用水，待硝酸银溶解后，将溶液移入 1 000 mL 容量瓶中；

(3) 向容量瓶中加入试验用水稀释至 1 000 mL 刻度，摇匀，储存于棕色瓶中。

(五) 氯化钠标准溶液的配制

氯化钠标准溶液应按下列方法配制：

(1) 将氯化钠基准试剂放于温度为 500 ℃～600 ℃箱式电阻炉中进行灼烧，灼烧至恒重；

(2) 用感量为 0.000 1 g 的天平称取灼烧后的氯化钠基准试剂 0.600 0 g，放于烧杯中；

(3) 在烧杯中加入少量试验用水，待氯化钠溶解后，将溶液移入 1 000 mL 容量瓶中；

(4) 向容量瓶中加入试验用水稀释至 1 000 mL 刻度，摇匀，储存于试剂瓶中。

(六) 硝酸银标准溶液的标定

硝酸银标准溶液应按下列规定进行标定：

(1) 使用 25 mL 移液管分别吸取 25.00 mL 氯化钠标准溶液和 25.00 mL 试验用水置于 100 mL 烧杯中；

(2) 在烧杯中加 10.0 mL 浓度为 10 g/L 的淀粉溶液；

(3) 将烧杯放置于电磁搅拌器上，以银电极或氯电极作指示电极，以饱和甘汞电极作参比电极，用配制好的硝酸银标准溶液滴定；

(4) 按现行国家标准《化学试剂：电位滴定法通则》(GB/T 9725—2007)的规定，以二级微商法确定所用硝酸银溶液的体积；

(5) 同时使用试验用水代替氯化钠标准溶液进行上述步骤的空白试验，确定空白试验所用硝酸银标准溶液的体积；

(6) 硝酸银标准溶液的浓度按下式计算：

$$C_{(AgNO_3)}=\frac{m_{(NaCl)}\times 25.00/1\,000.00}{(V_1-V_2)\times 0.058\,44} \tag{5-32}$$

式中：$C_{(AgNO_3)}$——硝酸银标准溶液的浓度，mol/L；$m_{(NaCl)}$——氯化钠的质量，g；V_1——滴定氯化钠标准溶液所用硝酸银标准溶液的体积，mL；V_2——空白试验所用硝酸银标准溶液的体积，mL；0.058 44——氯化钠的毫摩尔质量，g/mmol。

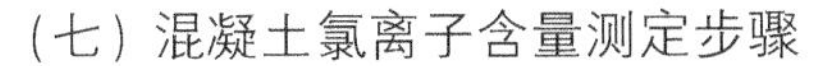

（七）混凝土氯离子含量测定步骤

混凝土中氯离子含量应按下列方法测定。

(1) 混凝土试样应按下列步骤制备混凝土试样滤液：

a. 用感量 0.000 1 g 的天平称取 5.000 0 g 试样，放入磨口三角瓶中；

b. 在磨口三角瓶中加入 250.0 mL 试验用水，盖紧塞剧烈摇动 3～4 min；

c. 再将盖紧塞的磨口三角瓶放在电振荡器上振荡 6 h 或静止放置 24 h；

d. 以快速定量滤纸过滤磨口三角瓶中的溶液于烧杯中即成为混凝土试样滤液。

(2) 混凝土试样滤液应按下列步骤进行滴定：

a. 用移液管吸取 50.00 mL 滤液于烧杯中，滴加浓度为 10 g/L 的酚酞指示剂 2 滴；

b. 用配制的硝酸溶液滴至红色刚好褪去，再加 10.0 mL 浓度为 10 g/L 的淀粉溶液；

c. 将烧杯放置于电磁搅拌器上，以银电极或氯电极作指示电极，饱和甘汞电极作参比电极，用配制好的硝酸银标准溶液滴定；

d. 按现行国家标准《化学试剂：电位滴定法通则》(GB/T 9725—2007)的规定，以二级微商法确定所用硝酸银溶液的体积。

(3) 应使用试验用水代替混凝土试样滤液按第 2 款的步骤同时进行试验用水的空白试验，确定空白试验所用硝酸银标准溶液的体积。

(4) 混凝土中氯离子含量按下式计算：

$$W_{Cl^-}=\frac{C_{(AgNO_3)}\times(V_1-V_2)\times 0.035\,45}{m_s\times 50.00/250.0}\times 100\% \tag{5-33}$$

式中：W_{Cl^-}——混凝土中氯离子含量，%；$C_{(AgNO_3)}$——硝酸银标准溶液的浓度，mol/L；V_1——滴定氯化钠标准溶液所用硝酸银标准溶液的体积，mL；V_2——空白试验所用硝酸银标准溶液的体积，mL；0.035 45——氯离子的毫摩尔质量，g/mmol；m_s——混凝土试样质量，g。

(5) 混凝土中氯离子占胶凝材料总量的百分比应按下式计算：

$$P_{Cl,t}=W_{Cl^-}/\lambda_C \tag{5-34}$$

式中：$P_{Cl,t}$——混凝土中氯离子占胶凝材料总量的百分比，%；W_{Cl^-}——混凝土中氯离子含量，%；λ_C——根据混凝土配合比确定的混凝土中胶凝材料与砂浆的质量比。

5.3.3 环境水中氯离子含量测定

一、水中氯离子含量测定(摩尔法)

本试验用于测定水中的氯离子含量,适用于氯离子含量为10～500(mg/L)的水样,水样采集与保存须按规范规定的步骤执行。高于此范围的水样,可经稀释后测定。此法必须在溶液pH值范围为6.5～10.5时进行测定,若溶液碱性太强可用稀硝酸中和,酸性太强可用碳酸氢钠中和。

(一)试验基本原理

在含有氯离子的溶液中,以铬酸钾作指示剂,用硝酸银标准溶液滴定。由于氯化银的溶解度比铬酸银小,根据分步沉淀的原理,溶液中首先析出氯化银沉淀,滴定反应到达终点时,过量的硝酸银溶液与铬酸钾指示剂生成砖红色的铬酸银沉淀,即指示出反应的终点。由滴定消耗的硝酸银标准溶液量可计算出氯离子的含量。滴定反应和指示剂的反应如下。

$$Ag^{+}+Cl^{-}\longrightarrow AgCl\downarrow\text{(白色)}$$

$$2Ag^{+}+CrO_4^{2-}\longrightarrow Ag_2CrO_4\downarrow\text{(砖红色)}$$

(二)检测仪器设备

仪器设备应包括以下几种:

(1) 1 000 mL容量瓶;

(2) 25 mL棕色滴定管,误差不大于0.01 mL;

(3) 250 mL烧杯;

(4) 250 mL锥形瓶。

(三)测定试剂

(1) 5%铬酸钾指示剂:称取铬酸钾(K_2CrO_4)5 g溶于少量蒸馏水中,加饱和的硝酸银溶液至有红色沉淀为止,过滤后稀释至100 mL备用。

(2) 0.03 mol/L氯化钠标准溶液:称取经500 ℃灼烧1 h的分析纯氯化钠1.753 5 g,溶于少量蒸馏水后移入容量瓶,再用蒸馏水稀释至1 L,摇匀。

(3) 0.03 mol/L硝酸银标准溶液:称取经105 ℃烘2 h的硝酸银5.1 g溶于蒸馏水,后移入容量瓶加蒸馏水稀释至1 L,摇匀,保存于棕色瓶中。

a. 标定:准确吸取25 mL氯化钠标准溶液置于250 mL锥形瓶内,加入25 mL蒸馏水,再加5滴铬酸钾指示剂,用硝酸银标准溶液滴定至溶液中生成砖红色铬酸银沉淀为止,记录所耗体积。同时做空白试验。硝酸银标准溶液的浓度按照式(5-35)计算。

$$C_2=\frac{C_1V_1}{V_2-V_0} \tag{5-35}$$

式中：C_1——氯化钠标准溶液的浓度，mol/L；C_2——硝酸银标准溶液的浓度，mol/L；V_1——氯化钠标准溶液的体积，mL；V_2——消耗硝酸银标准溶液的体积，mL；V_0——空白试验消耗硝酸银标准溶液的体积，mL。

b. 标定三次，差值不应超过 0.001 mol/L，取其平均值。

(四) 试验步骤

(1) 取水样 100 mL 置于锥形瓶中，加 5 滴铬酸钾指示剂，用硝酸银标准溶液滴定至溶液中生成砖红色铬酸银沉淀为止，记录所耗体积。氯离子含量过高时，产生的白色氯化银沉淀过多将影响终点观察，此时宜减少水样量。当水样中硫酸盐含量大于 32 mg/L、硫离子(S^{2-})含量大于 5 mg/L 时，对测定有干扰。

(2) 吸取蒸馏水 100 mL，按上述步骤进行空白试验，记录所耗体积。

(3) 每个水样作平行测定。

(五) 试验结果处理

(1) 水样中氯离子含量按照式(5-36)计算：

$$C_{Cl^-}=\frac{C_1(V_2-V_1)\times 35.45}{V}\times 1\,000 \tag{5-36}$$

式中：C_{Cl^-}——水样中氯离子含量，mg/L；C_1——硝酸银标准溶液的浓度，mol/L；V_1——空白试验消耗硝酸银标准溶液的体积，mL；V_2——水样消耗硝酸银标准溶液的体积，mL；V——水样的体积，mL；35.45——氯离子的摩尔质量，g/mol。

(2) 将两次测值的平均值作为试验结果(修约间隔为 1 mg/L)。若两测值相对误差大于 2.2%时，应重做试验。

二、水中氯离子含量测定(硝酸高汞法)

本试验用于测定水中的氯离子含量，适用于氯离子含量小于 50 mg/L 的水样。本试验必须控制溶液的 pH 值在 3.0～3.5 范围内。

(一) 试验基本原理

以二苯卡巴腙为主的混合指示剂，在微酸性溶液中两价汞首先与氯离子结合生成离解度很小的氯化汞($HgCl_2$)；当到达终点时，两价汞又与指示剂形成蓝紫色络合物，指示出明显的终点。在滴定过程中，必须控制溶液 pH 值在 3.0～3.5 范围内。可使用二苯卡巴腙与溴酚蓝配成的混合指示剂，一方面指示溶液的 pH 值，同时又指示滴定终点。

（二）检测仪器设备

仪器设备应包括以下几种：

(1) 1 000 mL 容量瓶；

(2) 10 mL 微量滴定管，误差不大于 0.01 mL；

(3) 250 mL 锥形瓶；

(4) 1 000 mL 试剂瓶。

（三）测定试剂

(1) 混合指示剂：0.5 g 二苯卡巴腙与 0.05 g 溴酚蓝混合，溶于 100 mL 95% 的乙醇中。

(2) 0.03 mol/L 氯化钠标准落液：称取经 500 ℃灼烧 1 h 的分析纯氯化钠 1.753 5 g，溶于少量蒸馏水后移入容量瓶，再用蒸馏水稀释至 1 L，摇匀。

(3) 0.05 mol/L 硝酸溶液：量取 3.2 mL 硝酸(密度为 1.42 kg/L)，加蒸馏水稀释至 1 000 mL，摇匀，存于棕色试剂瓶备用。

(4) 硝酸高汞标准溶液$\left\{C\frac{1}{2}\left[Hg(NO_3)_2\cdot\frac{1}{2}H_2O\right]=0.02\ mol/L\right\}$：称取 3.35 g 硝酸高汞$\left[Hg(NO_3)_2\cdot\frac{1}{2}H_2O\right]$溶于 100 mL 加有 1.0～1.5 mL 硝酸(密度为 1.42 kg/L)的蒸馏水中，移入容量瓶后加蒸馏水稀释至 1 L，摇匀。

a. 标定：准确吸取 25 mL 氯化钠标准溶液置于 250 mL 锥形瓶内，加入 25 mL 蒸馏水和 10 滴混合指示剂，用 0.05 mol/L 硝酸溶液调至溶液呈黄色，再多加 1 mL 0.05 mol/L 硝酸溶液使 pH 值为 3.0～3.5，用硝酸高汞标准溶液滴至溶液呈葡萄紫色为止，记录所耗体积。同时做空白试验。

硝酸高汞标准溶液的浓度按照式(5-37)计算：

$$C=\frac{C_1V_1}{V_2-V_0} \tag{5-37}$$

式中：C——硝酸高汞标准溶液的浓度，mol/L；C_1——氯化钠标准溶液的浓度，mol/L；V_1——氯化钠标准溶液的体积，mL；V_2——消耗硝酸高汞标准溶液的体积，mL；V_0——空白试验消耗硝酸高汞标准溶液的体积，mL。

b. 标定三次，差值不应超过 0.001 mol/L，取其平均值。

（四）氯离子含量测定步骤

(1) 取水样 100 mL 置于 250 mL 锥形瓶中，加混合指示剂 10 滴(不宜过量)，并用 0.05 mol/L 硝酸溶液调至溶液呈黄色，再多加 1 mL 0.05 mol/L 硝酸溶液使 pH 值为 3.0～3.5，用硝酸高汞标准溶液滴定至溶液呈葡萄紫色为止，记

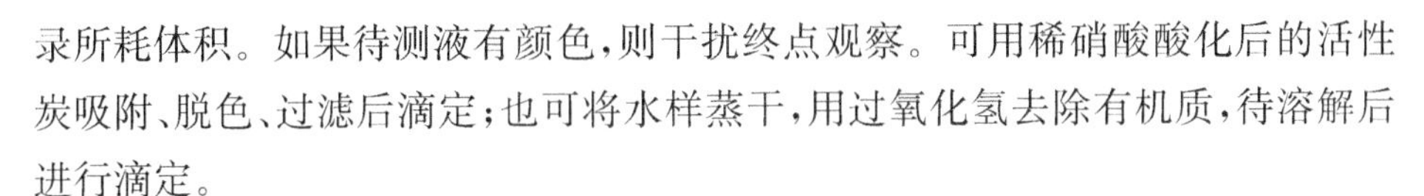

录所耗体积。如果待测液有颜色,则干扰终点观察。可用稀硝酸酸化后的活性炭吸附、脱色、过滤后滴定;也可将水样蒸干,用过氧化氢去除有机质,待溶解后进行滴定。

(2) 吸取100 mL蒸馏水,按上述步骤进行空白试验,记录所耗体积。

(3) 每个水样做平行测定。

(五) 试验结果处理

(1) 水样中氯离子含量按照式(5-38)计算:

$$C=\frac{C_1(V_2-V_1)\times 35.45}{V}\times 1\,000 \tag{5-38}$$

式中:C——水样中氯离子含量,mg/L;C_1——硝酸高汞标准溶液的浓度,mol/L;V_1——空白试验消耗硝酸高汞标准溶液的体积,mL;V_2——水样消耗硝酸高汞标准溶液的体积,mL;V——水样的体积,mL;35.45——氯离子的摩尔质量,g/mol。

(2) 以两次试验测值的平均值作为试验结果(修约间隔为1 mg/L)。若两测值相对误差大于2.2%,应重做试验。

5.3.4　氯盐环境下结构耐久性评价

一、氯盐环境下钢筋锈蚀过程分析

(一) 氯离子扩散系数的时间依赖性

符合下列条件时可不考虑氯离子扩散系数的时间依赖:

(1) 氯离子扩散系数趋于稳定或偏保守估算时;

(2) 水胶比>0.55。

(二) 氯盐环境下钢筋开始锈蚀时间

(1) 氯盐环境下钢筋开始锈蚀时间t_i应根据保护层厚度、氯离子扩散系数、混凝土表面氯离子浓度和局部环境的影响确定。符合不考虑氯离子扩散系数的时间依赖条件的,对于Ⅱ-E环境可按式(5-39)计算,对于Ⅱ-D环境可按式(5-40)计算;需要考虑氯离子扩散系数的时间依赖时可按式(5-41)计算。

$$t_i=\left(\frac{c}{K}\right)^2\times 10^{-6} \tag{5-39}$$

$$t_i=\left(\frac{c}{K}\right)^2\times 10^{-6}+0.2t_1 \tag{5-40}$$

$$t_i=\left\{\frac{c^2\times10^{-6}}{4D_0\left[erf^{-1}\left(1-\frac{M_{cr}}{M_s}\right)\right]}\right\}^{\frac{1}{1-a}} \tag{5-41}$$

式中：t_i——钢筋开始锈蚀时间，a（年）；c——混凝土保护层厚度，mm；K——氯离子侵蚀系数；t_1——混凝土表面氯离子达到稳定值的累计时间，a（年），按表5-23取用；D_0——检测时刻的氯离子扩散系数，m^2/a；erf^{-1}——误差函数的反函数，可以通过计算获得，也可以通过查表或内插取值；M_{cr}——钢筋锈蚀临界氯离子浓度，kg/m^3；M_s——混凝土表面氯离子浓度，kg/m^3；a——氯离子扩散系数时间依赖系数，一般采用实测推算值。

（2）氯离子侵蚀系数 K 可根据氯离子扩散系数、钢筋锈蚀临界氯离子浓度和混凝土表面氯离子浓度按式（5-42）计算或按表5-22选用或内插取值。

$$K=2\sqrt{D}erf^{-1}\left(1-\frac{M_{cr}}{M_s}\right) \tag{5-42}$$

式中：K——氯离子侵蚀系数；D——氯离子扩散系数，m^2/a，按芯样实测值或式（5-43）～式（5-46）计算确定；erf^{-1}——误差函数的反函数，可以通过计算获得，也可以通过查表或内插取值；M_{cr}——钢筋锈蚀临界氯离子浓度，kg/m^3；M_s——混凝土表面氯离子浓度，kg/m^3。

表5-22　氯离子侵蚀系数 K

M_{cr}/M_s	$D(10^{-4}\ m^2/a)$								
	0.60	1.00	1.40	1.80	2.20	2.60	3.00	3.40	3.80
	$K(10^{-2})$								
0.10	1.80	2.33	2.75	3.12	3.45	3.75	4.03	4.27	4.53
0.15	1.57	2.04	2.41	2.73	3.02	3.28	3.52	3.75	3.97
0.20	1.40	1.81	2.14	2.43	2.69	2.92	3.14	3.34	3.54
0.25	1.26	1.63	1.92	2.18	2.41	2.62	2.82	3.00	3.17
0.30	1.14	1.47	1.73	1.97	2.17	2.36	2.54	2.70	2.86
0.35	1.02	1.32	1.56	1.77	1.96	2.13	2.29	2.44	2.58
0.40	0.92	1.19	1.41	1.60	1.77	1.92	2.06	2.19	2.32
0.45	0.83	1.07	1.26	1.43	1.58	1.72	1.85	1.97	2.08
0.50	0.74	0.95	1.13	1.28	1.41	1.54	1.65	1.76	1.86

续表

M_{cr}/M_s	$D(10^{-4}\ m^2/a)$								
	0.60	1.00	1.40	1.80	2.20	2.60	3.00	3.40	3.80
	$K(10^{-2})$								
0.55	0.66	0.85	1.00	1.13	1.25	1.36	1.46	1.56	1.65
0.60	0.57	0.74	0.88	1.00	1.10	1.20	1.28	1.37	1.45
0.65	0.50	0.64	0.76	0.86	0.95	1.04	1.11	1.18	1.25
0.70	0.42	0.55	0.65	0.73	0.81	0.88	0.94	1.01	1.06
0.75	0.35	0.45	0.53	0.61	0.67	0.73	0.78	0.83	0.88
0.80	0.28	0.36	0.42	0.48	0.53	0.58	0.62	0.66	0.70
0.85	0.21	0.27	0.36	0.36	0.40	0.43	0.46	0.46	0.52
0.90	0.14	0.18	0.21	0.24	0.26	0.27	0.31	0.33	0.35

注:1. 若混凝土在制备时已含有氯离子(浓度为 M_{c0}),则在式(5-42)及本表中以($M_{cr}-M_{c0}$)、(M_s-M_{c0})取代 M_{cr}、M_s。

2. 若 M_{cr}/M_s 值为 1 左右时,可取 D 为 0.1;若 M_{cr}/M_s 值远大于 1,则基本不存在钢筋锈蚀风险。

(3) 未取得实测氯离子扩散系数时,氯离子扩散系数 D 也可按下列规定取用。

a. 应优先根据混凝土中氯离子分布检测结果由式(5-43)推算:

$$D_0=\frac{x^2\times10^{-6}}{4t_0\{erf^{-1}[1-M(x,t_0)/M_s]\}^2} \tag{5-43}$$

式中:D_0——氯离子扩散系数,m^2/a;x——氯离子扩散深度,mm;t_0——结构建成至检测时的时间,a(年);$M(x,t_0)$——检测时 x 深度处的氯离子浓度,kg/m^3;M_s——实测混凝土表面氯离子浓度,kg/m^3,潮汐区和浪溅区按表 5-25 取用,大气区根据实测值按后续公式计算后确定。

注:当可不考虑氯离子扩散系数的时间依赖时,取 $D=D_0$。

b. 需要考虑氯离子扩散系数时间依赖性时,可按式(5-44)估算:

$$D=D_0(t_0/t)^{\alpha} \tag{5-44}$$

式(5-44)中 α 值宜用每隔 2~3 年实测数据推算的 D 值确定,不能实测时,可按式(5-45)确定:

$$\alpha=0.2+0.4(\%FA/50+\%SG/70) \tag{5-45}$$

式中:%FA——粉煤灰占胶凝材料的百分比;%SG——磨细矿渣占胶凝材料的

百分比。

c. 无实测数据时，龄期 5 年普通硅酸盐水泥混凝土的氯离子扩散系数可按式(5-46)估算：

$$D_{5a}=(7.08W/B-1.846)(0.0447T-0.052) \tag{5-46}$$

式中：D_{5a} ——龄期 5 年的氯离子扩散系数，$\times 10^{-4}\ m^2/a$；W/B——混凝土水胶比；T——环境年平均温度，℃。

(4) 渗入型氯盐侵蚀环境下混凝土表面氯离子达到稳定值的累计时间 t_1 应按表 5-23 确定。

表 5-23　氯离子侵蚀环境混凝土表面氯离子达到稳定值的累计时间

<table>
<tr><th rowspan="2">环境作用等级</th><th rowspan="2" colspan="2">环境类别及环境状况</th><th rowspan="2">混凝土表面氯离子达到稳定值的累计时间 t_1(a)</th><th colspan="2">局部环境系数 m_{cl}</th></tr>
<tr><th>室外</th><th>室内</th></tr>
<tr><td rowspan="4">Ⅱ-D</td><td rowspan="4">近海大气轻度盐雾环境</td><td>离海岸 1.0 km 以内</td><td>20～30</td><td rowspan="4">4.0～4.5</td><td rowspan="4">2.0～2.5</td></tr>
<tr><td>离海岸 0.5 km 以内</td><td>15～20</td></tr>
<tr><td>离海岸 0.25 km 以内</td><td>10～15</td></tr>
<tr><td>海上轻度盐雾作用区
离海岸 0.1 km 以内</td><td>10</td></tr>
<tr><td rowspan="2">Ⅱ-E</td><td colspan="2">水位变化区、浪溅区</td><td>瞬时</td><td colspan="2">4.5～5.5</td></tr>
<tr><td colspan="2">除冰盐环境；近海大气重度盐雾环境；离海岸线 50 m 以内的陆上室外大气环境</td><td>检测结果确定</td><td colspan="2">4.5～5.5</td></tr>
</table>

注：1. 渗入型氯盐侵蚀环境是指外部环境氯离子向混凝土内部渗入的环境。
2. 近海大气环境的参数适用于空旷无遮挡的构件。

(5) 钢筋锈蚀临界氯离子浓度 M_{cr} 可按表 5-24 取用。

表 5-24　钢筋锈蚀临界氯离子浓度 M_{cr}

$f_{cu,k}$ (MPa)	40	30	≤25
M_{cr} (kg/m^3)	1.4(0.4%)	1.3(0.37%)	1.2(0.34%)

注：1. M_{cr} 为总氯值，括号内百分数为氯离子占胶凝材料的质量比。
2. 视环境条件、混凝材料性能差异，M_{cr} 取值可在 0.3%～0.5%内适当调整。
3. 混凝土强度等级高于 C40 时，混凝强度每增加 10 MPa，临界氯离子浓度增加 0.1 kg/m^3。

(6) 潮沙区、浪溅区混凝土表面氯离子浓度 M_s 应采用调查值或实测数据推算值，实测值宜取距表面 10 mm 左右深度的最大浓度值。当缺乏有效的实测数据时，可参照表 5-25 取用。

表 5-25　潮汐区、浪溅区混凝土表面氯离子浓度 M_s

$f_{cu,k}$(MPa)	40	30	25	20
M_s(kg/m^3)	8.1	10.8	12.9	15.0

注：高于海面 15 m 以内的盐雾区可按本表取用，达到稳定值的累积时间 t_1 可取 10 年。

(7) 近海大气区混凝土表面氯离子浓度 M_s 应先通过实测并按下列规定确定。

a. 混凝土表面氯离子浓度可按下列公式确定：

$$M_s = k_c \sqrt{t_1} \tag{5-47}$$

$$k_c = M_{s2} / \sqrt{t_0} \tag{5-48}$$

式中：M_s——混凝土表面氯离子浓度，kg/m^3；k_c——混凝土表面氯离子聚集系数；t_1——混凝土表面氯离子浓度达到稳定值的时间，a(年)，按表 5-23 取用；M_{s2}——实测的表面氯离子浓度，kg/m^3，一般取距表面 10 mm 左右深度的最大浓度值；t_0——结构建成至检测时的时间，a(年)，$t_0 > t_1$ 时，取 $t_0 = t_1$。

b. 缺乏有效的实测数据时，距海岸 0.1 km 处混凝土表面氯离子浓度可按表 5-26 取用，其他位置氯离子表面浓度可用表 5-26 中数据与表 5-27 中修正系数的乘积计算。

表 5-26　距离海岸 0.1 km 处混凝表面氯离子浓度 M_s

$f_{cu,k}$(MPa)	40	30	25	20
M_s(kg/m^3)	3.2	4.0	4.6	5.2

表 5-27　表面氯离子浓度修正系数

离海岸距离(km)	海岸线附近	0.10	0.25	0.50	1.00
修正系数	1.96	1.00	0.66	0.44	0.33

(二) 钢筋开始锈蚀至保护层锈胀开裂时间

(1) 钢筋开始锈蚀至保护层锈胀开裂时间 t_c 可用查表法或公式计算获得。浪溅区可按表 5-28 取用，近海大气区可用表 5-28 中数据与$\sqrt{10M_s}$乘积计算；或可按式(5-49)估算。

表 5-28　浪溅区构件钢筋开始锈蚀至保护层锈胀开裂的时间 t_c

气候条件		混凝土强度等级	构件类型	保护层厚度(mm)				
				20	30	40	50	60
t_c(a)	南方	C25	杆件	1.6	2.1	2.6	3.1	3.5
			墙、板	2.0	2.7	3.6	4.5	5.5
		C30	杆件	1.8	2.4	2.9	3.4	3.9
			墙、板	2.3	3.1	4.0	5.0	6.1
		C35	杆件	2.0	2.6	3.1	3.6	4.1
			墙、板	2.6	3.4	4.3	5.4	6.5
		C40	杆件	2.3	2.9	3.4	4.0	4.4
			墙、板	2.9	3.8	4.9	5.9	7.1
t_c(a)	北方	C25	杆件	2.8	3.6	4.4	5.2	6.0
			墙、板	3.4	4.7	6.1	7.7	9.5
		C30	杆件	3.1	4.0	4.9	5.8	6.6
			墙、板	3.9	5.3	6.8	8.5	10.4
		C35	杆件	3.4	4.4	5.3	6.2	7.0
			墙、板	4.4	5.8	7.4	9.2	11.1
		C40	杆件	3.9	4.9	5.8	6.7	7.5
			墙、板	5.0	6.6	8.3	10.1	12.1

注：南方地区系指月平均最低气温大于 0 ℃的地区。

$$t_c = \frac{\delta_{cr}}{\lambda_{cl}} \tag{5-49}$$

式中：t_c ——钢筋开始锈蚀至保护层锈胀开裂的时间，a(年)；δ_{cr} ——保护层开裂时的钢筋临界锈蚀深度，mm；λ_{cl} ——氯盐侵蚀环境保护层开裂前钢筋年平均锈蚀速率，mm/a(年)，按式(5-50)估算。

(2) 保护层开裂前钢筋年平均锈蚀速率 λ_{cl} ，可按式(5-50)计算：

$$\lambda_{cl} = 11.6 \times I \times 10^{-3} \tag{5-50}$$

式中：λ_{cl} ——氯盐侵蚀环境保护层开裂前钢筋年平均锈蚀速率，mm/a；I——钢筋腐蚀电流密度，$\mu A/cm^2$ 。

(3) 普通硅酸盐混凝土钢筋腐蚀电流密度 I 可按下列公式估算。

a. 掺入型氯离子侵蚀环境($M_{sl} > M_{cr}$)：

$$\ln I = 8.617 + 0.618 \ln\left[M_{sl}\left(\frac{11.1}{M_{sl}^{0.9} t^{0.93}} + 0.368\right)\right] - \frac{3034}{T_{sl} + 273} - 5 \times 10^{-3} \rho + \ln m_{cl} \tag{5-51}$$

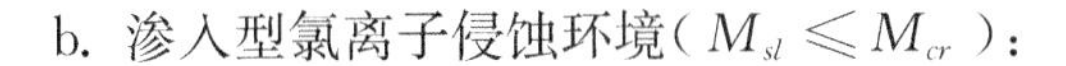

b. 渗入型氯离子侵蚀环境（$M_{sl} \leqslant M_{cr}$）：

$$\ln I = 8.617 + 0.618 M_{sl} - \frac{3034}{T_{sl} + 273} - 5 \times 10^{-3} \rho + \ln m_{cl} \tag{5-52}$$

$$M_{sl} = M_{s0} + (M_{s} - M_{s0}) \left[1 - erf\left(\frac{c \times 10^{-3}}{2\sqrt{Dt_{cr}}} \right) \right] \tag{5-53}$$

$$\rho = k_{\rho}(1.8 - M_{cl}^{\mu}) + 10(RH - 1)^{2} + 4 \tag{5-54}$$

式中：M_{sl} ——钢筋表面氯离子浓度，kg/m^3；m_{cl} ——氯盐环境局部环境系数，按表 5-23 取用；T_{sl} ——钢筋处温度，℃，可取用大气环境温度；ρ ——混凝土电阻率，kΩ·cm，可按实测值取用，也可按式(5-54)计算；k_{ρ} ——电阻率系数，当水胶比 W/B＝0.3～0.4 或 C40～C50 时，k_{ρ}＝11.1；当水胶比 W/B＝0.5～0.6 或 C20～C30 时，k_{ρ}＝5.6；M_{cl}^{μ} ——混凝土保护层中氯离子浓度平均值，kg/m^3，M_{cl}^{μ}＞3.6 时，取 M_{cl}^{μ}＝3.6；RH——环境相对湿度；M_{s0}——混凝土制备时氯离子的初始含量，kg/m^3；t_{cr}——保护层锈胀开裂的时间，a(年)。

（三）钢筋开始锈蚀至混凝土表面出现可接受最大外观损伤时间

(1) 钢筋开始锈蚀至混凝土表面出现可接受最大外观损伤的时间 t_{cl} 可按式(5-55)估算：

$$t_{cl} = t_{c} + \frac{\delta_{d} - \delta_{cr}}{\lambda_{cl1}} \tag{5-55}$$

式中：t_{cl} ——钢筋开始锈蚀至混凝表面出现可接受最大外观损伤的时间，a(年)；t_{c} ——钢筋开始锈蚀至保护层锈胀开裂的时间，a(年)；δ_{d} ——混凝土表面出现可接受最大外观损伤时的钢筋锈蚀深度，mm；δ_{cr} ——保护层锈胀开裂时的临界钢筋锈蚀深度，mm；λ_{cl1}——保护层锈胀开裂后的年平均钢筋锈蚀速率，mm/a，按式(5-56)估算。

(2) 保护层开裂后年平均钢筋锈蚀速率，可按式(5-56)估算：

$$\lambda_{cl1} = (4.5 - 26\lambda_{cl})\lambda_{cl} \tag{5-56}$$

式中：λ_{cl1}——保护层锈胀开裂后的年平均钢筋锈蚀速率，mm/a；λ_{cl} ——保护层锈胀开裂前的年平均钢筋锈蚀速率，mm/a。

注：当 $\lambda_{cl1} < 1.8\lambda_{cl}$ 时，取 $\lambda_{cl1} = 1.8\lambda_{cl}$ 。

二、氯盐环境下结构耐久性分析

(1) 氯盐环境下钢筋开始锈蚀时间 t_{i} 应根据保护层厚度、离子扩散系数、混凝土表面氯离子浓度和局部环境的影响确定。

(2) 保护层锈胀开裂时间 t_{cr} 按式(5-57)估算:

$$t_{cr}=t_i+t_c \tag{5-57}$$

式中:t_{cr} ——保护层锈胀开裂的时间,a(年);t_i ——结构建成至钢筋开始锈蚀的时间,a(年);t_c ——钢筋开始锈蚀至保护层锈胀开裂的时间,a(年)。

(3) 混凝表面出现可接受最大外观损伤的时间 t_d 可按式(5-58)估算:

$$t_d=t_i+t_{cl} \tag{5-58}$$

式中:t_d ——混凝土表面出现可接受最大外观损伤的时间,a(年);t_i ——结构建成至钢筋开始锈蚀的时间,a(年);t_{cl} ——钢筋开始锈蚀至混凝土表面出现可接受最大外观损伤的时间,a(年)。

(4) 剩余使用年限 t_{re} 由耐久性失效时间减去结构已运行年限确定。对期望使用年限内不允许钢筋锈蚀的构件可按式(5-59)计算,对期望使用年限内不允许保护层出现锈胀裂缝的构件可按式(5-60)计算,对期望使用年限内允许出现锈胀裂缝或局部破损的构件可按式(5-61)计算:

$$t_{re}=t_i-t_0 \tag{5-59}$$

$$t_{re}=t_{cr}-t_0 \tag{5-60}$$

$$t_{re}=t_d-t_0 \tag{5-61}$$

式中:t_{re} ——剩余使用年限,a(年);t_i ——结构建成至钢筋开始锈蚀的时间,a(年);t_0——结构建成至检测时的时间,a(年);t_{cr} ——保护层锈胀开裂的时间,a(年);t_d ——混凝土表面出现可接受最大外观损伤的时间,a(年)。

(5) 氯盐环境下混凝土结构耐久性等级应根据 $t_{re}/(t_e\gamma_0)$ 计算结果按表5-29 评定。

表 5-29　氯盐环境下结构耐久性等级评定

$t_{re}/(t_e\gamma_0)$	$\geqslant 1.8$	<1.8,且$\geqslant 1.0$	<1.0
耐久性等级	A	B	C

注:1. t_e 为期望使用年限。
2. γ_0 为结构重要性系数。
3. 通过计算评定为 A 或 B,但保护层出现锈胀裂缝或混凝表面出现不可接受外观损伤时,耐久性等级为C级。

5.4　冻融环境下结构耐久性检测与评价

混凝土结构的冻融破坏是促使混凝土结构老化的主要因素,也是我国水利水电工程中混凝土结构常见的病害之一。工程调查表明,我国有 22%的大坝和

21%的中小型水工建筑物存在冻融破坏问题。引起混凝土结构冻融剥蚀的主要原因是混凝土微孔隙中的水在正负温差大幅度变化和频繁交替的作用下，产生结冰膨胀压力和渗透压力联合作用的疲劳应力。在这种综合压力的作用下，混凝土产生由表及里的剥蚀破坏从而降低了结构强度和刚度，并且在其内部产生微裂缝，影响建筑物的安全。

(1) 混凝土冻融破坏机理

混凝土的冻融破坏机理研究始于 20 世纪 30 年代，1945 年美国混凝土专家 T. C. Powers 等人从混凝土亚微观层次入手，分析了孔隙水对孔壁的作用，提出了静水压理论和渗透压理论。T. C. Powers 等人的研究工作为冻融破坏机理奠定了理论基础。目前提出的混凝土冻融破坏机理有以下几种：水的离析成层理论、静水压理论、渗透压理论、充水系数理论、临界饱水值理论、现象学理论等。但公认程度较高的，是静水压理论和渗透压理论。

a. 静水压理论学说：T. C. Powers 等人提出的静水压理论学说主要由以下几个要点组成：①冻结时，负温度从混凝土构件的四周侵入，冻结首先在混凝土四周表面上发生，并将混凝土构件封闭起来；②由于表层水结冰，体积膨胀，将未冻结的水分通过毛细孔道压入饱和度较小的内部；③随着温度不断降低，冰体积不断增大，继续压迫未冻水，未冻水被压得无处可走，于是在毛细孔内产生越来越大的压力，水泥石内毛细孔产生拉应力；④水压力达到一定程度，水泥石内部的拉应力过高，高于抗拉强度极限时，毛细孔会破裂，混凝土中即产生微裂纹而破坏。

b. 渗透压理论：在提出了静水压力学说后，T. C. Powers 在自己的试验中发现，水泥浆体中的水在冻结时并不是向外排出，而是向着冷源移动。于是他和他的同事 Helmuth 又针对混凝土的冻融破坏机制提出了渗透压理论。该理论认为，在负温条件下时，大孔及毛细孔中的溶液首先有部分冻结成冰，由于在溶液中的水发生冻结，使得溶液的浓度变大，从而毛细孔与凝胶孔内溶液之间存在着浓度差，引起从凝胶孔向毛细孔的扩散作用，形成渗透压。例如，一块从顶部开始冻结的板，如果水由于渗透压得以从底部且透过板厚向顶部迁移，则该板将严重损坏。

c. G. G. Litvan 的补充理论：加拿大的 G. G. Litvan 于 1972 年提出关于混凝土受冻破坏的理论。他认为，凡是被吸附在多孔固体表面上或包含其中的水，如果不经过重分布就不会冻结；之所以不能固化是由于表面力的作用，它阻止被吸附液体达到形成结晶所需要的排列秩序。但是这些水的蒸汽压与已形成的冰有差别，它们能够迁移到易于结冰的地方，例如较大的孔隙或外表面，并积聚在裂隙中。如果冻融循环中积聚在裂隙中的水不能归还原位,则将使裂隙扩大。

(2) 影响混凝土冻融破坏的因素

a. 混凝土的孔隙率、孔隙构造和饱水程度对混凝土抵抗冻融破坏能力的影响

毛细孔水结冰产生的最大膨胀压力与孔隙直径、孔隙的间距系数及混凝土孔隙的体积含水量密切相关。一般的混凝土,孔隙构造相同时,随混凝土孔隙率的增大,其抗冻融破坏的能力变差。当混凝土的孔隙率相同时,混凝土的抗冻能力随混凝土中孔隙构造的不同而变化。粗大孔隙中水的冰点较高,易冻结,但其中的水易流动,不易充满孔隙,一定程度上削弱结冰膨胀压力;极细孔隙中的水冰点极低,一般情况下不结冰,因此冰冻破坏影响较小;细小孔隙易吸满水且其中的水冰点不是很低,较易结冰,故存在较多小孔隙的混凝土抗冻能力相对较差。由于混凝土冻融破坏的主要原因是混凝土孔隙中的水结冰,显然,若混凝土中的孔隙都是封闭的、孔隙中没有水或即使是开口孔隙,但孔隙中充水不饱满,则冻融破坏的程度将会有很大的改善。一般认为,混凝土孔隙充水饱和程度低于 91.7%,就不会产生结冰膨胀压力,称为极限饱和度,实际上,极限饱和度比此值低。完全饱和状态下冻结膨胀压力最大。

b. 混凝土配合比及混凝土性能对抗冻融破坏能力的影响

影响混凝土抗冻融破坏能力的因素中,很重要的一个是混凝土自身的特性,包括力学特性(如强度、韧性、变形性能等)和物理特性。混凝土自身的特性与配制混凝土使用的原材料品质及混凝土配合比直接相关,也与混凝土施工质量密切相关。

在原材料品质方面,与混凝土抗冻融破坏能力相联关的包括配制混凝土时使用的水泥品种、掺合料种类及掺量、骨料的品质以及是否掺用引气剂等。不同的水泥品种配制的混凝土抵抗冻融破坏能力不同,当混凝土掺用引气剂之后,水泥品种对混凝土抗冻融破坏能力的影响减小,相关研究表明掺用适量(少于10%)硅粉和少量引气剂,混凝土的抗冻融破坏能力有明显的提高。骨料中软弱颗粒含量过多或含泥量太高、使用风化骨料等,都会导致配制出的混凝土抗冻融破坏能力下降。使用粒径太大或片状颗粒比例大的骨料,都对混凝土的抗冻融破坏能力有影响。

在混凝土配合比方面,影响抗冻融破坏的因素包括水灰比及骨灰比等。在原材料一定的条件下,水灰比是决定混凝土孔隙构造参数的最主要因素之一。随着水灰比的增大,不仅可吸水饱和的开口孔隙总体积增加,平均孔径也增大,从而降低混凝土的抗冻融破坏能力。在水灰比相同的条件下,混凝土的抗冻融

破坏能力随着骨灰比的增大而降低。对于抗冻融破坏能力要求较高的混凝土，其水泥用量不宜太少，砂石料用量不宜太多。

在混凝土本身性能方面，若混凝土的抗拉强度较高、韧性较大、变形性能较好(如弹性模量较低、极限拉伸值较大、徐变较大等)，则其抗冻融破坏能力一般较强。此外，若混凝土的亲水性较差，水分不易吸入或吸水率较小，则混凝土的抗冻融破坏能力较强。

c. 混凝土施工质量及环境条件对其抗冻融破坏能力的影响

加强混凝土施工质量的管理，使浇筑完毕的混凝土均匀、密实，同时做好养护和防护，使混凝土正常凝结硬化，防止裂缝或影响混凝土强度的现象产生，是保证混凝土具有较高抗冻融破坏能力的基础。试验和工程实践证明，在引气剂掺量相同的情况下，人工搅拌时混凝土的含气量将比机械搅拌时的含气量下降一半左右。因此，为了保证引气混凝土能具备规定的抗冻融破坏能力，一般均以机械搅拌为宜。搅拌时间宜保证 2～3 min。对于非引气混凝土，采用真空模板，待混凝土发生泌水后，将其表面及附近的一部分水抽吸排出，降低表层混凝土的水灰比，使混凝土表层形成具有一定厚度、非常致密的保护层，可以明显提高混凝土的抗冻融破坏能力。浇筑完毕的混凝土养护及防护质量也是影响其抗冻融破坏能力的因素。对新浇筑的混凝土进行较长时间的潮湿养护，防止混凝土干燥裂缝的发生，保证其强度不断增长，寒潮到来之前，对混凝土进行防冻结保护是极其必要的。

影响混凝土冻融破坏的环境因素包括：环境温度下降的程度，温度下降的速度以及冻融循环的频繁程度。混凝土孔隙中的水是逐渐冻结的，环境温度越低，孔隙中的水冻结越充分，其冰冻膨胀压力越大。外界温度下降速率越大，混凝土徐变对冰冻膨胀压力破坏的缓解作用越小，破坏力也越大。正负温度交替变化越频繁，混凝土所受的冻融破坏也越严重。

5.4.1　混凝土抗冻性能(取芯慢冻法或快冻法)

(一) 慢冻法检测混凝土抗冻性能

(1) 采用慢冻法检测混凝土抗冻性能时，取样和试样的处理应符合下列规定：

a. 在受检区域随机布置取样点，每个受检区域取样不应少于 1 组，每组应由不少于 6 个直径不小于 100 mm 且长度不小于直径的芯样组成；

b. 将无明显缺陷的芯样加工成高径比为 1.0 的抗冻试件，每组应由 6 个抗冻试件组成；

c. 将 6 个试件同时放在 20 ℃±2 ℃水中，浸泡 4 d 后取出 3 个试件开始慢冻试验，余下 3 个试件用于强度比对，继续在水中养护。

(2) 慢冻试验应符合下列规定：

a. 将浸泡好的试样用湿布擦除表面水分，编号并分别称取其质量；

b. 按现行国家标准《普通混凝土长期性能和耐久性能试验方法标准》(GB/T 50082—2009)中慢冻法的有关规定进行冻融循环试验；

c. 在每次循环时应注意观察试样的表面损伤情况，当发现损伤时应称量试样的质量；

d. 当 3 个试件的质量损失率的算术平均值为 5%±0.2%或冻融循环超过预期的次数时应停止试验，并应记录停止试验时的循环次数；

e. 试件平均质量损失率应按下式计算：

$$\Delta\omega = \frac{1}{3}\sum_{i=1}^{3}\frac{W_{0i} - W_{ni}}{W_{0i}} \times 100 \tag{5-62}$$

式中：$\Delta\omega$ ——N 次冻融循环后的平均质量损失率，%，精确至 0.1；W_{ni} ——N 次冻融循环后第 i 个芯样的质量，g；W_{0i} ——冻融循环试验前第 i 个芯样的质量，g。

(3) 抗压强度损失率应按下列规定检测：

a. 将 3 个冻融试件与 3 个比对试件晾干，同时进行端面修整，并应使 6 个试件承压面的平整度、端面平行度及端面垂直度符合现行国家标准《混凝土物理力学性能试验方法标准》(GB/T 50081—2019)的有关规定；

b. 分别计算 3 个冻融试件与 3 个比对试件的平均抗压强度；

c. 冻融循环试件的抗压强度损失率按式(5-63)计算：

$$\lambda_f = (f_{cor,d,m0} - f_{cor,d,m}) / f_{cor,d,m0} \tag{5-63}$$

式中：λ_f —— N_f 次冻融循环后的混凝土抗压强度损失率，精确至 0.1%；$f_{cor,d,m0}$——3 个比对试件的平均抗压强度，MPa，精确至 0.1；$f_{cor,d,m}$ —— N_f 次冻融循环后 3 个冻融试件的平均抗压强度，MPa，精精确至 0.1。

(4) 慢冻法检测混凝土抗冻性能可按下列规定进行评价：

a. 当 λ_f 不大于 0.25 时，可以将停止冻融循环时的冻融循环次数 N_d 作为结构混凝土在检测龄期实际抗冻性能的检测值 $N_{d,e}$；

b. 当 λ_f 大于 0.25 时，$N_{d,e}$ 可按下式计算：

$$N_{d,e} = 0.25N_d / \lambda_f \tag{5-64}$$

（二）快冻法检测混凝土抗冻性能

（1）快冻法检测混凝土抗冻性能时，取样和试样的处理应符合下列规定：

a. 在受检区域随机布置取样点，每个受检区域钻取芯样数量不应少于 3 个，芯样直径不宜小于 100 mm，芯样高径比不应小于 4.0；

b. 将无明显缺陷的芯样加工成高径比为 4.0 的抗冻试件，每组应由 3 个抗冻试件组成；

c. 成型同样形状尺寸，中心埋有热电偶的测温试件，其所用混凝土的抗冻性能应高于抗冻试件；

d. 应将 3 个抗冻试件浸泡 4 d 后开始进行快冻试验。

（2）快冻试验应符合下列规定：

a. 将浸泡好的试件用湿布擦除表面水分，编号后分别称取其质量并检测动弹性模量；

b. 按现行国家标准《普通混凝土长期性能和耐久性能试验方法标准》(GB/T 50082—2009)中快冻法的有关规定进行冻融循环试验和中间的动弹性模量和质量损失率的检测；

c. 当出现下列 3 种情况之一时停止试验：冻融循环次数超过预期次数；试件相对动弹性模量小于 60%；试件质量损失率达到 5%。

（3）试件相对动弹性模量应按下式计算：

$$P=\frac{1}{3}\sum_{i=1}^{3}\frac{f_{ni}^{2}}{f_{0i}^{2}}\times 100 \tag{5-65}$$

式中：P——经 N 次冻融循环后一组试件的相对动弹性模量，%，精确至 0.1；f_{ni} ——N 次冻融循环后第 i 个芯样试件横向基频，Hz；f_{0i} ——冻融循环试验前测得的第 i 个试件横向基频初始值，Hz。

（4）试件质量损失率应按下式计算：

$$\Delta\omega=\frac{1}{3}\sum_{i=1}^{3}\frac{W_{0i}-W_{ni}}{W_{0i}}\times 100 \tag{5-66}$$

式中：$\Delta\omega$ ——N 次冻融循环后一组试件的平均质量损失率，%，精确至 0.1；W_{ni} ——N 次冻融循环后第 i 个试样的质量，g；W_{0i} ——冻融循环试验前第 i 个试样的质量，g。

（5）混凝土在检测龄期实际抗冻性能的检测值可采取下列方法表示：

a. 用符号 F_e 后加停止冻融循环时对应的冻融循环次数表示；

b. 用抗冻耐久性系数表示，抗冻耐久性系数推定值可按式(5-67)计算：

$$DF_e = P \times N_d / 300 \tag{5-67}$$

式中：DF_e ——混凝土抗冻耐久性系数推定值；N_d ——停止试验时冻融循环的次数。

5.4.2 混凝土气泡间距系数(取芯检测)

混凝土气泡间距系数测试宜采用直线导线法。

(1) 检测仪器设备

混凝土气泡间距系数测试所用设备及技术指标应符合下列规定：

a. 测量显微镜应具有目镜测微尺和物镜测微尺，放大倍数为 80～128 倍。目镜测微尺最小读数为 10 μm。载物台能纵向和横向移动，移动范围分别不宜小于 50 mm 和 100 mm。

b. 显微镜照明灯应为聚光型灯。

c. 制样可采用切片机、磨片机、抛光机、烘箱等设备。

(2) 测试试件的加工

气泡间距系数测试每组至少三个试件，每组试件的观测总面积和导线总长度应符合表 5-30 的规定。气泡间距系数测试试件加工应按下列步骤进行。

a. 从待测混凝土结构上钻取直径不小于 70 mm 的芯样，洗刷干净。

b. 分别采用 400 号和 800 号金刚砂将试样观测面仔细研磨，每次磨完后应洗刷干净，再进行下次研磨。

c. 在抛光机转盘的呢料上涂刷氧化铬进行抛光，再次洗刷干净后，放 105 ℃±5 ℃的烘箱中烘干，然后置于显微镜下试测。

d. 当强光以低入射角照射在观测面上时，若观测到表面除了气泡截面和骨料孔隙外，视域基本平整，气泡边缘清晰，并能测出尺寸为 10 μm 的气泡截面，即可认为该观测截面加工合格。

表 5-30　观测总面积和导线总长度要求

骨料最大粒径(mm)	最小观测总面积(mm^2)	最小导线总长度(mm)
80	50 000	3 000
40	17 000	2 600
30	11 000	2 500
20	7 000	2 300
10	6 000	1 900

注：1. 如混凝土内骨料或大气泡分布很不均匀，应适当增大观测面积。
2. 当在一个混凝土试样中取几个加工表面时，两加工表面的间距应大于骨料最大粒径的 1/2。

(3) 测试要求

气泡间距系数测试应符合下列规定：

a. 正式测试前，应采用物镜测微尺校准目镜测微尺刻度，并在测试面两端附贴导线间距标志，使选定的导线长度均匀地分布在观测面范围内。

b. 测试时，应调整测试面的位置，使十字丝的横线与导线重合，然后用目镜测微尺进行定量测量。从第一条导线起点开始观测，分别测量并记录视域中气泡个数及测微尺所截取的每个气泡的弦长刻度值。

c. 根据需要，可增加测试气泡截面直径。第一条导线测试完后再按顺序对其余导线进行观测，直至测完规定的导线长度。

(4) 结果计算与数据处理

气泡间距系数测试结果应根据直线导线法观测的数据进行处理，并应按式(5-68)～式(5-75)计算各参数，计算结果取三位有效数字，并应符合下列规定。

a. 气泡平均弦长应按下式计算：

$$\bar{l}=\frac{\sum l}{N} \tag{5-68}$$

式中：$\bar{l}$ ——气泡平均弦长，cm；$\sum l$ ——全导线所切割气泡弦长总和，cm；N——全导线所切割的气泡总个数。

b. 气泡比表面积应按下式计算：

$$\bar{\alpha}=\frac{4}{\bar{l}} \tag{5-69}$$

式中：α ——气泡比表面积，cm^2/cm^3。

c. 气泡平均半径应按下式计：

$$r=\frac{3}{4}\bar{l} \tag{5-70}$$

式中：r——气泡平均半径，cm。

d. 硬化混凝土中的空气含量应按下式计算：

$$A=\frac{\sum l}{T} \tag{5-71}$$

式中：A——硬化混凝土中的空气含量，按体积比计算，用百分数表示，%；T——全导线总长，cm。

e. 每 1 cm³ 混凝土中气泡个数应按下式计算：

$$n_v=\frac{3A}{4\pi r^3} \tag{5-72}$$

式中：n_v——平均 1 cm³ 混凝土中的气泡个数。

f. 每 1 cm 导线切割的气泡个数应按下式计算：

$$n_1=\frac{N}{T} \tag{5-73}$$

式中：n_1——平均 1 cm 导线切割的气泡个数。

g. 气泡间距系数应按下列公式计算：

当混凝土中浆气比 P/A 大于 4.33 时：

$$\overline{L}=\frac{3A}{4n_1}\left[1.4\left(\frac{P}{A}+1\right)^{\frac{1}{3}}-1\right] \tag{5-74}$$

式中：$\overline{L}$——气泡间距系数，cm；P——混凝土中胶凝材料浆体含量，按体积比计算，不包含空气含量，用百分数表示，%。

当混凝土中浆气比 P/A 小于或等于 4.33 时：

$$\overline{L}=\frac{P}{4n_1} \tag{5-75}$$

5.4.3 冻融环境下结构耐久性评价

（1）冻融环境下的结构耐久性可根据强度损失率和外观评定。

（2）构件表层出现明显冻融损伤的循环次数 N_0 可由式(5-76)估算：

$$N_0=N_{in}/\delta_1 \tag{5-76}$$

式中：N_0——构件表层出现明显冻融损伤的循环次数；N_{in}——结构建成至检测时经历的冻融循环次数，根据工程当地气象资料统计分析确定；δ_1——检测时构件表层混凝土强度损失率。

（3）构件冻融后混凝土抗压强度损失率 δ_f 可按式(5-77)计算：

$$\delta_f=1-f_{cf}/f_{c0} \tag{5-77}$$

式中：δ_f——检测时构件表层混凝土强度损失率；f_{cf}——冻融后混凝土抗压强度，MPa；f_{c0}——未冻前混凝土抗压强度，MPa。

注：混凝土抗压强度可根据回弹值参照相关规范中方法推算。

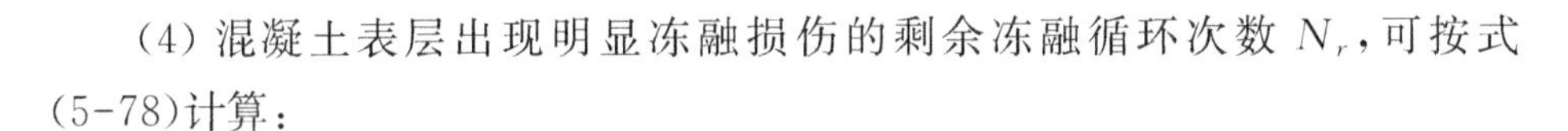

(4) 混凝土表层出现明显冻融损伤的剩余冻融循环次数 N_r，可按式(5-78)计算：

$$N_r = N_0 - N_{in} \tag{5-78}$$

式中：N_r ——混凝土表层出现明显冻融损伤的剩余冻融循环次数；N_0——构件表层出现明显冻融损伤的循环次数；N_{in} ——结构建成至检测时经历的冻融循环次数。

(5) 混凝土冻融耐久性等级可根据 $N_r/(N_e\gamma_0)$ 计算结果按表5-31评定。

表5-31　冻融耐久性评定

$N_r/(N_e\gamma_0)$	≥1.8	<1.8，且≥1.0	<1.0
耐久性等级	A	B	C

注：1. N_e 为结构在期望使用年限内将经受的冻融循环次数。
2. γ_0 为结构耐久重要性系数。
3. 各地区的冻融循环次数可通过调查取用。

(6) 钢筋混凝土保护层受冻害剥落严重，造成钢筋出露的构件应评为C级；混凝土强度损失达到允许值或强度低于设计要求的构件应评为C级。

5.5　硫酸盐环境下结构耐久性检测与评价

混凝土化学侵蚀最广泛和最普遍的形式是硫酸盐侵蚀。在海水、某些地下水和盐碱地区的沼泽水中，特别是当土壤中含黏土比例较高时，常含有大量硫酸盐，如 $MgSO_4$、Na_2SO_4、$CaSO_4$ 等。硫酸盐侵蚀会造成混凝土结构疏松、强度降低，从而导致混凝土开裂破坏，最终影响建筑物的安全使用和寿命。

(1) 硫酸盐侵蚀破坏机理

混凝土的硫酸盐侵蚀是一个复杂的物理化学过程，其破坏的实质是环境中的 SO_4^{2-} 进入混凝土内部，与水泥石中的某些固相组分发生化学反应而产生体积膨胀，形成膨胀内应力，当膨胀内应力超过混凝土的抗拉强度时就会导致混凝土的破坏。一般而言，硫酸盐侵蚀化学反应包括以下几个方面。

a. 形成钙矾石

SO_4^{2-} 与水泥石中的氢氧化钙和水化铝酸钙反应生成三硫型水化硫铝酸钙(钙矾石)，固相体积增大94%，引起混凝土的膨胀、开裂、解体，一般会在构件表面造成比较粗大的裂缝。另一方面，钙矾石产生过程中，内应力也进一步增大了。这和液相的碱度密切相关，碱度低时，形成的钙矾石为大的板条状晶体，此类钙矾石一般不带来有害的膨胀。碱度高时，如在纯硅酸盐水泥混凝土中，形成的钙矾石为针状或片状，甚至呈凝胶状析出，形成极大的结晶应力。

$$3CaO \cdot Al_2O_3 \cdot 12H_2O + 3Na_2SO_4 + 3Ca(OH)_2 + 19H_2O \longrightarrow 3CaO \cdot Al_2O_3 \cdot 3CaSO_4 \cdot 31H_2O + 6NaOH$$

b. 形成石膏

硫酸盐浓度较高时，不仅生成钙矾石，而且还会有石膏结晶析出。一方面石膏的生成使固相体积增大124%，引起混凝土膨胀开裂，另一方面，消耗了氢氧化钙，而水泥水化生成的氢氧化钙不仅是水化硅酸钙等水化矿物稳定存在的基础，而且它本身以波特兰石的形态存在于硬化浆体中，对混凝土的力学强度有贡献，因此其消耗导致混凝土的强度损失和耐久性下降。根据浓度积规则，只有当 SO_4^{2-} 和 Ca^{2+} 的浓度积大于或等于 $CaSO_4$ 的浓度积时才能有石膏结晶析出。有些专家认为当侵蚀溶液中 SO_4^{2-} 的浓度在1 000 mg/L 以下时，只有钙矾石结晶形成，当 SO_4^{2-} 浓度逐渐提高时，开始平等地析出钙矾石-石膏复合结晶，在 SO_4^{2-} 浓度非常高时，石膏结晶侵蚀才起主导作用。但事实上，若混凝土处于干湿交替状态，即使环境溶液中 SO_4^{2-} 浓度不高，也往往会因为水分的蒸发而使侵蚀溶液浓缩，石膏结晶侵蚀仍有可能起主导作用。我国八盘峡水电站和刘家峡水电站等工程的硫酸盐侵蚀破坏都具有此特点。

c. $MgSO_4$ 作用下的化学反应

$MgSO_4$ 是硫酸盐中侵蚀性最大的一种，其原因主要是 Mg^{2+} 和 SO_4^{2-} 均为侵蚀源，二者相互叠加，构成严重的复合侵蚀。反应主要有以下几种：

$$MgSO_4 + Ca(OH)_2 + 2H_2O \longrightarrow CaSO_4 \cdot 2H_2O + Mg(OH)_2$$

这种反应生成的石膏或钙矾石引起混凝土体积膨胀，同时反应将氢氧化钙(CH)转化成氢氧化镁(MH)，降低了混凝土系统的碱度，破坏了水化硅酸钙(C-S-H)水化产物稳定存在的条件，使水化产物分解，造成混凝土强度和黏结性的损失。

$$4CaO \cdot Al_2O_3 \cdot 13H_2O + 3MgSO_4 + 2Ca(OH)_2 + 20H_2O \longrightarrow 3CaO \cdot Al_2O_3 \cdot 3CaSO_4 \cdot 32H_2O + 3Mg(OH)_2$$

同前式一样，该反应生成膨胀性产物钙矾石，并且将CH转化为MH。在混凝土系统中，若存在单硫型水化硫铝酸钙，则也会参与这类转化反应，对混凝土有类似的破坏作用。

这两种反应将混凝土的主要强度组分(C-S-H)分解为没有胶结性能的硅胶或进一步转化为硅酸镁，导致混凝土强度损失，黏结性下降，实际工程中严重

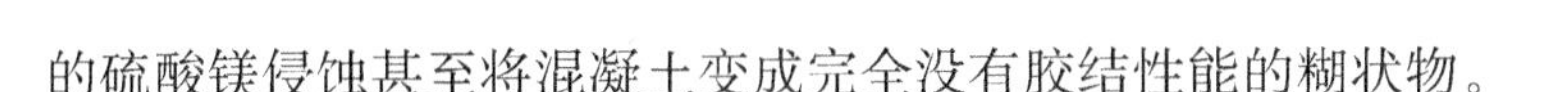

的硫酸镁侵蚀甚至将混凝土变成完全没有胶结性能的糊状物。

d. 形成碱金属硫酸盐晶体

混凝土孔隙中的碱金属硫酸盐浓度高时有结晶析出，产生极大结晶应力且体积膨胀，使混凝土破坏。特别是当结构物的一部分浸入盐液，另一部分暴露在干燥空气中时，盐液在毛细管作用下升至水线以上然后部分蒸发，盐液浓缩而析晶。

(2) 影响硫酸盐侵蚀破坏的因素

影响硫酸盐侵蚀破坏的因素主要包括混凝土本身和侵蚀溶液性质及工作环境几个方面。

a. 水泥中矿物成分的影响

硫酸盐侵蚀的实质是硫酸根离子与水泥石中的矿物(主要是铝酸盐矿物)发生的物理化学过程，因此水泥的化学成分和矿物组成是影响硫酸盐侵蚀程度和速度的重要因素，而铝酸三钙(C3A)的含量则是决定性因素，实验证明随水泥中铝酸三钙(C3A)含量的增加，混凝土膨胀加大。

b. 混凝土孔隙含量及分布的影响

混凝土的孔隙系统也是一个重要影响因素，致密性好、孔隙含量少且连通孔少的混凝土可以较好地抵抗硫酸盐侵蚀。而混凝土的孔隙率及孔分布又与混凝土各原材料及其配比、混凝土密实成型工艺、养护制度等多种因素有关。当采用较高的水灰比时，孔隙率大，大孔及连通孔较多，硫酸盐易侵入混凝土内部，造成混凝土破坏。此外，混凝土所受的荷载及冻融循环、流水冲刷等其他因素也可以通过影响混凝土的孔隙结构从而间接地影响混凝土的硫酸盐侵蚀行为。

c. 混凝土的拌和水及集料

骨料中含硫酸盐的矿物成分和拌和水中有害离子都有可能加剧硫酸盐侵蚀。

d. 侵蚀离子浓度

SO_4^{2-} 浓度越大则侵蚀速率越大，不过不是线性关系。Mg^{2+} 的存在也会加重 SO_4^{2-} 对混凝土的侵蚀作用，但如果溶液中 SO_4^{2-} 浓度很低，而 Mg^{2+} 的浓度很高的话，则镁盐侵蚀滞缓甚至完全停止，这是因为 $Mg(OH)_2$ 的溶解度很低，随着反应的进行，它将淤塞于混凝土的孔隙显著地阻止 Mg^{2+} 向水泥石内部扩散。有研究发现，Cl^- 的存在将显著地缓解硫酸盐侵蚀破坏的程度和速度，这是由于 Cl^- 的渗透速度大于 SO_4^{2-}，可以先行渗入较深层的混凝土中，在 CH 的作用下与水化铝酸钙反应生成单氯铝酸钙和三氯铝酸钙，从而减少了硫铝酸钙的生成。

e. 环境酸度(pH 值)

过去关于硫酸盐侵蚀的研究大多没有对侵蚀溶液的 pH 值给予足够的重

视，席耀忠等认为这种做法有碍于正确理解硫酸盐侵蚀机理和制定正确可靠的试验方法。他们的研究表明随着侵蚀溶液pH值的下降，侵蚀反应不断变化，当侵蚀溶液的pH值为12～12.5时，$Ca(OH)_2$和水化铝酸钙溶解，钙矾石析出；当pH值为10.6～11.6时，二水石膏析出；pH值低于10.6时钙矾石不再稳定而开始分解。与此同时，当pH值小于12.5时，C-S-H凝胶将发生溶解再结晶，其钙硅比逐渐下降，由pH值为12.5时的2.12下降到pH为8.8时的0.5，水化产物的“溶解—过饱和—再结晶”过程不断进行，引起混凝土的孔隙率、弹性模量、强度和黏结力的变化。他们认为，对pH值小于8.8的酸雨和城市污水，即使掺用超塑化剂和活性掺合料也难以避免混凝土遭受侵蚀。

5.5.1 混凝土抗硫酸盐侵蚀性能(取芯检测)

(1) 取样与测试

检测抗硫酸盐侵蚀性能时，取样与测试应符合下列规定：

a. 在受检区域随机布置取样点，每个受检区域取样不应少于1组；每组应由不少于6个的直径不小于100 mm且长度不小于直径的芯样组成；

b. 应将无明显缺陷的芯样加工成6个高度为100 mm±2 mm的试件，取3个做抗硫酸盐侵蚀试验，另外3个作为抗压强度对比试件；

c. 应按现行国家标准《普通混凝土长期性能和耐久性能试验方法标准》(GB/T 50082—2019)中有关规定进行硫酸盐溶液干湿交替的试验；

d. 当试件出现明显损伤或干湿交替次数超过预期的次数时，应停止试验，进行抗压强度检测，并计算混凝土强度耐蚀系数。

(2) 抗压强度及强度耐蚀系数

抗压强度及强度耐蚀系数应按下列规定检测：

a. 将3个硫酸盐侵蚀试件与3个比对试件晾干，同时进行端面修整，使6个试件承压面的平整度、端面平行度及端面垂直度符合国家现行标准《混凝土物理力学性能试验方法标准》(GB/T 50081—2019)的有关规定；

b. 测试试件的抗压强度，分别计算3个硫酸盐侵蚀试件和3个比对试件的抗压强度平均值；

c. 强度耐蚀系数应按下式计算：

$$K_f=\frac{f_{cor,s,m}}{f_{cor,s,m0}} \tag{5-79}$$

式中：K_f——强度耐蚀系数，%，精确至0.1；$f_{cor,s,m0}$——3个对比试件的抗压

强度平均值，MPa，精确至 0.1；$f_{cor,s,m}$ ——3 个硫酸盐侵蚀试件抗压强度平均值，MPa，精确至 0.1。

（3）混凝土抗硫酸盐等级推定

混凝土抗硫酸盐等级可按下列规定进行推定：

①当强度耐蚀系数在 75%±5%范围时，混凝土抗硫酸盐等级可用停止试验时的干湿循环次数表示；

②当强度耐蚀系数超过 75%±5%范围时，混凝土抗硫酸盐等级可按下式计算：

$$N_{SR}=N_S\times K_f/0.75 \tag{5-80}$$

式中：N_{SR} ——推定的混凝土抗硫酸盐等级；N_S ——停止试验时的干湿循环次数。

5.5.2　环境水中硫酸根离子测定

一、称量法测定水中硫酸根离子含量

本试验用于测定水中的硫酸根离子含量，适用于硫酸根离子含量较高的水质测定，水样采集与保存按标准规定的步骤执行。

（一）试验基本原理

水中硫酸根离子在微酸性溶液中与氯化钡反应生成硫酸钡沉淀，沉淀在 800 ℃灼烧后称量，换算测得硫酸根离子含量。

（二）检测仪器设备

称量法测定水中硫酸根离子含量，仪器设备应包括下列几种：

（1）高温炉：最高温度不低于 1 000 ℃。

（2）分析天平：分度值不大于 0.1 mg。

（3）瓷坩埚：20～25 mL。

（4）辅助器具：1 000 mL 容量瓶、棕色试剂瓶、烧杯、慢速定量滤纸等。

（三）溶液试剂

（1）1%硝酸银溶液：准确称取 1.000 0 g 硝酸银（$AgNO_3$）溶于少量蒸馏水，移入 1 000 mL 容量瓶后用蒸馏水稀释至刻度，摇匀储存于棕色试剂瓶中。

（2）10%氯化钡溶液：准确称取 10.000 0 g 氯化钡（或 11.723 8 g $BaCl_2\cdot 2H_2O$），溶于少量蒸馏水，移入 1 000 mL 容量瓶后用蒸馏水稀释至刻度，摇匀。

（3）盐酸溶液（1∶1）。

（4）1%甲基红指示剂溶液：称取 1 g 甲基红，溶于 99 g 95%乙醇中。

（四）检测试验步骤

（1）取水样 200 mL 置于 400 mL 烧杯中，可根据酸根离子的含量酌情取水样。在水样中加 2～3 滴甲基红指示剂，用盐酸溶液酸化至刚出现红色，再多加 0.5 mL 盐酸溶液。在不断搅动下加热，趁热滴加 10%氯化钡溶液至上层溶液中不再产生沉淀时，再多加 2～4 mL 氯化钡溶液。加热至 60 ℃～70 ℃，保温静置 4 h。

（2）用慢速定量滤纸过滤，烧杯中的沉淀用热蒸馏水洗 2～3 次后移入滤纸，再用热蒸馏水缓缓洗涤滤纸至无氯离子（用 1% $AgNO_3$ 溶液检测），但不宜过多洗涤。

（3）将沉淀和滤纸移入预先已 800 ℃灼烧至恒重的瓷坩埚中，先在电炉上小心烤干并灰化至呈灰白色后，再移入高温炉中，升温至 800 ℃，恒温灼烧 30 min 取出，稍冷后移入干燥器中，冷却至室温称量。再在相同条件下灼烧 30 min，冷却称量。如此反复操作直至恒重（两次称量之差小于±0.000 2 g）。灼烧前灰化必须彻底，并注意空气流通。灼烧温度不应过高，否则会引起硫酸钡分解。

（4）用蒸馏水按以上步骤做空白试验。

（5）每个水样做平行测定。

（五）检测结果处理

（1）水样中硫酸根离子含量按照式（5-81）计算：

$$C=\frac{(G-G_0)\times 0.4116\times 1000}{V} \tag{5-81}$$

式中：C——水样中硫酸根离子含量，mg/L；G——硫酸钡沉淀质量，g；G_0——空白试验硫酸钡沉淀质量，g；V——水样的体积，mL；0.411 6——硫酸钡换算成硫酸根离子的系数。

（2）以两次测值的平均值作为试验结果（修约间隔为 1 mg/L）。若两测值相对误差大于 2.5%时，应重做试验。

二、EDTA 容量法测定水中硫酸根离子含量

本试验用于测定水中的硫酸根离子含量，适用于硫酸根离子含量为 10～200 mg/L 范围的天然水，水样采集与保存按规范规定的步骤执行。

（一）试验基本原理

在水样中加入已知量的标准氯化钡溶液，使其与硫酸根离子生成硫酸钡沉淀，过量的钡离子可与 EDTA 络合而加以测定。钡离子损失的摩尔数相当于硫酸根离子的摩尔数，从而得到定量的结果。用铬黑 T 做指示剂，反应终点时溶

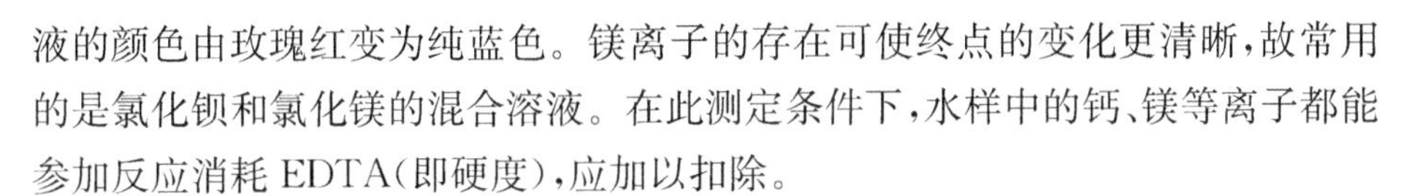

液的颜色由玫瑰红变为纯蓝色。镁离子的存在可使终点的变化更清晰，故常用的是氯化钡和氯化镁的混合溶液。在此测定条件下，水样中的钙、镁等离子都能参加反应消耗 EDTA(即硬度)，应加以扣除。

（二）检测仪器设备

EDTA 容量法测定水中硫酸根离子含量，仪器设备应包括下列几种：

(1) 1 000 mL 容量瓶；

(2) 250 mL 锥形瓶；

(3) 25 mL 滴定管，误差不大于 0.01 mL；

(4) 分析天平，分度值不大于 0.1 mg；

(5) 辅助器具，包括移液管、研钵、试剂瓶、刚果红试纸、水浴加热装置等。

（三）溶液试剂

(1) 缓冲溶液(pH=10)：称取 20 g 氯化铵溶于少量蒸馏水中，加入150 mL 28%氨水(密度为 0.898 kg/L)，然后用蒸馏水稀释至 1 L。

(2) 铬黑 T 指示剂：称取 0.5 g 铬黑 T，烘干，加 100 g 在 105 ℃±5 ℃烘至恒重的固体氯化钠，研磨均匀，贮于棕色试剂瓶中。

(3) 钡、镁混合溶液：称取 3.050 0 g 氯化钡($BaCl_2 \cdot 2H_2O$)和 2.540 0 g 氯化镁($MgCl_2 \cdot 6H_2O$)，溶于少量蒸馏水，移入 1 000 mL 容量瓶后用蒸馏水稀释至刻度，摇匀。

(4) 盐酸溶液(1∶1)、三乙醇胺(1∶1)。

(5) 10%氯化钡溶液：准确称取 10.000 0 g 氯化钡(或 11.723 8 g $BaCl_2 \cdot 2H_2O$)，溶于少量蒸馏水，移入 1 000 mL 容量瓶后用蒸馏水稀释至刻度，摇匀。

(6) 0.05 mol/L EDTA 标准溶液：称取 EDTA 20 g，溶于蒸馏水中，用蒸馏水稀释至 1 L，按规范要求标定 3 次，差值不得超过 0.001 mol/L，取其平均值。

（四）检测试验步骤

(1) 水样体积和钡、镁混合溶液用量的确定：取 5 mL 水样置于 10 mL 试管中，加 2 滴盐酸溶液(1∶1)和 5 滴 10%氯化钡溶液，摇匀，观察沉淀生成情况，按照表 5-32 确定取水样量及钡、镁混合溶液用量。

表 5-32　硫酸根离子含量与钡、镁混合溶液用量关系

浑浊情况	硫酸根离子含量(mg/L)	取样体积(mL)	钡、镁混合溶液用量(mL)
数分钟后略浑	<25	100	4
稍浑浊	25～50	50	4
浑浊	50～100	25	4

续表

浑浊情况	硫酸根离子含量(mg/L)	取样体积(mL)	钡、镁混合溶液用量(mL)
生成沉淀	100～200	25	8
生成大量沉淀	>200	取少量稀释	10

(2) 根据表 5-32 大致确定硫酸根离子含量后，用移液管取与表 5-32 相应的水样置于 250 m 锥形瓶中，加水稀释至约 100 mL，滴加盐酸溶液(1∶1)使刚果红试纸由红色变为蓝色，加热煮沸 1～2 min 除去二氧化碳。

(3) 趁热加入表 5-32 所规定数量的钡、镁混合溶液，不断搅动并加热至沸。沉淀陈化 6 h 或放置过夜后滴定。必要时为缩短陈化时间，可将加沉淀剂后的水样置沸水浴上保温陈化 2 h，冷却后加入 5 mL 缓冲溶液和铬黑 T 指示剂一小匙(约 20 mg)，用 EDTA 标准溶液滴定至溶液由红色变为纯蓝色，记录所耗体积。操作时，为避免 $BaSO_4$ 沉淀吸附部分的 Ba^{2+} 而影响结果，滴定时应用力摇动。当有大量沉淀影响终点观察时，可过滤后再滴定。水样中有 Fe、Mn、Al 干扰离子存在时，可加 1～3 mL 三乙醇胺溶液(1∶1)消除干扰。

(4) 取与步骤(2)中同体积水样，按《水工混凝土试验规程》(SL/T 352—2020)中 10.5 节的规定测定其总硬度，记录所耗体积。

(5) 取与水样相同体积的蒸馏水，按步骤(2)(3)做空白试验，记录所耗体积。

(6) 每个水样做平行测定。

(五) 检测结果处理

(1) 水样中硫酸根离子含量按照式(5-82)计算：

$$C=\frac{C_1[(V_2+V_3)-V_1]\times 96.06}{V}\times 1\,000 \tag{5-82}$$

式中：C——水样中硫酸根离子含量，mg/L；C_1——EDTA 标准溶液的浓度，mol/L；V_1——水样消耗 EDTA 标准溶液的体积，mL；V_2——同体积水样中钙、镁离子消耗 EDTA 标准溶液的体积，mL；V_3——空白试验所消耗 EDTA 标准溶液的体积，mL；V——水样的体积，mL；96.06——硫酸根离子的摩尔质量，g/mol。

(2) 以两次测值的平均值作为试验结果(修约间隔为 1 mg/L)。两测值相对误差大于 1.5%时，应重做试验。

5.5.3 硫酸盐环境下结构耐久性评价

(1) 硫酸盐环境下混凝土结构的耐久性评价可采用芯样强度比的方法。

(2) 芯样抗压强度测试应符合《水工混凝土试验规程》(SL/T 352—2020)的

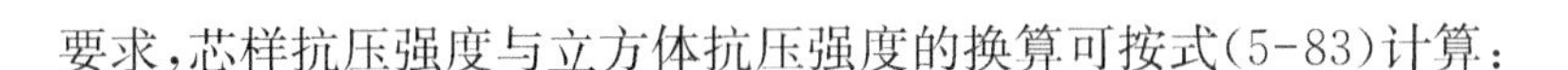

要求，芯样抗压强度与立方体抗压强度的换算可按式(5-83)计算：

$$f_{cc}=A_c f_c \tag{5-83}$$

式中：f_{cc} ——边长 150 mm 立方体试件的抗压强度，MPa；f_c ——长径比为 1∶1 的芯样的抗压强度，MPa；A_c ——芯样和立方体试件抗压强度换算系数，按表 5-33 取用。

表 5-33　混凝土芯样和 150 mm 立方体试件之间抗压强度换算系数 A_c

芯样尺寸(mm×mm)	ϕ100×100	ϕ150×150	ϕ200×200
换算系数 A_c	1.00	1.04	1.18

(3) 换算立方体抗压强度 f_{cc} 与强度设计标准值 $f_{cu,k}$ 的比值 Q 可按式(5-84)计算：

$$Q=f_{cc}/f_{cu,k} \tag{5-84}$$

式中：Q——硫酸盐侵蚀强度比；f_{cc} ——边长 150 mm 立方体试件的抗压强度，MPa；$f_{cu,k}$ ——混凝土抗压强度设计标准值，MPa。

(4) 硫酸盐环境耐久性等级根据 Q/γ_0 计算结果按表 5-34 进行评定。

表 5-34　硫酸盐环境耐久性评定

Q/γ_0	≥1.00	<1.00，且≥0.80	<0.80
耐久性等级	A	B	C

(5) 混凝土表面出现明显疏松、大面积剥落或钢筋外露，应评为 C 级。

5.6　渗透压环境下结构耐久性检测与评价

渗透压是指由于水分梯度产生的压力差，使得水从高浓度区域向低浓度区域自由扩散。在混凝土中，水分的扩散是通过孔隙系统进行的。当混凝土表面与周围环境有水分梯度时，渗透压就会产生。

(1) 渗透压对混凝土的破坏机理

渗透压对混凝土的破坏机理主要有两个方面。

a. 渗透压会导致混凝土的干缩和开裂。当混凝土表面遭遇干燥环境时，水分会从混凝土内部向外扩散，形成水分梯度。这种水分流失会导致混凝土收缩，产生干缩应力。如果干缩应力超过混凝土的抗拉强度，就会引起开裂。这些裂缝会进一步影响混凝土的强度和耐久性。

b. 渗透压还会引起混凝土的盐胀和碱骨料反应。在含有盐类的环境中，渗透压会使得盐分进入混凝土内部。当盐分浓度增加时，会引起盐胀现象，使混凝土产生体积膨胀应力，导致混凝土的破坏。另外，在含有碱性骨料的混凝土中，碱骨料与水反应会释放碱性化学物质，形成碱骨料反应。渗透压会加剧这一反应，导致混凝土的膨胀和开裂。

(2) 渗透压破坏混凝土的影响因素

a. 混凝土配合比：混凝土中各组分的比例，包括骨料、水、水泥等，对混凝土的渗透性有直接影响。合理的配合比可以提高混凝土的密实性和抗渗性，降低渗透压破坏的风险。

b. 矿物掺合料：在混凝土中加入适量的矿物掺合料，如粉煤灰、矿渣粉等，可以改善混凝土的性能，提高其抗渗性。这些掺合料可以与水泥水化产物发生反应，生成更加致密的结构，减少混凝土中的孔隙和裂缝，从而降低渗透压对混凝土的破坏。

c. 引气剂：引气剂可以在混凝土中形成微小的气泡，这些气泡可以阻断水分的流动路径，减少混凝土中的毛细孔和裂缝，从而提高混凝土的抗渗性。

d. 养护措施：混凝土在硬化过程中需要采用适当的养护措施，以保证其强度和抗渗性的发展。养护不当可能导致混凝土出现裂缝和孔隙，增加渗透压破坏的风险。

e. 外部环境因素：如温度、湿度、化学腐蚀等环境因素也会对混凝土的抗渗性产生影响。例如，高温和干燥环境可能导致混凝土收缩和开裂，降低其抗渗性；化学腐蚀可能破坏混凝土的内部结构，导致渗透压破坏。

5.6.1 取样检测混凝土抗渗性能

(1) 取样与试件处理

取样法检测混凝土抗渗性能的操作与试件处理宜符合下列规定：

a. 每个受检区域取样不宜少于 1 组，每组宜由不少于 6 个直径为 150 mm 的芯样构成；

b. 芯样的钻取方向宜与构件承受水压的方向一致；

c. 宜将内部无明显缺陷的芯样加工成符合现行国家标准《普通混凝土长期性能和耐久性能试验方法标准》(GB/T 50082—2009)有关规定的抗渗试件，每组抗渗试件为 6 个。

(2) 逐级加压法检测混凝土抗渗性能

逐级加压法检测混凝土抗渗性能应符合下列规定：

a. 应将同组的6个抗渗试件置于抗渗仪上进行封闭；

b. 应按现行国家标准《普通混凝土长期性能和耐久性能试验方法标准》(GB/T 50082—2009)中逐级加压法的相关规定对同组试件进行抗渗性能的检测；

c. 当6个试件中的3个试件表面出现渗水或检测的水压高于规定数值或设计指标，在8 h内出现表面渗水的试样少于3个时可停止试验，并应记录此时的水压力H(精确至0.1 MPa)

混凝土在检测龄期实际抗渗等级的推定值可按下列规定确定。

a. 当停止试验时，6个试件中有2个试件表面出现渗水，该组混凝土抗渗等级的推定值可按下式计算：

$$P_e = 10H \tag{5-85}$$

b. 当停止试验时，6个试件中有3个试件表面出现渗水，该组混凝土抗渗等级的推定值可按下式计算：

$$P_e = 10H - 1 \tag{5-86}$$

c. 当停止试验时，6个试件中少于2个试件表面出现渗水，该组混凝土抗渗等级的推定值可按下式计算：

$$P_e > 10H \tag{5-87}$$

式中：P_e——结构混凝土在检测龄期实际抗渗等级的推定值；H——停止试验时的水压力，MPa。

(3) 渗水高度法检测混凝土抗渗性能

渗水高度法检测混凝土抗渗性能应符合下列规定：

a. 应将同组的6个抗渗试件分别压入试模并进行可靠密封；

b. 应按现行国家标准《普通混凝土长期性能和耐久性能试验方法标准》(GB/T 50082—2019)中渗水高度法的相关规定对同组试件进行抗渗性能的检测；

c. 稳压过程中应随时注意观察试件端面的渗水情况；

d. 当某一个试件端面出现渗水时，应停止该试件试验并记录时间，此时该试件的渗水高度应为试件高度；

e. 当端面未出现渗水时，24 h后应停止试验，取出试件；将试件沿纵断面对中劈裂为两半，用防水笔描出渗水轮廓线；并应在芯样劈裂面中线两侧各60 mm的范围内，用钢尺沿渗水轮廓线等间距量测10点渗水高度，读数精确至1 mm；

f. 单个试件渗水高度应按下式计：

$$\overline{h_i}=\frac{\sum_{j=1}^{10}h_j}{10} \tag{5-88}$$

式中：h_j——第 i 个试件第 j 个测点处的渗水高度，mm；$\overline{h_i}$ ——第 i 个试件平均渗水高度，mm；当某一个试件端面出现渗水时，该试件的平均渗水高度为试件高度。

g. 一组试件渗水高度应按下式计算：

$$\overline{h}=\frac{\sum_{i=1}^{6}h_i}{6} \tag{5-89}$$

(4) 其他

当委托方有要求时，可按上述方法对缺陷、疏松处混凝土的实际抗渗性能进行测试，每组抗渗试件可少于 6 个，但不应少于 3 个，并应提供每个试件的检测结果。

5.6.2 混凝土表面电阻率检测

表面电阻率法适用于通过直接或者间接检测混凝土的电阻率来评价混凝土的渗透能力，不适用于钢纤维混凝土及聚合物水泥混凝土。

(1) 基本要求

a. 混凝土表面电阻率测试时，被测构件或部位的测区数量不宜少于 30 个，测区大小宜为 200 mm×200 mm～600 mm×600 mm。

b. 混凝土电阻率宜采用四电极法进行检测，检测所用表面电阻率测试仪的探头应包含四个电极，总长 150 mm，每个电极之间距离可调，间距可为 50 mm。

(2) 检测步骤

a. 测试前，应清洁混凝土表面，不应有隔离层，测区混凝土内部的钢筋网格应利用钢筋探测仪标记出来。

b. 测试前，应先将表面电阻率测试仪电极浸入水中多次，以保证测试仪与混凝土表面之间良好连接。

c. 测试时，钢筋不应位于探头正下方且不应与探头保持平行；最佳方向是与钢筋成对角线进行测量；如钢筋间距过小无法避开，可与钢筋成直角进行测量。

d. 测试时，应将电阻率测试仪探头放置于待测混凝土表面，向下按压测试仪，确保测试仪的四个探头与混凝土表面接触良好，表面电阻率测试仪读数稳定后，记录测量值。检测示意见图5-2。

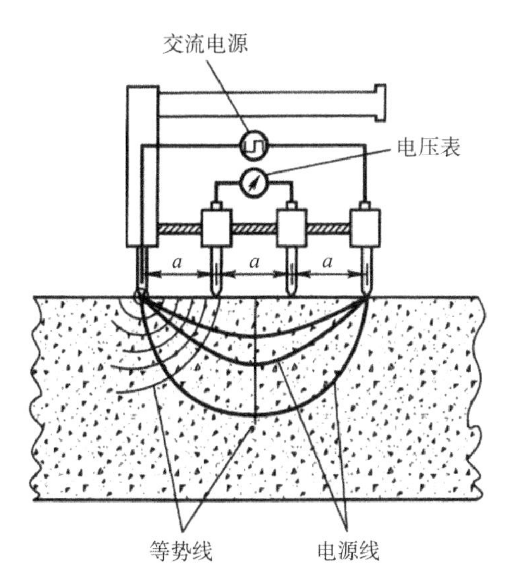

图5-2　四电极法检测混凝土表面电阻率示意图

(3) 结果计算

a. 混凝土表面电阻率检测结果应按下式计算：

$$\rho = 2\pi a \frac{U}{I} \tag{5-90}$$

式中：ρ——混凝土表面电阻率，kΩ·cm；a——相邻探头间距，cm；U——两个内侧探头之间的电压，V；I——两个外侧探头之间的电流，A。

b. 混凝土表面电阻率测试结果应取所有测区的表面电阻率最小值。

5.6.3　渗透压环境下结构耐久性评价

(1) 采用150 mm的混凝土芯样制作标准的混凝土抗渗试件6个，并符合《混凝土结构现场检测技术标准》(GB/T 50784—2013)中相关要求，填充砂浆宜采用聚合物砂浆。

(2) 按设计的抗渗等级逐级加压，在加至规定压力后8 h内，观察芯样试件透水情况，透水芯样数量与评级结果应符合表5-35的规定。

表 5-35 抗渗耐久性评定

透水芯样数量 N	0	$0<N\leq 2$	$N>2$
抗渗耐久性评定等级	A	B	C

(3) 混凝土结构表面裂缝过宽过长，出现大流量渗漏等不满足抗渗要求的状况，应评为 C 级。

5.7 碱骨料反应检测与评价

混凝土的碱骨料反应是混凝土组成材料中所含的可溶性碱与骨料中所含的活性成分在混凝土硬化后发生的一种化学反应。混凝土中的粗细骨料一般是非活性的，也不考虑其与水泥发生反应。但某些含有潜在活性的骨料，能与可溶碱(钾、钠)发生反应。反应物吸水膨胀造成不均匀内应力，导致混凝土结构开裂或发生有害变形，称之为碱骨料反应破坏。

(1) 碱骨料反应对混凝土的破坏机理

1940 年 2 月，美国斯坦敦教授发表了《水泥与骨料对混凝土膨胀的影响》一文，首次提出了含碱量高的水泥与页岩和燧石混合骨料反应使混凝土发生过量膨胀，并提出反应产生的白色物质可能是造成膨胀的原因。后经继续研究确认，水泥中的碱与页岩中的硅性物质发生反应生成白色物质——碱硅凝胶。碱硅凝胶吸水膨胀，产生膨胀力，导致混凝土开裂，被定名为碱骨料反应。1955 年，加拿大的斯文森发现了另一种类型的碱骨料反应，碱-碳酸盐反应。1965 年，在加拿大的诺发·斯科提亚发生了混凝土异常开裂。经基洛特等人的研究，又提出了一种新型的碱骨料反应，碱-硅酸盐反应。

a. 碱-硅酸反应

水泥混凝土孔隙中的碱性溶液与骨料中的活性二氧化硅发生反应，生成的碱硅凝胶吸水膨胀，产生膨胀力导致混凝土开裂或产生有害变形，称之为碱-硅酸反应。其代表性反应式如下：

$$ROH+nSiO_2 \longrightarrow R_2O \cdot nSiO_2 \cdot aq$$

关于碱-硅酸反应膨胀的详细过程，至今尚未完全研究清楚。大致反应过程如下。首先是碱液与活性二氧化硅表面的硅醇基进行反应。其次，非晶态或结晶不完整的二氧化硅矿物长时间浸泡于碱液中，碱液逐渐破坏其硅烷键，使矿物结构解体。最后，溶解态的 SiO_2 单体或离子在 OH^- 的催化下，重新聚合成一定大小的 SiO_2 溶胶粒子。在电解质金属阳离子的作用下，溶胶粒子配位缩聚，形

成由 R^+ 或 Ca^{2+} 离子联结的各种结构的碱硅酸凝胶。碱硅酸凝胶吸水膨胀，导致混凝土结构开裂、破坏。

b. 碱-碳酸盐反应

水泥混凝土孔隙中的碱(R)液与活性碳酸盐骨料发生去白云石化反应，吸水膨胀产生膨胀力，造成混凝土开裂或产生有害变形，称之为碱-碳酸盐反应。其化学反应式为：

$$CaMg(CO_3)_2+2ROH\longrightarrow Mg(OH)_2+CaCO_3+R_2CO_3$$

在水泥混凝土中，水泥水化过程不断产生 $Ca(OH)_2$，上述反应生成的 R_2CO_3 又与 $Ca(OH)_2$ 反应生成 ROH，使去白云石化反应继续进行：

$$R_2CO_3+Ca(OH)_2\longrightarrow 2ROH+CaCO_3$$

这样去白云石化反应将一直进行到 $Ca(OH)_2$ 或碱活性白云石被消耗完为止。因此，碱-碳酸盐反应实质上是将白云石成分转变为方解石。

碱碳酸盐反应后的固相体积实际上小于反应前的固相体积。某些学者认为其膨胀机理是去白云石化反应使岩石中的黏土暴露出来，为水分进入提供了通道，从而使黏土吸水，而干燥的黏土吸水膨胀产生膨胀力。该解释还不能令人满意，该反应膨胀机理有待进一步深入研究。

c. 碱-硅酸盐反应

1965 年基洛特、斯文森等人对加拿大诺发・斯科提亚的混凝土开裂现象进行研究后认为，导致混凝土膨胀的骨料是硬砂岩、千枚岩和黏土板岩等。发生的碱骨料反应膨胀速度非常缓慢，混凝土膨胀至开裂时，能渗透出的凝胶也很少。造成混凝土开裂的原因是混凝土中层状硅酸盐岩矿物硅石基面间的层间沉淀物在碱的作用下发生膨胀。特征与碱-硅酸反应不同，被命名为碱-硅酸盐反应。各国学者对碱-硅酸盐反应机理有不同的看法。唐明述等认为，所谓的碱-硅酸盐反应本质上仍属于碱-硅酸反应，只是由于其反应速度太慢，在层状硅酸盐矿物狭小的层间存在的碱活性硅酸质矿物，采用一般测定碱硅酸反应的岩相法无法将其检出。ASTM C227 的砂浆棒法也不能判断其碱活性。

(2) 碱骨料反应破坏形成条件

不论哪一种类型的碱骨料反应都必须具备如下三个条件，才会对混凝土工程造成危害。

a. 混凝土中必须有相当数量的碱(钾、钠)。碱的来源主要有两个方面，配制混凝土时带来的(水泥、外加剂、掺合料及拌和水中所含的可溶性碱)或混凝土工程建成后从周围环境侵入的(如冬季喷洒的化冰盐、下水管道中的碱渗入混凝土等)。

b. 混凝土中必须有相当数量的碱活性骨料。在碱-硅酸反应中，由于每种碱活性骨料有其与碱反应造成混凝土膨胀压力最大的比例，当混凝土含碱量发生变化时，这一比例也发生变化。因此，造成混凝土碱骨料反应破坏的碱活性骨料的数量必须通过试验确定。

c. 混凝土中必须含有足够的水分，如空气的相对湿度大于80%或混凝土与水接触。

(3) 碱骨料反应损伤特征

a. 损伤外观表征

网状(龟背状)裂缝。多出现在混凝土不受约束(无筋或少筋)的情况下，典型网状裂缝接近六边形，裂缝从网结点三分岔开，夹角约120°，在较大的六边形之间还可再发展出小裂缝。与干缩裂缝不同，碱骨料反应裂缝出现较晚，多在施工后数年甚至一二十年后产生，并随环境湿度增大而扩展。在受约束的情况下，碱骨料反应膨胀裂缝平行于约束力的方向，在开裂的同时，有时会出现局部的膨胀以致裂缝的两个边缘出现不平状态。碱骨料反应首缝一般出现在同一工程的潮湿部位，湿度愈大愈严重。

缝中渗出物的存在。混凝土工程的多数碱骨料反应裂缝中存在碱骨料反应生成物——碱硅凝胶，有时会顺裂缝流出。凝胶多为半透明的乳白色或黄褐色，在流经裂缝、孔隙的过程中吸收钙、铝等化合物时也可变为茶褐色甚至黑色。流出的凝胶多有较湿润的光泽，长时间干燥后变为无定形粉状物，借助放大镜可与含结晶状颗粒的盐析物区别。

结构因碱骨料反应引起膨胀变形。碱骨料反应引起的膨胀可使混凝土结构发生不正常的变形、移位、弯曲和扭翘。如：低温季节伸缩缝开度不增大反而缩小；某些长度大的构筑物的伸缩缝被顶实甚至顶坏；有的桥梁支点因膨胀增长而错位；有的大坝因膨胀导致坝体升高；有些结构在两端限制的情况下因膨胀而发生弯曲、扭翘等现象。

b. 混凝土芯样特征变化

混凝土碱骨料反应损害，除外观检查评估外，还需钻取必要数量的有代表性混凝土芯样进行观察和性能检测。

芯样外观检查。由碱骨料反应造成的混凝土工程病害，若在其严重处钻取混凝土芯祥，有时可用肉眼或借助放大镜观察到碱骨料反应的特征。当发生的是碱-硅酸反应时，可观察到碱活性骨料周围存在反应环(即沿骨料周围由反应产物形成的环)、反应边(即含部分碱活性成分、经反应产生的水化产物)。混凝土或骨料周围存在裂缝，裂缝中填充有反应产物——硅酸钠(钾)。将混凝土芯样存放于 20℃、相对湿度 100%的环境中数小时至数日，可以看到透明的凝胶析出。发生碱-硅酸反应时，石子通常显得油润，相对不易变干。反应产物经干燥后失水粉化。当发生的是碱-硅酸盐反应时，上述现象相对不明显，但细心观察仍然可以发现。当发生的是碱-碳酸盐反应时，混凝土的孔隙和反应骨料的边界等处无凝胶体存在，孔隙中有碳酸钙、氢氧化钙及水化硫铝酸钙存在。

混凝土芯样的膨胀性检验。混凝土芯样取出后，切割成一定长度的试件，在其端部中心分别设置测试埋钉，用千分尺测其初长后养护于 40 ℃、相对湿度 100%的环境中，经 3～6 个月，再测其长度，可计算出其膨胀量。它可以说明碱骨料反应继续发展还存在进一步膨胀潜力。

5.7.1　混凝土中碱含量检测(取样检测)

混凝土中碱含量应以混凝土中等效氧化钠($Na_2O+0.658K_2O$)含量表示，可分为总碱含量和可溶性碱含量。

(一) 试样制备

混凝土中碱含量测定所用样品的制备步骤如下。

a. 从受检区域混凝土中钻取芯样，剔除粗骨料，破碎磨细成粉末后备用。

b. 将粉末缩分至 100 g，应研磨至全部通过 0.08 mm 的筛。

c. 研磨后的粉末应用磁铁吸出其中的金属铁屑。

d. 粉末应置于烘箱中以 105 ℃～110 ℃烘至恒重，取出后放入干燥器中冷却至室温。

(二) 总碱含量

(1) 混凝土中总碱含量的检测应符合下列规定。

a. 混凝土中总碱含量的检测操作应符合现行国家标准《水泥化学分析方法》(GB/T 176—2017)的有关规定。

b. 样品中氧化钾质量分数、氧化钠质量分数和总碱含量应按下列公式计算：

$$\omega_{K_2O}=\frac{m_{K_2O}}{m_s\times 1\,000}\times 100\% \tag{5-91}$$

$$\omega_{Na_2O}=\frac{m_{Na_2O}}{m_s\times 1\,000}\times 100\% \tag{5-92}$$

$$\omega_{Na_2O,eq}=\omega_{Na_2O}+0.658\omega_{K_2O} \tag{5-93}$$

式中：ω_{K_2O} ——样品中氧化钾的质量分数；ω_{Na_2O} ——样品中氧化钠的质量分

数；$\omega_{Na_2O,eq}$ ——样品中总碱量；m_{K_2O} ——被检测溶液中氧化钾的质量，mg；m_{Na_2O} ——被检测溶液中氧化钠的质量，mg；m_s ——砂浆粉末样品的质量，g。

c. 样品总碱含量应取 3 次测试结果的平均值。

(2) 单位体积混凝土总碱含量应按下列公式计算：

$$m_{a,t}=\frac{\rho(m_{cor}-m_c)}{m_{cor}}\times\overline{w}_{Na_2O,eq} \tag{5-94}$$

式中：$m_{a,t}$ ——单位体积混凝土中总碱含量，kg；ρ ——芯样的密度，kg/m^3，按实测值计，无实测值时取 2 500 kg/m^3；m_{cor} ——芯样的质量，g；m_c ——芯样的骨料的质量，g；$\overline{w}_{Na_2O,eq}$ ——样品中氧化钠当量的质量分数的检测值。

(三) 可溶性碱含量

(1) 混凝土中可溶性碱含量的检测应符合下列规定。

a. 准确称取 25 g(精确至 0.01 g)样品放入 500 mL 锥形瓶中，加入 300 mL 蒸馏水，宜采用振荡器振荡 3 h 或在 80 ℃水浴锅中用磁力搅拌器搅拌 2 h，再用布氏漏斗过滤，然后将滤液转移到 500 mL 的容量瓶中，稀释至刻度。

b. 混凝土中可溶性碱含量的检测操作应符合现行国家标准《水泥化学分析方法》(GB/T 176—2017)中的相关规定。

c. 样品中可溶性氧化钾质量分数、可溶性氧化钠质量分数和可溶性碱含量应按下列公式计算，计算结果保留两位小数：

$$\omega^S_{K_2O}=\frac{m_{K_2O}}{m_s\times 1\ 000}\times 100\% \tag{5-95}$$

$$\omega^S_{Na_2O}=\frac{m_{Na_2O}}{m_s\times 1\ 000}\times 100\% \tag{5-96}$$

$$\omega^S_{Na_2O,eq}=\omega^S_{Na_2O}+0.658\omega^S_{K_2O} \tag{5-97}$$

式中：$\omega^S_{K_2O}$ ——样品中可溶性氧化钾的质量分数；$\omega^S_{Na_2O}$ ——样品中可溶性氧化钠的质量分数；$\omega^S_{Na_2O,eq}$ ——样品中可溶性碱含量。

d. 样品中可溶性碱含量的检测值应取 3 次测试结果的平均值。

(2) 单位体积混凝土可溶性碱含量应按下列公式计算：

$$m_{a,s}=\frac{\rho(m_{cor}-m_c)}{m_{cor}}\times\overline{w}^S_{Na_2O,eq} \tag{5-98}$$

式中：$m_{a,s}$ ——单位体积混凝土中可溶性碱含量，kg。

5.7.2 碱活性骨料检测(取样检测)

检测骨料的碱活性类别和定量评定骨料的碱活性宜采用岩相法、砂浆棒快速法和混凝土棱柱体法。确定骨料的碱活性类别和定性评定骨料的碱活性应先按照岩相法对骨料进行分类和岩相分析，若骨料样品中含有碱骨料反应活性矿物时，应对其碱活性进行进一步检验。

(1) 岩相法分析碱活性骨料的检测样品制备应符合下列规定。

a. 在待检区域钻取直径至少为 75 mm、高度至少为 275 mm 的芯样不少于 5 个，并破碎至粒径 20 mm 及以下，筛去粒径小于 5 mm 的骨料及粉末，挑出剩余粗骨料，剩余粗骨料质量应大于 10 kg。

b. 粗骨料表面浆体应用水冲洗干净，然后再风干或在 105 ℃±5 ℃烘箱中烘干。

(2) 岩相法评定骨料碱活性所需材料和设备及试验步骤应符合现行行业标准《水工混凝土试验规程》(SL/T 352—2020)的规定。

(3) 经岩相法分析后，应将可能存在碱骨料反应活性的骨料样品破碎至 5 mm 以下，用清水将破碎后的样品冲洗干净，并置于 105 ℃±5 ℃的烘箱中烘干(3 h～4 h)，然后将烘干的样品进行筛分，并置于干燥器中备用。

(4) 骨料样品中含有碱-硅酸反应活性矿物时，可采用砂浆棒快速法或混凝土棱柱体法对其碱活性进行检验。砂浆棒快速法检测应符合现行行业标准《水工混凝土试验规程》(SL/T 352—2020)的规定，混凝土棱柱体法检测应符合《普通混凝土长期性能和耐久性能试验方法标准》(GB/T 50082—2009)或《水工混凝土试验规程》(SL/T 352—2020)的规定。

(5) 骨料样品中含有碱-碳酸盐反应活性矿物时，可采用混凝土棱柱体法对其碱活性进行检验，混凝土棱柱体法检测应符合《普通混凝土长期性能和耐久性能试验方法标准》(GB/T 50082—2009)或《水工混凝土试验规程》(SL/T 352—2020)的规定。

(6) 砂浆棒快速法和混凝土棱柱体法试验中的试件长度膨胀率应符合下列规定。

a. 试件长度膨胀率应按下式计算：

$$\varepsilon_t = \frac{L_t - L_0}{L_0 - 2\Delta} \times 100\% \tag{5-99}$$

式中：ε_t ——试件在测试龄期时的膨胀率，%，精确至 0.01；L_t ——试件在测试龄期时的长度，mm；L_0——试件的基准长度，mm；Δ ——测头的长度，mm。

b. 试件长度膨胀率的测定值应取 3 个试件测值的平均值。

c. 每次检测时应观察试件开裂、变形、渗出物和反应生成物及其变化情况。

d. 当检验周期超过 52 周且膨胀率小于 0.04%时，可停止检验并判定受检混凝土未见碱骨料反应的潜在危害。

e. 当检验周期不超过 52 周，混凝土试件出现膨胀率超过 0.04%、开裂或反应生成物大量增加时，可停止检验并判定受检混凝土存在碱骨料反应的潜在危害。

5.7.3 环境水碱度测定

本试验用酸碱滴定法测定水的碱度，适用于天然水和未污染的地表水。对于污水，应分析水中物质组分，然后才能对试验结果作出正确解释。

(一) 试验基本原理

水样的碱度是用标准盐酸溶液滴定至规定的 pH 值，其终点由加入的酸碱指示剂在该 pH 值时颜色的变化来判断。当滴定至酚酞指示剂由红色变为无色时，溶液的 pH 值为 8.3，指示水中氢氧根离子已被中和，碳酸盐均变为重碳酸盐；当滴定至甲基橙指示剂由淡黄色变为橙红色时，溶液的 pH 值为 4.3～4.5，指示水中的重碳酸盐(包括原有的重碳酸盐)已被中和。根据到达上述两个终点时所消耗的盐酸标准溶液的量，计算出水中碳酸盐、重碳酸盐含量及总碱度。滴定时反应如下。

酚酞作指示剂：

$$OH^- + H^+ \longrightarrow H_2O \quad CO_3^{2-} + H^+ \longrightarrow HCO_3^-$$

甲基橙作指示剂：

$$HCO_3^- + H^+ \longrightarrow H_2O + CO_2$$

(二) 检测仪器设备

仪器设备应包括下列几种：

(1) 100 mL 容量瓶；

(2) 50 mL 锥形瓶；

(3) 25 mL 滴定管，误差不大于 0.01 mL。

(三) 检测试剂

(1) 0.05 mol/L 氢氧化钠标准溶液：称取分析纯氢氧化钠 2 g，溶于新煮沸冷却的 1 L 蒸馏水中，参照 5.2.2 节标定。

(2) 0.05 mol/L 盐酸标准溶液：取 4.2 mL 分析纯盐酸，加蒸馏水稀释至

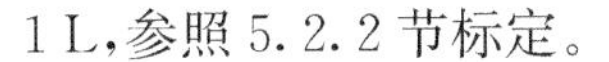

1 L,参照5.2.2节标定。

(3) 0.1%甲基橙指示剂:称取0.1 g甲基橙溶于100 mL蒸馏水中。

(四) 试验步骤

(1) 酚酞碱度的测定:取水样100 mL,注入250 mL锥形瓶内,加入2~3滴酚酞指示剂,如不显红色,则酚酞碱度为零;如显红色,则用盐酸标准溶液滴定至溶液微红色恰好消失为止,记录所耗体积。

(2) 甲基橙碱度的测定:在已滴定酚酞碱度的水样中继续加入甲基橙指示剂2~3滴,继续以盐酸标准溶液滴定至显橙红色,记录所耗体积。

(3) 每个水样做平行测定。

(五) 试验结果处理

试验结果处理应按下列规定执行。

(1) 各种碱度分别按照式(5-100)、式(5-101)和式(5-102)计算。

$$A_1 = \frac{CV_1 \times 60.02}{2V} \times 1\,000 \tag{5-100}$$

$$A_2 = \frac{CV_2 \times 61.02}{V} \times 1\,000 \tag{5-101}$$

$$A_3 = \frac{C(V_1 + V_2) \times 100.09}{2V} \times 1\,000 \tag{5-102}$$

式中:A_1——酚酞碱度(以CO_3^{2-}计),mg/L;A_2——甲基橙碱度(以HCO_3^-计),mg/L;A_3——总碱度(以$CaCO_3$计),mg/L;C——盐酸标准溶液的浓度,mol/L;V_1——测定酚酞碱度所耗盐酸标准溶液的体积,mL;V_2——测定甲基橙碱度所耗盐酸标准溶液的体积,mL;V——水样的体积,mL;60.02——CO_3^{2-}的摩尔质量,g/mol;61.02——HCO_3^-的摩尔质量,g/mol;100.09——$CaCO_3$的摩尔质量,g/mol。

(2) 各种碱度以两次测值的平均值作为试验结果(修约间隔为1 mg/L)。若两测值相对误差大于4.3%时,应重做试验。

(3) 根据滴定结果,可分别按照式(5-103)、式(5-104)、式(5-105)和表5-36计算水样中OH^-、CO_3^{2-}及HCO_3^-的含量(修约间隔为1 mg/L)。

$$C_1 = \frac{CV_0 \times 17.00}{V} \times 1\,000 \tag{5-103}$$

$$C_2 = \frac{CV_0 \times 60.02}{2V} \times 1\,000 \tag{5-104}$$

$$C_3 = \frac{CV_0 \times 61.02}{V} \times 1\,000 \tag{5-105}$$

式中：C_1、C_2、C_3——水样中 OH^-、CO_3^{2-} 及 HCO_3^- 的含量，mg/L；C——盐酸标准溶液的浓度，mol/L；V_0——按照表 5-36 根据 V_1、V_2 测值来确定；V——水样的体积，mL；17.00——OH^- 的摩尔质量，g/mol；60.02——CO_3^{2-} 的摩尔质量，g/mol；61.02——HCO_3^- 的摩尔质量，g/mol。

表 5-36　由滴定结果确定 V_0 值(mL)

滴定结果	OH^-	CO_3^{2-}	HCO_3^-
$V_1=0, V_2>0$	0	0	V_2
$V_1<V_2$	0	$2V_1$	V_2-V_1
$V_1=V_2$	0	$2V_1$	0
$V_1>V_2$	V_1-V_2	$2V_2$	0
$V_1>0, V_2=0$	V_1	0	0

5.7.4　碱骨料反应的两级评价

（一）碱骨料反应两级评定

碱骨料反应可按以下两级评定。

(1) 条件评定：分析混凝土是否具备碱骨料反应条件，包括骨料碱活性、碱含量及碱、水的持续供给。

(2) 危害评定，分析在具备碱骨料反应条件时，混凝土是否已发生碱骨料反应及有无残余危害性膨胀。

（二）碱骨料反应的条件评定

(1) 条件评定应进行骨料活性及混凝土总碱量计算，可采用下列方法：

a. 可通过芯样岩相试验判断骨料种类及活性组分；也可分离出骨料后按照《水工混凝土试验规程》(SL/T 352—2020)砂石料部分相关方法测试。

b. 已知混凝土配合比时，混凝土总碱量可按式(5-106)计算：

$$A_{com} = A_C C + 0.2A_F F + 0.5A_{Slag} S + 0.5A_{Si} Si + A_{Ad} Ad \tag{5-106}$$

式中：A_{com}——混凝土中总碱量，kg/m³；A_C、A_F、A_{Slag}、A_{Si}、A_{Ad}——水泥、粉煤灰、矿渣粉、硅粉、外加剂的碱含量，%；C、F、S、Si、Ad——单位体积混凝土中水泥、粉煤灰、矿渣粉、硅粉、外加剂的用量，kg/m³。

(2) 条件评定符合下列情况的耐久性可评定为 A 级，不符合下列情况的应进行危害评定。

a. 骨料无潜在碱活性。

b. 骨料具有潜在碱-硅反应活性，但混凝土总碱量不超过表 5-37 中的限值。

表 5-37　混凝土总碱量限值(kg/m^3)

环境情况	一般结构	重要结构	特殊重要结构
干燥	不限	3.5	3.0
潮湿	3.5	3.0	2.5

注：对于三级配和四级配混凝土的总碱量可折算成相应二级配混凝土的总碱量后进行最大总碱量限制。

(三) 碱骨料反应的危害评定

(1) 危害评定应按下列步骤进行。

a. 观察特征裂缝，当无钢筋约束时，混凝土因碱骨料反应膨胀造成的开裂呈无规则网状，有钢筋约束时，常发展成沿筋的裂缝。

b. 观察裂缝中凝胶物质，碱骨料反应造成的裂缝中有凝胶类物质渗出，随时间不同呈不同颜色，碱-硅酸反应产物形貌、成分宜采用带能谱的电子显微镜进行分析。

c. 测试混凝土潜在膨胀性，参照测长法检测膨胀性，应在不同部位钻取直径不小于 70 mm、长度不小于 3 倍直径的芯样 3 个以上；两端磨平后粘上测头制成测长试件，先在自然状况下养护 7 d，量取此时长度为初始长度，然后将试件放入 38 ℃±2 ℃、90%以上湿度环境中养护 12 个月，每周读数一次，计算试件的膨胀率。

(2) 危害评定结果应按下列标准给出。

a. 混凝土外观无异常，内部也未发现反应产物，芯样 1 年的膨胀率不大于 600×10^{-6}，耐久性等级评定为 B 级。

b. 混凝土外观有特征裂缝，且内部有凝胶类物质渗出，或芯样 1 年膨胀率大于 400×10^{-6}，耐久性等级评定为 C 级。

c. 混凝土外观无特征裂缝，但芯样 1 年膨胀率大于 600×10^{-6}，耐久性等级评定为 C 级。

d. 骨料具有潜在碱-碳酸盐反应活性且处于潮湿或含碱环境，耐久性等级评为 C 级。

（3）碱骨料反应耐久性等级应按表 5-38 评定。

表 5-38　碱骨料反应耐久性评定

条件	耐久性等级
骨料无潜在碱活性	A
骨料具有潜在碱-硅反应活性，但混凝土总碱量不超过表 5-37 中的限值	
混凝土外观无异常，内部也未发现反应产物，芯样 1 年的膨胀率不大于 600×10^{-6}	B
混凝土外观有特征裂缝，且内部有凝胶类物质渗出，或芯样 1 年膨胀率大于 400×10^{-6}	C
混凝土外观无特征裂缝，但芯样 1 年膨胀率大于 600×10^{-6}	
骨料具有潜在碱-碳酸盐反应活性且处于潮湿或含碱环境	

第6章
混凝土防腐蚀措施检测与评价

水工结构钢筋混凝土所处的环境有大气环境、海洋环境、盐冻环境、酸雨环境、硫酸盐环境、冻融环境、磨损环境等，会有碳化、酸雨、氯离子、磨蚀、硫酸盐、温差、潮位变化等的作用，这些作用的机理有腐蚀钢筋的，也有破坏混凝土本身的。钢筋混凝土一旦发生腐蚀破坏，相比预防性保护费用，修复费用以几何级倍数增长。有关部门做过统计，我国每年包括间接损失在内的腐蚀总损失可达1万亿元以上，约占GHP(社会经济核算方式)的5%。

6.1 概述

混凝土防腐蚀措施是保证或提升结构耐久性的必要措施。根据不同环境条件和结构特点，水利工程钢筋混凝土常规保护措施主要分为混凝土保护技术和钢筋保护技术，常规措施为涂覆防腐蚀涂料、涂覆有机硅憎水剂、使用涂层钢筋或不锈钢钢筋、混凝土内掺加阻锈剂、电化学保护等。

(一) 混凝土表面涂覆技术

表面涂覆技术指通过对混凝土的外表层进行表面涂覆，避免混凝土与外界有害介质的接触而造成混凝土内部结构破坏，是一种较为常用且有效的防护措施。

(1) 保护原理

a. 隔离涂层处理：最为常用的是有机涂层，可以在混凝土表面形成一层连续的膜层(厚度在0.1～1.0 mm)，阻止二氧化碳、氯离子等有害物质侵入混凝土。水泥基涂层(厚度为1～10 mm以下)经过聚合物改性，可降低其渗透性能和与混凝土的黏接性能。

b. 疏水处理：疏水处理是将疏水剂应用于混凝土表面，其主要成分附着于孔隙表面，可抑制毛细吸水作用，并抑制其他介质的进入，由于混凝土孔隙未被堵塞，因此无法阻止气相有害物质的侵入。

c. 孔隙堵塞处理：孔隙堵塞处理是让硅酸盐或硅氟化物等物质渗入混凝土孔隙内与水化产物反应生成可堵塞孔隙的物质。

(2) 新型涂层材料

a. 水泥基渗透结晶防水涂层：水泥基渗透结晶防水材料是以硅酸盐水泥、石英砂或硅砂为基料，并加入活性物质制成的粉状材料。它在渗透至混凝土内部时会生成一种类似枝蔓状的针形结晶体从而堵塞缝隙，阻止从各个方向而来的渗透，达到永久性防水的目的。

b. 玻璃鳞片防护涂层：玻璃鳞片防护涂层是将掺入细薄玻璃鳞片的树脂类材料，涂刷在混凝土的外表层使得混凝土与外部环境完全隔离。玻璃鳞片涂料具有耐腐蚀性强、渗透性低、涂刷凝结后收缩率低、热稳定性优良、施工工艺简单、修补方便等优点。但玻璃鳞片涂层在温度过低时，往往会因为固化速度过慢且有一氧化碳气体排出而不能满足使用要求。

c. 新型有机硅防护涂层：由于在建筑物防水、防腐蚀和保护等领域大范围应用有机硅材料，人们已开始注意其使用年限和渗透量的控制。将环氧树脂与有机硅进行化学反应，生成有机硅改性环氧树脂。与单一的环氧树脂相比，合成后的有机物具有优良的耐热性、柔韧性和疏水性。涂覆该涂层后能大幅提升混凝土的耐久性。

(二) 钢筋保护技术

(1) 耐腐蚀钢筋：耐腐蚀钢筋是指经过改性钢筋化学组分，或者在其表面涂刷金属或有机涂层，使其在严酷环境下与普通低碳钢相比具有更强耐腐蚀性的钢筋。钢筋混凝土结构中使用的耐腐蚀钢筋主要分为不锈钢钢筋、不锈钢包覆钢筋及涂层钢筋等。

a. 不锈钢钢筋：不锈钢钢筋主要特征是耐腐蚀性能高，国内外对其耐蚀性能研究较为成熟，该技术在国内外有较多应用案例，例如昂船洲大桥、深圳湾大桥和港珠澳大桥，但是其造价昂贵，应用成本较高，根据不锈钢种类不同其成本大约是普通碳钢的 6～10 倍。

b. 不锈钢包覆钢筋：不锈钢包覆钢筋是将普通钢筋表面包裹一层不锈钢表皮，使其耐蚀性能得到大幅度提升，但是造价较高。

c. 涂层钢筋：在钢筋的外表面涂刷一定厚度的防护涂层，可显著提高钢筋的防腐蚀性能。钢筋涂层技术按材料可以分为金属材料，如镀锌钢筋、不锈钢热喷涂涂层钢筋、包铜钢筋等；有机材料，如熔结环氧粉末涂层钢筋等；无机材料，如磷酸盐涂层钢筋、活性瓷釉涂层钢筋等。工程中对钢筋的使用要求较为严格，因此涂层钢筋的使用范围不是很广，其中仅镀锌钢筋和环氧涂层钢筋使用稍多些。

(2) 电化学保护措施：阴极保护技术包括牺牲阳极和外加电流两种。有专家利用半导体特有的 Seebeck 效应，将热能转化为电能，通过控制发电单元温差所产生的电动势，作为电源为钢筋提供保护电流。将这种温差发电技术应用于阴极保护中取得了较好的效果。温差发电具有绿色环保、造价低廉、适应性强、使用寿命长等优点，完全迎合了混凝土结构防腐蚀措施的主流发展方向，具有极高的市场应用价值。

6.2　混凝土表面涂层劣化检测与评价

混凝土涂层劣化现场检测前应先对涂层外观质量进行检查，然后再对涂层干膜厚度、涂层与构件混凝土间的黏结力进行检测。

涂层外观检查可采用目视法，或采用放大镜、钢尺等工具检测，并采取照相、录像等方式进行记录。重点检查涂层的均匀性和是否存在色差、流挂、皱纹、起泡、橘皮、裂纹、剥落等缺陷。

6.2.1　涂层厚度测定

（一）检测依据

《热喷涂涂层厚度的无损测量方法》(GB/T 11374—2012)；

《色漆和清漆　漆膜厚度的测定》(GB/T 13452.2—2008)；

《水电水利工程环氧树脂类材料混凝土表面处理施工规范》(DL/T 5836—2021)；

《水运工程结构防腐蚀施工规范》(JTS/T 209—2020)。

（二）检测仪器

仪器设备应满足下列要求：

(1) 湿膜测厚仪，量程为 25～2 000 μm，精度 25 μm。设备需外观光洁，表面无缺损、无锈蚀，标记字体清晰、整齐、端正；

(2) 超声波涂层测厚仪，量程为 0～1 000 μm，精度 2 μm+测试厚度的 3%；

(3) 显微镜式涂层测厚仪，量程为 0～2 000 μm，精度 2 μm。

（三）涂层湿膜检测

涂层湿膜厚度测定步骤应满足下列要求：

a. 测点选择在涂层表面平整位置；

b. 将湿膜测厚仪量程范围与涂层湿膜厚度相近的测量边垂直地压入涂层中；

c. 从涂层中移出湿膜测厚仪，读取湿膜厚度值；

d. 在测点邻近位置随机选取3个点读取测值；

e. 取3个点测值的算术平均值为测点涂层湿膜厚度值。

（四）涂层干膜检测

（1）超声波涂层测厚仪应根据待测定的涂层体系厚度进行校正，测定步骤应满足下列要求：

a. 测点选择在涂层表面平整位置；

b. 将测量探头垂直地按在涂层表面；

c. 在仪器显示器上读取涂层厚度；

d. 在测点邻近位置随机选取3个点读取测值；

e. 取3个点测值的算术平均值为测点涂层干膜厚度值。

（2）显微镜式涂层测厚仪应根据待测定的涂层体系和混凝土表面状况进行校正，检测应按下列步骤进行：

a. 测点选择在涂层表面平整位置；

b. 用涂层刻刀在涂层测点上划一刀，划入深度刚好达到混凝土表面；

c. 在仪器镜筒上读取涂层厚度；

d. 在测点邻近位置随机选取3个点读取测值；

e. 取3个点测值的算术平均值为测点涂层干膜厚度值。

6.2.2 涂层黏结强度测定

（一）检测依据

《水电水利工程环氧树脂类材料混凝土表面处理施工规范》（DL/T 5836—2021）；

《色漆和清漆　拉开法附着力试验》（GB/T 5210—2006）；

《色漆和清漆　划格试验》（GB/T 9286—2021）；

《水工金属结构防腐蚀规范》（SL 105—2007）；

《防护涂料体系对钢结构的防腐蚀保护　涂层附着力/内聚力（破坏强度）的评定和验收准则　第1部分：拉开法试验》（GB/T 31586.1—2015）

《防护涂料体系对钢结构的防腐蚀保护　涂层附着力/内聚力（破坏强度）的评定和验收准则　第2部分：划格试验和划叉试验》（GB/T 31586.2—2015）。

（二）检测设备与试剂

仪器设备、材料和化学试剂应满足下列要求：

a. 涂层拉拔式附着力测定仪，量程0～20 MPa，精度0.2 MPa；

b. 零号细砂纸；

c. 快固化高强胶黏剂，黏结强度不低于5.0 MPa；

d. 丙酮或酒精，化学纯。

（三）检测步骤

涂层黏结强度测定应按下列步骤进行：

a. 测点选择在涂层表面比较平整位置；

b. 用零号细砂纸分别将待测涂层表面和试验圆盘座轻轻打磨粗糙，用丙酮或酒精等溶剂清洁；

c. 用快固化高强胶黏剂将圆盘座粘贴在涂层上；

d. 高强胶黏剂硬化后，用套筒式割刀将圆盘座周边涂层切除，深度达到混凝土基层，并与周边外围的涂层完全分离；

e. 用涂层拉拔式附着力测定仪拉开圆盘座，读取黏结强度测值；

f. 圆盘座底面75%及以上的面积附着涂层或混凝土时测值有效；

g. 圆盘座底面75%以下的面积粘有涂层或混凝土等物体时，在该测点的附近涂层面上重做涂层黏结强度测定试验；

h. 在测点位置邻近随机选取3个点测定黏结强度值；

i. 取3个点测值的算术平均值为测点涂层黏结强度值，精确至0.1 MPa。

6.2.3　涂层劣化评估分级

涂层劣化评估分级标准及处理要求应符合表6-1的规定。

表6-1　涂层劣化评估分级标准及处理要求

等级	分级标准	处理要求
A	同时符合下列条件时： （1）无粉化变色或轻微粉化变色，无裂纹、起泡和脱落； （2）涂层干膜厚度不小于原设计厚度的90%； （3）涂层黏结力不小于1.5 MPa	不必采取措施
B	符合下列任一条件时： （1）明显粉化变色，分散的裂纹、起泡和脱落面积不大于0.3%； （2）涂层干膜厚度小于原设计厚度的90%且不小于原设计厚度的75%； （3）涂层黏结力小于1.5 MPa且不小于1.0 MPa	及时进行局部修补
C	符合下列任一条件时： （1）较严重粉化变色，裂纹、起泡和脱落面积大于0.3%且不大于1.0%； （2）涂层干膜厚度小于原设计厚度的75%； （3）涂层黏结力小于1.0 MPa	立即进行修补

续表

等级	分级标准	处理要求
D	符合下列任一条件时： (1) 严重粉化变色，大范围的裂纹、起泡和脱落面积大于 1.0%； (2) 涂层干膜厚度小于原设计厚度的 75%； (3) 刀刮容易剥离	立即进行全面修补

6.3 混凝土表面硅烷浸渍劣化检测与评价

混凝土表面硅烷浸渍劣化检测主要采用现场取样室内试验的方法，检测参数为吸水率、硅烷浸渍深度和氯化物吸收量降低效果。取样应在划定的检测批中，随机钻取芯样 3 组，芯样应保持硅烷浸渍表面完整。芯样尺寸应满足下列要求。

(1) 吸水率试验试样要求：直径为(50±5)mm、高度不低于 100 mm 的混凝土芯样 3 个。

(2) 渗透深度试验试样要求：直径为(50±5)mm、高度不低于 45 mm 的混凝土芯样 3 个。

(3) 氯化物吸收量降低效果试验试样要求：直径为(100±5)mm、高度不低于 45 mm 的混凝土芯样 3 个；同规格对比空白试样 3 个(在同批次混凝土中未采用硅烷浸渍处钻取)。

混凝土芯样应采用记号笔进行标号，并在取芯点留下相应标识。标号后应随即对芯样采用试样密封袋进行封装，一组 3 个芯样封装为一袋，封装好的芯样应及时送至检测试验室。混凝土钻取芯样位置的孔洞修补及硅烷浸渍应符合相关规范的要求。

6.3.1 吸水率试验

(一) 检测依据

《水工混凝土试验规程》(SL/T 352—2020)；

《水运工程水工建筑物检测与评估技术规范》(JTS 304—2019)；

《水运工程结构防腐蚀施工规范》(JTS/T 209—2020)；

《水运工程混凝土结构实体检测技术规程》(JTS 239—2015)。

(二) 检测仪器设备

试验仪器设备和化学试剂应满足下列要求：

(1) 烘箱，温度控制在(40±5)℃；

(2) 试验槽，满足放置试件盛水容器；

(3) 玻璃棒，直径(5～7)mm；

(4) 天平，最大量程 3 000 g，精度 0.01 g；

(5) 试件密封材料，无溶剂环氧涂料或其他；

(6) 符合标准的饮用水。

(三) 试验步骤

(1) 除了硅烷浸渍表面外，其余各面均涂以无溶剂环氧涂料等密封材料进行密封，硅烷浸渍表面小于 2 mm 的试样周边涂以无溶剂环氧涂料等密封材料进行密封；

(2) 密封材料固化后将试件置于(40±5)℃的烘箱中烘干 48 h，取出试件冷却至室温后立即称重；

(3) 在适当的容器底部，放置多根直径 5～7 mm 的玻璃棒，将这些芯样原表面朝下放在这些玻璃棒上，注入 23 ℃的水，使试件硅烷浸渍表面浸入水中 1～2 mm，试件累计浸入水中经过 5、10、30、60、120、240 min 时，分别取出，用湿布抹去试样表面明水后称重，每次称重后立即将试件放回试验槽中浸水。

(四) 吸水率计算

吸水率计算应满足下列要求：

(1) 将试件经过 5、10、30、60、120、240 min 时吸水质量分别换算为吸水高度；

(2) 以试件吸水高度为纵坐标，对应经过时间的平方根为横坐标，绘制两者的线性关系图；

(3) 硅烷浸渍吸水率以直线的斜率表示，单位为 $mm/min^{1/2}$。

(五) 结果评定

试验结果的评定应满足下列要求：

(1) 取同组 3 个试件吸水率的算术平均值；

(2) 同组 3 个试件吸水率的最大值或最小值之一与中间值之差，有一个超过平均值的 20%时，取中间值；

(3) 同组 3 个试件的吸水率最大值和最小值，与中间值之差均超过平均值的 20%时该组数据无效。

6.3.2　硅烷浸渍深度试验

一、染料指示法

(一) 检测依据

《水运工程水工建筑物检测与评估技术规范》(JTS 304—2019)；

《水运工程结构防腐蚀施工规范》(JTS/T 209—2020)；

《水运工程混凝土结构实体检测技术规程》(JTS 239—2015)。

(二) 检测仪器设备

试验仪器设备和化学试剂应满足下列要求：

(1) 烘箱，温度控制在(40±5)℃；

(2) 游标卡尺，精度 0.1 mm；

(3) 水基短效染料，1%亚甲基等。

(三) 试验步骤

试验应按下列步骤进行：

(1) 芯样试件置于(40±5)℃的烘箱中烘干 48 h；

(2) 将芯样沿直径方向劈开，在新劈开表面上喷涂水基短效染料，放置 15 min；

(3) 用游标卡尺测量不吸收染料区域的硅烷浸渍深度；

(4) 根据试样测试面的长度均匀选择测点，测点不少于 5 个，计算试件测点数据的算术平均值作为该试件硅烷浸渍深度测试值。

(四) 结果评定

试验结果的评定应满足下列要求：

(1) 取同组 3 个试件硅烷浸渍深度测试值的算术平均值；

(2) 同组 3 个试件硅烷浸渍深度测试值的最大值或最小值之一与中间值之差，有一个超过平均值的 20%时，取中间值；

(3) 同组 3 个试件的硅烷浸渍深度测试值最大值和最小值，与中间值之差均超过平均值的 20%时，该组数据无效。

二、热分解气相色谱法

(一) 检测依据

《水运工程水工建筑物检测与评估技术规范》(JTS 304—2019)；

《水运工程结构防腐蚀施工规范》(JTS/T 209—2020)；

《水运工程混凝土结构实体检测技术规程》(JTS 239—2015)。

(二) 检测仪器设备

试验仪器设备和化学试剂应满足下列要求：

(1) 混凝土粉样分层研磨和收集专用设备；

(2) 烘箱，温度控制在(40±5)℃；

(3) 气相色谱仪；

(4) 热裂解仪；

(5) 天平，精确至0.01 mg；

(6) 游标卡尺，精度0.1 mm。

(三) 试验步骤

试验应按下列步骤进行：

(1) 在混凝土粉样分层研磨机上，按照与试件硅烷浸渍面平行的方向分层磨取混凝土粉样；

(2) 混凝土分层取样不少于5层，分层厚度为1.0 mm，用游标卡尺测量并控制取样分层深度；

(3) 第1层磨粉范围在试件中心至试件边缘5 mm以内的区域，并随着磨粉深度逐渐加大，从中心起逐层减小磨粉范围；

(4) 每一层的干燥样品质量不少于5 g，并密封包装、编号；

(5) 将粉样置于(40±5)℃的烘箱中烘至恒重，取出冷却至室温后，称重；

(6) 放入热裂解仪热分解为等离子气体，从设备直接读取或称重测试粉样热分解后损失质量；

(7) 将热分解后的气体送入气相色谱仪测试，记录色谱图；对色谱图中的色谱峰面积积分，以面积归一化法计算硅烷含量；

(8) 计算硅烷占粉样的质量百分率，粉样中计算得到的硅烷质量百分率小小于0.1%时的最大分层深度为该试样的硅烷浸渍深度；

(9) 试验结果的评定应以同组3个试件硅烷浸渍深度值中最小值作为该组硅烷浸渍深度代表值。

6.3.3　氯化物吸收量的降低效果试验

(一) 检测依据

《水工混凝土试验规程》(SL/T 352—2020)；

《水运工程混凝土试验检测技术规范》(JTS/T 236—2019)；

《水运工程水工建筑物检测与评估技术规范》(JTS 304—2019)；

《水运工程结构防腐蚀施工规范》(JTS/T 209—2020)；

《水运工程混凝土结构实体检测技术规程》(JTS 239—2015)。

(二) 检测仪器设备

试验仪器设备和化学试剂应满足下列要求：

(1) 混凝土粉样分层研磨和收集专用设备；

(2) 天平，精确至0.01 mg；

(3) 游标卡尺，精度0.1 mm；

(4) 烘箱,温度控制在(40±5)℃;

(5) 试验槽,满足放置试件的盛水容器;

(6) 玻璃棒,直径5~7 mm;

(7) 温度计或可读式电偶,精度±0.2 ℃;

(8) 试件密封材料,无溶剂环氧涂料或其他;

(9) 分析纯试剂配制的5 mol/L氯化钠溶液。

(三) 试验步骤

试验应按下列步骤进行:

(1) 除了硅烷浸渍表面和对比基准试件混凝土原表面外,其余各面均涂以无溶剂环氧涂料等密封材料进行密封,硅烷浸渍表面以及比对基准试件混凝土原表面小于5 mm的试件周边涂以无溶剂环氧涂料等密封材料进行密封;

(2) 在试验槽底部,放置数根直径5~7 mm的玻璃棒,将试件的硅烷浸渍表面朝下水平放在玻璃棒上;

(3) 注入23 ℃的5 mol/L氯化钠溶液,保持液面高度在试件上10 mm,浸泡24 h;

(4) 取出试件擦干,置于(40±5)℃的烘箱中烘干48 h;

(5) 使用混凝土粉样分层研磨机,从试件浸泡表面开始分层研磨,舍弃0~2 mm深度切片;之后在试样的新切面上,磨取深度为2~10 mm和10~20 mm的混凝土粉样,磨粉范围在试件中心至试件边缘5 mm以内的区域;

(6) 每层混凝土粉样的质量不少于15 g,并密封包装、编号;

(7) 按《水运工程混凝土试验检测技术规范》(JTS/T 236—2019)或《水工混凝土试验规程》(SL/T 352—2020)中混凝土酸溶性氯化物含量测定法测定粉样的氯化物含量。

(四) 检测结果计算

氯化物吸收量的降低效果可按下式计算:

$$\Delta CU=\frac{CU-CU_1}{CU-C_0}\times 100\% \tag{6-1}$$

式中:ΔCU——混凝土表面硅烷浸渍氯化物吸收量的降低效果,%;CU——浸泡氯化钠溶液后的比对基准试件中的氯离子总含量;CU_1——浸泡氯化钠溶液后混凝土表面硅烷浸渍试件中的氯离子总含量;C_0——浸泡氯化钠溶液前比对基准试件中的氯离子含量。

(五) 检测结果评定

试验结果的评定应满足下列要求:

(1) 取同组3个试件氯化物吸收量的降低效果的算术平均值；

(2) 同组3个试件氯化物吸收量的降低效果的最大值或最小值之一与中间值之差，有一个超过平均值的20%时，取中间值；

(3) 同组3个试件氯化物吸收量的降低效果的最大值和最小值，与中间值之差均超过平均值的20%时，该组数据无效。

6.3.4　硅烷浸渍劣化评估分级

混凝土表面硅烷浸渍劣化评估分级标准及处理要求应符合表6-2的规定。

表6-2　混凝土表面硅烷浸渍劣化评估分级标准及处理要求

等级	分级标准	处理要求
A	同时符合下列条件时： (1) 吸水率不大于0.01 mm/min$^{1/2}$； (2) 普通混凝土浸渍深度不应小于3 mm，高性能混凝土浸渍深度不应小于2 mm。	不必采取措施
B	符合下列任一条件时： (1) 吸水率大于0.01 mm/min$^{1/2}$； (2) 普通混凝土浸渍深度小于3 mm，高性能混凝土浸渍深度小于2 mm。	及时采取相应措施

6.4　环氧涂层钢筋与不锈钢钢筋劣化检测与评价

环氧涂层钢筋与不锈钢钢筋劣化检测应测量钢筋的自然腐蚀电位，检测方法和步骤参照4.5.3章节。环氧涂层钢筋与不锈钢钢筋劣化评估分级标准及处理要求应符合表6-3的规定。

表6-3　环氧涂层钢筋与不锈钢钢筋劣化评估分级标准及处理要求

等级	分级标准	处理要求
A	腐蚀电位正向大于−200 mV	不必采取措施
B	腐蚀电位在−350～−200 mV之间	进行全面检测
C	腐蚀电位负向大于−350 mV	及时采取相应措施

注：腐蚀电位为相对于Cu/饱和$CuSO_4$参比电极测得的电位。

6.5　混凝土结构外加电流阴极保护效果检测与评价

(1) 混凝土结构外加电流阴极保护效果检测应包括下列内容：

a. 瞬时断电电位；

b. 电位衰减；

c. 直流电源装置的输出电压和输出电流；

d. 每个保护单元的输出电压和电流；

e. 线路的绝缘阻抗。

(2) 混凝土外加电流阴极保护瞬时断电电位的测量和电位衰减的测量，每个保护单元应至少随机测试10个点。

(3) 直流电源装置的运行状况检测主要包括如下几个方面。

a. 直流电源装置的运行状况检测，应将检测结果与规定值和前次检测结果作比较，当输出电压和电流值不符合规定值或与前次检测结果有较大差异时，应对电路进行详细检查。

b. 在电压调节器上切换电压时，应检查变压器、整流器、开关、接头等直流电源装置是否有异常温升，并应对直流电源装置接地和回路的绝缘性进行检查。

c. 辅助阳极检查应测定各电极的电流。当电流值不符合设计规定值时，应通过目视检查同一回路内电极并测定通电电流，查明故障部位及原因，及时进行处理。

d. 直流电源装置的运行状况检测应测定线路的绝缘阻抗，绝缘不良的部位应查明原因并及时进行处理。

(4) 混凝土外加电流阴极保护效果评估分级标准及处理要求应符合表6-4的规定。

表6-4 混凝土外加电流阴极保护效果评估分级标准及处理要求

等级	分级标准	处理要求
A	断开电源后0.1～1 s测得的瞬时断电电位负于－720 mV或瞬时断电电位在断电后24 h内电位衰减不小于100 mV	不必采取措施
B	瞬时断电电位在断电后24 h内电位衰减小于100 mV	查明原因并及时采取措施
C	普通混凝土中钢筋瞬时断电电位负于－1 100 mV，预应力混凝土中钢筋瞬时断电电位负于－900 mV	查明原因并及时采取措施

注：混凝土外加电流阴极保护电位为相对于Ag/AgCl/0.5 mol/L KCl参比电极测得的电位。

第7章 安全监测与监测资料的整编分析

在外部环境因素的长期作用下，水闸的结构安全性和使用性能会逐渐降低。安全监测是及时掌握水闸工程运行性态、分析工程异常情况、保障工程运行安全的重要手段，对确保整个水工建筑物的安全有着重大意义。按照《水闸安全评价导则》(SL214—2015)的要求，安全鉴定需对水闸的安全监测设施的完好性和监测资料的可靠性等进行检测分析。

7.1 概述

水闸由上游连接段、闸室段、下游连接段等3部分组成。上游连接段包括铺盖、护底、上游防冲槽以及上游翼墙和护坡；闸室段是水闸工程的主体，包括闸底板、闸墩、胸墙、闸门、工作桥、交通桥等；下游连接段包括下游河床部分的护坦(消力池)、海漫和防冲槽，以及两岸的翼墙和护坡等部分。根据《水闸安全监测技术规范》(SL 768—2018)的要求，水闸安全监测范围应包括闸室段，上、下游连接段，管理范围内的上下游河道、堤防，以及水闸工程安全有关的其他建筑物和设施。

(一) 水闸安全监测原则

(1) 应根据工程规模、等级，并结合地基条件、施工方法及上、下游影响等因素设置监测项目；有针对性地设置专门性监测项目；相关监测项目应配合布置，突出重点，兼顾全面，关键部位测点宜冗余设置。

(2) 监测仪器设备应可靠、耐久、实用，技术性能指标应符合国家现行标准的规定并满足工程需求，宜技术先进和便于实现自动化监测。

(3) 监测仪器安装埋设或使用前应进行检测、检定或校准，安装埋设后应做好仪器设施的维护。

(4) 监测仪器安装应按设计要求精心施工,宜在减少对主体工程施工影响的前提下,及时安装、埋设和保护;主体工程施工过程中应为仪器设施安装、埋设和监测提供必要的时间和空间;应及时做好监测仪器的初值测读,并填写考证表、绘制竣工图存档备查。

(5) 监测应满足设计要求,相关监测项目应同步监测;发现测值异常时应立即复测;应做到监测资料连续,记录真实,注记齐全,整理分析及时。

(6) 应定期对监测设施进行检查、维护和鉴定,监测设施不满足要求时应根据有关规定进行监测系统更新改造。测读仪表应定期检定或校准。

(7) 已建水闸进行除险加固、改(扩)建或监测设施进行更新改造时,应对原有监测设施进行鉴定。

(8) 必要时可设置临时监测设施。临时监测设施与永久监测设施应建立数据传递关系,确保监测数据的连续性。

(9) 自动化监测宜与人工观测相结合,应保证在恶劣环境条件下仍能进行重要项目的监测。

(二) 水闸安全监测各阶段要求

(1) 设计阶段

提交安全监测总体设计文件,包括监测项目设置、断面选择、测点布置、监测仪器设备选型、仪器设备的技术性能指标要求和清单、各监测仪器设施的埋设安装和监测技术要求、投资预算,以及监测系统布置图。

(2) 施工阶段

提交施工详图和技术要求;做好仪器设备的检验、埋设、安装、调试和保护工作,编写埋设记录和考证资料,及时取得初始(基准)值,专人监测,保证监测设施完好和监测数据连续、可靠、完整,并绘制竣工图;及时进行监测资料分析,编写施工期工程安全监测报告,评价施工期水闸安全状况,为施工提供决策依据。

(3) 初期运行阶段

首次过水前应制定监测工作计划,拟定监控指标。初期运行阶段应做好仪器监测和现场检查,及时分析监测资料,评价工程安全性态,提出初期运行阶段工程安全监测专题报告。

(4) 运行阶段

按规范和设计要求开展监测工作,并做好监测设施的检查、维护、校正、更新、补充和完善等工作。监测资料应定期进行整编和分析,编写监测报告,评价水闸的运行状态,提交工程安全监测资料分析报告,及时归档;发现异常情况应及时分析、判断;如分析或发现工程存在隐患,应立即上报主管部门。

（三）水闸的安全监测项目

按照《水利水电工程安全监测设计规范》（SL 725—2016）和《水闸安全监测技术规范》（SL 768—2018）的要求，水闸工程监测范围为闸室段、消能防冲段和上下游连接段，主要监测项目包括环境量监测、变形监测、渗流监测、应力应变及温度监测和专项监测等。不同等级水闸监测项目分类和选项见表7-1。

表7-1　水闸安全监测项目分类和选项表

监测类别	监测项目	建筑物级别				
		1级	2级	3级	4级	5级
环境量监测	上下游水位	★	★	★	☆	☆
	流量	★	☆	☆		
	气温	★	☆	☆		
	降水量	★	☆	☆		
	上、下游河床冲刷和淤积	★	☆	☆		
变形监测	水平位移	★	★	★		
	垂直位移	★	★	★		
	接缝开合度	★	☆	☆		
渗流监测	渗透压力	★	★	★		
	侧向绕渗	★	★	★		
应力应变及温度监测	土压力	☆	☆			
	应力应变	☆	☆			
	混凝土温度	☆	☆			
专项监测	水力学	★	★	☆		
	强震动	☆	☆	☆		
	冰凌	☆	☆	☆		

备注：表中★为必设监测项目，☆为可选监测项目，空格为不作要求项目；建筑物级别的分类参见《水利水电工程等级划分及洪水标准》（SL 252—2017）。

（四）水闸的安全监测频次

按照《水闸安全监测技术规范》（SL 768—2018）的要求，水闸工程各个阶段安全监测的频次见表7-2。

表7-2　水闸安全监测频次表

监测类别	监测项目	施工期	初期运行期	运行期
现场检查	日常检查	3～2次/周	6～3次/周	1次/月

续表

监测类别	监测项目	施工期	初期运行期	运行期
环境量	水位	按需要	4～1次/天	4～1次/天
	气温	逐日量	逐日量	逐日量
	流量	按需要	按需要	按需要
	降水量	逐日量	逐日量	逐日量
	上、下游河床冲刷和淤积	按需要	2次/年	2～1次/年
变形监测	垂直位移	4～2次/月	6～2次/周	12～4次/年
	水平位移或倾斜	4～2次/月	6～2次/周	12～4次/年
	接缝开合度	2～1次/月	6～2次/周	12～4次/年
渗流监测	扬压力	2～1次/周	1次/天	2～1次/旬
	侧向绕渗	4～1次/月	6～1次/周	2～1次/旬
应力应变监测	结构应力应变	4～1次/月	6～1次/周	12～4次/年
	地基反力	2～1次/周	1次/天	12～4次/年
	墙后土压力	4～1次/月	6～1次/周	12～4次/年
专项监测	水力学	按需要	按需要	按需要
	强震动	按需要	按需要	按需要
	冰凌	按需要	按需要	按需要
其他项目	基准点校核	按需要	按需要	1次/年
	工作基点校核	按需要	按需要	2～1次/2年

注：1. 水闸运行初期，测次一般取上限；水闸运行性态稳定后测次可取下限。
2. 上、下游水位一般每天观测1次，水位变化较大时，应加密测次；挡潮闸上、下游水位观测根据潮位变化进行，观测次数取上限。
3. 挡潮闸的安全监测项目每月需监测2次以上，高潮位和低潮位各1次。
4. 出现下列情况时，上、下游河床冲刷和淤积需加密测次：冲刷、淤积变化比较严重；过水流量超过设计流量；单宽流量超过设计值；沿海、沿江水闸发生严重倒灌或超过设计最高潮水位；河床严重冲刷未处理，并且控制运用较多。
5. 具有相关性的观测项目需同时进行。

（五）主要检测规范

《水闸安全评价导则》(SL 214—2015)；

《水闸安全监测技术规范》(SL 768—2018)；

《水利水电工程安全监测设计规范》(SL 725—2016)；

《堤防工程安全监测技术规程》(SL/T 794—2020)；

《水闸设计规范》(SL 265—2016)；

《水闸技术管理规程》(SL 75—2014)；

《混凝土坝安全监测技术规范》(SL 601—2013)；

《土石坝安全监测技术规范》(SL 551—2012)；
《混凝土坝安全监测技术标准》(GB/T 51416—2020)；
《水位观测标准》(GB/T 50138—2010)；
《混凝土坝安全监测资料整编规程》(DL/T 5209—2020)；
《水运工程水文观测规范》(JTS 132—2015)；
《水电工程水文测验及资料整编规范》(NB/T 11186—2023)。

7.2　环境量监测

环境量监测项目应包括水位、流量、降水量、气温、上下游河床淤积和冲刷等。其中降水量、气温观测可采用当地水文站、气象站观测资料。

7.2.1　水位

在水闸的上、下游应设置水位测点观测上、下游水位。上游(闸前)、下游(闸后)水位观测点应设在水闸上、下游水流平顺、水面平稳、受风浪和泄流影响较小处，宜设在稳固的翼墙或永久建筑物上。

(1) 观测设施和测次应符合下列规定：

a. 水闸运行前应完成水位观测永久测点设置；

b. 观测设施宜选用水位标尺或自记水位计，也可设遥测水位计，其可测读水位应高于设计最高水位并低于最低水位；

c. 水尺的零点标高每年应校测1次，水尺零点有变化时，应及时进行校测，水位计应在每年汛前进行检验；

d. 上、下游水位应同步观测；

e. 与水位相关的监测项目应同时观测水位，开闸泄水前、后应各增加观测1次，汛期还应根据要求适当加密测次。

(2) 水位观测精度应满足表7-3的要求。

表7-3　水闸上、下游水位观测精度要求

水位变幅 ΔZ(m)	≤10	10<ΔZ≤15	>15
综合误差(cm)	≤2	≤2%·ΔZ	≤3

7.2.2　流量

(1) 流量观测宜通过水位观测，根据闸址处经过定期率定的水位-流量关系推求出相应的过闸流量。对于大型水闸，必要时可设置测流断面，定期校核修正水位-流量关系或水位-开度-流量关系。

(2) 测流断面应设在水流平顺和水面平稳处，根据测流断面宽度，宜布置3～5个流速测线，观测设施宜选用浮标或流速仪。

(3) 在工程控制运用发生变化时，应将有关情况(起始时间、上下游水位、流量、流态等)进行详细记录、核对。

7.2.3 气温、降水量

如果不具备可用气温、降水量观测资料，宜设气温、降水量观测点。

(1) 气温观测应符合下列规定：

a. 气温观测点应设置在闸址附近，宜在运行前完成观测点设置；

b. 气温观测仪器应设在专用的百叶箱内；

c. 气温观测精度应不低于0.5 ℃。

(2) 降水量观测应符合下列规定：

a. 降水量测点应设置在闸址附近，宜在运行前完成观测点设置；

b. 观测位置应设置在比较开阔和风力较弱的地点，障碍物与观测仪器的距离不应小于障碍物与仪器口高差的2倍；

c. 降雨量观测宜采用自记雨量计或自动测报雨量计等。

7.2.4 上、下游河床淤积和冲刷

为保证水闸工程安全和正常运用，应对水闸上、下游河床淤积和下游冲刷情况进行观测。

(1) 水闸的上、下河床游淤积及下游冲刷观测应符合下列要求。

a. 应根据水闸规模、工程布置、河道土质和冲刷、淤积情况设置监测断面。

b. 监测范围应以上游铺盖或下游消力池末端为起点，分别向上、下游延伸，宜为1～3倍河宽距离，对于冲刷或淤积较严重的工程可根据具体情况适当延长，具体长度应根据各工程的管理范围确定。

c. 监测断面的间隔应以能反映上下游河床的冲刷、淤积变化为原则，靠近工程处宜密，远离工程处可适当放宽。

d. 对于冲刷、淤积变化比较严重的水闸，应增加测次。

(2) 水闸的上、下游河床淤积及下游河床冲刷观测宜采用人工巡视检查和水下地形测量结合的方式。对于大型水闸，可在上游或下游河床布置2～3个固定监测断面按不低于1∶1 000的比例尺进行水下地形测量。

(3) 水下地形测量可采用地形测量法、断面测量法或声呐成像法等。

7.3　变形监测

7.3.1　基本要求

变形监测项目应包括垂直位移、水平位移、倾斜、裂缝和结构缝开合度等。监测的平面坐标及水准高程应与设计、施工和运行各阶段的控制网坐标系统一致,宜与国家控制网坐标系统建立联系。

(1) 变形监测的精度要求见表7-4,垂直位移和水平位移监测精度相对于邻近工作基点计算。

表7-4　水闸变形监测精度要求

监测项目		单位	位移量中误差限值
变形监测	水平位移	mm	±2.0
	垂直位移	mm	±2.0
	倾斜	″	±3.0
	接缝开合度	mm	±0.2

(2) 首次垂直位移观测应在测点埋设后及时进行,然后根据施工期不同荷载阶段按时进行观测。在水闸过水前、后应对垂直位移、水平位移分别观测1次,之后再根据工程运用情况定期进行观测。

(3) 变形监测工作应遵守下列规定。

a. 被测建筑物上的各类测点应与建筑物牢固结合,能代表被测物的变形。被测物外的各类测点,应保证测点稳固可靠,能代表该处的变形。基准点应设在稳定区域。

b. 监测设施应有必要的保护装置。各种表面变形设施不应设在可能被水淹没或影响较大的部位。

c. 变形监测仪器、设备的精度应与表7-4的要求相适应,并应长期稳定可靠,使用、维护方便。采用光学仪器进行表面变形监测时,应选择有利时段进行。

(4) 变形量的正负号应遵守下列规定。

a. 垂直位移:下沉为正,上抬为负。

b. 水平位移:向下游为正,向左岸为正,反之为负。

c. 翼墙、堤岸位移:水平向临空面为正,面向临空面向下游为正,反之为负。

垂直下沉为正,上抬为负。

d. 倾斜:向下游转动为正,向左岸转动为正,反之为负。

e. 裂缝和结构缝开合度:张开为正,闭合为负。

7.3.2 监测设备和布置要求

(1) 水闸变形宜采用下列监测方法。

a. 垂直位移宜采用水准测量、静力水准、沉降计和位错计等方式进行监测。

b. 当地基条件较差或水头较大时,宜进行水平位移监测。水平位移宜采用视准线、交会法或引张线等方式进行监测。

c. 倾斜可采用测斜仪与水准测量或交会法相结合的方式进行监测,也可利用其中某一种方式或其他适宜的方式进行监测。

d. 深层位移可采用多点位移计进行监测。

e. 裂缝和结构缝开合度可采用测缝计或游标卡尺进行监测。

(2) 水闸垂直位移水准测量应符合下列规定。

a. 大型水闸工程的垂直位移观测应符合二等水准测量要求,中型水闸应符合三等水准测量要求,并宜组成水准网。

b. 水准路线上每隔一定距离应埋设水准点。水准点分为基准点、工作基点和测点三种。各种水准点应选用适宜的标石或标志。水准基准点应布置在距水闸较远处,基准点宜用双金属标或钢管标,若用基岩标应成组设置,每组应不少于 3 个水准标石。工作基点应设置在水闸两侧通视条件较好的岩基或坚实的土壤上,可采用基岩标或钢管标,不应设置在已填平的旧河槽、淤土层、回填土和车辆往来频繁地段等处。水闸上的测点宜采用地面标志、墙上标志、微水准尺标。

c. 垂直位移测点宜布置在闸室结构块体顶部的四角(闸顶部)、上下游翼墙顶部各结构分缝两侧、水闸两岸的结合部位或墙后回填土上。

d. 垂直位移测点应及时埋设和观测,在工程施工期可先埋设在底板面层,在水闸过水前再引接到上述结构的顶部。

(3) 液体静力水准法适用于测量闸顶的垂直位移,连通管系统宜设在闸顶,并加设隔热防冻保护设施,两端应设双金属标或垂直位移工作基点。

(4) 沉降计宜布置在水闸闸室底板的四角,对于多孔连续水闸,可选择典型块体布设。沉降计应在水闸底板混凝土浇筑前钻孔埋设。

(5) 位错计宜布置在闸室段各块体间或闸室块体与翼墙及护坦板间的结合缝上。位错计宜在基础部位布设。

(6) 视准线法的布置应考虑下列因素。

a. 视准线应使布置在水闸结构块体顶部的测点与两岸工作基点形成一条直线，可采用小角度法或活动觇标法进行观测。

b. 视准线测点宜与沉降观测测点布设在同一标点桩上。

c. 视准线长度不宜超过 300 m。

(7) 交会法的布置应考虑下列因素。

a. 交会法除在水闸结构块体顶部的合适位置布置测点外，还应在水闸上、下游两岸可靠稳定的位置布置若干工作基点。可采用测角交会法、测边交会法和边角交会法进行观测。

b. 交会法设计的其他具体要求见《水闸安全监测技术规范》(SL 768—2018)中附录 C.5。

(8) 引张线的布置应考虑下列因素。

a. 引张线应布置在闸墩上部，两端布置在倒垂线或工作基点附近，引张线经过的闸室段宜设置测点。

b. 闸顶引张线宜采用浮托式。线长小于 200 m 时，可采用无浮托式。

c. 引张线应设防风护管。

(9) 闸墩或翼墙倾斜的测点布置应符合下列规定。

a. 测点宜布置在闸墩和翼墙的典型部位。

b. 闸墩测点与基础测点宜设在同一垂直面上。

c. 闸墩倾斜监测布置宜在基础高程面附近设置 1～3 个测点，闸墩内宜设置 2～4 个测点。

d. 水闸闸墩和上下游翼墙顶部布设有水准点，可利用成对布设的水准点监测该部位的倾斜。用水准测量法测量倾斜，两点间距离，在基础附近不宜小于 20 m，在闸顶不宜小于 6 m。

e. 用测斜管测量倾斜，其管底应深入到基础稳定的地层内。

(10) 钻孔测斜仪的钻孔宜铅直布置。钻孔孔口应设保护装置，有条件时，孔口附近应设水平位移测点。安装和观测要求见《水闸安全监测技术规范》(SL 768—2018)中附录 C.7。

(11) 多点位移计宜布置在有断层、裂隙、夹层层面出露的闸基上，在需要监测的软弱结构面两侧各设一个锚固点，最深的一个锚固点宜布置在变形可忽略处。一个孔内宜设 3～6 个测点，钻孔孔口应设保护装置，必要时可在孔口附近设水平位移测点。

(12) 混凝土建筑物结构缝的监测布置应符合下列规定。

a. 对于基础条件较差的多孔连续水闸，应布置结构缝测点。

b. 测点宜布置在建筑物顶部、跨度(或高度)较大或应力较复杂的结构缝上。可在岸墙、翼墙顶面、底板结构缝上游面和工作桥或公路桥大梁两端等部位的结构缝布置测点;对于地基情况复杂或发现结构缝变化较大的底板,应在底板结构缝下游面增设测点。

c. 结构缝宜采用测缝计进行监测。宜在结构缝两侧埋设一对金属标点,也可采用三点式金属标点或型板式三向标点。测点上部应设保护罩。

(13) 混凝土建筑物裂缝开度的监测布置应符合下列规定。

a. 发现混凝土建筑物产生裂缝后,应选择有代表性的位置设置固定测点,宜采用测缝计、游标卡尺进行裂缝开合度监测。同时,还应与目测、超声波探伤仪检测相结合。

b. 裂缝深度的观测宜采用金属丝探测或超声波探伤仪测定,必要时也可采用钻孔取样等方法测量。

7.3.3 监测数据采集与观测

(1) 光学机械监测仪器、设备,在监测开始前,应先晾仪器,使仪器、设备的温度与大气温度趋于一致,再精密调平进行观测。在晾仪器和整个监测过程中,仪器不应受到日光的直接照射。

(2) 二等水准可用 S1 型水准仪进行观测。也可用精度不低于相应等级的数字水准仪进行观测。

(3) 双金属标采用人工观测时,每一测次应测读两测回,两测回观测之差不得大于 0.15 mm。

(4) 静力水准采用人工观测时,每一测次应测读两测回,两测回观测之差不得大于 0.15 mm。

(5) 视准线应采用视准仪或 J1 型经纬仪或精度不低于 J1 型经纬仪的全站仪进行观测。每一测次应观测两测回,采用活动觇标法时,两测回观测值之差不得超过 1.5 mm;采用小角度法时,两测回观测值之差不得超过 3.0″。

(6) 采用边角交会法进行表面水平位移观测时,观测的具体要求见《水闸安全监测技术规范》(SL 768—2018)中附录 C.5。

(7) 引张线观测可采用读数显微镜、两线仪、两用仪或放大镜,也可采用遥测引张线仪。严禁单纯目视直接读数。人工观测时,每一测次应观测两测回。当使用读数显微镜时,两测回观测值之差不得大于 0.15 mm;当使用两用仪、两线仪或放大镜时,两测回观测值之差不得大于 0.3 mm。

(8) 测斜仪的气泡格值不应大于 5″,测斜管观测的具体要求见《水闸安全监测技术规范》(SL 768—2018)中附录C.7。

(9) 施工期间的多点位移计观测，在基准值确定后，当测点近区有施工扰动时，扰动前后应各观测1次，以观测位移增量。当扰动前后位移变化较大时，应加密观测次数。

(10) 单向机械测缝标点和三向弯板式测缝标点的观测，宜直接用游标卡尺或千分表量测。单向机械测缝标点也可用固定百分表或千分表量测。平面三点式测缝标点宜用专用游标卡尺量测。机械测缝标点每测次均应进行两次量测，两次观测值之差不得大于0.2 mm。

(11) 裂缝、结构缝开度观测，应同时观测上下游水位、气温和水温。如发现结构缝上、下缝宽差别较大，还应配合进行垂直位移观测。

(12) 倒垂线观测可采用光学垂线坐标仪、遥测垂线坐标仪，也可采用其他同精度仪器。采用人工观测时，每一测次应观测两测回，两测回观测值之差不得大于0.15 mm。

7.4　渗流监测

7.4.1　基本要求

渗流监测项目应包括闸基扬压力和侧向绕渗。采用测深法测量测压管水位时，测绳(尺)刻度应不低于5 mm。采用渗压计测量渗透压力时，应根据被测点可能产生的最大压力选择渗压计量程。渗压计量程宜不低于1.2倍最大压力且不高于2倍最大压力，精度应不低于0.5%F.S。

7.4.2　监测设备和布置要求

(1) 闸基扬压力监测布置应符合下列规定。

a. 闸基扬压力监测应根据水闸的结构形式、工程规模、闸基轮廓线、地质条件、渗流控制措施等进行布置，并应以能测出闸基扬压力分布及其变化为原则。

b. 垂直水流向和顺水流向断面应结合布置。宜设垂直水流向监测断面1～2个；顺水流向监测断面应不少于闸孔数的1/3，且不少于2个，并应在中间闸室段布置1个。

c. 垂直水流向监测断面宜布置在灌浆帷幕、齿墙、板桩(或截水槽、截水墙)等渗流控制设施前后及排水幕、地下轮廓线有代表性的转折处，每个闸室段应至少设1个测点；重点监测部位测点数量应适当加密。当闸基有大断层或强透水带时，宜在渗流控制设施和第一道排水幕之间加设测点。

d. 顺水流向监测断面应选择地质构造复杂闸室段、岸坡闸室段和灌浆帷幕折转闸室段。横断面间距宜为 20～40 m，如闸轴线较长，闸室结构与地质条件大致相同，则可加大横断面间距。

e. 每个顺水流向监测断面测点应不少于 3 个，测点宜布置在渗流控制设施前后及排水幕、地下轮廓线有代表性的转折处。若地质条件复杂，可适当加密测点。闸基渗流控制设施的前后应各设一个测点，闸底板中间设置一个测点。

f. 承受双向水头的水闸，其垂直水流向、顺水流向监测断面应合理选择双向布置形式。

g. 闸基若有影响闸室稳定的浅层软弱带，应增设测点，一个钻孔宜设一个测点。浅层软弱带多于一层时，渗压计或测压管宜分层布设，应做好软弱带处导水管外围的止水，防止下层潜水向上层的渗透。渗压计的集水砂砾段或测压管的进水管段应埋设在软弱带以下 0.5～1.0 m 的基岩内。为便于观测应将测压管管口延伸至闸墩顶部。

h. 闸基扬压力可埋设渗压计监测，也可埋设测压管监测。对渗透性较好的地基宜采用测压管，对渗透性较小的地基宜采用渗压计。但对于水位变化频繁或渗透性甚小的黏土地基上的水闸，其闸基扬压力观测应采用渗压计。

i. 渗压监测设施应预先埋设，测点沿水闸与地基的接触面布置。但位于灌浆帷幕附近的测点应在灌浆施工完成后埋设。

(2) 侧向绕渗监测布置应符合下列规定。

a. 侧向绕渗监测点应根据闸址地形、枢纽布置、渗流控制措施及侧向绕渗区域的地质条件布置。

b. 侧向绕渗宜在岸墙、翼墙填土侧及其结合部布设测点，可沿不同高程布设测点。

c. 在顺水流向测点数不应少于 3 个。对于运行水头较高、两侧土质渗透性较好的水闸应适当加密测点。

d. 岸坡渗流宜埋设测压管监测；结合部宜采用渗压计监测。

7.4.3 监测数据采集与观测

(1) 渗压计埋设后应及时观测，确定初始值，埋设初期 1 个月内不少于 1 次/天，之后按表 7-2 中施工期测次要求进行观测。

(2) 采用测绳(尺)测量测压管水位时，应平行测定 2 次，其读数差应不大于 2 cm。

(3) 观测扬压力和侧向绕渗，应同时观测上、下游水位，并注意观测渗透的滞后现象。对于受潮汐影响的水闸，应在每月最高潮位期间选测1次，观测时间以测到潮汐周期内最高和最低潮位及潮位变化中扬压力过程线为准。

(4) 测压管管口高程宜按不低于三等水准测量的要求每年校核1次。测压管灵敏度检查可3～5年进行1次。

7.5　应力、应变及温度监测

7.5.1　基本要求

应力、应变及温度监测项目主要包括混凝土内部及表面应力、应变，锚杆应力、锚索受力、钢筋应力、地基反力、墙后土压力和温度等。应力、应变及温度监测宜与变形监测和渗流监测项目相结合布置。

7.5.2　监测设备和布置要求

(1) 钢筋混凝土结构应力和应变监测布置应符合下列规定。

a. 对于建筑在软基上的大型水闸，或采用新型结构的水闸，应根据闸型、结构特点、应力状况及施工顺序，在受力复杂、应力集中和结构薄弱的部位，合理布设钢筋计、应变计以及无应力计，监测不同工作条件下结构应力应变和钢筋应力分布和变化规律。

b. 水闸应力和应变测点的布置，宜根据结构应力计算成果，在闸门支撑附近垂直水流向布置监测断面，在断面的中下部、底部及应力集中区，少而精地布置钢筋计、应变计。应力和应变监测宜以钢筋应力监测为主，辅以混凝土应力、应变监测。

c. 钢筋计布置在主受力构件的受力方向，应与受力钢筋焊接于同一轴线。

d. 混凝土应变计数量和方向应根据应力状态而定，主应力方向明确的部位可布置单向或双向应变计。

e. 根据实际，每一应变计(组)旁1.0～1.5 m处可布置一只无应力计，无应力计与相应的应变计(组)距结构面的距离应相同。当温度梯度较大时，无应力计轴线宜与等温面正交。

f. 对布置预应力锚杆或锚索的闸墩，可适当布置预应力锚杆测力计或预应力锚索测力计。

(2) 地基反力监测布置应符合下列规定。

a. 对于建筑在地质条件较差、土压力和边荷载影响程度高的水闸，宜在水闸基底布设土压力计，以监测水闸底板地基反力作用。

b. 地基反力监测应选取有代表性部位，沿闸室整体结构顺水流方向和垂直水流方向至少各设置一个监测断面。

c. 地基反力监测测点应沿水闸与地基的接触面布置。

d. 地基反力监测宜与扬压力监测结合布置。

(3) 翼墙后土压力监测布置应符合下列规定。

a. 对于翼墙背后有较高填土的水闸，宜在翼墙和背后填土的结合面上布置土压力计，以监测翼墙背后填土压力情况。

b. 翼墙土压力监测应选择典型部位，在翼墙和墙后填土结合面的中下部，沿高度方向选取有代表性部位布置。

(4) 桩基受力监测布置应符合下列规定。

a. 对于建筑在软基上并采用桩基加固的大型水闸，可布置压应力计或钢筋计，监测桩基受力情况。

b. 监测测点宜沿桩底至桩顶分层布置，以监测混凝土不同高程的压应力分布。

(5) 温度监测布置宜符合下列规定。

a. 对于结构块体尺寸较大的水闸，可根据混凝土结构的特点、施工方法及温控需要，布设数量适宜的温度计。

b. 水闸温度测点应根据温度场的特点布置，宜在闸墩和底板内比较厚实的部位分层布置，在温度梯度较大的部位可适当加密测点。

c. 在能兼测温度的其他仪器处，不宜再布置温度计。

7.5.3 监测数据采集与观测

(1) 埋设初期 1 个月内，钢筋计、应变计、无应力计和温度计观测宜按如下频次进行：前 24 h，1 次/4 h；第 2～3 天，1 次/8 h；第 4～7 天，1 次/12 h；第 7～14 天，1 次/24 h；之后按表 7-2 中施工期测次要求进行观测。

(2) 土压力计埋入后，在浇筑垫层和绑扎钢筋的过程中，应按 1 次/天观测，持续至底板浇筑完成为止。

(3) 使用直读式接收仪表进行观测时，每年应对仪表进行一次检验。如需更换仪表，应先检验是否有互换性。

(4) 仪器设备应妥善保护。电缆的编号牌应防止锈蚀、混淆或丢失。电缆长度需改变时，应在改变长度前后读取测值，并做好记录。集线箱及测控装置应保持干燥。

(5) 仪器埋设后，应及时按适当频次观测以便获得仪器的初始值。初始值应根据埋设位置、材料的特性、仪器的性能及周围的温度等，从初期各次合格的观测值中选定。为便于监测资料分析，在各分析时段的起点应按适当频次观测，以获得仪器的基准值。

7.6　专项监测

7.6.1　水力学监测

对于大(1)型水闸，宜在运行初期进行水力学监测。水力学监测项目包括水流流态、水面线(水位)、波浪、水流流速、消能、冲刷(淤)变化等。

(1) 水流流态监测应符合下列规定。

a. 进口流态应包括水流对称性、水流侧向收缩、回流范围、漏斗状旋涡大小和位置及其他不利流态。

b. 闸室流态应包括水流形态、折冲水流、波浪高度、水流分布及闸墩的绕流流态等。

c. 出口流态应包括上、下游水面衔接形式、面流、底流等。

d. 下游河道的流态应包括水流流向、回流形态和范围、冲淤区、水流分布、对岸边建筑物的影响等。

e. 水流流态可采用文字描述、摄影或录像进行记录。

(2) 水面线监测应符合下列规定。

a. 水面线观测应包括水面和水跃波动水面等。

b. 沿程水面线，可用直角坐标网格法、水尺法或摄影法进行观测

c. 水跃长度及平面扩散可用水尺法或摄影法进行测量。

(3) 流速监测应符合下列规定。

a. 流速观测应根据水流流态及消能冲刷等情况确定，宜布置在底部、局部突变处、下游回流及上下游连接段等部位。

b. 顺水流方向选择若干观测断面，在每一断面上量测不同水深点的流速，特别应注意水流特征与边界条件有突变部位的流速观测。

c. 流速可用浮标、流速仪、毕托管等进行观测。

(4) 振动监测应符合下列规定。

a. 振动测点应布置在闸门、支撑梁、导墙等易产生振动的部位。

b. 振动观测可采用拾振器和测振仪等。

(5) 消能监测应符合下列规定。

a. 消能观测应包括底流和面流各类水流形态的测量和描述。

b. 消能观测可用目测法和摄影法,也可用单经纬仪交会法和双经纬仪交会法。

(6) 冲刷监测应符合下列规定。

a. 冲刷观测点应布置在闸门下游底板、侧墙、消力池等处。

b. 水上部分可直接目测和量测;水下部分可采用抽干检查法、测深法、压气沉柜检测法、声呐成像法及水下电视检查法等。

7.6.2 地震反应监测

对于建筑在设计烈度为Ⅶ度及以上的大(1)型水闸,应对建筑物的地震反应进行监测。

(1) 地震反应监测应符合下列规定。

a. 地震反应监测应根据水闸设计烈度、结构类型和地形地质条件进行仪器布置。

b. 地震反应监测宜采用自动触发和自动记录的强震仪。

c. 地震反应监测应与现场调查相结合。当发生有感地震或闸基记录的峰值加速度大于 0.025 g 时,应及时对水闸结构进行震害的现场调查。

(2) 监测设计应符合下列规定。

a. 地震反应监测设计应包括确定结构反应台阵的类型和规模、布置方案、仪器的性能指标、仪器安装和管理维护的技术要求等。

b. 结构反应台阵测点应在抗震计算的基础上,布置在结构反应的关键和敏感部位。宜布置在地基、墩顶、机架桥、边坡顶,宜布置成水平顺河向、水平横河向、竖向三分量,次要测点可简化为水平横河向。

c. 结构反应台阵的规模应按《水工建筑物强震动安全监测技术规范》(SL 486—2011)的规定执行。

(3) 记录分析系统应符合下列规定。

a. 强震仪应具有自动触发功能,触发后地震记录信息应自动存储并传至计算机系统。

b. 应配备适合工业应用环境,有较高运算速度和较大存储容量的工业控制计算机,并配有打印机等外围设备。

c. 宜配置便携式计算机作为移动工作站,配置强震动加速度记录处理分析软件。

(4) 监测设施及其安装应符合下列规定。

a. 应根据监测设计要求进行测点传感器安装及电缆布设，传感器安装要求见《水闸安全监测技术规范》(SL 768—2018)中附录G，电缆布置与要求见其附录F。

b. 强震仪安装时应记录仪器出厂编号、仪器安装时间及埋设前后的检查和对水闸脉动响应的监测数据。

(5) 观测应符合下列规定。

a. 地震反应监测系统安装完成后，应对系统的运行情况进行现场观测检查，确认各通道信号及背景噪声情况。

b. 监测系统运行正常后，应进行场地脉动和水闸的脉动反应测试，记录脉动加速度时程，并进行分析。

7.6.3 冰凌监测

冰凌观测主要包括静冰压力、动冰压力、冰厚、冰温等。

(1) 静冰压力、冰温及冰厚观测应符合下列规定。

a. 结冰前，可在坚固建筑物前缘，自水面至最大结冰厚度以下 10～15 cm处，每 15～20 cm 设置 1 支压力传感器，并在旁边相同深度设置 1 支温度计，进行静冰压力及冰温监测。

b. 自结冰之日起开始观测，每日至少观测 2 次。在冰层胀缩变化剧烈时期，应加密测次。

c. 静冰压力、冰温观测的同时，应进行冰厚观测。

(2) 动冰压力观测应符合下列规定。

a. 应在各观测点动冰过程出现之前，消冰尚未发生的条件下，在坚固建筑物前缘适当位置及时安设压力传感器进行观测。

b. 在风浪过程或流冰过程中应进行连续观测。

c. 应同时进行冰情、风力、风向观测。

7.7 监测资料的整编与分析

7.7.1 各种监测物理量的整理与整编要求

(1) 监测资料的收集

监测资料的收集工作应符合下列规定。

a. 第一次整编时应完整收集基本资料等，并单独刊印成册，以后每年应根据变动情况，及时加以补充或修正。

b. 收集有关物理量设计计算值和经分析后确定的监控指标。

c. 收集整编时段内的各项日常整理后的资料。

(2) 监测资料的整理

监测资料的整理与整编工作应符合下列规定。

a. 在收集有关资料的基础上，对整编时段内的各项监测物理量按时序进行列表统计和校对等。如发现可疑数据，不宜删改，应标注记号，并加注说明。绘制各监测物理量过程线图，以及各监测物理量在时间和空间上的分布特征图和与有关因素的相关关系图。在此基础上，对监测资料进行初步分析，阐述各监测物理量的变化规律以及对工程安全的影响，提出运行和处理意见。

b. 监测自动化系统采集的数据可按监测频次的要求进行表格形式的整编，但绘制测值过程线时应选取所有测值，特殊情况（如高水位、闸内外水位骤变、特大暴雨、地震等）下和工程出现异常时增加测次所采集的监测数据也应整编入内。

c. 对于重要监测物理量（如变形、扬压力、上下游水位、气温、降水等），整编时除表格形式外，还应绘制测值过程线、测值分布图等。变形测值分布图可每季度绘制一条，扬压力测值分布图可选取高水位时的测值进行绘制。

(3) 现场检查资料要求

现场检查资料应符合下列规定。

a. 每次整理与整编时，对本时段内现场检查发现的异常问题及其原因分析、处理措施和效果等做好完整编录，同时简要引述前期现场检查结果并加以对比分析。

b. 将原始记录换算成所需的监测物理量，并判断测值有无异常。如有遗漏、误读（记）或异常，应及时补（复）测、确认或更正，并记录有关情况。原始监测数据的检查、检验应包括作业方法是否符合规定；监测记录是否正确、完整、清晰；各项检验结果是否在限差以内；是否存在粗差；是否存在系统误差等。

c. 经检查、检验后，若判定监测数据不在限差以内或含有粗差，应立即重测；若判定监测数据含有较大的系统误差时，应分析原因，并设法减少或消除其影响。

(4) 水位监测资料整编

水位监测资料整编，应遵照规范要求格式填制上游（闸内）和下游水位统计表。表中数字为逐日平均值（或逐日定时值），准确到厘米。同时还应将月、年内的极值和均值以及极值出现的日期分别填入“全月统计”和“全年统计”栏中。

(5) 变形监测资料整编

变形监测资料应符合下列规定。

a. 变形监测资料整编，应根据工程所设置的监测项目进行各监测物理量列表统计。

b. 在列表统计的基础上，绘制能表示各监测物理量变化的过程线图，以及在时间和空间上的分布特征图和与有关因素（如水位过程、气温等）的相关关系图。

（6）渗流监测资料整编

渗流监测资料应符合下列规定。

a. 渗流监测资料整编，应将各监测物理量按闸基、闸墩等不同部位分别列表统计，并同时抄录监测时相应的上、下游水位，必要时还应抄录降水量和气温等。

b. 闸基扬压力监测孔水位统计表遵照《水闸安全监测技术规范》（SL 768—2018）附录Ⅰ中表Ⅰ.1.2-7的格式填制。绘制扬压力监测孔水位和上、下游水位变化的过程线图，以及在时间和空间上的分布特征图。

c. 侧向绕渗监测孔水位统计表遵照《水闸安全监测技术规范》（SL 768—2018）附录Ⅰ中表Ⅰ.1.2-8的格式填制。绘制侧向绕渗监测孔水位和上、下游水位变化的过程线图。

（7）应力、应变及温度监测资料整编

应力、应变及温度监测资料应符合下列规定。

a. 应力、应变监测资料整编，遵照《水闸安全监测技术规范》（SL 768—2018）附录Ⅰ中表Ⅰ.1.2-9的格式填制，必要时同步抄录监测时对应的上、下游水位和气温等，根据需要绘制应力、应变与上、下游水位和测点温度或气温变化的过程线图，必要时还应绘制闸室混凝土浇筑过程线。

b. 温度监测资料整编，遵照《水闸安全监测技术规范》（SL 768—2018）附录Ⅰ中表Ⅰ.1.2-9的格式填制。必要时同时抄录监测时对应的上、下游水位和气温等。根据需要绘制温度变化过程线图，必要时还应视情况不同，绘制水温分布图、闸室段温度场分布图和等值线图。

（8）年度资料整编要求

年度资料整编应随时补充或修正有关监测设施的变动或检验、校测情况，以及各种基本资料的表、图等，确保资料衔接和连续，也包括整编后的资料审定及编印等工作。

a. 刊印成册的整编资料宜按封面、目录、整编说明、基本资料、监测项目汇总表、监测资料初步分析成果、监测资料整编图表和封底的顺序编排。

b. 封面内容应包括工程名称、整编时段、编号、整编单位、刊印日期等。

c. 整编说明应包括本时段内工程变化和运行概况，监测设施的维修、检验、校测及更新改造情况，现场检查和监测工作概况，监测资料的准确度和可信程度，监测工作中发现的问题及其分析、处理情况（可附上有关报告、文件等），对工程运行管理的意见和建议，参加整编工作人员等。

d. 基本资料应包括工程基本资料、监测设施和仪器设备基本资料等。

e. 监测项目汇总表应包括监测部位、监测项目、监测方法、监测频次、测点数量、仪器设备型号等。

f. 监测资料初步分析成果主要是综述本时段内各监测资料分析的结果，应包括分析内容、方法、结论和建议。对在本年度中完成安全鉴定的水闸，也可引用安全鉴定的有关内容或结论，但应注明出处。

g. 监测资料整编图表（含现场检查成果表、各监测项目测值图表）的编排顺序可按监测项目的编排次序编印。

h. 月报、季报等可参照年报执行，并可适当简化。

（9）整编成果要求

整编的成果应符合下列规定。

a. 整编成果的内容、项目、测次等齐全，各类图表的内容、规格、符号、单位及标注方式和编排顺序等符合规定要求。

b. 各项监测资料整编的时间与前次整编衔接，监测部位、测点及坐标系统等与历次整编一致。

c. 各监测物理量的计（换）算和统计正确，有关图件准确清晰，整编说明全面，需要说明的其他事项无遗漏，资料初步分析结论和建议符合实际。

7.7.2 资料分析的方法

资料分析宜采用比较法、作图法、特征值统计法及数学模型法。

（1）比较法

比较法包括监测值与监控指标相比较、监测物理量的相互对比、监测成果与理论的或试验的成果（或曲线）相对照等三种。

a. 监控指标是在某种工作条件下（如基本荷载组合）的变形量和扬压力等的设计值，或有足够的监测资料时经分析求得的允许值（允许范围）。在运行初期可用设计值作监控指标，根据监控指标可判定监测物理量是否异常。

b. 监测物理量的相互对比是将相同部位（或相同条件）的监测量相互对比，以查明各自的变化量的大小、变化规律和趋势是否具有一致性和合理性。

c. 监测成果与理论或试验成果相对照，比较其规律是否具有一致性和合理性。

(2) 作图法

根据分析的要求，画出相应的过程线图、相关图、分布图以及综合过程线图(如将上游水位、气温、监控指标以及同闸室的扬压力等画在同一张图上)等。由图可直观地了解和分析监测值的变化大小及其规律，影响监测值的荷载因素和其对监测值的影响程度，监测值有无异常等。

(3) 特征值统计法

特征值统计法中的特征值包括各物理量历年的最大值和最小值(包括出现时间)、变幅、周期、年平均值及年变化趋势等。通过特征值的统计分析，可看出监测物理量之间在数量变化方面是否具有一致性和合理性。

(4) 数学模型法

数学模型法用于建立效应量(如位移、扬压力等)与原因量(如上下游水位、气温等)之间的关系，是监测资料定量分析的主要手段。包括统计模型、确定性模型及混合模型。有较长时间的监测资料时，常用统计模型。当有条件求出效应量与原因量之间的确定性关系表达式时(宜通过有限元计算结果得出)，亦可采用混合模型或确定性模型。

运行期的数学模型中包括水压分量、温度分量和时效分量三个部分。时效分量的变化形态是评价效应量正常与否的重要依据，对于异常变化应及早查明原因。

7.7.3　资料分析的内容

资料分析宜包含监测资料可靠性分析、监测量的时空分析、特征值分析、异常值分析、数学模型、闸室整体分析、防渗性能分析、闸室稳定性分析以及水闸运行状况评估等。

(1) 分析监测资料的准确性、可靠性。对由于测量因素(包括仪器故障、人工测读及输入错误等)产生的异常测值进行处理(删除或修正)，以保证分析的有效性及可靠性。

(2) 分析监测物理量随时间或空间而变化的规律应包括下列内容。

a. 根据各物理量(或同一闸室段内相同的物理量)的过程线，说明该监测量随时间而变化的规律、变化趋势，其趋势是否向不利方向发展。

b. 同类物理量的分布曲线，反映了该监测量随空间而变化情况，有助于分析水闸有无异常征兆。

(3) 统计各物理量的有关特征值。统计各物理量历年的最大和最小值(包括出现时间)、变幅、周期、年平均值及年变化趋势等。

(4) 判别监测物理量的异常值应包括下列内容。

a. 监测值与设计计算值相比较。

b. 监测值与数学模型预测值相比较。

c. 同一物理量的各次监测值相比较,同一测次邻近同类物理量监测值相比较。

d. 监测值是否在该物理量多年变化范围内。

(5) 分析监测物理量变化规律的稳定性应包括下列内容。

a. 历年的效应量与原因量的相关关系是否稳定。

b. 主要物理量的时效量是否趋于稳定。

(6) 应用数学模型分析资料应符合下列规定。

a. 对于监测物理量的分析,宜采用统计模型,亦可用确定性模型或混合模型。应用已建立的模型作预测,其允许偏差宜为$\pm 2s$(s 为剩余标准差)。

b. 分析各分量的变化规律及残差的随机性。

c. 定期检验已建立的数学模型,必要时予以修正。

(7) 分析闸室的整体性。对结构缝的开度以及闸室倾斜等资料进行分析,判断闸室的整体性。

(8) 判断渗流控制、排水设施的效能应符合下列规定。

a. 根据闸基内不同部位或同部位不同时段的扬压力监测资料,结合地质条件分析判断渗流控制和排水系统的效能。

b. 在分析时,还应特别注意渗漏出浑浊水的不正常情况。

(9) 校核水闸稳定性。水闸闸基实测扬压力超过设计值时,宜进行稳定性校核。

(10) 分析现场检查资料。应结合现场检查记录和报告所反映的情况进行上述各项分析。并应特别注意下列各点。

a. 在第一次试运行之际,有否发生河水自闸基部位的裂隙中渗漏出或涌出;有无浑浊度变化。

b. 各个排水孔的排水量之间有无显著差异。

c. 闸室有无危害性的裂缝;结构缝有无逐渐张开。

d. 混凝土有无遭受物理或化学作用而损坏迹象,

e. 水闸在遭受超载或地震等作用后,哪些部位出现裂缝渗漏;哪些部位(或监测的物理量)残留不可恢复量。

f. 宣泄大洪水后,建筑物或下游河床是否被损坏。

（11）评估水闸的工作状态。根据以上的分析判断，最后应对水闸的工作状态作出评估。

7.7.4　安全鉴定时监测资料分析报告内容

根据《水闸安全监测技术规范》（SL 768—2018）的要求，水闸安全鉴定时，监测资料分析报告需要包含如下几个方面的内容。

（1）工程概况。

（2）仪器更新改造及监测和现场检查情况说明。

（3）现场检查的主要成果。

（4）资料分析的主要内容和结论。

（5）对水闸工作状态的评估。

（6）说明建立、应用和修改数学模型的情况和使用的效果。

（7）水闸运行以来，出现问题的部位、性质和发现的时间、处理的情况和效果。

（8）拟定主要监测量的监控指标。

（9）根据监测资料的分析和现场检查找出水闸潜在的问题并提出改善水闸运行管理、养护维修的意见和措施。

（10）根据监测工作中存在的问题，应对监测设备、方法、精度及测次等提出改进意见。

第8章
水下结构的探查与检测

水闸水下结构病害通常和水闸地基抗渗稳定、地基变形破坏等紧密相连，其处于水闸技术管理工程巡视检查和经常检查的盲区，病害的发生和扩展难以及时发现，具有隐蔽性。按照《水闸安全评价导则》(SL 214—2015)的要求，对长期未做过水下检测(查)的，或水闸地基渗流异常的，或过闸水流流态异常的，或闸室、岸墙、翼墙发生异常变形的，应进行水下检测。重点检测水下部位有无淤积、接缝破损(特别是止水失效)、结构断裂、混凝土腐蚀、钢筋锈蚀、地基土或回填土流失、冲坑和塌陷等异常现象。

8.1 概述

水下工程检测技术是在水的特定环境中展开的，每项作业都具有较强的专业性和特殊性。20世纪五六十年代，检测技术发展缓慢，沿袭的作业手段非常有限，水下检测主要采用潜水摸探的方法，主要依靠潜水员的水下作业经验、判断能力和处理措施。这种传统的检测方法，在应用广度和深度上受到极大制约。近年来，随着科技的发展，涌现出了很多先进的、高效能的水下探查检测的设备和方法，如水下摄影器材、多波束声呐、侧扫声呐、ROV无人遥控潜水器和浅层剖面仪等，具有准确、高效、高清、实时等优点。每次进行水下结构探查检测作业，可根据作业目的和要求，采用一种或几种方法进行普查或详查。

(一) 探查与检测重点

水闸工程水下结构探查检测主要分为检查结构表面缺陷、渗漏入口和淤积及地基冲刷三个方面。

(1) 表面缺陷主要检查下列内容。

a. 进口混凝土(含上游翼墙)裂缝、破损、表面平整度，结构缝开合、错台。

b. 门槽混凝土脱空、破损、异物。

c. 闸室混凝土磨损、破损、裂缝、平整度，结构缝开合、错台。

e. 下游消能混凝土表面磨损、破损、裂缝、平整度，结构缝开合、错台。

f. 下游翼墙、岸墙与底板交接部位混凝土表面破损。

(2) 渗漏入口主要检查下列部位。

a. 进口与防渗结构接头裂缝、塌陷、错台等部位。

b. 墩墙、翼墙伸缩缝处或主体结构与其他建筑物连接部位。

(3) 淤积及地基冲刷主要检查下列内容。

a. 进口及闸门前流道淤积。

b. 下游消能设施表面淤积。

c. 进口结构、导墙、岸墙、消力池(戽)、护坦、挑坎、二道坝、水垫塘等地基冲刷。

d. 下游河床及河道两岸冲刷。

(二) 作业检测基本要求

(1) 水工建筑物水下检查应结合建筑物布置、结构特点和运行特性，明确检查部位、项目、内容、方法、要求，并制定检查实施方案，检查实施方案编制大纲可参照《水电站水工建筑物水下检查技术规程》(DL/T 2701—2023)和《水工建筑物水下检测技术导则》(T/CWEA 26—2024)相关内容。

(2) 检查所使用的检测仪器和设备，应检定合格或校准。

(3) 检查作业前，应制定作业安全方案，进行安全教育和培训，并检查仪器设备性能和安全设备设施的完好性。

(4) 潜水作业应符合国家和行业相关规定，作业人员应经培训并具有专业资格，水下作业应处于水上指导和监督之下。

(5) 水下检查应配备导航定位系统，水上工作船或水下潜航器的水平位置定位误差不大于±1.0 m，高度定位误差不大于±0.5 m。

(6) 水下检查应保存各项原始记录(含电子数据文件)，及时检查数据、影像质量。水下记录内容应全面、完整，并附有略图、素描图或照片、影像等资料。

(三) 检测方法适用性分析

检查方法应根据任务要求、现场条件、检查对象特点选择，当条件复杂时，可针对同一检查内容采用多种检查方法进行综合检查。常规检查方法的适用性见表8-1。

表 8-1　检查方法的适用性

检查项目	检查方法	适用范围
表面缺陷检查	目视检查	适用于检查较清澈水域的水工结构表面裂缝、破损、冲刷、淘蚀、隆起等缺陷和结构缝开合、错台等情况
	摄像检查	适用于检查较清澈水域的水工结构表面裂缝、破损、冲刷、淘蚀、隆起等缺陷和结构缝开合、错台等情况。水下视频图像可由潜水员或潜航器拍摄
	图像声呐	适用于检查水工结构较明显的表面破损、冲刷、淘蚀、隆起、结构缝错台等，常用于能见度较差水域的外观检查。水下声呐图像可由潜水员或潜航器拍摄
	多波束声呐	适用于检查宽阔水域的水工结构表面破损、冲刷、淘蚀、隆起等情况，狭窄水域、复杂结构等部位的水工结构表面检查宜采用定点式三维图像成像
	侧扫声呐	适用于普查宽阔水域、较大范围的水工结构表面破损、冲刷、淘蚀等情况
渗漏入口检查	目视检查	适用于检查较清澈水域的渗漏入口，包括潜水目视检查和潜航目视检查，必要时辅以探摸检查和喷墨示踪检查
	摄像检查	适用于检查较清澈水域的渗漏入口，必要时辅以喷墨示踪检查。水下视频图像可由潜水员或潜航器拍摄
	伪随机流场	适用于检查渗漏出口明确、渗漏量较大且相对集中的渗漏入口
	声波流速检测	适用于检查渗漏量较大且相对集中的渗漏入口，通常用于检测渗漏入口附近流速明显异常的情况
淤积与冲刷检查	目视检查	适用于检查较清澈水域的淤积和冲刷，包括潜水目视检查和潜航目视检查，必要时辅以探摸检查
	摄像检查	适用于检查较清澈水域的淤积和冲刷。水下视频图像可由潜水员或潜航器拍摄
	图像声呐	适用于检查能见度较差水域的淤积和冲刷。水下声呐图像可由潜水员或潜航器拍摄
	多波束声呐	包括多波束测深和定点式三维图像成像。多波束测深适用于检查宽阔水域地形地貌及淤积、冲刷情况，定点式三维图像成像适用于检查狭窄水域或特定部位的水下淤积、冲刷情况；可快速普查较大范围的水下淤积、冲刷情况，通过与之前水下地形对比可计算淤积厚度或冲刷深度
	侧扫声呐	适用于检查宽阔水域地貌及水底沉积物类型，可快速普查较大范围的水下淤积、冲刷情况及淤积物类别
	水域地层剖面	适用于探测细颗粒淤积物的厚度
	水域多道地震	适用于探测宽阔水域各类淤积物的厚度，通常用于较厚的淤积物

（四）主要检测规范

《水工混凝土结构缺陷检测技术规程》(SL 713—2015)；

《声学多普勒流量测验规范》(SL 337—2006)；

《堤防隐患探测规程》(SL/T 436—2023)；

《水利水电工程勘探规程　第 1 部分：物探》(SL/T 291.1—2021)；

《海洋调查规范 第8部分:海洋地质地球物理调查》(GB/T 12763.8—2007);
《海洋调查规范 第10部分:海底地形地貌调查》(GB/T 12763.10—2007);
《多波束水下地形测量技术规范》(GB/T 42640—2023);
《水工混凝土建筑物缺陷检测和评估技术规程》(DL/T 5251—2010);
《大坝混凝土声波检测技术规程》(DL/T 5299—2013);
《水电站水工建筑物水下检查技术规程》(DL/T 2701—2023);
《水工建筑物水下检测技术导则》(T/CWEA 26—2024);
《水电工程地震勘探技术规程》(NB/T 35065—2015);
《海洋多波束水深测量规程》(DZ/T 0292—2016);
《侧扫声呐测量技术规程》(DZ/T 0408—2022);
《无人船水下地形测量技术规程》(CH/T 7002—2018);
《侧扫声呐测量技术要求》(JT/T 1362—2020);
《声学多普勒流速剖面仪检测方法》(HY/T 102—2007);
《浅地层剖面调查技术要求》(HY/T 253—2018);
《多波束测深系统测量技术要求》(JT/T 790—2010);
《航道整治工程水下检测与监测技术规程》(JTS/T 241—2020);
《公路桥梁水下构件检测技术规程》(T/CECS G:J56—2019);
《海上平台水下检测操作规程》(T/CDSA-305.20—2017)。

8.2 水下探查检测方法

8.2.1 探摸摄像检测

探摸摄像检测可用于较低流速、浅水区域的水下目标的定性检测,配置钢尺或测绳等,可对水下目标进行简单的量测。

(1) 探摸摄像系统配置应符合下列规定。

a. 探摸摄像方法应配备专门的检测船,检测船应配备抛绞锚系统、测量定位系统、水下摄像系统、潜水装置系统、清淤冲沙系统、水下通信系统等。

b. 水下摄像系统应包括水面主机、通信缆、水下摄像头、录像机、水下照明灯具等,并具备声频、视频信号记录功能,其技术指标应满足检测分辨率的要求。

(2) 探摸摄像检测应符合下列规定。

a. 探摸摄像检测前,应收集和熟悉水下检测目标属性及标识区域位置,了解和掌握作业区域的水深、流速、流向、水下能见度、气象和泥沙淤积等相关资料。

b. 探摸摄像检测前，技术人员应连接水下摄像、通信等系统，并进行调试。

c. 潜水员应按操作手册做好下水前的各项准备工作。

d. 技术人员应根据检测区域提前规划好船舶定位区域，船舶定位区域宜保证检测对象在潜水员下水后的移动范围内。

(3) 探摸摄像检测应满足下列要求。

a. 潜水员用钢尺测量泥沙淤埋厚度时，根据需要拍摄钢尺刻度。

b. 泥沙淤积较厚，影响检测效果时，使用高压水枪进行淤沙清理。

c. 根据现场情况选择摄像方式，必要时，事先在检测对象上添加识别标识。

d. 潜水员在水下清理出作业面后，在水面操作人员的指挥下进行摄像。

e. 拍摄过程中保存实时记录摄像文件。

f. 摄像参数、摄像对象改变时，在作业日志中记录。

g. 图像质量无法满足检测要求时，进行补测或重测。

(4) 视频文件应及时备份，同时在工作日志中记录备份日期、文件名、位置、检测对象、检测数量及其他相关参数，并由专人负责备份和保管。

(5) 水下探摸摄像资料应包括下列内容。

a. 完整的摄像视频资料。

b. 探摸摄像报告及现场作业日志。

c. 检测报告。

8.2.2 单波束测深

单波束测深可用于上下游引河断面测量、小比例尺地形调查和工程区的地形检测等，单波束测深系统宜选用数字式单频或多频回声测深仪，同时配备导航及相关辅助设备，考虑姿态影响时还应配备姿态传感器。

(1) 单波束系统安装应符合下列规定。

a. 单波束换能器的安装宜采用舷挂式，宜距船首 1/3～2/5 船长处，并应避开螺旋桨产生气泡和涡流的区域。

b. 支架安装应使换能器发射波束竖直向下，不得斜置；支架应有较好的刚度，避免造成仪器抖动。

c. 不考虑姿态、航向等因素时，卫星定位接收机宜安装在换能器支架正上方，并避免遮挡；考虑姿态、航向因素时，应严格测定各设备在船体坐标系下的相对位置关系。

（2）单波束测深作业方法应符合下列规定。

测线布设除应符合现行行业标准《水利水电工程测量规范》（SL 197—2013）中的有关规定外，还应满足下列要求：

a. 测线布设有利于检测对象形状、结构的呈现，在确保安全情况下，主测线方向与对象主轴垂直；

b. 主测线间距根据成图比例尺要求选择，一般测线断面间隔不大于图上1.5 cm，遇结构变化明显的地方加密布设；

c. 检查线与主测线垂直相交，总长度不少于主测线的5%，且分布均匀，水位观测应符合现行行业标准《水利水电工程测量规范》（SL 197—2013）中的有关规定。

（3）单波束施测过程应满足下列要求：

a. 作业前对系统设置的投影参数、椭球体参数、坐标转换参数以及校准参数等数据进行检查；

b. 测量船保持匀速、直线航行，航向变化不大于5°/min，实际航线与计划测线的偏离不大于测线间距的25%；航向变化超过5°/min或航线偏离大于测线间距的25%时，在该区域反复加密扫测；

c. 作业过程中实时记录船体的位置和姿态信息。

（4）单波束测深数据处理应包括声速改正、吃水改正、水位改正，采用精密单波束测深时，还应包括姿态改正，并应符合下列规定。

a. 声速改正应符合现行行业标准《水利水电工程测量规范》（SL 197—2013）中的有关规定。在温差变化较大水域，每间隔1～2 h加测声速剖面，并及时修正声速参数；当地有实测水文资料时，根据标准声速表进行声速修正，并在浅水区域，将测深仪水深与测深板测量水深比对，微调修正声速参数；入海口等水域加密声速剖面测量。

b. 吃水改正除应符合现行行业标准《水利水电工程测量规范》（SL 197—2013）中的有关规定外，静吃水改正量应在作业前后分别测定一次，稳定载荷下静吃水变化超过5 cm，应分析原因，排除安装稳定性因素。

c. 最终测深成果应进行水位改正，将水底点的瞬时水深转换为相对某一垂直基准的绝对高程或水深。

（5）单波束测深成果应包括下列内容：

a. 水下地形图或水深图；

b. 检测断面图；

c. 检测报告。

8.2.3 多波束测深

(1) 水闸工程水下多波束检测宜选用高分辨率浅水型多波束测深系统,并应符合下列规定。

a. 多波束测深系统的性能应满足水下目标检测的要求,测点密度不应低于目标最小可辨单元尺寸。

b. 所选导航、定位、测姿、测向等附属设备的性能,应满足检测精度的要求。

(2) 多波束测深系统安装检校、测线布设、外业施测应符合现行标准《多波束测深系统测量技术要求》(JT/T 790—2010)和《多波束水下地形测量技术规范》(GB/T 42640—2023)的有关规定。

(3) 多波束测深数据处理除应符合现行标准《多波束测深系统测量技术要求》(JT/T 790—2010)和《多波束水下地形测量技术规范》(GB/T 42640—2023)的有关规定外,还应符合下列规定。

a. 多波束测深数据处理完后,应对其进行内外符合比测。

b. 处理后的测深数据应以网格图或三维渲染图形式呈现床表地形,成图分辨率不应低于 1/2 检测目标尺寸。

c. 根据地形图几何特征确定目标位置和边界范围,目标图上位置的标定误差不应超过 10 倍最小成像单元尺寸。

d. 进行位置和距离检测时,应根据成图软件提供的工具至少量测 3 次,量测值取算术平均值。

e. 进行范围检测时,应将勾勒范围的测深地形图与设计图进行比对。

(4) 多波束测深成果应包括下列内容:

a. 原始数据、所用到的过程数据、水深成果数据、潮位、观测和改正资料;

b. 测量航迹图;

c. 检测目标地形渲染图及量测结果;

d. 检测报告。

8.2.4 三维扫描声呐扫测

(1) 三维扫描声呐系统配置应符合下列规定。

a. 三维扫描声呐系统硬件部分应包括声呐头、云台、接线盒及数据传输电缆,并根据需要配备定位、姿态传感器、罗经、表面声速剖面仪等硬件设备。

b. 三维扫描声呐系统软件部分应具备云台转动控制、声参数设置、采集数据记录和显示、点云数据查看、距离和角度量测等功能。

c. 对点云数据进行编辑、拼接、三维渲染、特征提取、目标识别等处理时，可选择点云后处理软件。

d. 声呐探头的探测精度和范围应满足检测与监测要求。

(2) 三维扫描声呐可采用载体舷挂或坐底安装方式，并应符合下列规定。

a. 载体舷挂安装应配备专用声呐搭载装置，搭载装置受水流冲击产生的抖动不得影响声学图像识别，并应满足下列要求：搭载装置具备上下位置调节功能，每次调整支架的下放深度后应重新测定换能器的吃水深度；系统配置卫星定位罗经时，搭载装置设置标定线，使卫星定位罗经安装方向与换能器旋转零方向重合。

b. 换能器应安装在噪声低且不易产生气泡的位置，并应满足下列要求：针对载体下方目标的检测任务，换能器竖直安装，并置于下方；最小吃水处应低于载体底部，并避免船体、电缆、支架等对声波的遮挡；换能器的横向、纵向及艏向安装角度满足系统安装的技术要求，换能器转动中心轴与竖直轴重合，扫描零方向与载体艏尾向重合；采用舷挂安装时，系统换能器配备卫星定位、姿态、航向等传感器，基于严密坐标转换计算换能器中心和各回波的地理坐标；采用坐底式安装时，换能器中心绝对坐标通过铅锤法或超短基线声学定位法实现绝对地理坐标的确定，定位精度优于米级。

c. 各传感器的安装及换能器安装、检校方法应符合现行标准《水利水电工程测量规范》(SL 197—2013)和《多波束水下地形测量技术规范》(GB/T 42640—2023)的有关规定。

(3) 三维扫描声呐系统作业应符合下列规定。

a. 外业检测过程中，应精密测量换能器处的声速，在声场结构变化较快的水域和季节应增加声速测量的频次。

b. 测站数和设站位置，应根据水下目标结构复杂性和检测要求合理设置，相邻测站扫描重叠率不应低于扫幅面积的10%，相邻两站不共线的同名标靶不应少于3组。

c. 每站扫描过程中，应根据扫描对象结构特点，合理选择换能器扫描仰角、扫描速度和扫描模式，各参数的选择应保证测点精度和密度达到检测要求。

d. 实时监测时，测站位置的选择应沿作业面推进方向，测站间距可与作业面步进距离相同。

e. 进行绝对点坐标检测时，应辅助配备定位、姿态、罗经等传感器，安装时，应精确校准换能器安装偏差和初始方位角。

(4) 三维扫描声呐系统数据处理应符合下列规定。

a. 实时数据处理软件应具备目标检测功能，可根据水平角、俯仰角及斜距计算目标的站心坐标。

b. 多测站点云坐标处理宜配备后处理软件，后处理软件应具备点云消噪、编辑、拼接等功能，并可采用点云特征拼接方法，将多站结果归算至统一坐标系统下。

c. 基于点云数据进行目标检测时，目标应根据形状的突变进行选择，距离量测时，应对同组目标进行 3 次以上量测，量测值取算术平均值，两次量测结果之间的偏差不应超过 10 倍最小成图单元尺寸。

(5) 三维扫描声呐系统成果应包括下列内容。

a. 三维扫描检测作业的测站分布图、单站数据三维渲染图、单站检测结果图及现场记录日志。

b. 检测报告。

8.2.5 侧扫声呐扫测

(1) 侧扫声呐扫测可用于各类水下目标的位置、范围检测。侧扫声呐系统配置应符合下列规定。

a. 侧扫声呐系统硬件应包括主机、换能器及附属拖缆等装备；并应随船配套卫星定位设备，其平面定位精度应达到亚米级。

b. 随机软件应具有声呐控制、状态监视、灰度增益、数据记录、图像回放、简单量测等功能；进行目标绝对位置、范围的检测时，还应配套专业后处理软件，后处理软件应具备底部跟踪、灰度均衡、斜距改正、地理编码、条带镶嵌等功能。

(2) 侧扫声呐系统宜采用拖曳模式安装，卫星定位天线应垂直固定安装在船顶开阔区域，同时记录拖缆拖挂点及卫星接收机在船体坐标系下的相对位置。

(3) 侧扫声呐扫测作业测线布置应符合下列规定。

a. 检测作业前，应了解检测对象分布范围、水下障碍物、施工标志、特殊水深等信息。

b. 测线布设长度综合考虑水下目标分布范围、设备安全等因素而定。

c. 侧扫声呐测线宜沿河道逆流直线布设，航速相对于流速大 2 m/s 以上时，采用顺流布设。

d. 扫幅宽度为拖鱼距离水底表面高度的 3 倍～8 倍，拖鱼速度结合目标大小和换能器脉冲发射频率综合确定。

e. 多条带扫床时，测线间距 $D \leqslant 2nR$，其中 R 为侧扫单侧量程，n 为相邻条带覆盖率，取值范围为 0.5～0.8。

(4) 施测过程除应符合现行标准《水利水电工程测量规范》(SL 197—2013)和《侧扫声呐测量技术要求》(JT/T 1362—2020)的有关规定外，还应满足下列要求。

a. 减少风浪、潮流对拖鱼的影响，测量船航速保持稳定，航速保持低于4 Kn。

b. 数据采集时，合理调整增益系数，并将增益系数记录在每天的测量记录中。

c. 扫幅、脉冲速率与航速相配合。

d. 实时数据采集时，观察地貌数据的质量，针对可疑目标做好位置标记。

e. 作业过程中填写天气状况、水域环境、表层声速等测量记录，实时记录声呐异常图像的位置、特征等信息。

f. 每天的测量结果及时处理并备份，及时发现施测过程中存在的问题。

g. 航向变化或航速变化时，合理收放拖缆长度。

(5) 侧扫声呐数据处理应符合下列规定。

a. 侧扫声呐数据实时处理应包括回波图像的实时增益、扫幅范围的调整、图像的量化、导航数据的转换等。

b. 侧扫声呐数据后处理应包括数据预处理、拖鱼位置的估算、海底线检测、灰度均衡化、斜距改正、地理编码、镶嵌成图等。

(6) 基于侧扫声呐图像开展水下检测时，应符合下列规定。

a. 根据图像强度变化或阴影确定目标位置和边界范围，目标像素位置的偏差不应超过10倍最小成像单元尺寸，像素地理坐标应结合定位、拖缆长度、航向进行计算。

b. 距离检测时，应根据成图比例尺量取目标距离3次，取算术平均值作为最终的检测结果。

c. 范围检测时，应对各条带图像进行地理编码镶嵌，根据图像特征勾勒作业范围，与设计图进行叠加比对。

(7) 侧扫声呐扫测资料应包括下列内容。

a. 侧扫声呐扫测区域测线布设资料。

b. 处理后的条带图像及拼接图像。

c. 检测报告。

8.3　结构表面缺陷检测(查)

水下结构表面缺陷普查宜采用多波束声呐、侧扫声呐，对疑似缺陷或重点部位应采用目视检查、摄像检查或图像声呐进行详查。隧洞及孔洞表面缺陷宜采用目视检查、摄像检查或图像声呐进行检查，对于人工潜水不易到达的位置可采用水下无人潜航器检查。目视检查、摄像检查和图像声呐检查宜在静水条件下进行。

（一）目视检查

（1）目视检查设备包括水下摄像机、照相机、水下照明设备，以及测量、定位、探摸、标识等器具。

（2）目视检查宜选择在库水位较低、能见度较好的时段。

（3）目视检查应填写现场检查记录表，潜水员出水后要及时对检查记录进行核对。

（二）摄像检查

（1）摄像检查设备包括视频采集器、水下摄录系统、水下照明设备、水面监视系统及测量、定位设备等。摄像分辨率不应低于 1080 P。

（2）水下建筑物表面有覆盖物或水生附着物等时，先清理后检查。

（3）检查路线按照水下建筑物结构特点合理布设，并根据检查情况及时调整。

（4）检查发现表面缺陷时，应对缺陷部位重点摄像，测量并记录缺陷位置和范围，详细描述缺陷特征，并进行定位。

（5）洞室、涵管等建筑物混凝土衬砌表面缺陷检测，宜沿轴向或环向布置测线，普查混凝土衬砌表观，同时采用光学摄像设备获取两侧一定范围内衬砌表观影像资料。在异常区域应进行详查，采用视频近距离观察结合激光测距仪测定缺陷的规模。

（6）摄像检查应填写现场检查记录表，视频影像应回放检查，发现遗漏或可疑处应重新摄像。

（三）图像声呐

（1）图像声呐检查系统包括图像声呐系统、测量定位设备等，以及声呐图像处理与分析软件。

（2）图像声呐检查路线按照水下建筑物结构特点合理布设，并根据现场环境条件采用走航式或定点式。对于复杂结构宜采用三维图像声呐定点检查。

（3）采用走航式图像声呐检查时，测线间距根据水深和声呐扫描宽度确定，相邻测线声呐图像应相互衔接或重叠。

（4）采用定点式图像声呐检查时，站点位置根据水深和声呐扫描半径确定，相邻站点声呐图像应相互衔接或重叠。

(5) 图像声呐检查应填写现场检查记录表，并及时进行核对。

(四) 多波束声呐

(1) 多波束声呐检查系统包括多波束声呐仪、姿态传感器、声速传感器及搭载平台，以及GNSS导航定位系统、多波束声呐图像处理与分析软件等。

(2) 多波束声呐根据现场环境条件选择水面走航检查或水下定点检查，对于复杂结构宜采用三维成像声呐定点检查。

(3) 水面走航检查测线宜沿水流方向平行布置，测线间距根据水深和条幅宽度确定，相邻测线间条幅重复率大于20%。

(4) 水下定点检查表面缺陷应符合下列规定。

a. 在目标区域设置多个测站点和标靶，站点位置根据水深和扫描半径确定，每相邻两个测站扫描范围内包含至少3个不共线的标靶，相邻站点声呐图像重叠率大于10%。

b. 每个站点安装的三脚架、扫描云台及标靶保持稳定，多波束声呐系统安装牢固。

c. 水下定点检查宜在水流平稳时段进行。

(5) 多波束声呐仪器及其安装调试、现场检查应符合《多波束测深系统测量技术要求》(JT/T 790—2010)的相关规定。

(五) 侧扫声呐

(1) 侧扫声呐检查系统包括侧扫声呐仪、姿态传感器及搭载平台等设备，以及GNSS导航定位系统、侧扫声呐图像处理与分析软件。

(2) 侧扫声呐检查表面缺陷应符合下列规定。

a. 检查测线宜为平行或垂直于河流走向的直线，测线间距根据水深和扫描条带宽度确定，相邻测线的扫描条带重叠率大于20%。

b. 现场检查宜在水流平稳的时段进行。

c. 当相邻测线重叠率小于20%或侧扫图像质量不满足要求时，应进行补测或重测。

(3) 侧扫声呐系统及其安装调试、现场检查应符合《侧扫声呐测量技术要求》(JT/T 1362—2020)的相关规定。

(六) 成果整理与分析

(1) 目视检查应根据现场检查记录表、测量定位资料绘制表面缺陷分布图，并描述缺陷的特征。

(2) 摄像检查应根据视频影像识别表面缺陷，并结合现场检查记录表、测量定位资料绘制表面缺陷分布图，描述缺陷的特征。

(3) 声呐图像应进行拼接，拼接后的声呐图像完整，可整体识别目标体。图像声呐检查应根据声呐图像判读表面缺陷，并结合现场检查记录表、测量定位资料绘制缺陷分布图，描述缺陷的特征。

(4) 多波束声呐检查成果整理应符合《多波束测深系统测量技术要求》(JT/T 790—2010)的相关规定，并根据点云图像识别表面缺陷，确定缺陷范围和深度，绘制缺陷分布图和典型断面图，描述缺陷的特征。

(5) 侧扫声呐检查成果整理应符合《侧扫声呐测量技术要求》(JT/T 1362—2020)的相关规定，并根据侧扫声呐镶嵌图识别表面缺陷，估算缺陷范围和深度，绘制缺陷分布图，描述缺陷的特征。

(6) 检查成果包括缺陷部位、位置、范围、深度及特征描述，绘制缺陷平面分布图、剖面图或示意图，标明与周边建筑物的相对位置，并附缺陷统计表、照片或摄像资料。当有多次检查或多种方法检测成果时，要进行综合比对分析。

(七) 成果提交要求

水工建筑物表面缺陷检查成果包括(但不限于)下列内容。

(1) 描述各缺陷部位(桩号、高程)、规模(深度、长度或高度、宽度、面积等)，并附照片或摄像资料。

(2) 绘制缺陷平面或立面分布示意图，说明与周边建筑物的相对位置；绘制典型缺陷纵横剖面图(比例宜不小于 1∶200)或分部位建筑物缺陷示意图。

(3) 编制缺陷统计表(位置、部位、缺陷性状及规模描述等)。

8.4 渗漏入口探测

渗漏入口检查前，应结合监测成果、前期检查成果初步分析渗漏形式及渗漏入口的位置。大范围普查渗漏入口宜采用伪随机流场法或声波流速检测法；渗漏入口详查应采用目视检查或摄像检查法，必要时进行连通性示踪验证。对于渗漏出口明确、逆向连通性较好的混凝土结构或基岩中的渗漏，可采用逆向压流连通试验示踪法检查渗漏入口。渗漏入口检查宜在静水条件下进行。

(一) 目视检查

目视检查应符合 8.3 节的规定，当发现疑似渗漏入口时，应采用喷墨示踪验证并标识。

(二) 摄像检查

摄像检查应符合 8.3 节的规定，当发现疑似渗漏入口时，应采用喷墨示踪验证并标识。

（三）伪随机流场法

（1）伪随机流场法检测渗漏入口应符合《水利水电工程勘探规程　第1部分：物探》（SL/T 291.1—2021）的相关规定。

（2）伪随机流场法布置网格测线，应避开金属物体。测线间距宜为1～5 m，测点间距宜为1～2 m，在异常位置可加密至0.5 m。

（四）声波流速检测法

（1）声波流速检测仪可使用声波流速仪或声学多普勒流速剖面仪，流速测量精度不低于1×10^{-3} cm/s，相关检测应符合《声学多普勒流量测验规范》（SL 337—2006）等现行规范的要求。

（2）声波流速检测应布置网格测线，测线间距宜为1～5 m，测点间距宜为1～2 m，流速异常位置可加密至0.5 m。

（3）现场检测沿拟定的网格测线、按一定的测点间距逐点采集水流速度。采集数据时船只或潜航器应保持短暂静止，采集时间不宜小于1 min，同步记录测点的位置信息。

（4）每个测区的检查复测点数不少于总测点数的5%。发现流速异常点或疑似渗漏点时，应至少复测3次。

（五）成果整理与分析

（1）目视检查应根据现场检查记录表、测量定位资料绘制渗漏入口分布图，并描述渗漏入口特征。

（2）摄像检查应根据视频影像识别渗漏入口位置，结合现场检查记录表、测量定位资料绘制渗漏入口分布图，并描述渗漏入口特征、截取典型渗漏入口图片。

（3）伪随机流场法检测成果整理应符合《水利水电工程勘探规程　第1部分：物探》（SL/T 291.1—2021）的相关规定，并根据各测点电流密度值绘制测区电流密度等值线图，对测区电流密度进行统计分析确定测区电流密度背景值和异常值范围，综合判定渗漏入口并绘制渗漏入口分布图。

（4）声波流速检测法根据各测点流速测值绘制测区流速等值线图或云图，对测区流速测值进行统计分析确定测区流速异常区域，综合判定渗漏入口并绘制渗漏入口分布图。

（5）检查成果应明确渗漏位置、范围，以及与建筑物的相对关系，并附相关照片、图件或摄像资料。当有多次检查或多种方法检测成果时，要进行综合比对分析。

（六）成果提交要求

渗漏入口检查成果包括(但不限于)下列内容。

(1) 结合建筑物布置、历次检查情况，分析可能的渗漏入口，描述具体部位、大小。

(2) 结合监测资料分析渗流点对渗流量的影响及安全风险，提出处理建议。

8.5 淤积与冲刷探测

淤积与冲刷检查前，应结合设计资料、水闸运行情况和前期检查资料初步分析检查部位的淤积和冲刷情况。大范围普查淤积与冲刷宜采用多波束声呐法、侧扫声呐法，小范围详查宜采用目视检查或摄像检查法。缺乏历史数据、需要检测淤积厚度或查明淤积层结构时，宜选择水域地层剖面法或水域多道地震反射波法。对于浅薄层、黏粉质淤积宜选择水域地层剖面法，对于深厚层、砂砾质淤积宜选择水域多道地震反射波法。淤积与冲刷检查应查明淤积或冲刷位置、范围及淤积厚度或冲刷深度，估算淤积或冲刷量。当有历史淤积或冲刷数据时，应分析淤积或冲刷变化趋势并计算淤积、冲刷增量。

（一）目视检查

(1) 目视检查应符合 8.3 节的规定。

(2) 目视检查发现淤积时，应向四周追查淤积物，测量淤积位置、范围和顶面高程，探摸、辨识淤积物并抓取适量淤积物样品。

(3) 目视检查发现冲刷时，应向四周追查冲刷坑，测量冲刷坑位置、范围及深度。

（二）摄像检查

(1) 摄像检查应符合 8.3 节的规定。

(2) 摄像检查发现淤积时，应向四周追查淤积物，确定淤积位置、范围和顶面高程。

(3) 摄像检查发现冲刷时，应向四周追查冲刷坑，确定冲刷坑的位置、范围及深度。

（三）图像声呐检查

(1) 图像声呐检查应符合 8.3 节要求。声呐图像应相互衔接或重叠。

(2) 图像声呐检查发现淤积时，应向四周追查淤积物，确定淤积位置、范围和顶面高程。

(3) 图像声呐检查发现冲刷时，应向四周追查冲刷坑，确定冲刷坑的位置、

范围及深度。

（四）多波束声呐检查

（1）多波束声呐检查应符合8.2.3节和8.3节的规定。检查范围应超出淤积或冲刷范围。

（2）多波束声呐根据现场环境条件选择水面走航检查或水下定点检查，对于大范围或条带状淤积、冲刷宜选择走航式检查，局部或复杂部位宜采用三维成像声呐定点检查。

（五）侧扫声呐检查

（1）侧扫声呐检查应符合8.2.5节和8.3节的规定。

（2）侧扫声呐检查测线宜平行淤积或冲刷长轴方向布置，检查范围应超出淤积或冲刷范围。

（六）水域地层剖面

（1）水域地层剖面探测应符合《水利水电工程勘探规程　第1部分：物探》（SL/T 291.1—2021）的相关规定。

（2）主测线宜平行淤积长轴方向布置，并布置少量连接测线，测线长度应超出淤积范围。测线间距宜为2～5 m，测点间距不宜大于0.5 m。

（七）水域多道地震

（1）水域多道地震探测应符合《水利水电工程勘探规程　第1部分：物探》（SL/T 291.1—2021）的相关规定。

（2）主测线宜平行淤积长轴方向布置，并布置少量连接测线，测线长度应超出淤积范围。测线间距宜为5～10 m，测点间距不宜大于5 m。

（八）成果整理与分析

（1）目视检查应根据现场检查记录表、测量定位资料绘制淤积或冲刷分布图，估算淤积或冲刷量，并描述淤积或冲刷特征、选取典型淤积或冲刷照片。

（2）摄像检查应根据视频影像识别淤积或冲刷区域，结合现场检查记录表、测量定位资料绘制淤积或冲刷分布图，估算淤积或冲刷量，并描述淤积或冲刷特征、截取典型淤积或冲刷图片。

（3）声呐图像应进行拼接，拼接后的声呐图像完整，边界清晰，可整体识别淤积或冲刷范围。应根据声呐图像识别淤积和冲刷区域，绘制淤积或冲刷分布图，估算淤积或冲刷量，描述淤积物特征。

（4）多波束声呐检查成果整理应符合《多波束测深系统测量技术要求》（JT/T 790—2010）的相关规定，并根据点云图像识别淤积或冲刷区域，绘制淤积或冲刷分布图和典型断面图，计算淤积或冲刷量，描述淤积物特征。

(5) 侧扫声呐检查成果整理应符合《侧扫声呐测量技术要求》(JT/T 1362—2020)的相关规定,并根据侧扫声呐镶嵌图识别淤积或冲刷区域,绘制淤积或冲刷分布图,描述淤积物的特征。

(6) 水域地层剖面探测成果整理应符合《水利水电工程勘探规程　第1部分:物探》(SL/T 291.1—2021)的相关规定,并根据声剖面图解译淤积物的内部结构及厚度,绘制淤积分布图,估算淤积量,描述淤积物的特征。

(7) 水域多道地震探测成果整理应符合《水利水电工程勘探规程　第1部分:物探》(SL/T 291.1—2021)的相关规定,并根据地震剖面图解译淤积物的厚度,绘制淤积分布图,估算淤积量。

(8) 检查成果应明确淤积或冲刷位置、范围,以及与建筑物的相对关系,并附相关照片、图件或摄像资料。当有多次检查或多种方法检测成果时,应进行综合比对,分析淤积或冲刷发展变化情况并计算淤积、冲刷增量。

(九) 成果提交要求

淤积及冲刷检查成果包括(但不限于)下列内容。

(1) 绘制淤积或冲刷地形图(比例不小于1∶500,局部1∶100),描述淤积或冲刷与周边建筑物的相对位置。

(2) 绘制淤积或冲刷最大部位沿顺河向或顺建筑物中心线方向纵剖面图、横剖面图(比例宜不小于1∶200)及历次对比图。

第 9 章 工程应用实例

9.1 某水库泄洪闸土建结构安全检测与评价

9.1.1 基本情况

一、工程概况

某水库位于市区以西 35 km 处，工程始建于 1958 年，1962 年建成。水库枢纽包括主坝 1 座、副坝 2 座、泄洪闸 2 座、水电站 1 座及配套涵闸 4 座。水库正常蓄水位 24.50 m，100 年一遇设计洪水位 26.81 m（废黄河零点），总库容 5.31 亿 m^3，是一座以防洪为主，结合灌溉、发电、水产养殖等综合效益的大（2）型水库。其中南泄洪闸（新闸）10 孔×10 m，设计流量 4 000 m^3/s，最大流量 5 131 m^3/s；北泄洪闸（老闸）30 孔×4 m，设计流量 3 000 m^3/s，最大流量 5 000 m^3/s。水库工程特性见表 9-1。

表 9-1　某水库工程特性表

项目	单位	数量	备注
一、水文	—	—	—
1. 流域面积	km^2	5 265	现状
东调完成后流域面积	km^2	15 365	—
2. 多年平均天然径流量	亿 m^3	10.15	
二、水库	—	—	—
1. 水库水位	—	—	—
校核洪水位	m	27.95	2000 年一遇

续表

项目	单位	数量	备注
设计洪水位	m	26.81	100 年一遇
正常蓄水位	m	24.50	—
汛期水位	m	23.50	—
死水位	m	18.50	—
2. 正常蓄水位水库面积	km^2	60.80	—
3. 库容	—	—	—
校核洪水位下库容	亿 m^3	5.31	—
设计洪水位下库容	亿 m^3	4.297	—
正常蓄水位下库容	亿 m^3	2.658	—
死库容	亿 m^3	0.32	—
4. 多年平均灌溉用水量	亿 m^3	3.5	—
5. 北(老)泄洪闸	—	—	涵洞型式
闸孔数	孔	30	—
闸孔尺寸(净宽×净高)	m	4.0×6.5	—
设计流量	m^3/s	3 000	—
校核流量	m^3/s	5 000	—
涵洞底高程	m	18.00	—
涵洞顶高程	m	24.50	—
胸墙顶高程	m	28.50	—
工作闸门型式	—	—	平板定轮钢闸门
启闭机型式及台套	套	15	QPQ-2×250 kN 卷扬式
6. 南(新)泄洪闸	—	—	—
总孔数×净宽	孔×m	10×10	—
设计流量	m^3/s	4 000	—
校核流量	m^3/s	5 131	—
闸底高程	m	17.50	—
工作闸门尺寸(宽×高)	m	10.0×8.5	弧形钢闸门
启闭机型式	—	—	QHLY-2×500kN-5.1M 液压启闭机

续表

项目	单位	数量	备注
三、泄量	—	—	—
1. 校核洪水位时	m^3/s	10 131	—
2. 设计洪水位时	m^3/s	7 000	—
3. 50 年一遇洪水位时	m^3/s	6 000	—
四、工程效益指标	—	—	—
1. 防洪效益	—	—	—
保护面积	km^2	2 000	—
2. 灌溉面积	万亩	70	—
3. 电站装机容量	kW	3×400	新建电站

二、历次加固过程

（一）北泄洪闸（老闸）

（1）1964 年老泄洪闸上游南北两侧各建防渗板一块，并对两端坝体灌浆；泄洪闸南、北涵洞洞顶胸墙浇支墩加固。

（2）1966—1967 年第一次全面加固。

a. 底部加固工程——上游护坦整修，原混凝土护坦表面增加 18 cm 厚钢筋混凝土并接长 5 m。第一道浆砌条石消力槛部分拆除，改建钢筋混凝土结构；加固消力池，池底新浇 0.2 m 厚钢筋混凝土防冲层；下游海漫表面浇筑 0.15 m 混凝土防冲层。开挖泄洪道 400 m，底高程上游 12.0 m，下游 11.9 m，底宽 230 m；闸底板（实用堰以上）压力灌水泥浆，下游部分每块底板上新浇钢筋混凝土大梁 2 根，梁宽 1.5 m，高出底板 0.2 m。

b. 闸身加固工程——闸墩上游段修补空洞和缺陷，下游段灌浆；北翼墙外侧用混凝土加固；上游翼墙垂直止水拆除重做；下游左岸导流堤加固并接长 200 m；左岸岸墙后的细砂土换为黏土；闸身加固，修改、更换闸门止水，扩大检修门槽，重建工作便桥，加固胸墙底梁和顶梁。

（3）1969 年重建泄洪闸工作桥，更换闸门启闭机，拆除闸门平衡砣。

（4）1973 年新沭河扩建，泄洪闸闸下河道底高程由 12.0 m 降至 9.6 m。

（5）1976—1977 年，泄洪闸消力池进行改造加固，二级消力池挖深 2.55 m，延长 29.45 m。池底高程降至 7.6 m，池长改为 36.0 m，下游海漫顶高程降至 9.6 m，与新沭河河道相衔接。

（6）1981—1983 年，泄洪闸闸门木面板分批更换为钢面板。

（7）1998—2001 年泄洪闸全面加固改建。由原 15 孔开敞式改建为 30 孔涵洞式。拆除滚水堰，闸底板高程由 16.00 m 抬高至 18.00 m，洞身顶板底面高程 24.50 m，孔净高 6.5 m，净宽 4.0 m。原闸墩两侧各加厚 0.55 m，闸孔中间增设 0.9 m 厚涵洞隔墩。重新设置工作门槽及检修门槽，重建工作桥及工作便桥、桥头堡，拆除上游斜降式翼墙，同时封闭南、北涵洞，新建钢筋混凝土空箱翼墙，并增设挡浪板。更换公路桥桥面板，下游一字墙拆除重建，下游翼墙墙后减载。新做实腹梁式平板钢闸门。对闸基液化土采取搅拌桩围封处理。闸上护坦及铺盖维修加固。一级消力池底板上浇筑 0.5 m 厚钢筋混凝土与原底板锚接，并延长 7.5 m。重建钢筋混凝土消力坎，二级消力池在底板上增加 0.5 m 厚钢筋混凝土并加固消力坎。

（二）南泄洪闸（新闸）

1999 年 8 月—2001 年 7 月，兴建水库扩大泄量工程，即南泄洪闸（新闸）。新规划工程实施后，100 年一遇入库洪峰流量达 10 017 m^3/s，超过了老泄洪闸（北闸）承泄能力，新建的泄洪闸位于老泄洪闸南侧（建成后称南泄洪闸），共 10 孔，每孔净宽 10 m，采用弧形钢闸门，液压式启闭系统。设计流量 4 000 m^3/s，最大泄流量 5 131 m^3/s。

9.1.2 结构外观普查

以目测、摄影等方法，并借助卷尺、卡尺、数码相机等工具，描述各类构件的外观缺陷，调查记录混凝土剥落、破损部位、数量、面积；保护层脱落露筋的块数、面积（或长度）与部位；锈斑的数量、部位；钢筋锈胀裂缝、结构裂缝长度、宽度、走向等。

北（老）泄洪闸普查情况见表 9-2；南（新）泄洪闸普查情况见表 9-3。

表 9-2 北（老）泄洪闸工程外观缺陷检测结果表

部位		外观缺陷描述	缺陷类别	备注
上游两侧翼墙	左侧翼墙（北侧）	上游左侧混凝土翼墙普查时共发现了 10 道竖向裂缝，为早期收缩裂缝，裂缝未见渗水窨潮等问题	裂缝	—
	右侧翼墙（南侧）	上游右侧混凝土翼墙普查时共发现了 6 道竖向裂缝，为早期收缩裂缝，裂缝未见渗水窨潮等问题	裂缝	—
闸墩与底板	1#孔	左墩紧靠下游门槽，距底板 1.25 m 高程处，有 11 处水平钢筋锈胀，长度在 3～60 cm 范围内；左墩下游距门槽 5.3 m 处有 1 道自底板向上的竖向裂缝，最大缝宽 0.68 mm，缝长约 5.6 m，骑缝取芯，芯样长度 21 cm 范围内裂缝均有延伸，判定为贯穿缝	钢筋锈胀 贯穿裂缝	贯缝 1
	2#孔	2#孔右墩与 1#孔左墩裂缝对应位置存在裂缝	贯穿裂缝	—

续表

部位		外观缺陷描述	缺陷类别	备注
闸墩与底板	3#孔	左墩下游距门槽4.4 m处有1道自底板向上的竖向裂缝，最大缝宽0.53 mm，缝长约4.8 m，为贯穿缝；左墩下游圆弧处底部距离底板10 cm高处有1根约0.6 m长的水平向钢筋锈胀，混凝土脱落	贯穿裂缝 钢筋锈胀	贯缝2
	4#孔	4#孔右墩与3#孔左墩对应位置存在裂缝；左墩下游墩墙圆弧3.5 m处有1道自底板向上的竖向裂缝，最大缝宽0.18 mm，缝长约1.70 m，为表层裂缝；左墩下游圆弧处底部距离底板10 cm高处有1根约0.4 m长的水平向钢筋锈胀，混凝土脱落	贯穿裂缝 表层裂缝 钢筋锈胀	表缝1
	5#孔	左墩下游底部距门槽20 cm有2处修补混凝土脱落；左墩下游距门槽4.7 m处有1道自底板向上的竖向裂缝，最大缝宽0.81 mm，缝长约4.9 m，为贯穿裂缝	混凝土脱落 贯穿裂缝	贯缝3
	6#孔	6#孔右墩与5#孔左墩对应位置存在裂缝；6#孔左墩和7#孔右墩为分墩结构，分墩中有渗水，渗水位置为自底板向上4.9 m范围内	贯穿裂缝 分墩中渗水	—
	7#孔	左墩下游距门槽处4.1 m处有1道自底板向上的竖向裂缝，最大缝宽0.78 mm，缝长约4.9 m，为贯穿裂缝；左墩距下游墩墙圆弧3.8 m处有1道自底板斜向上的裂缝，最大缝宽0.59 mm，缝长约2.8 m，为贯穿裂缝	贯穿裂缝	贯缝4/5
	8#孔	8#孔右墩与7#孔左墩裂缝对应位置有2道裂缝；左墩底部距门槽2.4 m处有2处钢筋锈胀，混凝土脱落，长度约15 cm；左墩下游距门槽3.2 m处有1道自底板向上的竖向裂缝，最大缝宽0.48 mm，缝长约4.2 m，为贯穿裂缝	钢筋锈胀 贯穿裂缝	贯缝6
	9#孔	9#孔右墩与8#孔左墩裂缝对应位置有裂缝；左墩下游距门槽5.1 m处有1道自底板向上的竖向裂缝，最大缝宽0.52 mm，缝长约4.2 m，为贯穿裂缝	贯穿裂缝	贯缝7
	10#孔	10#孔右墩与9#孔左墩对应位置裂缝	贯穿裂缝	—
	11#孔	左墩下游距门槽5.8 m处有1道自底板向上的竖向裂缝，最大缝宽0.94 mm，缝长约5.6 m，为贯穿裂缝；左墩距下游墩墙圆弧3.5 m处有1道自底板斜向上的裂缝，最大缝宽0.42 mm，缝长约2.2 m，为贯穿裂缝	贯穿裂缝	贯缝8/9
	12#孔	12#孔右墩与11#孔左墩对应位置有2道裂缝；12#孔左墩和13#孔右墩为分墩结构，分墩中有渗水，渗水位置为自底板向上2.9 m范围内	贯穿裂缝 分墩中渗水	—
	13#/14#孔	—	—	—
	15#孔	左墩下游距门槽6.2 m处有1道自底板向上的竖向裂缝，最大缝宽0.34 mm，缝长约3.5 m，为贯穿裂缝	贯穿裂缝	贯缝10
	16#孔	16#孔右墩与15#孔左墩对应位置有1道裂缝	贯穿裂缝	—

续表

部位		外观缺陷描述	缺陷类别	备注
闸墩与底板	17#孔	左墩下游距门槽2.4 m处有1道自底板斜向上的裂缝，最大缝宽0.48 mm，缝长约2.1 m，为贯穿裂缝；左墩下游距门槽7.5 m处有1道自底板向上的竖向裂缝，最大缝宽0.85 mm，缝长约4.9 m，为贯穿裂缝	贯穿裂缝	贯缝11/12
	18#孔	18#孔右墩与17#孔左墩对应位置有2道裂缝；18#孔左墩和19#孔右墩为分墩结构，分墩中有渗水，渗水位置为自底板向上2.5 m范围内	贯穿裂缝 分墩中渗水	—
	19#孔	左墩下游距门槽3.5 m处有1道自底板向上的竖向裂缝，最大缝宽0.54 mm，缝长约4.2 m，为贯穿裂缝；左墩下游距门槽6.0 m处有1道自底板向上的竖向裂缝，最大缝宽0.50 mm，缝长约4.2 m，为贯穿裂缝；左墩距墩墙下游圆弧段3.8 m处有1道自底板斜向上的裂缝，最大缝宽0.59 mm，缝长约3 m，为贯穿裂缝	贯穿裂缝	贯缝13/14/15
	20#孔	20#孔右墩与19#孔左墩对应位置有3道裂缝	贯穿裂缝	—
	21#孔	左墩下游距门槽5 m处有1道自底板向上的竖向裂缝，最大缝宽0.47 mm，缝长约4.2 m，为贯穿裂缝	贯穿裂缝	贯缝16
	22#孔	22#孔右墩与21#孔左墩对应位置有1道裂缝	贯穿裂缝	—
	23#孔	左墩下游距门槽5.1 m处有1道自底板向上的竖向裂缝，最大缝宽0.70 mm，缝长约4.2 m，为贯穿裂缝；左墩距墩墙下游圆弧段4 m处有1道自底板斜向上的裂缝，最大缝宽0.41 mm，缝长约2.4 m，为贯穿裂缝	贯穿裂缝	贯缝17/18
	24#孔	24#孔右墩与23#孔左墩对应位置有2道裂缝；24#孔左墩和25#孔右墩为分墩结构，分墩中渗水，渗水位置为自底板向上4.5 m范围内	贯穿裂缝 分墩中渗水	—
	25#孔	左墩下游距门槽5 m处有1道自底板向上的竖向裂缝，最大缝宽0.73 mm，缝长约4.9 m，为贯穿裂缝；左墩距墩墙下游圆弧段3.6 m处有1道自底板斜向上的裂缝，最大缝宽0.33 mm，缝长约2.1 m，为贯穿裂缝	贯穿裂缝	贯缝19/20
	26#孔	26#孔右墩与25#孔左墩对应位置有2道裂缝	贯穿裂缝	—
	27#孔	左墩下游距门槽2.6 m处有1道自底板向上的竖向裂缝，最大缝宽0.24 mm，缝长约2.8 m，为贯穿裂缝；左墩下游距门槽4.2 m处有1道自底板向上的竖向裂缝，最大缝宽0.38 mm，缝长约4.2 m，为贯穿裂缝	贯穿裂缝	贯缝21/22
	28#孔	28#孔右墩与27#孔左墩对应位置有2道裂缝；底板下游侧表层局部空鼓，混凝土剥落，面积约1 m^2	贯穿裂缝 混凝土空鼓	—
	29#孔	左墩下游距门槽4.7 m处有1道自底板向上的竖向裂缝，最大缝宽0.43 mm，缝长约4.2 m，为贯穿裂缝；左墩距墩墙下游圆弧段4 m处有1道自底板斜向上的裂缝，最大缝宽0.52 mm，缝长约2.8 m，为贯穿裂缝；底板下游侧表层局部空鼓，混凝土剥落，面积约2.2 m^2	贯穿裂缝 混凝土空鼓	贯缝23/24
	30#孔	30#孔右墩与29#孔左墩对应位置有2道裂缝	贯穿裂缝	—

续表

部位		外观缺陷描述	缺陷类别	备注
泄洪涵洞	1#孔	顶板有 2 道裂缝,缝内流白,裂缝长度约 2.2 m 和 3.8 m	裂缝流白	—
	2#孔	顶板有 2 道裂缝,缝内流白,裂缝长度约 2.4 m 和 1.0 m	裂缝流白	—
	3#孔	顶板有 1 道裂缝,缝内流白,裂缝长度约 1.1 m	裂缝流白	—
	4#孔	顶板有 2 道裂缝,缝内流白,裂缝长度约 0.5 m 和 0.5 m	裂缝流白	—
	5#孔	顶板有 2 道裂缝,缝内流白,裂缝长度约 0.7 m 和 2.3 m	裂缝流白	—
	6#孔	顶板有 1 道裂缝,缝内流白,裂缝长度约 1.5 m	裂缝流白	—
	7#孔	顶板有 3 道裂缝,缝内流白,裂缝长度约 0.8 m、1.9 m 和 2.3 m	裂缝流白	—
	8#孔	顶板有 3 道裂缝,缝内流白,裂缝长度约 0.4 m、0.6 m 和 4.0 m	裂缝流白	—
	9#孔	顶板有 1 道裂缝,缝内流白,裂缝长度约 0.8 m	裂缝流白	—
	10#孔	顶板有 1 道裂缝,缝内流白,裂缝长度约 4.2 m	裂缝流白	—
	11#孔	顶板有 1 道裂缝,缝内流白,裂缝长度约 3.5 m	裂缝流白	—
	12#孔	顶板有 1 道裂缝,缝内流白,裂缝长度约 1.5 m	裂缝流白	—
	13#孔	顶板有 1 道裂缝,缝内流白,裂缝长度约 2.2 m	裂缝流白	—
	14#孔	顶板有 1 道裂缝,缝内流白,裂缝长度约 1.8 m	裂缝流白	—
	15#孔	顶板有 2 道裂缝,缝内流白,裂缝长度约 0.5 m 和 2.5 m	裂缝流白	—
	16#孔	顶板有 3 道裂缝,缝内流白,裂缝长度约 0.5 m、0.5 m 和 1.0 m	裂缝流白	—
	17#孔	顶板有 3 道裂缝,缝内流白,裂缝长度约 0.9 m、1.0 m 和 1.1 m	裂缝流白	—
	18#孔	—	—	—
	19#孔	顶板有 1 道裂缝,缝内流白,裂缝长度约 3.5 m	裂缝流白	—
	20#孔	—	—	—
	21#孔	顶板有 2 道裂缝,缝内流白,裂缝长度约 1.0 m 和 1.25 m	裂缝流白	—
	22#孔	顶板有 2 道裂缝,缝内流白,裂缝长度约 0.3 m 和 0.9 m	裂缝流白	—
	23#孔	顶板有 2 道裂缝,缝内流白,裂缝长度约 0.8 m 和 2.6 m	裂缝流白	—
	24#孔	顶板有 1 道裂缝,缝内流白,裂缝长度约 2.3 m	裂缝流白	—
	25#孔	顶板有 1 道裂缝,缝内流白,裂缝长度约 1.6 m	裂缝流白	—
	26#孔	顶板有 2 道裂缝,缝内流白,裂缝长度约 0.4 m 和 2.2 m	裂缝流白	—
	27#孔	顶板有 1 道裂缝,缝内流白,裂缝长度约 1.3 m	裂缝流白	—
	28#孔	顶板有 1 道裂缝,缝内流白,裂缝长度约 1.4 m	裂缝流白	—
	29#/30#孔	—	—	—

续表

部位		外观缺陷描述	缺陷类别	备注
消力池段	一级斜坡	一级斜坡表层防护局部剥落起皮	—	—
	右侧混凝土接坡	下游二级消力池右侧下幅混凝土接坡有3处垂直于水流向的裂缝，裂缝存在渗水现象，初步判断为早期收缩裂缝；上幅混凝土护坡与翼墙交界处存在一定的变形沉降；幅间分缝局部填料缺失，混凝土坡下有脱空现象，交缝处混凝土局部有破损，破损长度约有3.8 m	裂缝轻微变形 混凝土破损	—
	左侧混凝土接坡	圆弧翼墙与踏步台阶间扇形混凝土坡面下部竖向接缝间有渗水现象	接缝渗水	—
海漫段	混凝土、浆砌块石和干砌块石海漫	普查时表层有水和淤泥覆盖，普查时未发现明显异常	—	—
下游两侧翼墙	下游左侧翼墙	左侧1#、2#和3#翼墙水平向施工缝存在渗水、窨潮和流白现象，总长度约28 m	施工缝渗水 施工缝窨潮	—
	下游右侧翼墙	平台上部1#翼墙距离南边墩5.8 m起，距平台高2.4 m处有一水平向施工缝存在渗水或窨潮现象，平台上有少量积水；1#与2#翼墙伸缩缝处混凝土有破损，缝中下部1.6 m范围内有渗水；1#翼墙混凝土修补处空鼓，局部剥落，内部存在渗水点；1#翼墙底部有一水平向钢筋锈胀，混凝土脱落，锈胀长度约为0.7 m长	施工缝渗水 施工缝窨潮 混凝土破损 空鼓 钢筋锈胀	—
		平台上部2#和3#翼墙伸缩缝处混凝土破损	混凝土破损	—
		平台上部3#、4#和5#翼墙与挡浪墙交界处往下有5处竖向裂缝，裂缝存在流白现象，最大缝宽约0.31～0.47 mm，缝长0.8～1.2 mm	裂缝流白	—
		4#空箱翼墙有2道水平向施工缝存在渗水流白现象，长度分别约为4.1 m和2.1 m；6#空箱翼墙有2道水平向施工缝渗水，缝长分别约为4.2 m和1.8 m	施工缝渗水	—
下游两侧护坡	北侧浆砌块石护坡和灌砌石护坡	踏步台阶下游浆砌块石护坡外观整体一般，护坡下部坡脚有渗漏水和黄褐色析出物，渗漏水护坡长度85 m，渗漏处勾缝局部破损	护坡渗漏	—
		下游灌砌石护坡混凝土盖面破损脱落，面积约70 m^2；局部盖面存在垂直水流向的裂缝	混凝土盖面脱落	—
	南侧浆砌块石护坡和浆砌条石护坡	外观整体较好，未见明显变形，极个别石间勾缝存在破损现象	勾缝破损	—
下游导流河河床		河床内植被较多，顺水流方向有多条冲刷小沟或小坑，沟坑深度0.3～0.8 m不等	河床微冲刷	—

续表

部位		外观缺陷描述	缺陷类别	备注
闸两侧与坝接线	左侧	闸室右边墩与接线段混凝土岸墙、岸墙与岸墙间的伸缩缝正常，未见明显变形、拉伸或错位等情况；上下游侧浆砌石锥坡外观整体较好，勾缝饱满	接缝良好 锥坡正常	—
	右侧	闸室右边墩与接线段混凝土岸墙、岸墙与岸墙间的伸缩缝正常，未见明显变形、拉伸或错位等情况；上下游侧浆砌石锥坡外观整体较好，勾缝饱满	接缝良好 锥坡正常	—
		1＃岸墙距边墩的伸缩缝 3.8 m 处有 1 道自底部向上的裂缝，最大缝宽 0.32 mm，缝长约 5 m；1＃岸墙距边墩的伸缩缝 5 m 处有 1 道自底部向上的裂缝，最大缝宽 0.30 mm，缝长约 3.5 m	裂缝	—
		2＃岸墙距 1＃和 2＃伸缩缝 3.5 m 处有 1 道自底部向上的裂缝，最大缝宽 0.62 mm，缝长约 3.8 m；2＃岸墙距 2＃和 3＃伸缩缝 1.6 m 处有 1 道自底部斜向上的裂缝，最大缝宽 0.42 mm，缝长约 1.4 m，底部有窨潮流白现象	裂缝	—
		右接线沥青路面平整，外观整体较好，接线与桥面伸缩缝处沥青局部破损	路面正常 接缝处破损	—
交通桥路面		交通桥沥青路面整体较好，节间伸缩缝处沥青局部破损	路面接缝沥青面层破损	—

表 9-3　南(新)泄洪闸工程外观缺陷检测结果表

部位		外观缺陷描述	缺陷类别	备注
上游两侧翼墙	左侧翼墙（北侧）	1＃和 2＃翼墙间伸缩缝中填缝材料老化；2＃和 3＃伸缩缝有变形，缝宽 43 mm，未见错位，缝内铜止水正常，填缝材料缺失；混凝土岸墙与浆砌条石岸墙接缝有错位，条石墙下部有向上游侧约 5 cm 左右的错位	填缝材料缺失 墙体错位	—
	右侧翼墙（南侧）	2＃翼墙中间有 2 道竖向裂缝，最大缝宽约 0.14 mm，缝长约 1.2 m（延伸到水面线处），裂缝中存在流白现象	裂缝流白	—
闸墩和底板	1＃孔	右墩距下游伸缩缝 4.7 m 处有 1 道自底板向上的竖向裂缝，最大缝宽 0.68 mm，缝长约 5.6 m，裂缝下部有流白现象；右墩距下游伸缩缝 10.7 m 处有 1 道自底板向上的竖向裂缝，最大缝宽 0.48 mm，缝长约 4.8 m，裂缝下部有流白现象；右侧牛腿有两处竖向钢筋锈胀露筋；左墩距下游 3.5 m 处有 1 道自底板斜向上的竖向裂缝，最大缝宽 0.43 mm，缝长约 2.3 m，为贯穿缝	钢筋锈胀 贯穿裂缝 裂缝流白	贯缝 1/2/3
	2＃孔	2＃孔右墩与 1＃孔左墩对应位置存在裂缝；左墩距下游 6.3 m 处有 1 道自底板斜向上的裂缝，最大缝宽 0.68 mm，缝长约 3.6 m，裂缝底部流白，为贯穿缝	贯穿裂缝	贯缝 4
	3＃孔	3＃孔右墩与 2＃孔左墩对应位置存在裂缝；左墩距下游 7 m 处有 1 道自底板向上的竖向裂缝，最大缝宽 0.40 mm，缝长约 3.7 m，为贯穿缝，裂缝表面早期做了封闭处理	贯穿裂缝	贯缝 5 封闭 5

续表

部位		外观缺陷描述	缺陷类别	备注
闸墩和底板	4#孔	4#孔右墩与3#孔左墩对应位置存在裂缝，裂缝表面早期做了封闭处理；左墩距下游7.5 m处有1道自底板向上的竖向裂缝，最大缝宽0.57 mm，缝长约3.6 m，为贯穿缝；左墩距下游4 m处有1道自底板斜向上的裂缝，最大缝宽0.45 mm，缝长约3.6 m，为贯穿缝，裂缝表面早期做了封闭处理	贯穿裂缝	贯缝6/7 封闭7
	5#孔	5#孔右墩与4#孔左墩对应位置有2道裂缝，1道早期已封闭处理；左墩距下游4.2 m处有1道自底板向上的竖向裂缝，最大缝宽0.25 mm，缝长约2.4 m，为贯穿缝；左墩距下游6.4 m处有1道自底板斜向上的裂缝，最大缝宽0.40 mm，缝长约4.0 m，为贯穿缝；左墩距下游10.4 m处有1道自底板向上的竖向裂缝，最大缝宽0.22 mm，缝长约2.4 m，为贯穿缝；5#孔底板中间表层可见1道顺水流向的裂缝，裂缝长约11 m	贯穿裂缝 底板裂缝	贯缝8/9/10
	6#孔	6#孔右墩与5#孔左墩对应位置存在3道裂缝；左墩距下游6.1 m处有1道自底板向上的竖向裂缝，最大缝宽0.52 mm，缝长约3.6 m，为贯穿缝；左墩距下游7.4 m处有1道自底板向上的竖向裂缝，最大缝宽0.40 mm，缝长约4.8 m，为贯穿缝，裂缝表面早期做了封闭处理；左墩下部有1水平钢筋锈胀外露，长度约2.8 m	贯穿裂缝 钢筋锈胀	贯缝11/12 封闭12
	7#孔	7#孔右墩与6#孔左墩对应位置存在2道裂缝，1道裂缝表面早期做了封闭处理；左墩距下游3.4 m处有1道自底板斜向上的裂缝，最大缝宽0.39 mm，缝长约3.2 m，为贯穿缝，裂缝表面早期做了封闭处理；左墩距下游5.5 m处有1道自底板向上的竖向裂缝，最大缝宽0.32 mm，缝长约3.6 m，为贯穿缝；左墩距下游7.0 m处有1道自底板向上的竖向裂缝，最大缝宽0.25 mm，缝长约4.8 m，为贯穿缝，裂缝表面早期做了封闭处理	贯穿裂缝	贯缝13/14/15 封闭13/15
	8#孔	8#孔右墩与7#孔左墩对应位置存在3道裂缝，2道裂缝表面早期做了封闭处理；左墩距下游4.2 m处有1道自底板向上的竖向裂缝，最大缝宽0.40 mm，缝长约3.6 m，为贯穿缝，裂缝表面早期做了封闭处理；左墩距下游4.8 m处有1道自底板向上的竖向裂缝，最大缝宽0.17 mm，缝长约2.4 m，为贯穿缝；左墩距下游7.0 m处有1道自底板向上的竖向裂缝，最大缝宽0.72 mm，缝长约4.8 m，为贯穿缝，裂缝表面早期做了封闭处理；左墩中间1.2 m高处有1水平向钢筋锈胀外露，长度约0.6 m	贯穿裂缝 钢筋锈胀	贯缝16/17/18 封闭16/18
	9#孔	9#孔右墩与8#孔左墩对应位置存在3道裂缝，2道裂缝表面早期做了封闭处理；左墩距下游4 m处有1道自底板斜向上的裂缝，最大缝宽0.40 mm，缝长约3.6 m，为贯穿缝，裂缝表面早期做了封闭处理；左墩距下游5.2 m处有1道自底板斜向上的裂缝，最大缝宽0.40 mm，缝长约3.8 m，为贯穿缝；左墩距下游7.0 m处有1道自底板向上的竖向裂缝，最大缝宽0.88 mm，缝长约4.8 m，为贯穿缝，裂缝表面早期做了封闭处理	贯穿裂缝 钢筋锈胀	贯缝19/20/21 封闭19/21

续表

部位		外观缺陷描述	缺陷类别	备注
闸墩和底板	10＃孔	10＃孔右墩与9＃孔左墩对应位置存在3道裂缝，2道裂缝表面早期做了封闭处理；左墩距下游6.6 m处有1道自底板向上的竖向裂缝，最大缝宽0.62 mm，缝长约3.6 m，为贯穿缝，裂缝表面早期做了封闭处理，裂缝底部仍有渗水现象	贯穿裂缝 裂缝渗水	贯缝22 封闭22
检修便桥		检修便桥盖板底部钢筋保护层过小，钢筋锈胀外露严重	钢筋锈胀	—
下游翼墙	下游左侧翼墙（一级陡坡段）	1＃墩距闸室边墩伸缩缝3.4 m处有1道自底板向上的竖向裂缝，最大缝宽0.56 mm，缝长约2 m；1＃墩距闸室边墩伸缩缝4.8 m处有1道自底板向上的竖向裂缝，最大缝宽0.37 mm，缝长约2.5 m	裂缝	缝1/2
		2＃翼墙距1/2翼墙伸缩缝2.9 m处有1道自底板向上的竖向裂缝，最大缝宽0.26 mm，缝长约3.6 m；2＃翼墙距1/2翼墙伸缩缝4.9 m处有1道自底板向上的竖向裂缝，最大缝宽0.54 mm，缝长约3.6 m	裂缝	缝3/4
		3＃翼墙距2/3翼墙伸缩缝2.9 m处有1道自底板向上的竖向裂缝，最大缝宽0.37 mm，缝长约1.7 m；3＃翼墙距2/3翼墙伸缩缝4.4 m处有1道自底板向上的竖向裂缝，最大缝宽0.56 mm，缝长约3 m；3＃翼墙距2/3翼墙伸缩缝5.6 m处有1道自底板向上的竖向裂缝，最大缝宽0.31 mm，缝长约2 m	裂缝	缝5/6/7
		5＃翼墙距4/5翼墙伸缩缝7.2 m处有1道自底板向上的竖向裂缝，最大缝宽0.22 mm，缝长约2.4 m	裂缝	缝8
		7＃翼墙距6/7翼墙伸缩缝9.6 m处有1道自底板向上的竖向裂缝，最大缝宽0.23 mm，缝长约2.4 m	裂缝	缝9
		8＃翼墙距7/8翼墙伸缩缝7.6 m处有1道自底板向上的竖向裂缝，最大缝宽0.36 mm，缝长约2.8 m	裂缝	缝10
		9＃翼墙距8/9翼墙伸缩缝9.6 m处有1道自底板向上的竖向裂缝，最大缝宽0.37 mm，缝长约2.4 m	裂缝	缝11
		11＃翼墙距10/11翼墙伸缩缝5.8 m处有1道自底板向上的竖向裂缝，最大缝宽0.38 mm，缝长约2.6 m	裂缝	缝12
	下游右侧翼墙（一级陡坡段）	1＃翼墙与闸室边墩间伸缩缝内填缝材料剥落；1＃墩距闸室边墩伸缩缝3.4 m处有1道自底板向上的竖向裂缝，最大缝宽0.32 mm，缝长约3 m	填缝材料剥落 裂缝	缝1
		2＃翼墙距1/2翼墙伸缩缝3 m处有1道自底板向上的竖向裂缝，最大缝宽0.37 mm，缝长约3 m，裂缝底部窨潮流白；2＃翼墙距1/2翼墙伸缩缝5.2 m处有1道自底板向上的竖向裂缝，最大缝宽0.46 mm，缝长约3.6 m；2＃翼墙距1/2翼墙伸缩缝6.8 m处有1道自底板向上的竖向裂缝，最大缝宽0.32 mm，缝长约2.6 m	裂缝	缝2/3/4

续表

部位		外观缺陷描述	缺陷类别	备注
下游翼墙	下游右侧翼墙（一级陡坡段）	3#翼墙距2/3翼墙伸缩缝3.2 m处有1道自底板向上的竖向裂缝，最大缝宽0.38 mm，缝长约2 m，裂缝底部窨潮流白；2#翼墙距1/2翼墙伸缩缝5.2 m处有1道自底板向上的竖向裂缝，最大缝宽0.32 mm，缝长约2 m	裂缝	缝5/6
		9#翼墙距8/9翼墙伸缩缝8 m处有1道自底板向上的竖向裂缝，最大缝宽0.40 mm，缝长约2.6 m	裂缝	缝7
	二级陡坡翼墙	下游左右侧二级陡坡翼墙基本完好，普查时暂未发现异常	—	—
护底和消力墩	一级陡坡底板	一级陡坡底板整体存在冻融剥蚀（一般冻融剥蚀，冻融剥蚀深度$10\text{ mm}<h\leqslant 50\text{ mm}$），剥蚀深度在10 mm左右，幅间接缝处剥蚀较深。环氧修补块局部已有剥落、空鼓，表面涂层较多脱落	冻融剥蚀	—
	二级陡坡斜坡段底板	二级陡坡外露底板存在剥蚀坑、冲蚀剥落、空鼓和露筋等缺陷，局部空鼓或接缝间有渗水情况。其中2#下幅混凝土破损面积约0.9 m^2；2#和3#上幅混凝土破损面积约3 m^2；8#和9#上幅混凝土破损面积约2 m^2；11#下幅混凝土表面冲刷破坏，存在露石情况，面积约有2 m^2；幅间伸缩缝处混凝土多有破损。10#上幅和下幅交界处有8根钢筋锈胀外露。消力墩整体迎水面有冲刷露石，局部混凝土剥落，钢筋锈胀外露	混凝土破损 冲蚀剥落 露筋	—
闸左侧与坝接堤		北侧接堤混凝土岸墙和浆砌条石墙接缝有错位，条石墙有向下游最大约11 cm的位移；条石墙相对混凝土岸墙有2 cm左右的沉降量	变形沉降	—

9.1.3 混凝土抗压强度

（1）北泄洪闸

对于北泄洪闸混凝土，采用回弹-钻芯修正法检测了33个部位的抗压强度，上、下游翼墙和空箱岸墙的混凝土抗压强度推定值最小值分别为31.6 MPa、37.3 MPa、40.2 MPa；闸室段的闸墩、闸底板、胸墙、排架、工作便桥、公路桥梁的混凝土抗压强度推定值最小值分别为35.8 MPa、41.5 MPa、40.9 MPa、35.0 MPa、44.0 MPa、46.8 MPa。以上构件现龄期混凝土抗压强度均大于原设计强度等级。检测结果统计见表9-4。

表 9-4　北泄洪闸混凝土抗压强度检测结果统计表

部位	检测构件	设计强度	现行规范 最低强度等级	实测强度(MPa)	
				强度推定值	推定值最小值
上游翼墙	上游翼墙	C25	C25	31.6～35.5	31.6
闸室	闸墩	C25	C25	35.8～55.2	35.8
	闸底板	C30	C25	41.5	41.5
	胸墙	C25	C25	40.9～48.7	40.9
	排架	C25	C25	35.0～47.9	35.0
	工作便桥	C25	C25	44.0～55.2	44.0
	公路桥梁	C30	C25	46.8～57.2	46.8
下游翼墙	下游翼墙	C25	C25	37.3～42.2	37.3
	下游空箱岸墙	C25	C25	40.2～41.8	40.2

（2）南泄洪闸

对于南泄洪闸混凝土，采用回弹-钻芯修正法检测了 24 个部位的抗压强度，上游翼墙和岸墙的混凝土抗压强度推定值最小值分别为 38.6 MPa、29.7 MPa；闸室段的闸墩、闸底板、工作便桥、公路桥梁的混凝土抗压强度推定值最小值分别为 32.4 MPa、39.3 MPa、40.7 MPa、42.5 MPa；下游陡坡边墙和底板的混凝土抗压强度推定值最小值分别为 33.8 MPa、40.1 MPa。以上构件现龄期混凝土抗压强度均大于原设计强度等级。检测结果统计见表 9-5。

表 9-5　南泄洪闸混凝土抗压强度检测结果统计表

部位	检测构件	设计强度	现行规范 最低强度等级	实测强度(MPa)	
				强度推定值	推定值最小值
上游翼墙	上游翼墙	C25	C25	38.6	38.6
闸室	闸墩	C25	C25	32.4～41.8	32.4
	闸底板	C25	C25	39.3	39.3
	岸墙	C25	C25	29.7～30.7	29.7
	工作便桥	C30	C25	40.7～43.0	40.7
	公路桥梁	C40	C25	42.5～48.2	42.5
下游陡坡翼墙	陡坡边墙	C25	C25	33.8～55.9	33.8
	陡坡底板	C30	C25	40.1	40.1

9.1.4 钢筋保护层厚度及混凝土碳化深度

(1) 北泄洪闸

上、下游翼墙和空箱岸墙的钢筋保护层设计厚度为 50 mm，实测最小值分别为 54 mm、46 mm、23 mm；闸室段的闸墩、胸墙钢筋保护层设计厚度为 50 mm，实测最小值分别为 30 mm、31 mm；排架钢筋保护层设计厚度为 40 mm，实测最小值为 35 mm；工作便桥钢筋保护层设计厚度为 50 mm，实测最小值为 26 mm；公路桥桥梁钢筋保护层设计厚度为 35 mm，实测最小值分别为 31 mm。

上、下游翼墙和空箱岸墙的混凝土碳化深度最大值分别为 20 mm、26 mm、18 mm；闸室段的闸墩、胸墙混凝土碳化深度最大值分别为 27 mm、14 mm；排架混凝土碳化深度最大值为 28 mm；工作便桥和公路桥混凝土碳化深度最大值分别为 12 mm、9 mm。

桥梁混凝土构件碳化深度均较浅，远小于钢筋保护层平均值，碳化深度均评为 A 类(轻微碳化)；其他主体混凝土构件碳化深度一般，均小于钢筋保护层平均值，碳化深度均评为 B 类(一般碳化)，钢筋均处于未锈蚀阶段。统计分析见表 9-6。

表 9-6 北泄洪闸钢筋保护层厚度及混凝土碳化深度统计分析表

结构	检测构件	钢筋保护层厚度			碳化深度		锈蚀评价
		设计值(mm)	现行规范要求值(mm)	实测最小值(mm)	实测最大值(mm)	整体评价	
上游翼墙	上游翼墙	50	25	54	20	B类	未锈蚀
闸室	闸墩	50	45	30	27	B类	未锈蚀
	胸墙	50	25	31	14	B类	未锈蚀
	排架	40	35	35	28	B类	未锈蚀
	工作便桥	50	35	26	12	A类	未锈蚀
	公路桥梁	35	35	31	9	A类	未锈蚀
	岸墙	50	25	23	18	B类	未锈蚀
下游翼墙	下游翼墙	50	25	46	26	B类	未锈蚀

(2) 南泄洪闸

上游翼墙和岸墙的钢筋保护层设计厚度为 50 mm，实测最小值分别为 51 mm、40 mm；下游陡坡墙钢筋保护层设计厚度为 50 mm，实测最小值为 47 mm；闸室段的闸墩钢筋保护层设计厚度为 50 mm，实测最小值为 39 mm；公路桥桥板梁底钢筋保护层设计厚度为 30 mm，实测最小值分别为 30 mm。

上游翼墙和岸墙的混凝土碳化深度最大值分别为 25 mm、36 mm；下游陡坡翼墙混凝土碳化深度最大值为 42 mm；闸室段的闸墩混凝土碳化深度最大值分别为 25 mm；公路桥混凝土碳化深度最大值为 8 mm。

桥梁混凝土构件碳化深度均较浅，远小于钢筋保护层平均值，碳化深度均评为 A 类（轻微碳化）；其他主体混凝土构件碳化深度一般，均小于钢筋保护层平均值，碳化深度均评为 B 类（一般碳化），钢筋均处于未锈蚀阶段。统计分析见表 9-7。

表 9-7　南泄洪闸钢筋保护层厚度及混凝土碳化深度统计分析表

结构	检测构件	钢筋保护层厚度			碳化深度		锈蚀评价
		设计值（mm）	现行规范要求值（mm）	实测最小值（mm）	实测最大值（mm）	整体评价	
上游翼墙	上游翼墙	50	25	51	25	B 类	未锈蚀
闸室	闸墩	50	45	39	25	B 类	未锈蚀
	公路桥梁	30	35	30	8	A 类	未锈蚀
	岸墙	50	25	40	36	B 类	未锈蚀
下游翼墙	下游陡坡翼墙	50	25	47	42	B 类	未锈蚀

9.1.5　泄洪闸水下结构探查

（一）探查内容

因水库北泄洪闸和南泄洪闸下游侧均为无水状态，根据委托方的要求，本次水下探查检测主要内容如下：检查南、北泄洪闸上游侧闸室底板、伸缩缝、检修门槽、护坦连接段，检查有无缺陷、破损、剥蚀及淤积等问题。根据《水闸安全评价导则》(SL 214—2015)，20 孔以上多孔水闸抽样检测比例为 20%，6～10 孔水闸抽样检测比例为 30%～50%。本次对水库北泄洪闸水下检测共抽检 8 孔，分别为 1＃、5＃、9＃、12＃、16＃、21＃、25＃、30＃；南泄洪闸共检测 5 孔，分别为 1＃、3＃、5＃、7＃、10＃。

（二）检测方法

（1）水下结构外观检测

采用水下摄像系统对水下结构物进行连续、实时、有序的视频拍摄，对上游连接段按顺流方向布置测线走航式扫测，对闸室底板、伸缩缝、检修门槽、闸墩进行固定点位检测，检查水下结构物的运行及损坏情况。

(2) 水下地形测量

采用GPS实时动态(RTK)技术测量平面和回声测深仪测量水下地形的方法,将实测水下地形与闸室底板、护坦结构物顶面高程对比,获得水库北泄洪闸和南泄洪闸的水下淤积情况。水下地形测量按照1∶2 000比例尺相关要求进行施测,对抽检闸孔沿水流方向布置纵向测线,并在水闸上游连接段布置横向测线,以充分反映水下地形的特征。

(三) 探测情况

(1) 北泄洪闸

北泄洪闸水下检测结果及分析见表9-8。

表9-8 北泄洪闸水下探查情况汇总表

检测部位	检测情况及存在问题
1#闸孔 上游连接段、 闸室、闸墩	1. 上游侧闸室底板混凝土面层基本完好; 2. 上游护坦水平段面层基本完好,伸缩缝缝口基本完好,缝口两侧混凝土面层基本相平; 3. 检修门槽基本完好,底部无块石、垃圾等杂物堆积; 4. 上游护坦存在轻微淤积,最大淤厚约10 cm
5#闸孔 上游连接段、 闸室、闸墩	1. 上游侧闸室底板混凝土面层基本完好; 2. 上游护坦水平段面层基本完好,伸缩缝基本完好,缝口两侧混凝土面层基本相平; 3. 检修门槽基本完好,底部无块石、垃圾等杂物堆积; 4. 上游护坦存在轻微淤积,最大淤厚约8 cm
9#闸孔 上游连接段、 闸室、闸墩	1. 上游侧闸室底板混凝土面层基本完好; 2. 上游护坦水平段面层基本完好,伸缩缝基本完好,缝口两侧混凝土面层基本相平; 3. 检修门槽基本完好,底部无块石、垃圾等杂物堆积; 4. 上游护坦存在轻微淤积,最大淤厚约10 cm
12#闸孔 上游连接段、 闸室、闸墩	1. 上游侧闸室底板混凝土面层基本完好; 2. 上游护坦水平段面层基本完好,墩前伸缩缝缝口基本完好; 3. 检修门槽基本完好,底部无块石、垃圾等杂物堆积
16#闸孔 上游连接段、 闸室、闸墩	1. 上游侧闸室底板混凝土面层基本完好; 2. 上游护坦水平段面层基本完好,伸缩缝基本完好,缝口两侧混凝土面层基本相平; 3. 检修门槽基本完好,底部无块石、垃圾等杂物堆积; 4. 上游护坦存在轻微淤积,最大淤厚约10 cm
21#闸孔 上游连接段、 闸室、闸墩	1. 上游侧闸室底板混凝土面层基本完好; 2. 上游护坦水平段面层基本完好,墩前伸缩缝缝口基本完好; 3. 检修门槽基本完好,底部无块石、垃圾等杂物堆积; 4. 上游护坦存在轻微淤积,最大淤厚约9 cm

续表

检测部位	检测情况及存在问题
25#闸孔 上游连接段、 闸室、闸墩	1. 上游侧闸室底板混凝土面层基本完好，局部存在杂物沉积，分布范围约2.5 m×2.0 m； 2. 上游护坦水平段面层基本完好，伸缩缝基本完好，左侧闸墩前方存在块石沉积，尺寸约0.5 m×0.5 m； 3. 检修门槽基本完好，底部无块石、垃圾等杂物堆积； 4. 上游护坦存在轻微淤积，最大淤厚约11 cm
30#闸孔 上游连接段、 闸室、闸墩	1. 上游侧闸室底板混凝土面层基本完好； 2. 上游护坦水平段面层基本完好，局部存在碎石沉积，分布范围约6 m×4 m； 3. 检修门槽基本完好，底部无块石、垃圾等杂物

(2) 南泄洪闸

南泄洪闸水下检测结果及分析见表9-9。

表9-9 南泄洪闸水下探查情况汇总表

检测部位	检测情况及存在问题
1#闸孔 上游连接段、 闸室、闸墩	1. 上游侧闸室底板混凝土面层基本完好； 2. 上游护坦水平段面层基本完好，伸缩缝基本完好，右侧闸墩前部存在块石沉积，尺寸约为0.7 m×0.5 m； 3. 检修门槽基本完好，底部无块石、垃圾等杂物堆积； 4. 上游护坦存在轻微淤积，最大淤厚约9 cm
3#闸孔 上游连接段、 闸室、闸墩	1. 上游侧闸室底板混凝土面层基本完好； 2. 上游护坦面层基本完好，伸缩缝基本完好； 3. 检修门槽基本完好，底部无块石、垃圾等杂物； 4. 上游护坦存在轻微淤积，最大淤厚约9 cm
5#闸孔 上游连接段、 闸室、闸墩	1. 上游侧闸室底板混凝土面层基本完好； 2. 上游护坦水平段面层基本完好，伸缩缝基本完好，缝口两侧混凝土面层基本相平； 3. 检修门槽基本完好，底部无块石、垃圾等杂物； 4. 上游护坦存在轻微淤积，最大淤厚约7 cm
7#闸孔 上游连接段、 闸室、闸墩	1. 上游侧闸室底板混凝土面层基本完好； 2. 上游护坦水平段面层基本完好，伸缩缝基本完好； 3. 检修门槽基本完好，底部无块石、垃圾等杂物； 4. 上游护坦存在轻微淤积，最大淤厚约9 cm
10#闸孔 上游连接段、 闸室、闸墩	1. 上游侧闸室底板混凝土面层基本完好； 2. 上游护坦面层基本完好，伸缩缝基本完好； 3. 检修门槽基本完好，底部无块石、垃圾等杂物； 4. 上游护坦存在轻微淤积，最大淤厚约8 cm

9.1.6 土建结构检测评价与分级

一、北(老)泄洪闸

(一) 外观普查

(1) 上游翼墙:上游两侧翼墙除少量竖向裂缝外,外观基本完好。左侧翼墙有10条裂缝,右侧翼墙有6条裂缝,裂缝处未见渗水窨潮等现象。以上裂缝为早期收缩裂缝,评定为B类裂缝(表层或浅层裂缝)。

(2) 闸室墩墙和底板:加固闸墩外观基本完好,新增加闸墩存在竖向裂缝。新加15个闸墩中有13个闸墩发现了共23条裂缝,该类裂缝为施工早期收缩、温度引起的自身变形裂缝,属于D类贯穿性裂缝,原闸墩(8#孔左墩)距门槽3.2 m处存在竖向裂缝,为D类贯穿性裂缝。4个缝墩下游面均存在不同程度渗水。闸底板表层浇注一层混凝土,表层混凝土整体完好,局部存在一处空鼓、开裂,面积约3.2 m^2。

(3) 泄洪涵洞顶板:泄洪涵洞的顶板存在43条裂缝,为D类贯穿性裂缝。

(4) 胸墙、排架、工作桥、检修桥和公路桥外观完好。

(5) 下游翼墙:下游左右侧翼墙水平施工缝有明显的渗水痕迹,局部混凝土裂缝、空鼓、破损,水平向钢筋锈胀。

(6) 下游消力池:一级消力池斜坡段表层混凝土防护存在剥落。消力池两侧混凝土接坡局部存在裂缝,有渗水,护坡与翼墙交界处存在一定的变形沉降,幅间分缝填料局部缺失,交缝处混凝土局部有破损。

(7) 下游海漫段:混凝土、浆砌块石和干砌块石海漫普查时有水和淤泥覆盖,未发现明显异常。

(8) 下游护坡:下游左侧浆砌石护坡整体较完整,护坡下部坡脚存在渗漏水和黄褐色析出物,渗漏处勾缝局部破损,灌砌石护坡混凝土盖面破损脱落,局部盖面存在垂直水流向的裂缝。下游右侧浆砌块石护坡和浆砌条石护坡整体外观较好,极个别条石间勾缝存在破损现象。

(9) 下游导流河:河床内植被较多,顺水流方向有多条冲刷小沟或小坑。

(10) 闸两侧与坝接线:左右岸闸室边墩与接线段混凝土岸墙、岸墙与岸墙间的伸缩缝正常,未见明显变形、拉伸或错位等情况;右侧岸墙下游侧共有4条裂缝,局部存在窨潮流白现象;上下游侧浆砌石锥坡外观整体较好,勾缝饱满;接线路面沥青平整度较好,与边墩接缝处沥青局部破损。

(11) 启闭机房和桥头堡:启闭机房和桥头堡主体结构,外部防护和内部装修整体较好,未发现明显异常。

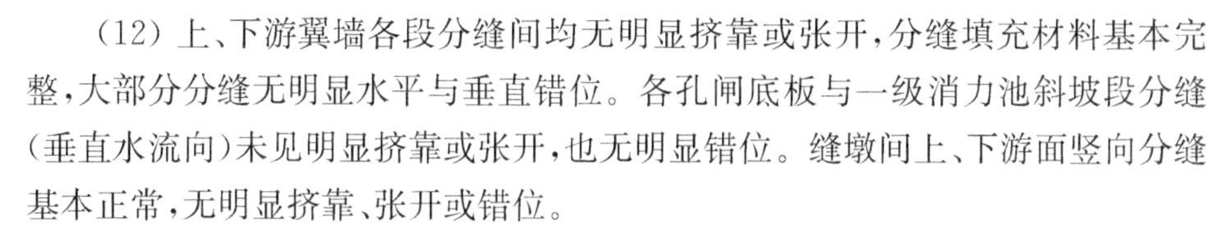

(12) 上、下游翼墙各段分缝间均无明显挤靠或张开,分缝填充材料基本完整,大部分分缝无明显水平与垂直错位。各孔闸底板与一级消力池斜坡段分缝(垂直水流向)未见明显挤靠或张开,也无明显错位。缝墩间上、下游面竖向分缝基本正常,无明显挤靠、张开或错位。

(二) 混凝土抗压强度

北泄洪闸混凝土采用回弹-钻芯校正法检测了33个部位的抗压强度,上、下游翼墙和空箱岸墙的混凝土抗压强度推定值最小值分别为31.6 MPa、37.3 MPa、40.2 MPa;闸室段的闸墩、闸底板、胸墙、排架、工作便桥、公路桥梁的混凝土抗压强度推定值最小值分别为35.8 MPa、41.5 MPa、40.9 MPa、35.0 MPa、44.0 MPa、46.8 MPa。以上构件现有混凝土抗压强度均大于原设计强度等级。

(三) 钢筋保护层厚度及混凝土碳化深度

上、下游翼墙和空箱岸墙的钢筋保护层设计厚度为50 mm,实测最小值分别为54 mm、46 mm、23 mm;闸室段的闸墩、胸墙钢筋保护层设计厚度为50 mm,实测最小值分别为30 mm、31 mm;排架钢筋保护层设计厚度为40 mm,实测最小值为35 mm;工作便桥钢筋保护层设计厚度为50 mm,实测最小值为26 mm;公路桥梁钢筋保护层设计厚度为35 mm,实测最小值分别为31 mm。

上、下游翼墙和空箱岸墙的混凝土碳化深度最大值分别为20 mm、26 mm、18 mm;闸室段的闸墩、胸墙混凝土碳化深度最大值分别为27 mm、14 mm;排架混凝土碳化深度最大值为28 mm;检测便桥和公路桥混凝土碳化深度最大值分别为12 mm、9 mm。

桥梁混凝土构件碳化深度均较浅,远小于钢筋保护层平均值,碳化深度均评为A类(轻微碳化);其他主体混凝土构件碳化深度一般,均小于钢筋保护层平均值,碳化深度均评为B类(一般碳化),钢筋均处于未锈蚀阶段。

(四) 水下探查情况

北泄洪闸上游侧水下结构总体良好,存在的主要问题如下。

(1) 25#闸孔上游侧闸室底板局部存在杂物沉积,分布范围约2.5 m×2.0 m。

(2) 1#、5#、9#、16#、21#、25#闸孔上游护坦存在轻微淤积,最大淤厚8～10 cm不等;25#闸孔上游护坦在左侧闸墩前部存在块石沉积,尺寸约0.5 m×0.5 m;30#闸孔上游护坦局部存在碎石沉积,分布范围约6 m×4 m。

(五) 土建结构评级

综上所述,北(老)泄洪闸的闸墩、排架、上下游翼墙、交通桥、工作桥及人行便桥整体结构基本完好;现状主要部位混凝土的强度大于设计值,碳化深度小于钢筋保护层厚度，均处于未腐蚀阶段。

土建结构评定为B级。

二、南(新)泄洪闸

(一) 外观普查

(1) 上游翼墙：上游混凝土结构和浆砌石结构翼墙外观整体基本完好，局部有裂缝、墙间错位和止水材料缺失等情况。

(2) 闸墩和底板：闸墩存在竖向裂缝，裂缝均从底部向上延伸，靠近闸墩中部裂缝呈垂直走向，靠近闸墩下游侧的裂缝稍有倾斜。裂缝共有22条，分已修补裂缝和未修补裂缝2种。已修补裂缝有10条，长度约在3.2～4.8 m之间，最大缝宽在0.25～0.88 mm之间，基本集中在0.40 mm左右，现修补效果整体良好；未修补裂缝有12条，长度在2.3～5.6 m之间，最大缝宽宽度在0.17～0.68 mm之间，基本集中在0.40 mm左右，仅有1条裂缝最大宽度小于0.20 mm，两侧边墩裂缝下部有渗水痕迹。闸墩裂缝为施工早期收缩、温度引起的自身变形裂缝，为D类贯穿性裂缝。个别牛腿和墩墙局部有钢筋锈胀外露情况。5＃孔闸室底板中部表层可见顺水流向裂缝，裂缝长度约11 m。

闸室底板、公路桥板梁、检修桥梁外观完好。检修桥梁间盖板、电缆沟和电缆沟盖板钢筋保护层过薄，钢筋锈胀外露严重。

(3) 一级陡坡底板和边墙：一级陡坡底板存在B类冻融剥蚀(一般冻融剥蚀，冻融剥蚀深度10 mm$<h\leqslant$50 mm)，剥蚀深度在10 mm左右，幅间接缝处剥蚀较深。一级陡坡边墙存在竖向裂缝。左、右边墙共有19条裂缝，其中左侧12条，右侧7条，最大缝宽为0.22～0.56 mm，整体集中在0.35 mm左右，裂缝从墙底向上延伸，长度在1.7～3.6 m之间，极个别裂缝存在局部渗水窨潮现象。

(4) 二级陡坡底板和边墙：二级陡坡外露陡坡底板存在剥蚀坑、冲蚀剥落、空鼓和露筋等缺陷，局部空鼓或接缝间有渗水。二级陡坡消力墩局部存在迎水面冲刷露石、混凝土剥落和钢筋锈胀外露等缺陷。二级陡坡与消力池左、右边墙基本完好。浆砌石海漫基本完好，海漫段及下游河道浆砌石护坡完好。(普查时二级陡坎消力池满水)

(5) 两侧坝段接堤：南泄洪闸左端坝段上游面基本完好，下游面混凝土和砌石挡墙分缝有错位，砌石墙向下游侧有最大约11 cm的错位，相对混凝土岸墙有2 cm左右的沉降量。左端坝段上下游面基本完好，岸墙和砌石护坡分缝基本正常。

(6) 桥头堡：两侧桥头堡主体结构、外部防护和内部装修整体较好，未发现明显异常。

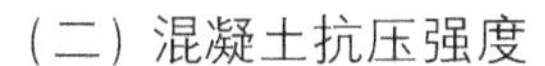

（二）混凝土抗压强度

南泄洪闸混凝土采用回弹-钻芯校正法检测了24个部位的抗压强度，上游翼墙和岸墙的混凝土抗压强度推定值最小值分别为38.6 MPa、29.7 MPa；闸室段的闸墩、闸底板、工作便桥、公路桥梁的混凝土抗压强度推定值最小值分别为32.4 MPa、39.3 MPa、40.7 MPa、42.5 MPa；下游陡坡边墙和底板的混凝土抗压强度推定值最小值分别为33.8 MPa、40.1 MPa。以上构件现有混凝土抗压强度均大于原设计强度等级。

（三）钢筋保护层厚度及混凝土碳化深度

上游翼墙和岸墙的钢筋保护层设计厚度为50 mm，实测最小值分别为51 mm、40 mm；下游陡坡墙钢筋保护层设计厚度为50 mm，实测最小值为47 mm；闸室段的闸墩钢筋保护层设计厚度为50 mm，实测最小值为39 mm；公路桥桥板梁底钢筋保护层设计厚度为30 mm，实测最小值为30 mm。

上游翼墙和岸墙的混凝土碳化深度最大值分别为25 mm、36 mm；下游陡坡翼墙混凝土碳化深度最大值为42 mm；闸室段的闸墩混凝土碳化深度最大值为25 mm；公路桥混凝土碳化深度最大值为8 mm。

桥梁混凝土构件碳化深度均较浅，远小于钢筋保护层平均值，碳化深度均评为A类（轻微碳化）；其他主体混凝土构件碳化深度一般，均小于钢筋保护层平均值，碳化深度均评为B类（一般碳化），钢筋均处于未锈蚀阶段。

（四）水下探查情况

南泄洪闸上游侧水下结构总体良好，存在的主要问题如下。

(1) 1＃闸孔上游护坦在右侧闸墩前部存在块石沉积，尺寸约0.7 m×0.5 m。

(2) 1＃、3＃、5＃、7＃、10＃闸室上游存在轻微淤积，最大淤厚7～9 cm不等。

（五）土建结构评级

南（新）泄洪闸的闸墩、排架、上下游翼墙、交通桥、工作桥及人行便桥整体结构基本完好；现状主要部位混凝土的强度大于设计值，碳化深度小于钢筋保护层厚度，均处于未腐蚀阶段。

土建结构评定为B级。

9.2 某工程三闸土建结构安全检测与评价

9.2.1 基本情况

一、工程概况

三闸始建于 1970 年 11 月，1971 年 8 月竣工；1999 年进行除险加固，2001 年 3 月竣工。水闸设计泄洪流量 4 620.0 m^3/s，为开敞式闸室，共 84 孔，单孔净宽 6.0 m，四孔一联，总净宽 504 m。顺水流向全长 61.5 m，整闸宽 578.4 m。闸室顺水流向长 13.0 m，采用分联倒拱式钢筋混凝土底板，底板顶高程 30.50 m，墩顶高程 38.00 m。工作闸门采用平面定轮钢闸门，配 QPQ-2×80 kN 固定卷扬式启闭机。检修闸门为叠梁式平面滑动钢闸门，尺寸 6.0 m×2.0 m×2(宽×高×块)，共 4 套，检修闸门启闭设备为 4 台 2×50 kN 电动环链葫芦。闸墩为钢筋混凝土结构，墩长 13.00 m，中墩厚 0.8 m，缝墩厚 2×0.6 m，边墩厚 0.7 m，原设计时为节省钢筋和混凝土量，中墩和缝墩均设有拱形门洞。墩顶上部分别为机架桥与启闭机房，启闭设备吊轨设在混凝土排架柱上游侧，机架桥面高程 43.70 m，宽 5.06 m，上设启闭机房。墩顶下游侧设有交通桥，原设计等级为汽—13、拖—60，桥面宽 7.6 m，净宽 6.7 m，护轮带宽 0.25 m。原交通桥为钢筋混凝土空心板桥，空心板每块桥板宽 0.9 m。

二、历次加固过程

(一) 1999 年加固

1998 年批准对该闸进行加固改造，1999 年 6 月开工，2001 年 3 月竣工，加固工程主要包括如下内容。

(1) 闸室加固改造工程：上下游闸墩墩头处理，门槽二期混凝土处理，闸门底槛处理，上游左岸翼墙沉陷缝处理。

(2) 启闭机房和桥头堡工程：新建启闭机房 1 908 m^2，新建桥头堡 458 m^2。

(3) 交通桥、机架桥及检修桥工程：重新浇筑交通桥铺装层，重新制作安装护轮带及栏杆，重新浇筑两端引路；新建排架柱及机架桥；新做检修桥，宽 1 m，新做钢护栏。

(4) 金属结构及启闭机工程：闸门更换为双主梁实腹式平面钢闸门；更换启闭机 84 台，QPQ-2×80 kN 型；新增检修门 4 扇，2014 年 4 月新更换检修启闭机 4 台，采用 MD 型双速同升电动葫芦 3T-12M 型。

(5) 电气设备工程：新增 80 kVA 变压器 1 台，84GF2 柴油发电机 1 台，

MLS系列低压抽屉开关柜8块,JTL型集中控制柜1台,机旁控制箱84个,敷设动力及控制电缆;安装滑触线580 m;安装启闭机房和桥头堡防雷接地及电气设备接地。

(二) 2009年加固

2008年安全检测存在以下问题:交通桥城门洞型桥墩顶部跨中附近存在竖向裂缝,裂缝从拱底面向上开展,裂缝宽度在0.10~0.55 mm之间;桥面铺装层破损严重,箱梁桥桥板底部也存在大量裂缝。2009年对交通桥进行加固,在桥墩跨中底端用粘钢法进行加固,缝墩粘贴2块钢板,非缝墩粘贴1块钢板,更换了箱梁桥板。

三、抽检部位

为表述方便,将上级湖定为上游侧(北侧),下级湖定为下游侧(南侧);面向下级湖侧将闸孔从左向右(从东往西)依次编号为1#孔、2#孔…84#孔(与排架上的编号一致);每孔共7块桥板,从上游侧(北侧)往下游侧(南侧)依次编号为1#板、2#板…7#板。

按照《水闸安全评价导则》(SL 214—2015),综合闸孔数量、运行情况、检测内容和条件等因素,在与委托方和管理单位沟通协商后,确定具体抽检孔数见表9-10,闸室底板水下取芯检测混凝土强度抽检部位见表9-11。

表9-10　检孔位汇总表

工程名称	规范依据	抽样比例要求	闸孔数量	计划抽检数量	计划抽检孔位
三闸	《水闸安全评价导则》	≥21孔抽样比例为20%	84孔	17孔	1#,7#,10#,19#,22#,28#,32#,37#,42#,46#,55#,57#,64#,67#,73#,77#,84#

表9-11　闸室底板水下取芯检测混凝土强度抽检部位汇总表

工程名称	闸孔数量	设计情况	底板总数量	计划抽检数量	计划抽检孔位	说明
三闸	84孔	四联孔	21块	3块	1块、8块、20块	每块底板钻取3个试样,试样直径100 mm,取样长度不小于20 cm,按照《水工混凝土试验规程》(SL/T 352—2020)中的8.6条款进行试验

9.2.2　结构外观普查

(一) 上游连接段

上游左右侧的护坡为浆砌块石结构;翼墙下部为混凝土结构,墙顶有0.8 m高的条石加高。现场普查情况汇总见表9-12。

表 9-12 上游连接段外观缺陷普查结果表

部位		外观缺陷描述	缺陷类别
上游左侧	浆砌块石护坡	浆砌块石护坡和平台无勾缝破损、块石脱落等缺陷，结构整体完好	—
	混凝土翼墙	2#翼墙墙身表层局部存在露石，近岸处有1竖向裂缝，裂缝已修补	露石裂缝
上游右侧	浆砌块石护坡	浆砌块石护坡无勾缝破损、块石脱落等缺陷，结构整体完好	—
	混凝土翼墙	混凝土翼墙未见明显露筋和破损等缺陷，结构整体基本完好	—

（二）下游连接段

下游左右侧的护坡和翼墙均为浆砌块石结构，现场普查情况汇总见表9-13。

表 9-13 下游连接段外观缺陷普查结果表

部位		外观缺陷描述	缺陷类别
下游左侧	浆砌块石护坡	(1) 护坡33.5 m高程处，自翼墙踏步处起，有一长约25 m左右的水平向裂缝，裂缝中有窨潮现象； (2) 浆砌块石护坡未见明显勾缝破损、块石脱落等缺陷	裂缝
	浆砌块石翼墙	(1) 浆砌块石挡墙外观质量较好，未见明显破损或块石脱落等缺陷； (2) 1#和2#翼墙接缝底部0.8 m(32.2～33 m高程)范围内存在轻微渗水现象	接缝渗水
下游右侧	浆砌块石护坡	浆砌块石护坡和平台无勾缝破损、块石脱落等缺陷，整体结构完好	—
	浆砌块石翼墙	(1) 浆砌块石挡墙外观质量较好，未见明显破损或块石脱落等缺陷； (2) 浆砌块石翼墙与混凝土墩墙接缝处底部水面以上30 cm范围内存在渗漏冒水现象	接缝渗漏冒水

（三）闸室段

闸室段检修便桥、排架柱、工作桥与启闭机梁、桥头堡与启闭机房、交通桥和闸墩现场普查情况汇总见表9-14。

9.2.3 混凝土抗压强度

（一）闸室底板取芯法检测混凝土强度

三闸共84孔，四联孔一底板，共21块底板。采用蛙人水下取芯法，对闸室底板进行取芯，共抽检了3块底板，每块底板钻取3个芯样，芯样直径为100 mm。室内制作成1∶1的试样，按照《水工混凝土试验规程》(SL/T 352—2020)中的8.6条款进行试验，现龄期底板混凝土抗压强度推定值为37.0～45.3 MPa，可达混凝土抗压强度等级C35的要求，检测结果见表9-15。

表 9-14　闸室段与交通桥外观缺陷普查结果表

<table>
<tr><th colspan="2">部位</th><th>外观缺陷描述</th><th>缺陷类别</th></tr>
<tr><td colspan="2">检修便桥</td><td>检修便桥为预制桥板（两块板），简支结构，面层为夹钢丝网片混凝土磨耗层，现场普查主要缺陷汇总如下。
（1）桥面局部磨耗层混凝土破损
①29＃孔检修便桥桥面局部钢丝网片外露锈蚀；
②34＃孔检修便桥桥面有约 30 cm×40 cm 面积的混凝土开裂；39＃孔检修便桥桥面有约 35 cm×55 cm 面积的混凝土开裂；
（2）下游侧桥板底部边缘近闸门处箍筋锈胀
①1＃孔桥板底部边缘近闸门处有 7 处箍筋锈胀，混凝土开裂；
②6＃孔桥板底部边缘近闸门处有 13 处箍筋锈胀，混凝土开裂；
③13＃孔桥板底部边缘近闸门处有 5 处箍筋锈胀，混凝土脱落；
④14＃孔桥板底部边缘近闸门处有 2 处箍筋锈胀，混凝土开裂；
⑤24＃孔桥板底部边缘近闸门处有 4 处箍筋锈胀，混凝土脱落；
⑥27＃孔桥板底部边缘近闸门处有 11 处箍筋锈胀，混凝土脱落；
⑦35＃孔桥板底部边缘近闸门处有 2 处箍筋锈胀，混凝土开裂；
⑧36＃孔桥板底部边缘近闸门处有 1 处箍筋锈胀，混凝土开裂；
⑨40＃孔桥板底部边缘近闸门处有 1 处箍筋锈胀，混凝土开裂；
⑩45＃孔桥板底部边缘近闸门处有 3 处箍筋锈胀，混凝土脱落；
⑪65＃孔桥板底部边缘近闸门处有 2 处箍筋锈胀，混凝土开裂；
⑫69＃孔桥板底部边缘近闸门处有 1 处箍筋锈胀，混凝土开裂</td><td>磨耗层混凝土开裂

钢丝网片外露锈胀

下游侧桥板底部边缘近闸门处箍筋锈胀，混凝土开裂或脱落</td></tr>
<tr><td colspan="2">排架柱</td><td>排架柱为钢筋混凝土结构，表面用氟碳漆进行防碳化处理，整体外观质量较好，极个别部位存在钢筋锈胀、混凝土开裂、防碳化层起鼓现象。
①19＃孔左侧排架联系梁底部有 1 根钢筋锈胀，混凝土开裂；
②55＃孔下游右侧排架根部水平筋露筋；
③59＃孔右侧排架防碳化处理层起鼓、脱落</td><td>钢筋锈胀
混凝土开裂
防碳化层起鼓</td></tr>
<tr><td colspan="2">工作桥与启闭机梁</td><td>工作桥与启闭机梁为钢筋混凝土结构，外观质量较好，未见明显质量缺陷</td><td>—</td></tr>
<tr><td colspan="2">桥头堡与启闭机房</td><td>（1）左右两侧桥头堡外观质量整体较好，未见明显质量缺陷；桥头堡内装饰完好，未见涂装起皮、墙面渗水窨潮等缺陷；
（2）启闭机房外观质量整体较好，未见明显质量缺陷；启闭机房内装饰完好，整洁美观，未见涂装起皮、墙面渗水窨潮等缺陷</td><td>—</td></tr>
<tr><td rowspan="3">交通桥</td><td>左右侧接线</td><td>闸上交通桥左右两侧接线平顺，未见明显高差，路面沥青结构层完好，未见明显缺陷</td><td>—</td></tr>
<tr><td>桥面铺装</td><td>桥面铺装沥青结构层完好，无推移、松散、离析、隆起等缺陷，车辙处未见明显变形，平整度整体较好。个别节间伸缩缝两侧二次混凝土表面有破损</td><td>—</td></tr>
<tr><td>护轮带</td><td>（1）上游护轮带临水侧有 72 孔 1 181 处的箍筋锈胀，混凝土脱落、钢筋外露，锈蚀处竖向长度约 5～25 cm；
（2）下游护轮带临水侧与上游护轮带相似，几乎每孔均有箍筋锈胀（竖向长度约 5～25 cm），局部存在水平向主筋锈胀，锈胀处有混凝土脱落、钢筋外露情况；
（3）64＃孔上游侧护轮带临水侧下部翼缘有一水平向主筋外露，保护层混凝土脱落</td><td>钢筋锈胀

混凝土破损</td></tr>
</table>

续表

部位		外观缺陷描述	缺陷类别
交通桥	护栏	(1) 部分混凝土护栏上下横杆钢筋锈胀，混凝土脱落，主筋和箍筋外露； (2) 个别混凝土立杆钢筋锈胀，如32#和46#孔； (3) 极个别混凝土护栏碰撞后有移位	钢筋锈胀 混凝土破损
交通桥	桥板	交通桥桥板底部有顺水流方向的裂缝，裂缝基本为横向通长布置，84孔588块桥板普查共发现6 616条裂缝，裂缝表面最大缝宽约0.03～0.10 mm。除25#孔4#桥板底部裂缝处有白色钙化物析出外，其他桥板底部裂缝处未见明显异常。根据统计数据分析，裂缝有如下的特点： (1) 桥板底部裂缝一般在跨中左右2 m范围内，单块桥板底部裂缝数量基本不超过30条； (2) 经检测，桥板底部裂缝一般为箍筋位置，具有一定规律性； (3) 桥板底部裂缝主要集中在1～4#板，7#桥板裂缝整体较少，这与现场自东向西重载车辆较多相吻合。 (注：桥板自上游侧往下游侧依次编号为1#板、2#板…7#板)	裂缝
闸墩	总体	(1) 闸墩上游墩头(圆弧段)混凝土老化，整体存在露石情况，个别墩头露石较严重； (2) 缝墩分缝中的油毛毡等填料不同程度存在老化脱落现象，个别缝墩伸缩缝渗水； (3) 闸墩水位变化区普遍存在露石现象，下游侧闸门顶附近混凝土不同程度存在老化、露石、钢筋锈胀等现象，部分闸墩露石较严重； (4) 闸墩下游侧圆弧墩头局部存在钢筋锈胀，顶部挑梁端头早期混凝土局部存在钢筋锈胀、混凝土脱落情况； (5) 桥墩城门洞顶跨中底端用粘钢法进行加固，缝墩上下粘贴2块钢板，非缝墩粘贴1块钢板。门洞顶附近的大部分裂缝仍然可见，与2014年安全检测相比，裂缝位置未见明显变化，普查时也未见裂缝宽度有明显发展的迹象	混凝土老化 露石 钢筋锈胀 伸缩缝材料老化
闸墩	10#孔	门槽内混凝土质量较差，老化严重，局部露石露筋；门槽下游侧有1处水平向钢筋锈胀外露，长度约10 cm	露石 露筋
闸墩	16#～17#孔	分墩下游侧伸缩缝变形，缝内填料老化，伸缩缝渗水	填料老化 渗水
闸墩	24#～25#孔	分墩下游侧伸缩缝变形，缝内填料老化	填料老化
闸墩	28#～29#孔	分墩下游侧伸缩缝变形，缝内填料老化	填料老化
闸墩	37#孔	门槽内混凝土质量较差，老化严重，局部露石露筋；右墩门槽下游侧有1处水平向钢筋锈胀外露，长度约18 cm	露石 露筋
闸墩	39#孔	右墩上部挑梁下游侧端头钢筋锈胀，混凝土脱落	露筋
闸墩	42#孔	门槽内混凝土质量较差，老化严重，局部露石露筋；左右两侧墩墙局部有露石现象	露石 露筋
闸墩	43#孔	右侧墩墙1处水平向钢筋锈胀外露	露筋
闸墩	45#孔	右侧墩墙1处水平向钢筋锈胀外露，左侧门槽3处水平向钢筋露筋	露筋

续表

部位		外观缺陷描述	缺陷类别
闸墩	46#孔	门槽内混凝土质量较差，老化严重，局部露石露筋；左右两侧墩墙局部有露石现象	露石 露筋
	47#孔	左侧墩墙 1 处水平向钢筋锈胀外露，长约 30 cm	露筋
	51#孔	右侧墩墙 1 处水平向钢筋锈胀外露，长约 25 cm	露筋
	52#孔	右侧墩墙 2 处钢筋锈胀外露，长约 30 cm	露筋
	53#孔	左墩近门槽处有 1 处水平向钢筋外露，长约 85 cm； 右墩近门槽处有 1 处水平向钢筋锈胀，长约 30 cm	露筋
	55#孔	左墩近门槽处有 3 处水平向钢筋外露，长约 8～20 cm； 右墩近门槽处有 1 处水平向钢筋锈胀，长约 16 cm	露筋
	58#孔	右墩下游近门槽处有 1 处水平向钢筋锈胀，长约 50 cm	露筋
	59#孔	右墩下游圆弧处端头上部有多处钢筋锈胀	露筋
	60#孔	左墩下游近门槽处有 1 处水平向钢筋和 1 处竖向钢筋锈胀，长约 15～30 cm	露筋
	61#孔	左墩下游近门槽处有 4 处水平向钢筋和 1 处纵向钢筋外露，长度约 15～90 cm；西墩局部露石严重	露石 露筋
	62#孔	左墩下游近门槽处有 2 处水平向钢筋外露，长度约 15～45 cm	露筋
	64#孔	墩墙下游近门槽处局部混凝土露石严重，混凝土老化；伸缩缝变形，缝内填料老化	露石 填料老化
	66#孔	左墩上部有 1 处水平向钢筋锈胀外露，长度约 30 cm	露筋
	67#孔	两侧墩墙表面局部露石；门槽内混凝土破损严重，露筋	露石 破损
	68#～69#孔	缝墩变形，缝宽约 3 cm，缝内填料老化	填料老化
	72#孔	左墩下游侧上部挑梁端部两侧主筋锈胀，混凝土脱落	露筋
	73#孔	两侧墩墙局部露石；左墩拱沿有 2 处水平向钢筋外露，长约 5～15 cm	露石 露筋
	75#～76#孔	两侧墩墙表面局部露石严重	露石
	77#孔	左墩下游侧上部挑梁端部两侧主筋锈胀，混凝土脱落；两侧闸墩下游近闸门顶 1 m 范围内露石严重	露石 露筋
	79#孔	右墩下游侧上部挑梁端部两侧主筋锈胀，混凝土脱落	钢筋锈胀
	80#孔	左墩下游侧桥台下近门槽处有 1 处水平向钢筋锈胀外露，长度约 45 cm；门槽下游侧混凝土局部露石严重	露石 露筋

表 9-15 钻芯法检测底板混凝土抗压强度结果表

检测部位		芯样尺寸 直径×高度 (mm×mm)	破坏荷载 (kN)	强度换算值 (MPa)	强度推定值 (MPa)	芯样外观
1# 底板	2#孔 2 芯 3#孔 1 芯	ϕ100×100	298.43	38.0	40.3	芯样长度 18 cm,密实性较好
			300.72	38.3		芯样长度 16 cm,密实性较好
			349.78	44.5		芯样长度 19 cm,密实性较好
8# 底板	32#孔 3 芯	ϕ100×100	302.67	38.5	37.0	芯样长度 16 cm,密实性较好
			238.13	30.3		芯样长度 18 cm,密实性较好
			332.01	42.3		芯样长度 20 cm,密实性较好
20# 底板	77#孔 3 芯	ϕ100×100	303.47	38.6	45.3	芯样长度 18 cm,密实性较好
			387.83	49.4		芯样长度 18 cm,密实性较好
			375.42	47.8		芯样长度 19 cm,密实性较好

(二) 回弹-钻芯校正法检测混凝土强度

采用回弹法或回弹-钻芯校正法检测了三闸闸墩、翼墙、排架、检修便桥、交通桥桥板和交通桥桥台盖梁的混凝土抗压强度,检测结果统计见表 9-16。

表 9-16 3 号闸墩和翼墙等部位混凝土抗压强度检测结果统计表

检测部位	抽检构件数量(个)	设计强度	现行规范最低强度等级	实测强度(MPa)		说明
				强度推定值	推定值最小值	
墩墙	17	—	C25	30.3～41.9	30.3	可达混凝土抗压强度等级 C30 的要求
上游翼墙	1	—	C25	27.7	27.7	可达混凝土抗压强度等级 C25 的要求
排架	17	—	C25	35.6～46.3	35.6	可达混凝土抗压强度等级 C35 的要求
检修便桥	17	—	C25	25.3～30.4	25.3	可达混凝土抗压强度等级 C25 的要求
交通桥桥板	17	—	C40	40.1～51.0	40.1	可达混凝土抗压强度等级 C40 的要求
交通桥桥台盖梁	2	—	C25	30.2～31.2	30.2	可达混凝土抗压强度等级 C30 的要求

9.2.4 钢筋保护层厚度及混凝土碳化深度

三闸混凝土结构钢筋保护层厚度与混凝土碳化深度检测结果分析见表 9-17。

表 9-17　钢筋保护层厚度及混凝土碳化深度统计分析表

结构	检测构件	钢筋保护层厚度			碳化深度		整体锈蚀状态评价
		现行规范要求值（mm）	实测范围（mm）	实测平均值（mm）	实测范围（mm）	实测平均值（mm）	
上游连接段	上游左侧 2＃翼墙	45	—	—	35～45	41	—
闸室段	墩墙	45	27～63	45	8～60	28	未锈蚀
	排架柱	25	13～56	25	6～31	13	未锈蚀
	检修便桥	25	19～47	29	12～34	21	未锈蚀
	交通桥桥板	25	28～58	43	18～32	25	未锈蚀

9.2.5　水下结构探查

（一）探查内容

根据委托方要求，三闸此次检测的主要内容如下：检查闸室底板、伸缩缝、门槽、铺盖、消力池，上、下游连接段护坦等部位是否存在缺陷、破损、剥蚀及淤积等问题。

（二）检测方法

采用机动船挂载双频识别声呐对水下结构物进行连续、实时、有序的视频拍摄，对上、下游连接段按顺流方向布置测线走航式扫测，对闸室底板、伸缩缝、门槽、消力池进行固定点位检测，检查水下结构物的运行及损坏情况。

（三）探测情况

三闸水下检测结果及分析见表 9-18。

表 9-18　三闸水下探查情况

检测部位	检测情况及存在问题
1＃闸孔上游连接段、闸室、下游消力池	1. 上游侧铺盖淤积明显，闸室底板混凝土面层基本完好，近翼墙处底板存在块石堆积； 2. 上游侧检修门槽基本完好，底部无块石、垃圾等杂物； 3. 下游侧闸室底板淤积明显，翼墙处水下踏步完整； 4. 下游侧消力池混凝土面层完好，格梗轻微破损，消力槛局部错位
7＃闸孔上游连接段、闸室、下游消力池	1. 上游侧闸室底板混凝土面层基本完好，闸墩无破损； 2. 上游侧检修门槽基本完好，底部无块石、垃圾等杂物； 3. 下游侧闸室底板淤积明显，无块石、杂物堆积； 4. 下游侧消力池混凝土面层完好
10＃闸孔上游连接段、闸室、下游消力池	1. 上游侧铺盖存在淤积，闸室底板混凝土面层基本完好； 2. 上游侧检修门槽基本完好，底部无块石、垃圾等杂物； 3. 下游侧闸室底板淤积明显，无块石、杂物堆积； 4. 下游侧消力池混凝土面层完好，海漫局部块石松动

续表

检测部位	检测情况及存在问题
19＃闸孔上游连接段、闸室、下游消力池	1. 上游侧铺盖存在淤积，闸室底板混凝土面层基本完好，闸墩处底板局部剥蚀； 2. 上游侧检修门槽基本完好，底部无块石、垃圾等杂物； 3. 下游侧闸室底板存在淤积，无块石、杂物堆积，闸墩处底板局部剥蚀； 4. 下游侧消力池混凝土面层完好，海漫局部块石松动
22＃闸孔上游连接段、闸室、下游消力池	1. 上游侧铺盖存在淤积，闸室底板混凝土面层基本完好，闸墩处底板局部剥蚀； 2. 上游侧检修门槽基本完好，底部无块石、垃圾等杂物； 3. 下游侧闸室底板存在淤积，无块石、杂物堆积； 4. 下游侧消力池混凝土面层完好，海漫局部块石松动
28＃闸孔上游连接段、闸室、下游消力池	1. 上游侧铺盖存在淤积，护坦伸缩缝缝口级别完好，未见明显破损，闸室底板混凝土面层基本完好； 2. 上游侧检修门槽基本完好，底部无块石、垃圾等杂物； 3. 下游侧闸室底板存在淤积，无块石、杂物堆积，闸墩完好，底板未见剥蚀、冲刷痕迹； 4. 下游侧消力池混凝土面层完好，池内存在块石堆积
32＃闸孔上游连接段、闸室、下游消力池	1. 上游侧铺盖存在淤积，局部有冲坑破损，闸室底板混凝土面层基本完好； 2. 上游侧检修门槽基本完好，底部无块石、垃圾等杂物，闸墩处底板局部剥蚀； 3. 下游侧闸室底板淤积明显，有碎石堆积； 4. 下游侧消力池混凝土面层完好，下游护坦局部剥蚀明显
37＃闸孔上游连接段、闸室、下游消力池	1. 上游侧铺盖淤积明显，闸室底板混凝土面层基本完好； 2. 上游侧检修门槽基本完好，底部无块石、垃圾等杂物，闸墩处底板局部剥蚀； 3. 下游侧闸室底板局部淤积，无块石、杂物堆积，近消力池侧底板局部剥蚀； 4. 下游侧消力池混凝土面层完好，海漫块石松动
42＃闸孔上游连接段、闸室、下游消力池	1. 上游侧闸室底板未见淤积，混凝土面层基本完好； 2. 上游侧检修门槽基本完好，底部无块石、垃圾等杂物，闸墩处底板局部剥蚀； 3. 下游侧闸室底板存在淤积，无块石、杂物堆积； 4. 下游侧消力池混凝土面层完好，海漫块石松动
46＃闸孔上游连接段、闸室、下游消力池	1. 上游侧闸室底板未见淤积，混凝土面层基本完好，护坦伸缩缝两侧混凝土面层相平，缝口完好； 2. 上游侧检修门槽基本完好，底部无块石、垃圾等杂物，闸墩处底板局部剥蚀； 3. 下游侧闸室底板存在淤积，无块石、杂物堆积； 4. 下游侧消力池混凝土面层完好，海漫块石松动
55＃闸孔上游连接段、闸室、下游消力池	1. 上游侧闸室底板未见淤积，混凝土面层基本完好，护坦伸缩缝两侧混凝土面层相平，缝口完好； 2. 上游侧检修门槽基本完好，底部无块石、垃圾等杂物，闸墩处底板局部剥蚀； 3. 下游侧闸室底板存在淤积，无块石、杂物堆积； 4. 下游侧消力池混凝土面层完好，海漫块石松动
57＃闸孔上游连接段、闸室、下游消力池	1. 上游侧铺盖存在淤积，闸室底板混凝土面层基本完好； 2. 上游侧检修门槽基本完好，底部无块石、垃圾等杂物，闸墩处底板局部剥蚀； 3. 下游侧闸室底板存在淤积，无块石、杂物堆积； 4. 下游侧消力池混凝土面层完好
64＃闸孔上游连接段、闸室、下游消力池	1. 上游侧铺盖存在淤积，有块石堆积，闸室底板混凝土面层基本完好； 2. 上游侧检修门槽基本完好，底部无块石、垃圾等杂物，闸墩处底板局部剥蚀； 3. 下游侧闸室底板存在淤积，无块石、杂物堆积； 4. 下游侧消力池混凝土面层完好

续表

检测部位	检测情况及存在问题
67#闸孔上游连接段、闸室、下游消力池	1. 上游侧铺盖淤积明显，闸室底板混凝土面层基本完好； 2. 上游侧检修门槽基本完好，底部无块石、垃圾等杂物，闸墩处底板局部剥蚀； 3. 下游侧闸室底板淤积明显，无块石、杂物堆积； 4. 下游侧消力池混凝土面层完好
73#闸孔上游连接段、闸室、下游消力池	1. 上游侧铺盖存在淤积，闸室底板混凝土面层基本完好； 2. 上游侧检修门槽基本完好，底部无块石、垃圾等杂物，闸墩处底板局部剥蚀； 3. 下游侧闸室底板淤积明显，无块石、杂物堆积； 4. 下游侧消力池混凝土面层完好
77#闸孔上游连接段、闸室、下游消力池	1. 上游侧铺盖存在淤积，局部剥蚀，闸室底板混凝土面层基本完好； 2. 上游侧检修门槽基本完好，底部无块石、垃圾等杂物，闸墩处底板局部剥蚀； 3. 下游侧闸室底板存在淤积，无块石、杂物堆积； 4. 下游护坦伸缩缝两侧混凝土面层相平，缝口完好，海漫块石松动
84#闸孔上游连接段、闸室、下游消力池	1. 上游侧铺盖淤积明显，闸室底板混凝土面层基本完好，翼墙处水下踏步完整，底板未见裂缝、错台； 2. 上游侧检修门槽基本完好，底部无块石、垃圾等杂物； 3. 下游侧闸室底板淤积明显，无块石、杂物堆积，翼墙处水下踏步完整； 4. 下游侧翼墙与底板交接处局部有裂缝

9.2.6　土建结构检测评价与分级

（一）现状外观普查

（1）上游连接段：上游左右侧的护坡为浆砌块石结构；翼墙下部为混凝土结构，墙顶有0.8 m高的条石加高。普查情况主要结论汇总如下：

①上游左右侧护坡和平台为浆砌块石结构，未见勾缝破损、块石脱落等缺陷，结构整体完好；

②上游左右侧翼墙为钢筋混凝土结构，除左侧2#翼墙墙身表层局部存在露石，近岸处有1处竖向裂缝（裂缝已修补）外，其他部位的混凝土未见明显露筋和破损等缺陷。

（2）下游连接段：下游左右侧的护坡和翼墙均为浆砌块石结构。普查情况主要结论汇总如下。

①下游左右侧护坡为浆砌块石结构，除左岸33.5 m高程处，有一长约25 m的水平向裂缝外（缝中有窨潮现象），其他部位未见勾缝破损、块石脱落等缺陷，结构整体基本完好；

②下游左右侧翼墙为浆砌块石结构，挡墙结构外观质量较好，未见明显破损或块石脱落等缺陷。左岸1#和2#翼墙接缝底部0.8 m范围内存在轻微渗水现象，右岸浆砌块石翼墙与混凝土墩墙接缝处底部水面以上30 cm范围内存在

渗漏冒水现象。

(3) 闸室段：闸室段检修便桥、排架柱、工作桥与启闭机梁、桥头堡与启闭机房、交通桥和闸墩现场普查主要结论汇总如下。

①检修便桥：检修便桥为预制桥板(两块板)，简支结构，面层为夹钢丝网片混凝土磨耗层。桥面磨耗层混凝土局部有开裂破损情况，有12孔的下游侧桥板底部边缘近闸门处箍筋锈胀，共51处，单处锈胀长度约8～30 cm，锈胀处的混凝土存在开裂或脱落现象。

②排架柱：排架柱为钢筋混凝土结构，表面用氟碳漆进行防碳化处理，整体外观质量较好，极个别部位存在钢筋锈胀、混凝土开裂、防碳化层起鼓现象。

③工作桥与启闭机梁：工作桥与启闭机梁为钢筋混凝土结构，外观质量较好，未见明显质量缺陷。

④桥头堡与启闭机房：两侧桥头堡和启闭机房外观质量整体较好，未见明显质量缺陷；桥头堡和启闭机房内的装饰完好，整洁美观，未见涂装起皮、墙面渗水窨潮等缺陷。

⑤交通桥：桥梁左右两侧接线平顺，未见明显高差，路面沥青结构层完好，未见明显缺陷；桥面铺装沥青结构层完好，无推移、松散、离析、隆起等缺陷，车辙处未见明显变形，个别节间伸缩缝两侧二次混凝土表面有破损；上下游护轮带临水侧箍筋锈胀较多(仅上游侧就有1 181处)；部分混凝土护栏上下横杆钢筋锈胀，混凝土脱落，主筋和箍筋外露；交通桥桥板底部有顺水流方向的裂缝，裂缝基本为横向通长布置，84孔588块桥板普查共发现6 616条裂缝，裂缝表面最大缝宽约0.02～0.10 mm，其中25＃孔4＃桥板底部裂缝处有白色钙化物析出。

⑥闸墩：闸墩上游墩头(圆弧段)混凝土老化，整体存在露石情况，个别墩头露石较严重；缝墩分缝中的油毛毡等填料不同程度存在老化脱落现象；闸墩水位变化区存在露石现象，下游侧闸门顶附近和闸门门槽内的混凝土不同程度存在老化、露石、钢筋锈胀等现象，部分闸墩露石较严重；闸墩下游侧圆弧墩头局部存在钢筋锈胀、露石，顶部挑梁端头早期混凝土局部存在钢筋锈胀、混凝土脱落情况；桥墩城门洞顶跨中底端用粘钢法进行加固，门洞顶附近的大部分裂缝仍然可见，与2014年安全检测相比，裂缝位置未见明显变化，普查时未见裂缝宽度有明显发展的迹象。

(二) 混凝土抗压强度

混凝土抗压强度采用回弹法或回弹-钻芯校正法进行了检测，检测结果汇总如下。

(1) 闸室底板混凝土强度：采用取芯法抽检了3块底板，现龄期底板混凝土

抗压强度推定值为37.0～45.3 MPa,可达混凝土抗压强度等级C35的要求。

(2) 墩墙和上游翼墙混凝土强度:采用回弹-钻芯校正法检测了3号闸墩17个部位混凝土抗压强度,上游翼墙混凝土1个部位。现行规范最低强度等级要求为C25,墩墙实测强度推定值为30.3～41.9 MPa,可达混凝土抗压强度等级C30的要求。上游翼墙实测强度推定值为27.7 MPa,可达混凝土抗压强度等级C25的要求,均满足现行规范最低强度等级。

(3) 排架混凝土强度:采用回弹-钻芯校正法检测了3号闸排架17个部位混凝土抗压强度。现行规范最低强度等级要求为C25,排架实测强度推定值为35.6～46.3 MPa,可达混凝土抗压强度等级C35的要求,满足现行规范最低强度等级。

(4) 检修便桥混凝土强度:采用回弹法检测了3号闸检修便桥17个部位混凝土抗压强度。现行规范最低强度等级要求为C25,检修便桥实测强度推定值为25.3～30.4 MPa,可达混凝土抗压强度等级C25的要求,满足现行规范最低强度等级。

(5) 交通桥桥板和桥台盖梁混凝土强度:采用回弹法检测了3号闸交通桥桥板和桥台盖梁共19个部位混凝土抗压强度。桥板现行规范最低强度等级要求为C40,17个构件实测强度推定值为40.1～51.0 MPa,可达混凝土抗压强度等级C40的要求;桥台盖梁现行规范最低强度等级要求为C25,2个构件实测强度推定值为30.2～31.2 MPa,可达混凝土抗压强度等级C30的要求。

(三) 钢筋保护层厚度及混凝土碳化深度

对节制闸的墩墙、排架柱、检修便桥和交通桥桥板钢筋保护层厚度及混凝土碳化深度进行了检测,检测结果如下。

(1) 墩墙:闸室墩墙保护层厚度现行规范要求不小于45 mm,实测保护层厚度平均值为45 mm,保护层厚度满足现行规范要求;实测碳化深度平均为28 mm,碳化深度评为B类(中度碳化),碳化深度未到达保护层厚度,钢筋处于未锈蚀状态。

(2) 排架柱:排架柱保护层厚度现行规范要求不小于25 mm,实测保护层厚度平均值为25 mm,保护层厚度满足现行规范要求;排架柱表面用氟碳漆进行防碳化处理,实测碳化深度平均为13 mm,碳化深度评为B类(中度碳化),碳化深度未到达保护层厚度,钢筋处于未锈蚀状态。

(3) 检修便桥:桥板保护层厚度现行规范要求不小于25 mm,实测板底保护层厚度平均值为29 mm,保护层厚度满足现行规范要求;实测碳化深度平均为21 mm,碳化深度评为B类(中度碳化),碳化深度未到达保护层厚度,钢筋处于未锈蚀状态。

(4) 交通桥桥板:保护层厚度现行规范要求不小于25 mm,实测保护层厚度平均值为43 mm,保护层厚度满足现行规范要求;实测碳化深度平均为25 mm,碳化深度评为B类(中度碳化),碳化深度未到达保护层厚度,钢筋处于未锈蚀状态。

(四) 水下探查情况

三闸水下结构总体良好,存在的主要问题有:

①1#闸孔下游侧消力坎局部错位;

②32#闸孔上游侧铺盖局部冲坑破损;

③37#闸孔下游侧闸室底板近消力池侧局部破损;

④84#闸孔下游侧翼墙与底板交接处局部裂缝;

⑤部分闸室有明显淤积及碎石沉积。

(五) 土建结构评级

综上所述:三闸的闸墩、排架、上下游翼墙、交通桥、工作桥及人行便桥整体结构基本完好;现状主要部位混凝土的强度大于设计值,碳化深度小于钢筋保护层厚度,钢筋均处于未腐蚀阶段。

土建结构评定为B级。

参考文献

[1] 中华人民共和国水利部. 中国水利统计年鉴 2022[M]. 北京:中国水利水电出版社,2022.

[2] 倪福全,邓玉,曾赟. 水工建筑物安全检测[M]. 成都:西南交通大学出版社,2015.

[3] 洪晓林,柯敏勇,金初阳,等. 水闸安全检测与评估分析[M]. 北京:中国水利水电出版社,2007.

[4] 王鹏刚,张津瑞,金祖全,等. 混凝土结构耐久性监测技术[M]. 北京:中国建筑工业出版社,2020.

[5] 魏平,等. 混凝土工程安全监测[M]. 北京:中国水利水电出版社,2015.

[6] 魏洋,端茂军,李国芬. 桥梁检测评定与加固技术[M]. 北京:人民交通出版社,2018.

[7] 吕刚,代建波,王枫,等. 砌体结构检测鉴定及工程案例分析[M]. 北京:中国石化出版社,2021.

[8] 邓锦尚,施少锐. 房屋安全鉴定培训教材[M]. 北京:中国建筑工业出版社,2021.

[9] 贵州省建设工程质量检测协会. 建筑主体结构工程检测[M]. 北京:中国建筑工业出版社,2018.

[10] 沈青. 浅谈水闸发展演变和文化传承[J]. 水文化,2022(9):37-40.

[11] 马福恒,王国利,俞扬峰,等. 我国大中型水闸安全监测现状与对策建议[J]. 中国水利,2023(13):36-40.

[12] 马福恒,胡江,谈叶飞. 我国大中型水闸安全鉴定现状与对策建议[J]. 中国水利,2024(1):38-41.

[13] 朴哲浩,宋力. 我国病险水闸成因及除险加固工程措施分析[J]. 水利建设与管理,2011(1):71-72.

[14] 秦毅,顾群. 全国病险水闸成因分析及加固的必要性[J]. 水利水电工程设计,2010,29(2):25-26+38+55.

[15] 袁庚尧,余伦创. 全国病险水闸除险加固专项规划综述[J]. 水利水电工程设计,2003,22(2):6-9+64.